工信学术出版基金

Industry and Information Technology
Academic Publishing Fund

21世纪高等学校本科电子电气专业系列实用教材
大学生实践创新与学科竞赛（电子信息类）推荐教材
国家级一流本科课程配套教材

创意创新实践：

电子设计与单片机应用 100例

/ 隋金雪　邢建平　杨　莉 / 编著

电子工业出版社

Publishing House of Electronics Industry

北京 · BEIJING

内 容 简 介

本书以基本电子元器件作为起点，以 51 单片机实际综合应用作为终点，与 MOOC 课程"创意创新实践Ⅱ——电子设计与制作实例"相配套，共 8 章、1 个附录。本书旨在通过项目案例教学的方式，提高学生的创新思维能力和综合应用能力，为之后的学科竞赛打下良好的基础。

第 1 章以电子元器件引入学习；第 2～4 章为常见电路设计基础知识，为后面章节 51 单片机的编程及电路搭建做好铺垫；第 5～8 章介绍 51 单片机基础知识及项目制作，主要包括 51 单片机内部资源合理分配，以及外部传感器、显示器、伺服电机、外拓芯片的使用等相关知识；附录包括 16 个 Arduino 和 STC8 单片机的电子电路设计案例，初学者可从此入门。本书通过不同传感器的融合来解决生活中的相关问题，以提高学生对生活的洞察力，以及对学习的积极性。

本书涉及电子信息类学生学习所需要的相关基础知识，可作为电子信息入门教程。本书强调创新性，也可以作为创新创意类学科竞赛的入门启发参考书。

图书在版编目（CIP）数据

创意创新实践：电子设计与单片机应用 100 例 / 隋
金雪，邢建平，杨莉编著. -- 北京：电子工业出版社，
2025. 7. -- ISBN 978-7-121-50520-1

Ⅰ. TN702.2；TP368.1

中国国家版本馆 CIP 数据核字第 2025BP3909 号

责任编辑：李　敏

印　　刷：三河市鑫金马印装有限公司
装　　订：三河市鑫金马印装有限公司
出版发行：电子工业出版社
　　　　　北京市海淀区万寿路 173 信箱　邮编：100036
开　　本：787×1092　1/16　印张：25.75　字数：605 千字
版　　次：2025 年 7 月第 1 版
印　　次：2025 年 7 月第 1 次印刷
定　　价：99.60 元

凡所购买电子工业出版社图书有缺损问题，请向购买书店调换。若书店售缺，请与本社发行部联系，联系及邮购电话：(010) 88254888，88258888。

质量投诉请发邮件至 zlts@phei.com.cn，盗版侵权举报请发邮件至 dbqq@phei.com.cn。

本书咨询联系方式：(010) 88254753 或 limin@phei.com.cn。

专家寄语 ◀◀◀

作为"创新工程实践"国家级一流本科线上课程/教材负责人和 iCAN 大赛创始人，我欣喜地看到隋金雪、邢建平、杨莉老师分别在国家级混合式一流课程"创意创新设计实践"、国家级社会实践一流课程"创新工程实践"中传承 iCAN 创新工程实践的教育火种，并将这份热情与智慧倾注于最新教材《创意创新实践：电子设计与单片机应用100例》之中。此书不仅是一本新形态数智化的教材，更是一座连接理论与实践、课堂与竞赛的桥梁，是认识、实践和方法高位嫁接下的特色项目式学习实践探索，是系统性方法论、数字化资源池在电子智能原型及设计的具体体现。

书中100多个电子设计项目典型案例，从体验到沉浸再到创新演进，践行着 QAV：KPIM（Question，问题导向；Ability，能力目标；Virtue，品行素养；Knowledge，知识图谱；Practice，实践项目；Innovation，创新赋能；Method，方法驱动）多维度教学改革，深度契合了 iCAN 中国国际大学生创新大赛"自信、坚持、梦想"的精神内核，将 iCAN 专创融合、原创原型设计理念贯穿始终，让每位学习者都能在动手实践中点燃创新思维的火花。

相信这本凝聚了作者教学练训心血的佳作，将高阶赋能 iCAN 及更多青年学子突破技术壁垒，在电子创新设计的世界里实现从"创意"到"创行"的蝶变，致力于建构起新时代"星光创客堂＋零壹梦工场＋芯系好未来"的创新型人才培养的重要阶梯！

Yes，iCAN！Yes，vCAN！

北京大学集成电路学院教授
2025 年 5 月 14 日

在当今科技迅猛发展的时代，电子设计与单片机广泛应用在智能家居、物联网设备、工业自动化等方面，电子技术的实践能力和创新思维始终是工程师和开发者的核心竞争力，而电子设计与单片机应用作为电子信息、自动化类等相关专业的基础专业知识，是大学生专业技术和实践创新能力培养的重要基石。

《创意创新实践：电子设计与单片机应用 100 例》以"项目驱动学习"为核心理念，通过 100 多个循序渐进、贴近实际的知识学习和应用案例，系统化构建电子设计与开发的完整知识体系，旨在帮助读者从零基础的新人成长为具备综合实践能力的创新者。

项目式知识构建：从基础到综合的阶梯式学习

本书摒弃传统教材的纯理论灌输模式，采用"案例引导、实践先行"的编写思路，将知识点融入实际项目中。全书共 8 章、1 个附录，内容涵盖电子设计基础、常用电路、PCB 设计、单片机开发、传感器应用、物联网技术及综合实训项目，以及 16 个 Arduino 和 STC8 单片机电子电路设计实例，形成"基础→进阶→综合"的立体化学习路径。

1. 夯实电子电路基础（第 1～4 章）

从电阻、电容、电感等元器件原理讲起，逐步过渡到电路设计、PCB 绘制及常用芯片应用，通过 50 余个基础实例（如电阻器的分压、RC 滤波电路设计、LM358 差分放大电路设计等），帮助读者掌握电子设计基本功。

2. 聚焦 MCS-51 单片机应用（第 5 章）

以 51 单片机为核心，详解 Keil 软件与 Proteus 开发工具的使用，结合 I/O 控制、中断、定时器、串口通信等实例（如流水灯、串口双机通信、模拟 I^2C 等），培养读者对单片机资源的灵活调配能力。

3. 拓展传感器等相关应用（第 6、7 章）

深入传感器、显示模块、电机控制、物联网技术，通过 32 个实例（如超声波测距、OLED

显示数字、单片机与手机通信、ESP8266 传输数据等），展现电子技术与现实场景的深度融合。

4．综合项目实训（第 8 章）

以 10 个大型项目（如人体感应节能灯、避障小车、聪明的百叶窗、家庭安全助手等）为终点，引导读者将碎片化知识整合为系统性解决方案，完成从学习者到实践者的蜕变。

同时，本书附加 Arduino 和 STC8 单片机的 16 个电子电路设计与实践视频课程。

本书核心亮点：创新、实用、高效

1．100 多例实战项目，覆盖全技术栈

从基础电路到复杂系统，案例涵盖电子设计全流程，读者可亲手搭建电路、编写代码、调试硬件，真正实现"学以致用"。书中实战项目紧密结合生活与科技热点（如 PM2.5 监测、微信跳一跳物理助手、聪明的百叶窗等），激发读者的学习兴趣与创新灵感。

2．配套资源丰富，学习路径清晰

作为国家级一流本科课程配套教材，本书与 MOOC 课程"创意创新实践 Ⅱ——电子设计与制作实例"无缝衔接，提供视频讲解、仿真文件及代码资源。更值得一提的是，每个二级标题均配有知识图谱与学习视频。

1）知识图谱

以可视化形式梳理章节核心知识点与逻辑关系，帮助读者快速构建系统化认知框架，避免读者陷入"只见树木不见森林"的学习误区。本书知识图谱包括课程体系设计、个性化图谱、环图图谱、树图图谱、网图图谱、能力图谱、问题图谱等。

体系设计	个性化图谱	环图图谱

树图图谱	网图图谱	能力图谱	问题图谱

2）学习视频

针对复杂电路设计、代码调试、硬件操作等难点，提供分步演示与深度解析，大幅降低自学门槛。

读者可登录智慧树慕课平台搜索"创意创新实践-电子设计与制作实例（MCS51 单片机）"，或者登录智慧树智慧课程主页搜索"创意创新设计实践"，或者登录超星搜索"创意创新设计实践"学习本课程。

3. 面向竞赛与就业，强化竞争力

内容设计兼顾学科竞赛（如电子设计大赛、物联网竞赛）与实际开发需求，通过传感器融合、通信协议、PCB 设计等实战内容，帮助读者积累项目经验，提升就业竞争力。

4. 模块化编排，灵活适配不同需求

章节独立且逻辑连贯，初学者可循序渐进，有经验的开发者亦可按需跳转至目标章节，结合知识图谱快速定位知识点，通过视频资源高效攻克技术难点，灵活适配不同学习场景。

谁需要这本书？

电子信息类专业学生：构建系统化知识框架，为课程设计、毕业设计奠定基础。

学科竞赛参与者：获取项目灵感与实现方案，快速提升实战能力。

电子爱好者：通过趣味实例（如微信跳一跳物理助手、贪吃蛇游戏设计）入门硬件开发。

工程师与创客：参考成熟电路设计与代码实现，缩短产品开发周期。

项目支持与致谢

本书先后获中国工信出版传媒集团工信学术出版基金（高等教育精品教材）、"山东省高等教育本科教学改革研究项目"（项目编号：M2024275）和"山东省本科高校人工智能赋能重点领域教学改革'111 计划'项目"（项目编号：D2024003）等资助和支持，在此表示感谢。同时，向参与本书工作的研究生刘利、田子凡、慕峻青和马宏信等表示感谢。最后，特别感谢北京大学张海霞教授在百忙之中为本书提出建设意见和撰写推荐语。

　　本书不仅是一本教材，更是一本"技术手册"和"灵感工具箱"。"动起手来，实现你的想法。""理论联系实际，学以致用，在实践中体验创意创新的芬芳。"通过 100 多个项目的锤炼，读者将掌握电子设计的核心方法论，并具备将创意转化为现实的能力。知识图谱与视频资源的加持，让抽象理论变得直观，让复杂操作变得简单。翻开本书，开启属于你的创新实践之旅！

隋金雪

2025 年 4 月

目 录 ◀◀◀

第 1 章 电子设计基础与元器件 ································· 1

1.1 电子设计制作概述 ································· 1
　　1.1.1 电子系统的基本概念 ····················· 1
　　1.1.2 电子系统的基本类型 ····················· 1

1.2 导线的基础介绍 ································· 2
　　1.2.1 导线种类 ······························· 2
　　1.2.2 实例 1：导线的应用 ···················· 3

1.3 电阻器的基础介绍 ······························· 4
　　1.3.1 电阻器的工作原理 ······················· 4
　　1.3.2 电阻符号及电阻单位 ····················· 4
　　1.3.3 电阻器的分类 ··························· 4
　　1.3.4 电阻器的电阻值识别 ····················· 5
　　1.3.5 实例 2：电阻器的分压应用 ··············· 7
　　1.3.6 实例 3：上、下拉电阻器应用 ············· 7
　　1.3.7 实例 4：电阻器的限流应用 ··············· 8

1.4 电容器的基础介绍 ······························· 8
　　1.4.1 电容器的工作原理 ······················· 8
　　1.4.2 电容器的分类 ··························· 8
　　1.4.3 电容器的性能指标 ······················· 10
　　1.4.4 实例 5：定时电容器应用 ················· 11
　　1.4.5 实例 6：去耦电容器应用 ················· 12
　　1.4.6 实例 7：旁路电容器应用 ················· 13

1.5 电感器的基础介绍 ······························· 14
　　1.5.1 电感器的工作原理 ······················· 14
　　1.5.2 电感器的型号及分类 ····················· 14
　　1.5.3 电感器的性能指标 ······················· 16
　　1.5.4 实例 8：电感器的选择与应用 ············· 17
　　1.5.5 实例 9：RL 高通滤波器 ················· 18
　　1.5.6 实例 10：RL 低通滤波器 ··············· 19

1.6 二极管 ······································· 20
　　1.6.1 二极管的工作原理 ······················· 20
　　1.6.2 二极管的种类 ··························· 21
　　1.6.3 二极管的特性 ··························· 22

      1.6.4　实例 11：防反接保护电路设计 ·················· 24
      1.6.5　实例 12：稳压二极管电路设计 ·················· 24
  1.7　三极管 ··· 25
      1.7.1　三极管的工作原理 ································· 25
      1.7.2　三极管的特性 ····································· 27
      1.7.3　实例 13：NPN 与 PNP 对照实验 ·················· 28
  1.8　MOS 管 ·· 28
      1.8.1　MOS 管的工作原理 ································· 28
      1.8.2　MOS 管的种类与特性 ······························ 32
      1.8.3　实例 14：MOS 管驱动电路设计 ··················· 33
  1.9　继电器的基础介绍 ·· 33
      1.9.1　继电器的工作原理 ································· 33
      1.9.2　继电器的应用 ····································· 35
      1.9.3　新型继电器 ······································· 35

第 2 章　常用电路设计 ··· 36
  2.1　电路原理基础 ·· 36
      2.1.1　欧姆定律 ··· 36
      2.1.2　串联与并联 ······································· 37
      2.1.3　直流电路的一般分析基础 ·························· 38
      2.1.4　支路电流法 ······································· 41
      2.1.5　回路电流法 ······································· 41
      2.1.6　节点电压法 ······································· 42
  2.2　开关电路 ··· 42
      2.2.1　模拟开关电路的概念 ······························ 42
      2.2.2　实例 15：数字开关电路设计 ······················ 43
      2.2.3　实例 16：模拟开关电路设计 ······················ 44
  2.3　滤波电路 ··· 46
      2.3.1　滤波电路的原理和分类 ···························· 46
      2.3.2　实例 17：RC 滤波电路设计 ······················· 47
      2.3.3　实例 18：LC 滤波电路设计 ······················· 49
  2.4　常用电源电路 ·· 50
      2.4.1　LDO 稳压器简介 ··································· 50
      2.4.2　实例 19：固定输出 LDO 电路设计 ················ 51
      2.4.3　实例 20：可调输出 LDO 电路设计 ················ 51
      2.4.4　DC-DC 转换器简介 ································ 52
      2.4.5　实例 21：固定输出 DC-DC 电路设计 ·············· 52
  2.5　基本放大电路 ·· 53
      2.5.1　基本放大电路简介 ································· 53
      2.5.2　实例 22：三极管放大电路设计 ···················· 54

　　　2.5.3　实例 23：MOS 管放大电路设计 ································· 56
　2.6　差分放大电路 ·· 57
　　　2.6.1　差分放大电路简介 ··· 57
　　　2.6.2　实例 24：差分放大电路设计 ·································· 58
　2.7　集成运算放大电路 ·· 58
　　　2.7.1　集成运算放大电路简介 ······································· 58
　　　2.7.2　实例 25：LM358 运算放大器的使用 ···························· 59
　　　2.7.3　实例 26：加法电路设计 ······································ 60
　　　2.7.4　实例 27：减法电路设计 ······································ 61
　2.8　负反馈放大电路 ·· 61
　　　2.8.1　负反馈放大电路简介 ··· 61
　　　2.8.2　实例 28：电压串联负反馈放大电路设计 ························ 62
　　　2.8.3　实例 29：电压并联负反馈放大电路设计 ························ 62
　　　2.8.4　实例 30：电流串联负反馈放大电路设计 ························ 63
　　　2.8.5　实例 31：电流并联负反馈放大电路设计 ························ 63
　2.9　桥式整流电路 ·· 64
　　　2.9.1　桥式整流电路简介 ··· 64
　　　2.9.2　桥式整流电路的工作原理 ····································· 64
　　　2.9.3　实例 32：桥式整流电路设计 ·································· 64
　2.10　钳位电路 ·· 65
　　　2.10.1　钳位电路简介 ·· 65
　　　2.10.2　实例 33：钳位电路设计 ····································· 66
　2.11　波形发生器电路 ··· 67
　　　2.11.1　波形发生器电路简介 ·· 67
　　　2.11.2　实例 34：正弦波振荡电路设计 ······························ 68
　　　2.11.3　实例 35：方波发生器电路设计 ······························ 69
　　　2.11.4　实例 36：三角波发生器电路设计 ···························· 69
　　　2.11.5　实例 37：锯齿波发生器电路设计 ···························· 70
第 3 章　PCB 电路设计 ·· 71
　3.1　什么是 PCB ·· 71
　3.2　PCB 设计流程概述 ·· 71
　3.3　Altium Designer 的操作环境 ······································ 72
　　　3.3.1　工程的组成 ·· 72
　　　3.3.2　实例 38：STC89C51 工程的创建 ······························ 72
　3.4　元器件的设计与添加 ·· 74
　　　3.4.1　元器件库概述 ·· 74
　　　3.4.2　实例 39：51 单片机芯片的设计 ······························ 75
　　　3.4.3　实例 40：常用元器件的设计 ·································· 76

3.5 封装库的设计与添加 ································· 77

    3.5.1 PCB 封装概述 ································· 77

    3.5.2 实例 41：贴片类型元器件封装设计 ················· 78

    3.5.3 实例 42：插件类型元器件封装设计 ················· 81

    3.5.4 实例 43：封装模型的导入 ······················ 83

3.6 原理图的设计与绘制 ······························· 84

    3.6.1 原理图的概念 ································· 84

    3.6.2 电气连接及网络标号的放置 ······················ 85

    3.6.3 实例 44：STC89C51 单片机的最小系统原理图绘制 ······· 86

3.7 PCB 的设计与绘制 ······························· 87

    3.7.1 PCB 的导入 ································· 87

    3.7.2 元器件的排列与布局 ··························· 88

    3.7.3 常用 PCB 规则设置 ··························· 88

    3.7.4 PCB 的布线与绘制 ··························· 90

    3.7.5 PCB 电气规则检查 DRC ························· 90

    3.7.6 实例 45：STC89C51 单片机的最小系统 PCB 绘制 ········ 91

第 4 章 常用芯片基础 ································· 96

4.1 DS1302 时钟芯片 ······························· 96

    4.1.1 时钟芯片简介 ································· 96

    4.1.2 DS1302 时钟芯片的工作原理 ······················ 96

    4.1.3 实例 46：DS1302 时钟芯片电路设计 ·················· 96

4.2 LM358 运算放大器 ······························· 97

    4.2.1 LM358 运算放大器简介 ························· 97

    4.2.2 LM358 运算放大器的工作原理 ····················· 97

    4.2.3 实例 47：LM358 差分放大电路设计 ·················· 98

4.3 555 定时器 ································· 98

    4.3.1 555 定时器简介 ······························· 98

    4.3.2 555 定时器的工作原理 ························· 99

    4.3.3 实例 48：555 定时器基本电路设计 ··················· 99

4.4 8255A 外扩 I/O 接口芯片 ························· 101

    4.4.1 8255A 外扩 I/O 接口芯片简介 ···················· 101

    4.4.2 8255A 工作方式 ····························· 102

    4.4.3 实例 49：单片机外扩 I/O 接口设计 ················· 102

4.5 ADC0832 模数转换芯片 ························· 103

    4.5.1 模数转换芯片简介 ····························· 103

    4.5.2 ADC0832 的工作原理 ························· 104

    4.5.3 实例 50：ADC0832 电路设计 ···················· 104

4.6 DAC0832 ································· 105

    4.6.1 数模转换芯片简介 ····························· 105

4.6.2　DAC0832 的工作原理 ································· 105

4.6.3　实例 51：DAC0832 电路设计 ····················· 106

4.7　74LS138 译码器 ··· 107

4.7.1　译码器芯片简介 ·· 107

4.7.2　74LS138 译码器的工作原理 ······················· 107

4.7.3　实例 52：74LS138 译码器电路设计 ············ 107

4.8　74LS573 锁存器 ··· 108

4.8.1　锁存器芯片简介 ·· 108

4.8.2　74LS573 锁存器的工作原理 ······················· 108

4.8.3　实例 53：74LS573 锁存器电路设计 ············ 108

第 5 章　51 单片机基础 ·· 111

5.1　Keil 5 软件 ··· 111

5.1.1　Keil 5 安装 ·· 111

5.1.2　Keil 5 程序包创建 ··· 113

5.1.3　Keil 头文件简介 ·· 117

5.2　Proteus 的安装与使用 ·· 125

5.2.1　Proteus 安装 ·· 126

5.2.2　Proteus 新建工程 ··· 128

5.2.3　Proteus 使用 ·· 130

5.3　51 单片机结构介绍 ··· 133

5.3.1　运算器 ··· 134

5.3.2　控制器 ··· 134

5.3.3　存储器 ··· 134

5.3.4　特殊功能寄存器 ·· 136

5.4　51 单片机最小系统及仿真 ··································· 139

5.4.1　51 单片机最小系统 ·· 139

5.4.2　51 单片机最小系统仿真图 ····························· 142

5.5　I/O 接口 ··· 142

5.5.1　I/O 接口简介 ·· 142

5.5.2　发光二极管控制原理 ······································ 143

5.5.3　TTL 电平 ··· 143

5.5.4　实例 54：点亮 LED 灯 ··································· 144

5.5.5　实例 55：流水灯设计 ····································· 145

5.5.6　实例 56：双向流水灯 ····································· 148

5.6　外部中断 ·· 150

5.6.1　外部中断简介 ·· 150

5.6.2　实例 57：外部中断控制小灯亮灭 ·················· 153

5.7　定时器/计数器 ·· 154

5.7.1　定时器/计数器简介 ·· 155

   5.7.2 定时器/计数器工作原理 ·· 156

   5.7.3 实例 58：定时器控制小灯闪烁 ································· 157

  5.8 串口 ·· 159

   5.8.1 串行通信与并行通信 ··· 159

   5.8.2 51 单片机串口通信工作原理 ······························· 161

   5.8.3 实例 59：串口双机通信 ·· 163

  5.9 模拟 I²C ·· 166

   5.9.1 I²C 简介 ·· 166

   5.9.2 I²C 的工作原理 ··· 166

   5.9.3 实例 60：模拟 I²C 程序设计 ································ 169

第 6 章 常用电子设计 ·· 173

  6.1 数码管 ·· 173

   6.1.1 数码管简介 ··· 173

   6.1.2 数码管的分类 ··· 173

   6.1.3 实例 61：静态显示数码管 ··································· 174

   6.1.4 实例 62：动态显示 4 位数码管 ·························· 175

   6.1.5 实例 63：数码管计数器 ·· 177

   6.1.6 实例 64：秒表 ·· 180

  6.2 按键与键盘 ·· 182

   6.2.1 按键分类 ·· 182

   6.2.2 按键消抖 ·· 183

   6.2.3 矩阵键盘 ·· 184

   6.2.4 实例 65：独立按键控制 ·· 186

   6.2.5 实例 66：矩阵键盘显示 ·· 187

  6.3 蜂鸣器 ·· 190

   6.3.1 蜂鸣器简介 ··· 190

   6.3.2 有源蜂鸣器 ··· 190

   6.3.3 实例 67：蜂鸣器发声 ··· 190

   6.3.4 无源蜂鸣器 ··· 191

   6.3.5 实例 68：蜂鸣器演奏音阶 ··································· 192

   6.3.6 实例 69：蜂鸣器演奏乐曲 ··································· 193

  6.4 HX711 称重传感器 ·· 195

  6.5 LM393 比较器应用 ·· 198

   6.5.1 LM393 比较器简介 ·· 198

   6.5.2 红外对管 ·· 200

   6.5.3 光敏电阻 ·· 202

   6.5.4 CO 检测传感器 ·· 203

   6.5.5 雨滴传感器 ··· 204

   6.5.6 火焰检测器 ··· 204

6.5.7　PM2.5 传感器 ··· 205

6.5.8　实例 70：红外对管检测黑线 ··· 206

6.5.9　实例 71：雨滴传感器观察雨量 ·· 207

6.5.10　实例 72：PM2.5 浓度检测 ··· 208

6.5.11　实例 73：火焰检测报警 ·· 209

6.6　温度传感器 ··· 210

6.6.1　温度传感器简介 ··· 210

6.6.2　温度传感器的工作原理 ·· 210

6.6.3　实例 74：温度传感器测温 ··· 211

6.7　温湿度传感器 ··· 213

6.7.1　温湿度传感器简介 ··· 213

6.7.2　温湿度传感器工作时序 ·· 215

6.7.3　实例 75：温湿度传感器检测显示 ··· 215

6.8　超声波模块 ··· 218

6.8.1　超声波模块简介 ·· 218

6.8.2　超声波模块的工作原理 ·· 219

6.8.3　实例 76：超声波测距 ··· 220

6.9　触摸传感器模块 ··· 223

6.9.1　触摸传感器模块简介 ·· 223

6.9.2　实例 77：触摸开关 ··· 223

6.10　点阵模块 ··· 224

6.10.1　点阵简介 ·· 224

6.10.2　MAX7219 点阵介绍 ·· 225

6.10.3　实例 78：MAX7219 显示数字 ·· 226

6.11　OLED 显示屏 ··· 227

6.11.1　OLED 简介 ··· 227

6.11.2　OLED 显示屏原理 ··· 227

6.11.3　I²C 总线协议 ·· 228

6.11.4　硬件 I²C 和模拟 I²C ·· 229

6.11.5　I²C 数据读/写操作 ··· 229

6.11.6　OLED 工作指令 ·· 230

6.11.7　实例 79：OLED 显示数字 ··· 231

6.11.8　实例 80：OLED 显示图片 ··· 234

6.12　LCD1602 液晶显示屏 ·· 239

6.12.1　液晶介绍 ·· 239

6.12.2　LCD1602 液晶显示屏原理 ··· 240

6.12.3　LCD1602 液晶显示屏指令 ··· 241

6.12.4　实例 81：LCD1602 液晶显示屏显示字符 ····························· 244

6.12.5　实例 82：LCD1602 液晶显示屏显示汉字 ····························· 246

6.13　直流电机 ·· 248
　　6.13.1　电机的种类 ··· 248
　　6.13.2　电机的结构 ··· 249
　　6.13.3　脉宽调制 ·· 250
　　6.13.4　电机的工作原理 ·· 250
　　6.13.5　电机驱动 L298N ·· 251
　　6.13.6　实例 83：电机变速 ····································· 251
　　6.13.7　实例 84：电机转向变换 ······························ 254
6.14　步进电机 ·· 256
　　6.14.1　步进电机的工作原理 ··································· 256
　　6.14.2　步进电机的特点 ·· 256
　　6.14.3　步进电机驱动 ·· 257
　　6.14.4　实例 85：步进电机的应用 ··························· 258
6.15　舵机 ·· 259
　　6.15.1　舵机简介 ·· 259
　　6.15.2　舵机的结构 ··· 260
　　6.15.3　20ms 脉宽调制 ·· 261
　　6.15.4　实例 86：舵机应用 ······································ 261

第 7 章　万物互联 ·· 263
7.1　什么是物联网 ··· 263
　　7.1.1　物联网的由来 ··· 263
　　7.1.2　物联网简介 ·· 263
　　7.1.3　物联网的实现与应用 ····································· 264
7.2　物联网知识储备 ··· 265
　　7.2.1　网络的概念 ·· 265
　　7.2.2　协议和协议的分层 ··· 265
7.3　物联网相关电子元器件 ·· 266
　　7.3.1　蓝牙 ··· 266
　　7.3.2　实例 87：单片机与手机通信 ··························· 267
　　7.3.3　实例 88：单片机双机的通信 ··························· 269
　　7.3.4　ESP8266 ·· 272
　　7.3.5　GPS ·· 273
　　7.3.6　实例 89：GPS 模块发送信息 ·························· 274
　　7.3.7　RFID ·· 275
　　7.3.8　实例 90：智能门禁 ·· 276
　　7.3.9　物联网平台 ·· 280
　　7.3.10　实例 91：ESP8266 传输数据 ························ 281

第8章　电子设计与制作综合实训 ……………………………………………………… 286

8.1　实例92：人体感应节能灯 ……………………………………………………… 286

8.1.1　人体感应节能灯相关知识 ……………………………………………… 286

8.1.2　知识储备与构思 ………………………………………………………… 286

8.1.3　人体热释电模块 ………………………………………………………… 287

8.1.4　Proteus 仿真 …………………………………………………………… 290

8.1.5　程序设计 ………………………………………………………………… 290

8.1.6　实物制作与电路连接 …………………………………………………… 292

8.2　实例93：烹饪助手 ……………………………………………………………… 293

8.2.1　知识储备与构思 ………………………………………………………… 293

8.2.2　Proteus 仿真 …………………………………………………………… 295

8.2.3　程序设计 ………………………………………………………………… 295

8.2.4　实物制作与电路连接 …………………………………………………… 301

8.3　实例94：微信跳一跳物理助手 ………………………………………………… 302

8.3.1　微信跳一跳简介 ………………………………………………………… 302

8.3.2　知识储备与构思 ………………………………………………………… 302

8.3.3　Proteus 仿真 …………………………………………………………… 302

8.3.4　程序设计 ………………………………………………………………… 303

8.3.5　实物制作与电路连接 …………………………………………………… 312

8.4　实例95：防盗报警设计 ………………………………………………………… 312

8.4.1　防盗报警需求 …………………………………………………………… 312

8.4.2　知识储备与构思 ………………………………………………………… 312

8.4.3　激光传感器 ……………………………………………………………… 313

8.4.4　激光对射传感器 ………………………………………………………… 313

8.4.5　Proteus 仿真 …………………………………………………………… 314

8.4.6　程序设计 ………………………………………………………………… 314

8.4.7　实物制作与电路连接 …………………………………………………… 315

8.5　实例96：贪吃蛇游戏设计 ……………………………………………………… 317

8.5.1　贪吃蛇游戏简介 ………………………………………………………… 317

8.5.2　知识储备与构思 ………………………………………………………… 317

8.5.3　数组应用 ………………………………………………………………… 318

8.5.4　算法设计 ………………………………………………………………… 318

8.5.5　Proteus 仿真 …………………………………………………………… 319

8.5.6　程序设计 ………………………………………………………………… 319

8.6　实例97：温湿度计 ……………………………………………………………… 325

8.6.1　知识储备与构思 ………………………………………………………… 325

8.6.2　Proteus 仿真 …………………………………………………………… 325

8.6.3　程序设计 ………………………………………………………………… 326

8.6.4　实物制作与电路连接 …………………………………………………… 334

8.7　实例 98：化妆镜 ··· 335

8.7.1　镜子的光学原理 ··· 335

8.7.2　知识储备与构思 ·· 335

8.7.3　程序设计 ·· 336

8.7.4　实物制作与电路连接 ·· 352

8.8　实例 99：聪明的百叶窗 ·· 354

8.8.1　聪明的百叶窗相关知识 ·· 354

8.8.2　知识储备与构思 ·· 355

8.8.3　程序设计 ·· 355

8.8.4　实物制作与电路连接 ·· 360

8.9　实例 100：家庭安全助手 ··· 361

8.9.1　安全意识 ·· 361

8.9.2　知识储备与构思 ·· 361

8.9.3　程序设计 ·· 362

8.9.4　实物制作与电路连接 ·· 369

8.10　实例 101：避障小车 ··· 369

8.10.1　无人驾驶 ·· 369

8.10.2　知识储备及构思 ·· 370

8.10.3　程序设计 ·· 370

8.10.4　实物制作与电路连接 ··· 374

附录　创意创新实践 I：电子设计与制作实例（Arduino） ················· 377

附录 A　创意创新导引 ··· 377

附录 B　完美音乐盒 ·· 378

附录 C　智能台灯 ··· 379

附录 D　温馨的床 ··· 380

附录 E　智能盆栽 ··· 381

附录 F　声光控灯 ··· 382

附录 G　多功能风扇 ·· 383

附录 H　多功能水培箱 ··· 384

附录 I　聪明的百叶窗 ·· 385

附录 J　智能停车场 ·· 386

附录 K　创意密码门 ·· 387

附录 L　魔法钢琴 ··· 388

附录 M　互动钢琴 ·· 389

附录 N　家庭安全助手 ··· 390

附录 O　智能温室 ··· 391

附录 P　1600 万色小夜灯 ··· 392

第 1 章　电子设计基础与元器件

本章介绍电子设计基础的理论知识及相关的电子元器件。理论知识讲解电子系统的基本概念和类型，电子元器件分别介绍导线、电阻器、电容器、电感器、二极管、三极管、金属−氧化物半导体场效应晶体管（Metal-Oxide-Semiconductor Field-Effect Transistor，MOSFET；又称 MOS 管）和继电器相关的工作原理和使用方法。本章共使用 14 个实例带领大家认识并使用这些元器件，这将为后期 51 单片机系统的学习打下基础，读者可通过自己动手实践这些案例，直观地感受这些电子元器件的奇妙之处。

1.1　电子设计制作概述

电子设计制作（Electronic Design Manufacturing，EDM）属于电子设计和生产行业，通常用于电子产品的设计和生产。目前，高科技的电子设计和生产与人们的生活息息相关，从手机、电视和计算机，到信息、工业、军事、医疗和航空航天。学习电子系统的设计理论和方法，是电子设计类专业学生的必备技能。

1.1.1　电子系统的基本概念

电子系统是由电子部件或组件组成的客观实体，这些部件或组件可以生成、传输、收集或处理电子信号和数据。一般来说，电子系统是由几个相互连接、相互作用的基本电路组成的具有特殊功能的整个电路，如单片机系统、计算机系统、通信系统、自动控制系统等。如图 1.1 所示为 MCS-51 单片机系统的组成框图，该单片机系统就是由多个特定功能的电路系统组成的电路整体。

1.1.2　电子系统的基本类型

电子系统分为模拟电子系统、数字电子系统和模拟−数字混合电子系统。无论电子系统的类型是什么，都是能够执行某些任务的电子设备。一般来说，规模较小、功能单一的电子电路称为单元电路；具有复杂功能的电子电路由多个单元电路（功能块）组成，称为电子系统。通常，电子系统由输入、输出和信息处理三大部分组成，用来实现对某些信息的处理、控制或带动某种负载。

1. 模拟电子系统

输入信号与输出信号都是模拟信号的系统称为模拟电子系统。模拟电子系统将各类待处理的物理量通过不同种类的传感器转换为电信号，使电信号的电压、电流、相位、频率等参数与某物理量具有直接的对应关系。

2. 数字电子系统

用数字信号完成对数字量的算术运算和逻辑运算的电路系统称为数字电子系统。现代数字电路由半导体工艺制成的若干数字集成元器件构造而成。逻辑门是数字逻辑电路的基本单元。存储器是用来存储二进制数据的数字电路。从整体上看，数字逻辑电路又可以分为组合逻辑电路和时序逻辑电路两大类。

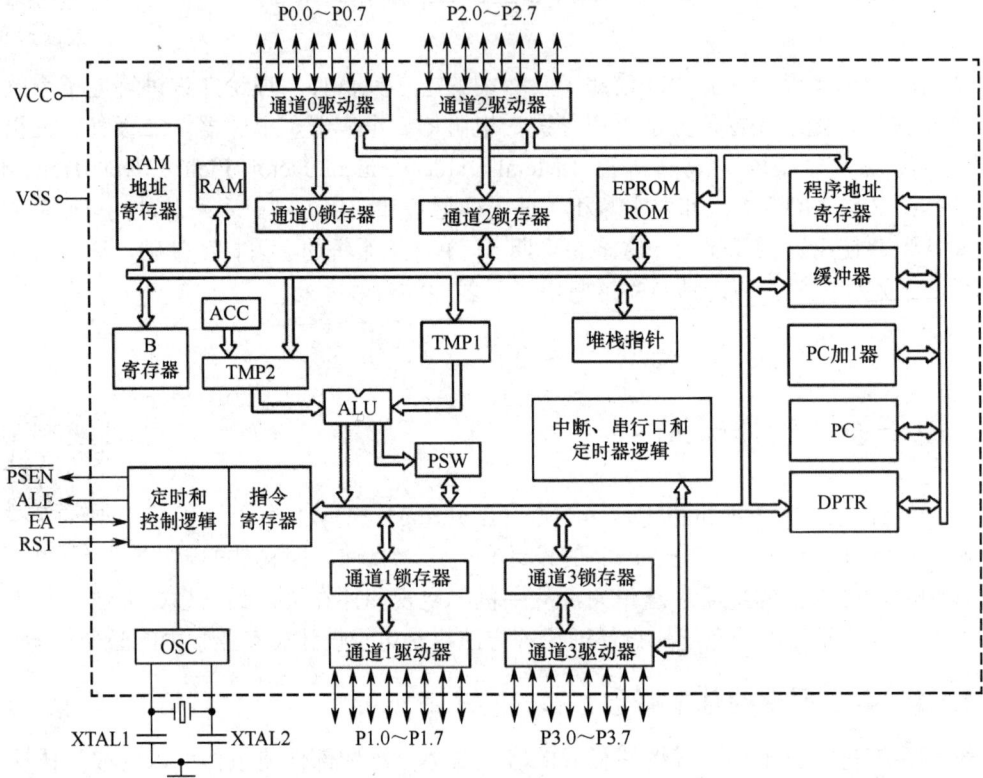

图 1.1　MCS-51 单片机系统的组成框图

3. 模拟–数字混合电子系统

同时包含模拟电路和数字电路的系统称为模拟–数字混合电子系统。大多数仪器和过程控制中都应用了模拟–数字混合电子系统。其中，集成运算放大器、比较器、模数转换器、数模转换器、微处理器等电子系统应用最广泛。

1.2　导线的基础介绍

导线指的是用作电线、电缆的材料，工业上也指电线。导线一般由铜或铝制成，也可以由银制成，银的导电、导热性能更好，可以用来疏导电流或导热。

导线的基础介绍

1.2.1　导线种类

弱电的电子电路学习和设计中最常用到的导线主要有杜邦线、蓝（红）白线、FPC 软排线、漆包线等，其他还有高压电缆、双绞线等。

1. 杜邦线

杜邦线有双公头、双母头及公母头 3 种类型，还有不同引脚间距间相互转换的接口类型，其常用引脚间距为 2.54mm 和 2.00mm。杜邦线的常见型号有 AWG24 和 AWG26 两种：前者的横截面积为 $0.2mm^2$，最大允许电流为 0.8A；后者的横截面积为 $0.12mm^2$，最大允许电流为 0.48A。杜邦线如图 1.2 所示。

2．蓝（红）白线

蓝（红）白线的常见型号有 AWG24 和 AWG26 两种，常见端子型号为 XH2.54，其引脚间距为 2.54mm，采用插拔式端子连接，方便在实验过程中拆卸，且连接牢固可靠，如图 1.3 所示。

图 1.2　杜邦线　　　　　　　　　图 1.3　蓝（红）白线

3．FPC 软排线

FPC 软排线的常见规格有 0.5mm 间距和 1.0mm 间距，其所能承受的额定电流分别为 0.5A 和 1.0A，常用于摄像头或显示屏接口。扁形结构特别适用于频繁弯曲的场合，不易扭结，折叠整齐。一般采用对插连接，不用焊接就可以实现可靠的连接，如图 1.4 所示。

4．漆包线

如图 1.5 所示，漆包线是一种重要的绕组线材料，由导体和绝缘层构成。在生产过程中，裸线先经过退火软化，然后经过多次涂漆和烘焙，最终形成绝缘层。漆包线的品质受到原材料质量、工艺参数、生产设备和环境等多种因素的影响。尽管不同种类的漆包线具有不同的质量特性，但都具备机械性能、化学性能、电性能和热性能。由于良好的绝缘性、高温耐受性和出色的电学性能，漆包线广泛应用于电机和变压器等电力和电子设备中。

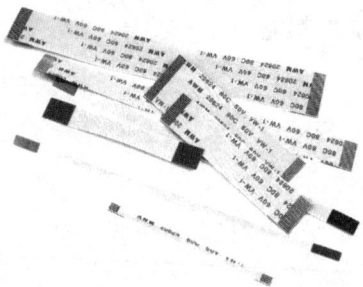

图 1.4　FPC 软排线　　　　　　　　　图 1.5　漆包线

1.2.2　实例 1：导线的应用

利用杜邦线将 5V 直流电源的正极通过一个 220Ω 的电阻器和 LED 灯的正极相连，将直流电源的负极和 LED 灯的负极相连，然后就可以观察到 LED 灯被点亮的现象。在这里，导线的作用是导通电流，电阻器的作用是限制电流，若电流过大，则会烧坏 LED 灯。如图 1.6 所示为通过仿真软件进行仿真的结果，读者可以通过搭建实际电路进行验证学习。

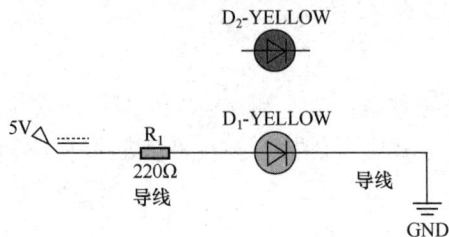

图 1.6　导线的应用仿真

1.3　电阻器的基础介绍

电阻器（Resistor）是一种常用的被动电子元器件，不能产生或放大电信号。电阻器通常被用来调整电路中的电阻值，以达到所需的电路参数。电阻值不能改变的电阻器称为固定电阻器。电阻值可变的电阻器称为电位器或可变电阻器。电阻器的线性特性是指电阻器的电阻值不变时，通过电阻器的电流与外加电压成正比。

1.3.1　电阻器的工作原理

电阻在物理学中是用来描述导体对电流流动阻碍程度的物理量。电阻器是对电流呈现阻碍作用的耗能元器件，导体的电阻越大，表示导体对电流的阻碍作用越大。电阻是导体的固有特性，不同导体具有不同的电阻值。其阻碍电流的原理是改变电子流通量，电阻越小，电子流通量越大，反之亦然。电阻器的电阻值一般与温度、材料、长度及横截面积有关。衡量电阻值受温度影响大小的物理量是温度系数，其定义为温度每升高 1℃时电阻值发生变化的百分数。电阻器的主要物理特征是变电能为热能，当有电流经过，就会产生内能。

电阻器一般由电阻体、骨架和引出端 3 部分组成。其中，电阻体是决定电阻值的主要部分。一方面，欧姆定律可以用来定义电阻值，即给电阻器加上恒定电压，会产生多大的电流；另一方面，焦耳定律也可以用来定义电阻值，即当电流通过电阻器时，单位时间内会产生多少热量。在信号处理中，交流信号和直流信号都能通过电阻器，即交流信号和直流信号都能通过电阻器进行调节和控制。

1.3.2　电阻符号及电阻单位

电阻符号：R。

电阻单位：欧姆（Ω）、千欧（kΩ）、兆欧（MΩ），它们的换算关系为 $1\text{M}\Omega = 10^3\text{k}\Omega = 10^6\Omega$。

1.3.3　电阻器的分类

线性电阻器的电阻值在一定范围内基本上保持不变，而非线性电阻器的电阻值随着电流或电压的变化而变化。在一定温度下，大多数导体的电阻值几乎维持不变，这类电阻器称为线性电阻器。给定一个电压或电流，非线性电阻器的静态电阻值为此时通过导体的电压与电流的比值。该导体伏安特性曲线中的斜率即动态电阻值。

1．按材料分类

按材料分类，电阻器可分为如下 5 类。

（1）线绕电阻器： 由电阻线绕制而成的电阻器，通常用高阻合金线绕在绝缘骨架上制成，外面涂有耐热的釉绝缘层或绝缘漆。绕线电阻器具有较低的温度系数，电阻值精度高，稳定性好，耐热、耐腐蚀，主要作为精密大功率电阻器使用；缺点是高频性能差、时间常数大。

（2）碳合成电阻器： 由碳及合成塑胶压制而成。

（3）碳膜电阻器： 将结晶碳沉积在陶瓷棒骨架上制成。碳膜电阻器成本低、性能稳定、电阻值范围宽、温度系数和电压系数低，是目前应用最广泛的电阻器。

（4）金属膜电阻器： 用真空蒸发的方法将合金材料蒸镀于陶瓷棒骨架表面。金属膜电阻器比碳膜电阻器的精度高，稳定性好，噪声系数、温度系数小，在仪器仪表及通信设备中大量采用。

（5）金属氧化膜电阻器： 在绝缘棒上沉积一层金属氧化物制成。由于其本身就是氧化物，因此，在高温下比较稳定，耐热冲击，负载能力力强。其按用途可分为通用、精密、高频、高压、高阻、大功率和电阻网络等类型。

2．特殊电阻器

特殊电阻器包括保险电阻器和敏感电阻器。

（1）保险电阻器： 又称熔断电阻器，在电路中具有电阻和保险丝的双重作用，当电路出现故障而使其功率超过额定功率时，保险电阻器会像保险丝一样熔断而使其连接的电路断开。保险电阻器的电阻值和功率一般都很小，可分为不可修复型和可修复型两种。

（2）敏感电阻器： 其电阻值对于某种物理量（如温度、湿度、光照、电压、机械力及气体浓度等）具有敏感特性，当这些物理量发生变化时，敏感电阻器的电阻值就会随物理量的变化而改变。根据对不同物理量的敏感度，敏感电阻器可分为热敏、湿敏、光敏、压敏、力敏、磁敏、气敏等类型。敏感电阻器所用的材料几乎都是半导体材料，因此这类电阻器也称为半导体电阻器。

1.3.4 电阻器的电阻值识别

1．色环电阻的识别方法

色环电阻对照表如表 1.1 所示。

表 1.1 色环电阻对照表

颜　色	第一环	第二环	第三环	第四环	第五环	第六环
棕色	1	1	1	1	±1%	1000℃
	2	2	2	2	±2%	500℃
橙色	3	3	3	3	—	150℃
黄色	4	4	4	4	—	250℃
绿色	5	5	5	5	±0.5%	—
蓝色	6	6	6	6	±0.25%	100℃
	7	7	7	7	±0.1%	50℃

（续表）

颜　色	第一环	第二环	第三环	第四环	第五环	第六环
灰色	8	8	8	—	±0.05%	
白色	9	9	9	—	—	10℃
黑色	0	0	0	0	—	
金色	—	—	—	0.1	±5%	
银色	—	—	—	0.01	±10%	
无色	—	—	—	—	±20%	

四色环电阻： 第一、二环颜色分别代表电阻值的前两位数，第三环颜色代表电阻值的倍率，即电阻值乘以 10^n，第四环颜色代表误差。如图 1.7 所示的电阻色环颜色分别为棕、黑、红、金，则其电阻值为 $10×10^2 = 1kΩ$，误差为 5%。

五色环电阻： 第一、二、三环颜色分别代表电阻值的前三位数，第四环颜色代表阻值的倍率，即电阻值乘以 10^n，第五环颜色代表误差。如图 1.8 所示的电阻色环颜色分别为绿、蓝、黑、黑、棕，则其阻值为 $560×10^0 = 560Ω$，误差为 1%。判断第一环和第五环位置可根据第一、二环之间的距离要小于第四、五环之间的距离。

六色环电阻： 第一环至第五环的表示方法与五色环电阻的表示方法一样，第六环颜色表示该电阻的温度（℃）。

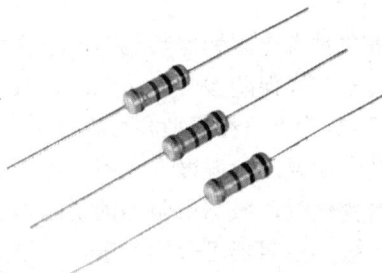

图 1.7　四色环电阻　　　　　　　图 1.8　五色环电阻

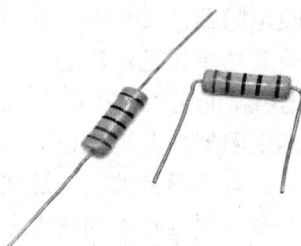

2. 贴片电阻的识别方法

贴片电阻一般在电阻体上用 3 位数字标明其电阻值，其中，第 1 位和第 2 位为有效数字，第 3 位表示在有效数字后所加"0"的个数，这一位不会出现字母。如果是小数，则用"R"表示"小数点"，并占用 1 位有效数字，其余两位是有效数字。若电阻体上有 4 位数字，则前 3 位表示有效数字，第 4 位表示倍率。三位贴片电阻的 3 位数字表示形式如图 1.9 所示，其阻值为 $10kΩ$；四位贴片电阻的 4 位数字表示形式如图 1.10 所示，其阻值为 $10Ω$。

图 1.9　三位贴片电阻　　　　　　图 1.10　四位贴片电阻

1.3.5　实例2：电阻器的分压应用

分压电阻器是与某一电路串联的电阻器。在总电压不变的情况下，在某一电路上串联一
个电阻器，能起到分压的作用，一部分电压将降在
分压电阻器上，使该部分电路两端的电压减小。

如图 1.11 所示是最简单的分压电路仿真图，
通过两个 1kΩ 的电阻器串联在 12V 电源的正负
极，用电压表的直流挡即可测得 R_2 两端分得 6V
的电压，分压公式为 $U_2 = R_2/(R_1+R_2)$。读者可通过
搭建实际电路进行验证学习。

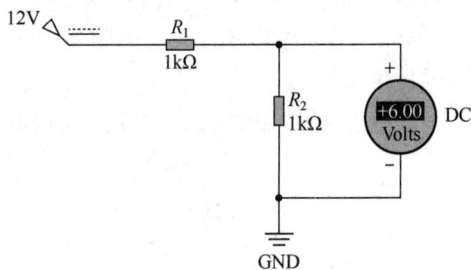

实际应用：

（1）当要获取的电压信号超过了采集范围
时，可以通过设计分压电阻来减小要采集的电压信号。

图 1.11　分压电路仿真图

（2）当使用高压电源给低压电路供电时，可以采用分压的方式供电。

（3）可用于电源电路设计中的反馈信号的获取等。

1.3.6　实例3：上、下拉电阻器应用

上拉就是将不确定的信号通过一个电阻器钳位在高电平，电阻器同时起限流作用。下
拉是指将不确定的信号通过一个电阻器钳位在低电平。上拉是对元器件输入电流，下拉是
输出电流；强弱是指上拉（下拉）电阻器的电阻值不同，没有严格区分。对于非集电极
（或漏极）开路输出型电路（如普通门电路）提供电流和电压的能力是有限的，上拉电阻器
的功能主要是为集电极开路输出型电路输出电流通道。

如图 1.12 和图 1.13 所示分别为上拉电阻器和下拉电阻器的简单应用，图中左边通过上
拉电阻器将按键与 LED 灯之间的电位钳位在高电平，只要按键不按下，LED 灯将一直亮，
当按键按下时，LED 灯才会被短路熄灭。右边同理，通过下拉电阻器将按键与 LED 灯之间
的电位钳位在低电平。

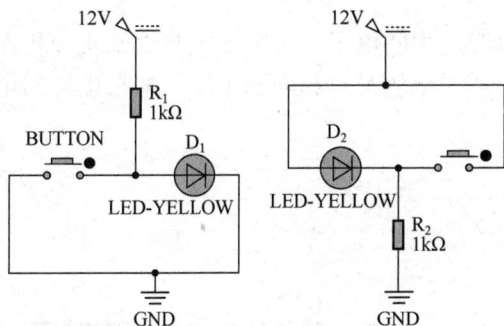

图 1.12　上拉电阻器的应用　　　　　　图 1.13　下拉电阻器的应用

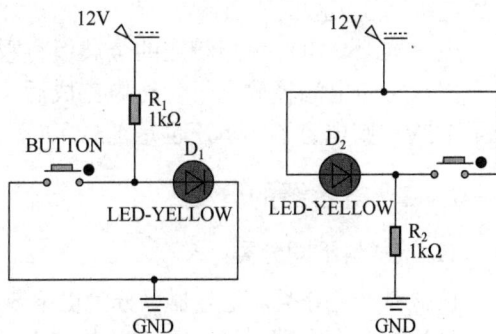

实际应用：

（1）当 TTL 电路驱动 CMOS 电路时，如果电路输出的高电平低于 CMOS 电路的最低高电
平（一般为 3.5V），这时就需要在 TTL 的输出端接上拉电阻器，以提高输出的高电平。

（2）OC（集电极开路，TTL）门电路必须使用上拉电阻器，以提高输出的高电平。

（3）为增强输出引脚的驱动能力，某些单片机引脚上必须使用上拉电阻器的（如MCS-51 单片机）。

（4）在 CMOS 芯片上，为了防止静电造成损坏，未使用的引脚不能悬空，一般接上拉电阻器以降低输入阻抗，提供泄荷通路。

（5）芯片的引脚加上拉电阻器以提高输出电平，从而提高芯片输入信号的噪声容限，增强抗干扰能力。

（6）长线传输中加上、下拉电阻器用以消除电阻器不匹配引起的反射波干扰，有效抑制反射波干扰。

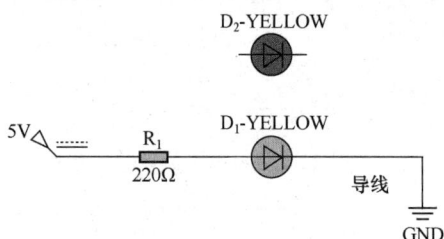

图 1.14　电阻器的限流应用

1.3.7　实例 4：电阻器的限流应用

限流电阻是指将电阻器串联于电路中，用以限制所在支路电流的大小，以防电流过大烧坏所串联的元器件。同时，限流电阻也能起分压作用。

图 1.14 中电阻器 R_1 的作用就是限流，减小流过发光二极管的电流，防止损坏 LED 灯。

1.4　电容器的基础介绍

两个相互靠近的导体，中间夹一层不导电的绝缘介质，就构成了电容器。当电容器的两个极板之间加上电压时，电容器就会存储电荷。电容器的电容在数值上等于一个导电极板上的电荷量与两个极板之间的电压之比。电容器电容的基本单位是法拉（F）。在电路图中通常用字母 C 表示电容器。

电容器的基础介绍

1.4.1　电容器的工作原理

电容器与电池类似，也具有两个电极。在电容器内部，这两个电极分别连接到被电介质隔开的两块金属板上。电介质可以是空气、纸张、塑料或其他任何不导电并能防止两个金属电极相互接触的物质。

电容器上与电源负极相连的金属板将吸收电源产生的电子，电容器上与电源正极相连的金属板将向电源释放电子。充电完成后，电容器与电源具有相同的电压（如果电源的电压是 1.5V，则电容器的电压也是 1.5V）。

1.4.2　电容器的分类

1. 按材料不同分类

按材料不同分类，电容器可分为以下 5 类。

（1）**瓷介电容器**：用高介电常数的电容器陶瓷（钛酸钡一氧化钛）挤压成圆管、圆片或圆盘作为介质，并用烧渗法将银镀在陶瓷上作为电极制成，如图 1.15 所示。瓷介电容器又分高频瓷介电容器和低频瓷介电容器。

（2）**涤纶电容器**：用两片金属箔作为电极，夹在极薄绝缘介质中，卷成圆柱形或者扁柱形芯子，介质是涤纶，如图 1.16 所示。涤纶电容器的介电常数较高、体积小、容量大、稳定性较好，适宜作为旁路电容。

图 1.15　瓷介电容器

（3）电解电容器：用金属箔作为正极（铝或钽），与正极紧贴的金属氧化膜（氧化铝或五氧化二钽）是电介质，阴极由导电材料、电解质（可以是液体或固体）和其他材料共同组成，如图 1.17 所示。电解质是阴极的主要部分，电解电容器因此而得名。电解电容器的正、负极不可反接。铝电解电容器可以分为 4 类：引线形铝电解电容器、牛角形铝电解电容器、螺栓式铝电解电容器、固态铝电解电容器。

图 1.16　涤纶电容器　　　　　　　　图 1.17　电解电容器

（4）钽电容器：钽电容器是电容器中体积小而电容较大的一种电容器，是 1956 年由美国贝尔实验室首先研制成功的，其性能优异。钽电容器外形多种多样，常见适用于表面贴装的小型、片型元器件，如图 1.18 所示。钽电容器不仅在军事通信、航天等领域应用，而且在工业控制、影视设备、通信仪表等产品中大量使用。

（5）聚丙烯电容器：聚丙烯电容器也称 CBB 电容器，如图 1.19 所示。其电容为 10pF～10μF，额定电压为 63～2000V。CBB 电容器能代替大部分聚苯或云母电容器，用于要求较高的电路中。CBB 电容器的性能与聚苯电容器相似，但体积小、稳定性略差。

图 1.18　钽电容器　　　　　　　　　图 1.19　聚丙烯电容器

2. 按用途分类

按用途分类，电容器可分为以下 14 类。

（1）**耦合电容器**：用在耦合电路中的电容器称为耦合电容器，常见于阻容耦合放大器和其他电容耦合电路，起隔直流通交流作用。

（2）**滤波电容器**：用在滤波电路中的电容器称为滤波电容器，常见于电源滤波和各种滤波器电路，用于将一定频段内的信号从总信号中去除。

（3）**退耦电容器**：用在退耦电路中的电容器称为退耦电容器，常见于多级放大器的直流电压供给电路，用于消除每级放大器之间的有害低频交连。

（4）**高频消振电容器**：用在高频消振电路中的电容器称为高频消振电容器，常见于音频负反馈放大器，用于消振可能出现的高频自激。

（5）**谐振电容器**：用在 LC 谐振电路中的电容器称为谐振电容器，常见于 LC 并联和串联谐振电路。

（6）**旁路电容器**：用在旁路电路中的电容器称为旁路电容器，用于从信号中去除某一频段的信号。根据所去除信号频率不同，其分为全频域（所有交流信号）旁路电容器和高频旁路电容器。

（7）**中和电容器**：用在中和电路中的电容器称为中和电容器，常见于收音机高频、中频放大器，以及电视机高频放大器，以消除自激。

（8）**定时电容器**：用在定时电路中的电容器称为定时电容器，用于对电容器充电、放电进行时间控制的电路，电容器起控制时间常数的作用。

（9）**积分电容器**：用在积分电路中的电容器称为积分电容器，常见于电势场扫描的同步分离电路中，用于从场复合同步信号中提取场同步信号。

（10）**微分电容器**：用在微分电路中的电容器称为微分电容器，用于从各类（主要是矩形脉冲）信号中得到尖顶脉冲触发信号。

（11）**补偿电容器**：用在补偿电路中的电容器称为补偿电容器，常见于卡座的低音补偿电路，以提升放音信号中的低频信号。

（12）**自举电容器**：用在自举电路中的电容器称为自举电容器，常见于 OTL 功率放大器输出级电路，以通过正反馈的方式少量提升信号的正半周幅度。

（13）**分频电容器**：用在分频电路中的电容器称为分频电容器。在音箱的扬声器分频电路中，利用分频电容器，使高频扬声器工作在高频段，使中频扬声器工作在中频段，使低频扬声器工作在低频段。

（14）**负载电容器**：与石英晶体谐振器共同决定负载谐振频率的有效外界电容器。负载电容器常用的标称电容有 16pF、20pF、30pF、50pF 和 100pF。负载电容器可以根据具体情况进行适当的调整，以将谐振器的工作频率调到标称值。

1.4.3 电容器的性能指标

1. 标称电容

电容器是一种能够存储电荷的电子元器件。电容器的电容指其可以存储的电荷量，通常用法拉（F）作为单位。电容器的电容越大，存储的电荷量越多。电容可以通过测量电容器上的电压和电流计算得出。

电容器的实际电容与其标称电容有所差异。为了表示电容的精度等级，一般使用Ⅰ、Ⅱ、Ⅲ级表示。其中，Ⅰ级表示电容精度最高，Ⅲ级表示电容精度最低。电解电容器的电容精度与其他类型电容器电容精度的表示方法有所不同，用Ⅳ、Ⅴ、Ⅵ级表示。

在实际使用中，电解电容器的电容会受到多种因素的影响，如工作频率、温度、电压和测量方法等。这些因素的变化会导致电容器的电容发生变化。因此，在选择电容器时，需要根据具体的用途来选择适当的电容和精度等级，以保证其工作的稳定性和可靠性。

电容器既然是一种存储电荷的"容器"，那么就有"容量"大小的问题，于是确定了"电容"这个物理量，用来衡量电容器存储电荷的能力。电容器必须在外加电压的作用下才能存储电荷。不同的电容器在电压作用下存储的电荷量不同，国际上统一规定，给电容器外加 1V 直流电压时，其所能存储的电荷量，为该电容器的电容（单位电压下的电量），用字母 C 表示。在 1V 直流电压作用下，如果电容器存储的电荷为 1 库仑（Q），电容就被定为 1 法拉，法拉用符号 F 表示，即 1F = 1Q/V。在实际应用中，电容器的电容往往比 1F 小得多，常用较小的单位，如毫法（mF）、微法（μF）、纳法（nF）、皮法（pF）等，其关系如下：

$$1 \text{法拉（F）} = 1000 \text{毫法（mF）}$$
$$1 \text{毫法（mF）} = 1000 \text{微法（μF）}$$
$$1 \text{微法（μF）} = 1000 \text{纳法（nF）}$$
$$1 \text{纳法（nF）} = 1000 \text{皮法（pF）}$$

2. 额定电压

额定电压是指在最低环境温度和额定环境温度下可连续加在电容器上的最高直流电压。额定电压是电器设备或元器件所设计、标称的正常工作电压，也可以称为额定工作电压。

3. 绝缘电阻

将直流电压加在电容器上，会产生漏电电流，两者之比称为绝缘电阻。当电容较小时，绝缘电阻主要取决于电容器的表面状态。当电容大于 0.1μF 时，绝缘电阻主要取决于介质。在通常情况下，绝缘电阻越大越好。

4. 损耗

电容器在电场的作用下，在单位时间内因发热所消耗的能量称为损耗。损耗与频率范围、介质、电导、电容金属部分的电阻等有关。

5. 频率特性

随着频率的上升，电容器的电容通常呈现下降趋势。当电容器工作在谐振频率以下时，表现为容性。当电容器的工作频率超过其谐振频率时，表现为感性，此时就不是一个电容器，而是一个电感器。因此，要避免电容器工作在其谐振频率以上。

1.4.4 实例5：定时电容器应用

如图 1.20 所示为最简单的定时器，其中，C_1 为定时电容器。定时时间由 R_1 和 C_1 确定，R_1 和 C_1 越大，定时时间越长。

按下按键后，电源 VCC 开始向 C_1 充电。由于电容器两端的电压不能突变，因此，C_1 上的电压仍为 0，单向晶闸管 VS 无触发电压而截止，蜂鸣器 BUZ_1 无声音发出。

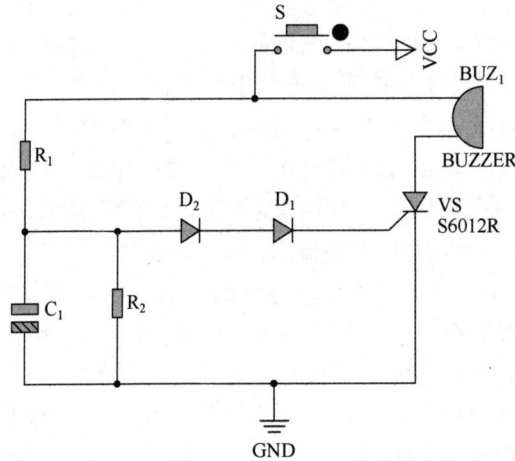

图 1.20　电容器的定时功能

随着时间的推移，C_1 上所充电压越来越高。当 C_1 上的电压达到单向晶闸管 VS 的触发电压时，VS 被触发而导通，蜂鸣器 BUZ_1 有声音发出，提示定时时间结束。

晶体二极管 D_1、D_2 串联后接在单向晶闸管 VS 的控制极回路中，作用是提高单向晶闸管控制极的触发电压。因为 C_1 上的电压必须超过两个二极管的管压降才能触发单向晶闸管，从而在同样大小的定时电阻和电容的情况下，获得更长的定时时间。R_2 为 C_1 的泄放电阻，定时结束切断电源开关 S 后，可以迅速将 C_1 上的电压放掉，以再次启动定时器。

1.4.5　实例 6：去耦电容器应用

去耦电容器使用的是电容器的滤波作用，一般装配在电源的两端，如图 1.21 所示，$C_6 \sim C_9$ 都是去耦电容器，此电容器可以提供稳定的电源，同时可以降低元器件耦合到电源端的噪声，间接降低此元器件对其他元器件噪声的影响。

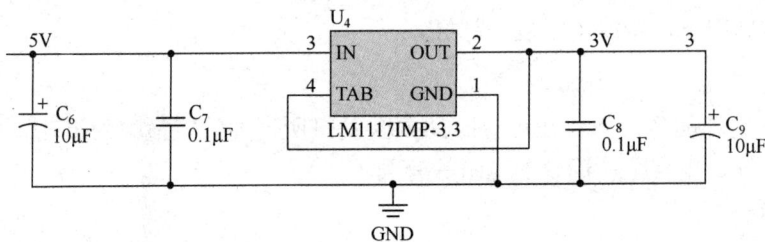

图 1.21　电容器的去耦作用

由于电容小的电容器滤除高频干扰，高频干扰不一定是由芯片外部输入的，也可以由芯片内部产生，因此，一般电容小的电容器要放在靠近芯片的位置，而电容大的电容器可以远一点。中央处理器（Central Processing Unit，CPU）、现场可编程门阵列（Field Programmable Gate Array，FPGA）等内部若干 MOS 管像开关一样导通、截止，这就形成了很多方波信号，再用傅里叶级数将其展开，就会产生很多奇次谐波。这些谐波的频率很高，属于高频干扰，高频干扰在整块电路板上传播相当危险，应尽早将其滤除，因此，电容器要尽量靠近芯片。低频干扰的影响力相对较弱，可以相对较远。

1.4.6 实例 7：旁路电容器应用

旁路电路是在主路边上为了某些目的开辟的一条支路，是一条为特定频率的信号开辟的低阻抗支路。如图 1.22 和图 1.23 所示，其中 C_2 为旁路电容器。如图 1.22 所示的电路中三极管的射极电流 I_e 有两条路，一条是 R_4，另一条是 C_2。在图 1.23 中，I_e 只有一条路——R_4。电流会流向阻碍作用小的电路，而对于同一个量级的电阻器和电容器，电阻器的阻抗肯定会大于电容器，因此，对于非直流部分的 I_e 来说，会优先流向电容器所在支路，这就是旁路电容器名称的由来。

图 1.22 发射极有旁路电容放大电路

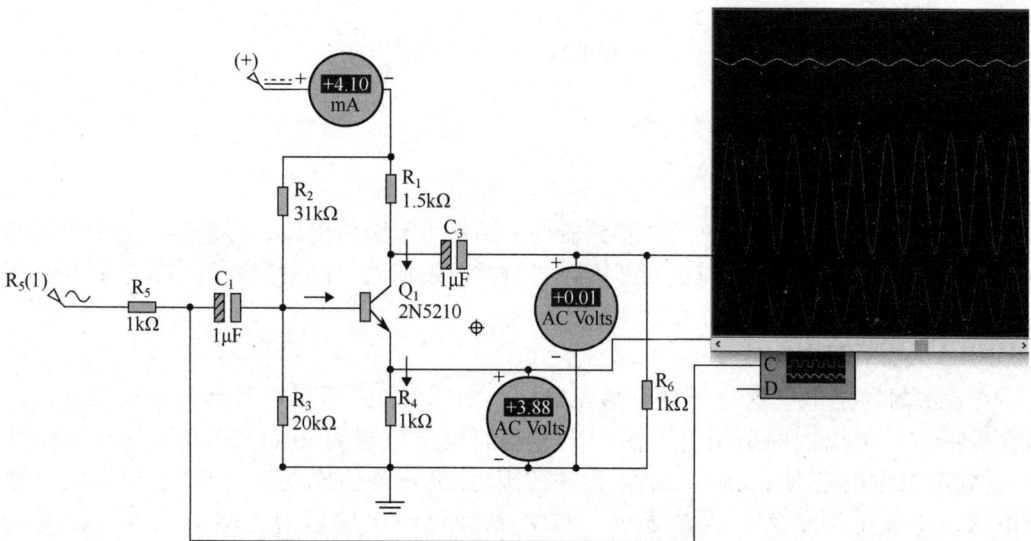

图 1.23 发射极无旁路电容放大电路

1.5　电感器的基础介绍

电感器的基础介绍

电感器（Inductor）是能够把电能转化为磁能而存储起来的元器件。电感器的结构类似于变压器，但只有一个绕阻。电感器具有一定的电感，其只阻碍电流的变化。在电路接通的瞬间，电感器将试图阻碍电流流过。在电路断开的瞬间，电感器将试图维持电流不变。电感器又称扼流器、电抗器、动态电抗器。

1.5.1　电感器的工作原理

电感器是一种基于电磁感应原理的电子元器件，如图 1.24 所示，其可以存储电能并起到阻碍电流变化的作用。将导线绕制成线圈形状，当电流流过时，在线圈两端就会形成较强的磁场。电感器对直流呈现很小的电阻（近似于短路），对交流呈现的阻抗较高，其阻值的大小与所通过交流信号的频率有关。同一电感元器件，通过交流电流的频率越高，呈现的阻值越大。

图 1.24　常见电感器

1.5.2　电感器的型号及分类

1. 小型电感器

小型电感器是指尺寸较小的电感元器件，通常用于微型电路、传感器、通信设备和其他小型电子设备中。其有密封式和非密封式两种封装形式，两种形式又都有立式和卧式两种外形结构。

1）立式密封固定电感器

立式密封固定电感器是一种电感元器件，如图 1.25 所示，其具有立式安装、密封固定等特点。采用同向型引脚，国产电感器的电感范围为 0.1～2200μH（直标在外壳上），额定工作电流为 0.05～1.6A，误差范围为±5%～±10%。进口立式密封固定电感器的电感、电流范围更大，误差更小。TDK 系列色码电感器的电感用色点标在电感器表面。

图 1.25 立式密封固定电感器

2）卧式密封固定电感器

卧式密封固定电感器如图 1.26 所示，其通常由线圈、磁芯和绝缘材料组成，采用轴向型引脚。国产卧式密封固定电感器有 LG1、LGA、LGX 等系列。LG1 系列电感器的电感量范围为 0.1～22000μH（直标在外壳上）。LGA 系列电感器采用超小型结构，外形与 1/2W 色环电阻器相似，电感量范围为 0.22～100μH（用色环标在外壳上），额定电流为 0.09～0.4A。LGX 系列色码电感器也采用小型封装结构，其电感量范围为 0.1～10000μH，额定电流分为 50mA、150mA、300mA 和 1.6A 共 4 种规格。

图 1.26 卧式密封固定电感器

2．可调电感器

常用的可调电感器有半导体收音机用振荡线圈、电视机用行振荡线圈、行线性线圈等。

1）半导体收音机用振荡线圈

半导体收音机用振荡线圈在半导体收音机中与可变电容器等组成本机振荡电路，用以产生一个高出输入调谐电路接收的电台信号 465kHz 的本振信号。其外部为金属屏蔽罩，内部由尼龙衬架、"工"字形磁芯、磁帽及引脚座等构成，在"工"字形磁芯上有用高强度漆包线绕制的绕组。磁帽装在屏蔽罩内的尼龙架上，可以上下旋转，通过改变其与线圈的距离来改变线圈的电感量。电视机中频陷波线圈的内部结构与振荡线圈相似，只是磁帽可调磁芯。

2）电视机用行振荡线圈

行振荡线圈用在早期的黑白电视机中，其外围的阻容元器件及行振荡晶体管等组成自激振荡电路（三点式振荡器或间歇振荡器、多谐振荡器），用来产生频率为 15.625kHz 的矩形脉冲电压信号。该线圈的磁芯中心有方孔，行同步调节旋钮直接插入方孔内，旋动行同步调节旋钮，即可改变磁芯与线圈之间的相对距离，从而改变线圈的电感量，使行振荡频率保持为 15.625kHz，与自动频率控制电路（AFC）送入的行同步脉冲产生同步振荡。

3）行线性线圈

行线性线圈是一种非线性磁饱和电感线圈（其电感量随着电流的增大而减小），一般串联在行偏转线圈回路中，利用其磁饱和特性来补偿图像的线性畸变。行线性线圈用漆包线在"工"字形铁氧体高频磁芯或铁氧体磁棒上绕制而成，线圈的旁边装有可调节的永久磁铁。通过改变永久磁铁与线圈的相对位置来改变线圈电感量的大小，从而达到线性补偿的目的。

3. 阻流电感器

阻流电感器是在电路中用以阻塞交流电流通的电感线圈，分为高频阻流线圈和低频阻流线圈。

1）高频阻流线圈

高频阻流线圈也称高频扼流线圈，用于阻止高频交流电流通。高频阻流线圈工作在高频电路中，多采用空心或铁氧体高频磁芯，骨架用陶瓷材料或塑料制成，线圈采用蜂房式分段绕制或多层平绕分段绕制。

2）低频阻流线圈

低频阻流线圈主要用于低频电路中，用于阻止低频电流通过，只允许高频电流通过，通常由一个绕制在磁芯上的线圈和两个连接器组成。

低频阻流线圈的工作原理是，基于电感器的特性，当电流流经线圈时，会产生磁场，该磁场会阻碍电流的流动。在低频电路中，线圈的电感量很大，因此，线圈会阻碍低频电流的流通，而只允许高频电流通过，可以有效地滤除低频噪声和干扰信号。

低频阻流线圈通常用于放大器、滤波器和收音机等电子设备中，常见的应用包括语音信号的放大和处理、音频频谱的分析和处理等。

1.5.3 电感器的性能指标

1. 电感量

电感量表示单位时间内电感元器件存储电磁能的能力大小，单位是亨利（Henry），用符号 H 表示。电感器电感量的大小，主要取决于线圈的圈数（匝数）、绕制方式、有无磁芯及磁芯的材料等。通常，线圈圈数越多、绕制的线圈越密集，电感量就越大。有磁芯的线圈比无磁芯的线圈电感量大；磁芯导磁率越大的线圈，电感量越大。

电感量符号：L。

电感量单位：亨利（H）、毫亨（mH）、微亨（μH）、纳亨（nH），它们的换算关系为

$$1H = 10^3 mH = 10^6 \mu H = 10^9 nH$$

2. 允许偏差

允许偏差是指电感器上标称的电感量与实际电感量的允许误差值。用于振荡或滤波等电路中的电感器要求精度较高，允许偏差为±0.2%～±0.5%。用于耦合、高频阻流等线圈的精度要求不高，允许偏差为±10%～±15%。

3．品质因数

品质因数（Quality Factor）是指某个振动系统在固有频率附近的能量损耗与存储能量的比值。品质因数通常用 Q 表示，其定义为系统的能量损耗与存储能量的比值，即

$$Q = 能量损耗/存储能量$$

在电路中，品质因数也可以理解为电路中能量存储元器件（如电容器、电感器）的能量损耗与存储能量的比值。品质因数越高，表示系统的存储能量越充分，能量损耗越小，系统的稳定性和抗干扰能力也就越强。

在无线通信中，品质因数常用于描述电感器、滤波器、天线等电路元器件的性能，也被用于衡量无线信号的衰减和传播损耗。

4．额定电流

额定电流是指电感器在允许的工作环境下能承受的最大电流值。若工作电流超过额定电流，则电感器会因发热而导致性能参数发生改变，甚至会因过流而烧毁。

1.5.4　实例8：电感器的选择与应用

1．功率电感器

功率电感器通常用于 DC-DC 电路中，通过积累并释放能量来保持连续的电流。功率电感器大都是绕线型功率电感器，如图 1.27 所示；其次是多层片状功率电感器，如图 1.28 所示，通常电感量和电流都较低，优点是成本较低、体积超小，在手机等空间限制较大的产品中有较多应用。

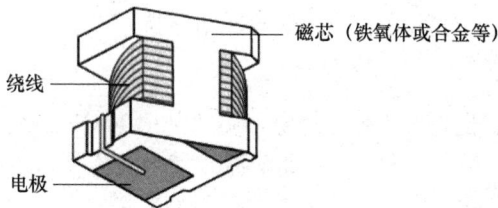

图 1.27　绕线型功率电感器

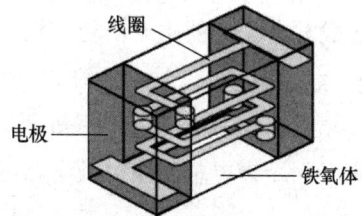

图 1.28　多层片状功率电感器

功率电感器需要根据所选的 DC-DC 芯片来选型。通常 DC-DC 芯片的规格书上都有推荐的电感量，以及相关参数的计算。图 1.29 为 LM2576 DC-DC 电源芯片的典型电路，其明确给出 L_1 的电感量为 100μF。

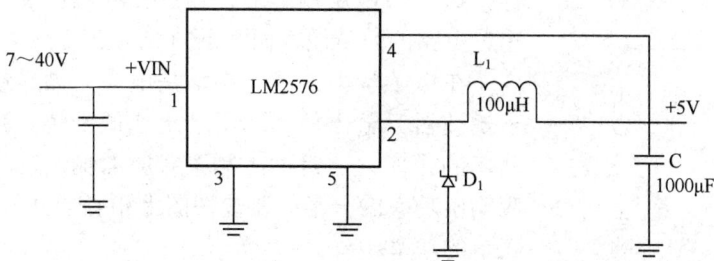

图 1.29　LM2576 DC-DC 电源芯片的典型电路

2．去耦电感器

去耦电感器的作用是滤除线路上的干扰，属于 EMC 元器件。EMC 工程师主要解决产品的辐射发射（RE）和传导发射（CE）的测试问题。去耦电感器的结构通常比较简单，大都是铜丝直接绕在铁氧体环上，可以分为差模电感器（见图 1.30）和共模电感器（见图 1.31）。

图 1.30　差模电感器

图 1.31　共模电感器

差模电感器就是普通的绕线电感器，用于滤除一些差模干扰，主要与电容器一起构成 LC 滤波器，减小电源噪声。共模电感器就是在同一个铁氧体环上绕制两个匝数相同、绕向相反的线圈，当有共模成分流过共模电感器时，会在两个线圈形成方向相同的磁场，相互加强，相当于对共模信号存在较高的感抗；当有差模成分流过共模电感器时，会在两个线圈形成方向相反的磁场，相互抵消，相当于对差模信号存在较低的感抗。

3．高频电感器

高频电感器主要应用于手机、无线路由器等产品的射频电路中，从 100MHz 到 6GHz 都有应用。高频电感器在射频电路中主要起匹配、滤波、隔离交流、谐振等作用。

1.5.5　实例 9：RL 高通滤波器

滤波器可以对电源线中特定频率的频点或该频点以外的频率进行有效滤除，得到一个特定频率的电源信号，或者得到消除一个特定频率后的电源信号。

通过 Proteus 仿真软件绘制的 RL 高通滤波器的电路图如图 1.32 所示，本实例将通过仿真方式验证该电路的性能，读者可以通过搭建实践电路进行验证。图 1.32 中 $L_1(1)$ 为电压探针，该点即电压输出端，通过频率响应模块可以仿真显示出该电路的波特图，如图 1.33 所示。

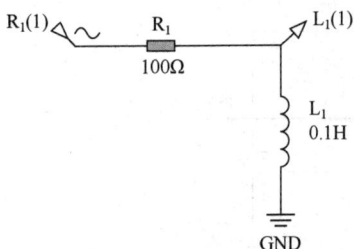

在电子学中，截止频率是电路（如导线、放大器、电子滤波器）输出信号功率超出或低于传导频率时输出信号功率的频率。通常截止频率对应的输出功率为传导频率对应输出功率的一半，在波特图上相当于降低 3dB 的频率所表示的功率。

图 1.32　RL 高通滤波器的电路图

RL 高通滤波器截止频率公式为

$$f_c = R/(2\pi L)$$

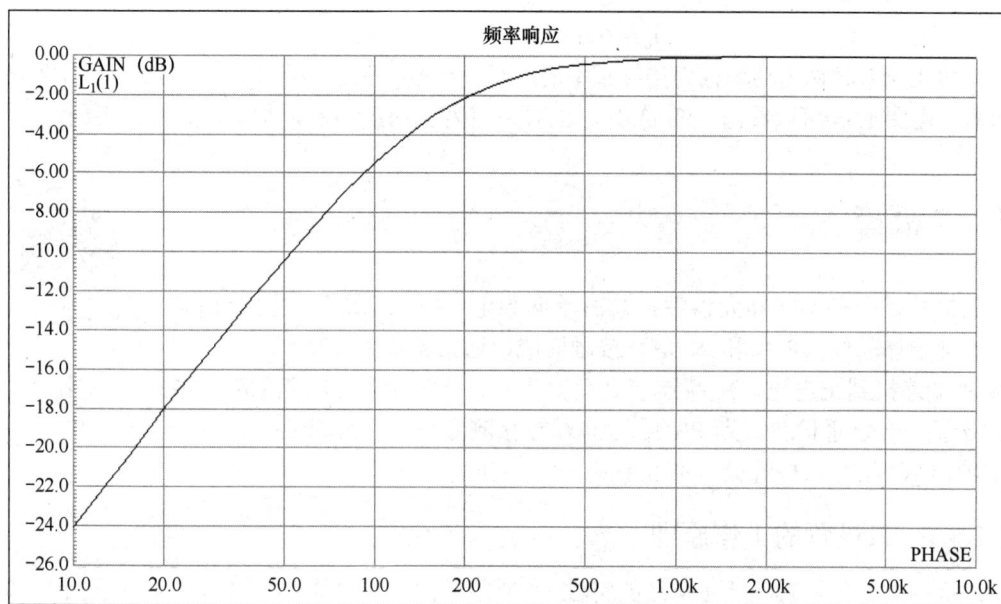

图 1.33　RL 高通滤波器的波特图

根据公式计算截止频率得

$$f_c = 100/(2\pi \times 0.1) \approx 159.2\text{Hz}$$

由波特图可以看出，在−3dB 时的频率也为 160Hz 左右，与理论计算结果相符。

1.5.6　实例 10：RL 低通滤波器

RL 低通滤波器的电路图如图 1.34 所示，与 RL 高通滤波器相比，仅调换了电感器和电阻器的位置，同样通过仿真得到 RL 低通滤波器的波特图，如图 1.35 所示。

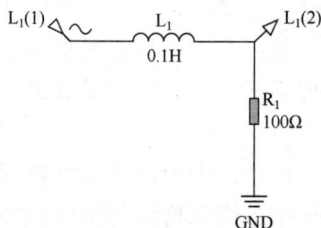

图 1.34　RL 低通滤波器的电路图

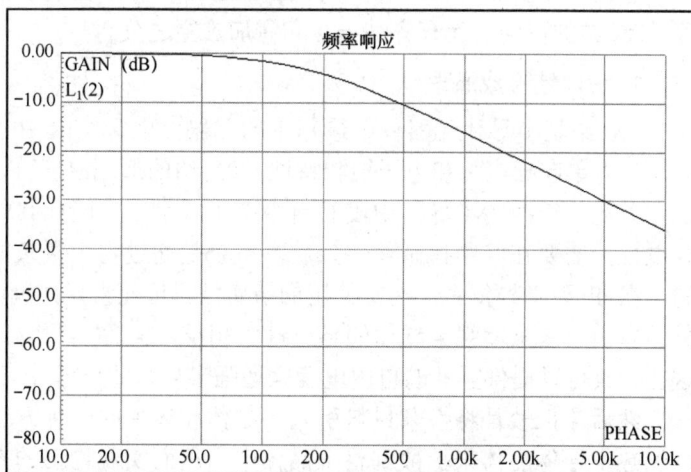

图 1.35　RL 低通滤波器的波特图

RL 低通滤波器的截止频率计算公式为

$$f_c = R/(2\pi L)$$

通过计算得出

$$f_{c} = 100/(2\pi \times 0.1) \approx 159.2\text{Hz}$$

其截止频率时输出功率也为传导频率的一半,在波特图上相当于降低 3dB 的频率所表示的功率,由图 1.35 可以看出,在-3dB 时的频率也为 160Hz 左右,与理论计算结果相符。

1.6 二极管

二极管

二极管是一种半导体元器件,具有单向导电性质。二极管由两个不同材料的半导体晶体(P 型和 N 型)接触而成,通常被称为 PN 结。当 PN 结的 P 端连接到正电压,N 端连接到负电压时,电子会从 N 端流向 P 端,形成电流,此时二极管处于导通状态。当 PN 结的 P 端连接到负电压,N 端连接到正电压时,电子不会流过 PN 结,此时二极管处于截止状态。

1.6.1 二极管的工作原理

二极管的工作原理基于 PN 结的特性。PN 结是由一块 P 型半导体和一块 N 型半导体材料结合形成的。在 PN 结中,P 型半导体和 N 型半导体之间的电子浓度差异,形成了电场。当 PN 结的 P 端连接到正电压,而 N 端连接到负电压时,该电场会使得自由电子从 N 端向 P 端运动,从而产生电流。该过程被称为二极管的正向偏置,此时二极管处于导通状态。

当二极管正向偏置时,虽然电子可以通过 PN 结,但是在 PN 结中会有一个电压损失,也就是二极管的压降。该压降是固定的,不同的二极管具有不同的压降。当二极管反向偏置时,PN 结中的电场会将自由电子推回到 N 型半导体区域,这时只有极小的反向漏电流流过二极管,该反向漏电流也是一个固定值,不同的二极管具有不同的反向漏电流值。

利用二极管正向导通和反向截止的特性,可以实现一系列功能,如整流、稳压、开关等。PN 结的反向击穿有齐纳击穿和雪崩击穿之分。

1. PN 结形成原理

PN 结是半导体元器件中最基本的元器件之一,由 P 型半导体和 N 型半导体接触形成,具有单向导电性和电子控制特性。PN 结的形成原理可以通过以下几个步骤来解释。

首先,纯净的半导体中没有自由电子或空穴,因此其导电性很差。为了改变半导体的导电性,需要在其中掺杂一些杂质。掺杂是通过将少量杂原子引入纯净的半导体中来实现的。在 P 型半导体中,通常使用的杂质是三价元素,如硼或铝,这些元素可以通过提供少量的自由空穴来增强半导体的导电性。相反,N 型半导体通常使用五价元素,如磷或砷,这些元素可以提供额外的自由电子来增强半导体的导电性。

然后,扩散是将掺杂材料引入半导体晶体中的一种方法。在扩散过程中,掺杂材料通过加热半导体晶体来扩散到整个晶体中,从而实现均匀的掺杂分布。掺杂材料的浓度决定了半导体的导电性,掺杂浓度越高,导电性越强。

最后,P 型半导体和 N 型半导体相遇形成 PN 结。在 PN 结中,掺杂不同,电子和空穴的浓度不同,导致在 PN 结的交界处形成了一个电场。该电场形成的带电区域被称为空间电荷区或势垒。势垒会抵消电子和空穴的流动,使得 PN 结具有单向导电性。

2．PN 结单向导电性

在 PN 结外加正向电压，PN 结的平衡状态被打破，P 区的空穴和 N 区的电子都往 PN 结方向移动，空穴和 PN 结 P 区的负离子中和，电子和 PN 结 N 区的正离子中和，这样就使 PN 结变窄。随着外加电压的增大，扩散运动进一步增强，漂移运动减弱。当外加电压超过门槛电压时，PN 结相当于一个电阻值很小的电阻器，也就是 PN 结导通。

1.6.2　二极管的种类

1．点接触型二极管

点接触型二极管的 PN 结接触面积小，不能通过较大的正向电流，不能承受较高的反向电压，但其高频性能好，适宜在高频检波电路和开关电路中使用。

2．面接触型二极管

面接触型二极管的 PN 结接触面积大，可以通过较大的正向电流，也能承受较高的反向电压，适宜在整流电路中使用。

3．平面型二极管

平面型二极管在脉冲数字电路中作为开关管使用时 PN 结接触面积小，用于大功率整流时 PN 结接触面积较大。

4．稳压管

稳压管是一种特殊的面接触型半导体硅二极管，具有稳定电压的作用。稳压管与普通二极管的主要区别在于，稳压管工作在 PN 结的反向击穿状态。制造过程中的工艺措施，以及在使用时限制反向电流的大小，能保证稳压管在反向击穿状态下不会因过热而损坏。

稳压管与普通二极管不一样，其反向击穿是可逆的，只要不超过稳压管电流的允许值，PN 结就不会因过热而损坏，当外加反向电压去除后，稳压管恢复原性能，因此，稳压管具有良好的重复击穿特性。

5．光电二极管

光电二极管又称光敏二极管，其管壳上备有一个玻璃窗口，以便于接受光照。其特点是，当光线照射于其 PN 结时，可以成对地产生自由电子和空穴，使半导体中少数载流子的浓度提高，在一定的反向偏置电压作用下，使反向电流增大。因此，其反向电流随光照强度的增加而线性增大。

当无光照时，光电二极管的伏安特性与普通二极管一样。光电二极管作为光控元器件，可用于各种物体检测、光电控制、自动报警等。当制成大面积的光电二极管时，可将其当作一种能源而称为光电池。此时不需要外加电源，即能直接把光能变成电能。

6．发光二极管

发光二极管（Light Emitting Diode，LED）是一种将电能直接转换成光能的半导体固体显示元器件。和普通二极管相似，发光二极管也是由一个 PN 结构成的。发光二极管的 PN 结封装在透明塑料壳内，外形有方形、矩形和圆形等。发光二极管的驱动电压低、工作电流小，具有很强的抗振动、抗冲击能力，并且体积小、可靠性高、耗电小、寿命长，广泛用于信号指示等电路中。

发光二极管的原理与光电二极管相反。当发光二极管正向偏置通过电流时会发出光来，这是电子与空穴直接复合时放出能量的结果。其光谱范围比较窄，其波长由所使用的基本材料而定。

1.6.3 二极管的特性

1. 伏安特性

二极管具有单向导电性，二极管的伏安特性曲线如图 1.36 所示。

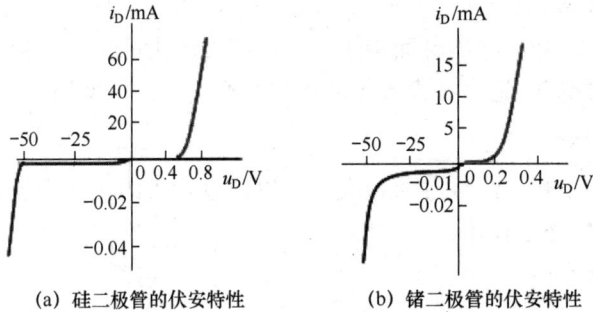

(a) 硅二极管的伏安特性　　(b) 锗二极管的伏安特性

图 1.36　二极管的伏安特性曲线

对二极管施加正向电压，当电压较小时，电流极小；当电压超过 0.6V 时，电流开始按指数规律增大，通常称此电压为二极管的开启电压；当电压达到约 0.7V 时，二极管处于完全导通状态，通常称此电压为二极管的导通电压，用符号 u_D 表示。

对于锗二极管，开启电压为 0.2V，导通电压 u_D 约为 0.3V。对二极管施加反向电压，当电压较小时，电流极小，其电流为反向饱和电流 I_S。当反向电压超过某个值时，电流开始急剧增大，称为反向击穿，称此电压为二极管的反向击穿电压，用符号 u_{BR} 表示。不同型号的二极管的反向击穿电压 u_{BR} 差别很大，从几十伏到几千伏不等。

2. 正向特性

当 PN 结的正向电压为正时，也就是当 P 区连接正极，N 区连接负极时，二极管处于正向工作状态。在这种情况下，PN 结区域内的电子会被向 P 区移动的电场所吸引，同时，空穴会被向 N 区移动的电场所吸引，导致 PN 结区域内的电荷分布发生改变，从而产生电流。在这种情况下，二极管表现出了低电阻的导电特性，相当于导体。

当二极管处于正向工作状态时，P 区与 N 区之间的电场会将 P 区的空穴向 N 区移动，同时将 N 区的电子向 P 区移动。这些移动的载流子将导致二极管导电。在 P 区，空穴被向前推动，撞击到其他的空穴时会释放能量，该能量被电场加速，将电子从 N 区拉向 P 区，当这些电子在 P 区的空穴中重新结合时，能量也会被释放出来。这些能量以热的形式散失。当正向电压增大时，二极管的导电性增强，电流也会随之增大，同时会产生更多的热能，这也会导致二极管的温度升高。

在正向偏置情况下，PN 结区域内的电荷分布发生改变，导致电流产生，二极管表现出导电特性。这就是二极管的正向特性。

当二极管两端的正向电压超过一定数值时，内电场很快被削弱，特性电流迅速增长，二极管正向导通。此电压称为门槛电压或阈值电压。硅二极管的阈值电压约为 0.5V，锗二极管的阈值电压约为 0.1V。硅二极管的正向导通压降为 0.6～0.8V，锗二极管的正向导通压降为 0.2～0.3V。

当外加反向电压不超过一定范围时，通过二极管的电流是少数载流子漂移运动所形成的反向电流。由于反向电流很小，因此二极管处于截止状态。该反向电流又称反向饱和电流或漏电流，二极管的反向饱和电流受温度影响很大。

一般来说，硅二极管的反向电流比锗二极管的小得多，小功率硅二极管的反向饱和电流在纳安数量级，小功率锗二极管的反向饱和电流在微安数量级。当温度升高时，半导体受热激发，少数载流子数量增加，反向饱和电流也随之增大。

3．击穿特性

半导体元器件的击穿特性是指当外加电压达到一定程度时，PN 结内部的电场强度增大到足以克服材料的电阻，从而形成电流的过程。半导体的击穿特性可分为正向击穿和反向击穿两种类型。

正向击穿通常发生在二极管正向偏置状态下，当外加电压超过二极管的额定正向击穿电压时，PN 结会发生击穿，电流会急剧增大。反向击穿则是指当 PN 结处于反向偏置状态时，由于反向电场的作用，当外加电压超过特定值时，PN 结会发生击穿，电流也会急剧增大。

半导体元器件的击穿特性对于电路设计和应用非常重要。例如，在设计稳定的电压参考源和电压调节器时，可以利用正向击穿来实现。反向击穿则可用于设计和制造保护电路，以防止 PN 结受到过高的反向电压而被损坏。在实际应用中，需要根据不同的应用场景选择合适的半导体元器件，以保证其正常工作及长期可靠性。

4．反向电流

反向电流是在常温（25℃）和最高反向电压作用下流过二极管的电流。反向电流越小，二极管的单向导电性越好。值得注意的是，反向电流与温度有密切的关系，大约温度每升高 10℃，反向电流增大 1 倍。例如，2AP1 型锗二极管，在 25℃时反向电流为 250μA，温度升高到 35℃，反向电流将增大到 500μA；以此类推，在 75℃时，其反向电流已达 8mA，不仅失去了单向导电性，还会使二极管因过热而损坏。又如，2CP10 型硅二极管，25℃时反向电流仅为 5μA，当温度升高到 75℃时，反向电流也不过 160μA。因此，硅二极管比锗二极管在高温下具有更好的稳定性。

5．动态电阻

动态电阻是二极管特性曲线静态工作点附近电压的变化与相应电流的变化之比。

6．电压温度系数

电压温度系数是温度每升高 1℃时稳定电压的相对变化。

7．最高工作频率

最高工作频率是二极管工作的上限频率。因为二极管与 PN 结一样，其结电容由势垒电容组成，所以最高工作频率主要取决于 PN 结电容的大小。若是超过此值，则单向导电性将受影响。

8．最大整流电流

最大整流电流是指二极管长期连续工作时，允许通过的最大正向平均电流，其值与 PN 结接触面积及外部散热条件等有关。因为电流通过二极管时会使管芯发热，温度上升，当温度超过容许限度（硅二极管为 141℃左右，锗二极管为 90℃左右）时，就会使管芯因过热而损坏，所以在规定的散热条件下二极管在使用过程中的电流不要超过最大整流电流。

9．最高反向工作电压

当加在二极管两端的反向电压达到一定值时，会将二极管击穿，失去单向导电能力。为了保证使用安全，规定了最高反向工作电压。

1.6.4 实例11：防反接保护电路设计

1．二极管防反接电路

将单个二极管串联到电源输入端，如图 1.37 所示，即可起到电源防反接的作用。防反接电路利用了二极管的单向导电性，正向导通，反向截止。当不小心反接电源时，二极管不导通，不会损坏任何元器件。

但是该电路有一个缺陷，即在正常工作时，要考虑在二极管上产生的 0.7V 的电压降。对供电电压有严格要求的电路，不推荐使用，因为 0.7V 的电压降可能会导致电路不工作。

2．二极管 + 保险丝防反接电路

二极管 + 保险丝防反接电路如图 1.38 所示，这种防反接也利用了二极管的单向导电性。当电源正常接入时，二极管不工作，电流通过保险丝流入电路；当电源反接时，二极管瞬间导通，电源正负极近似短路。此时，短路产生的短路电流将熔断保险丝，达到防反接保护效果。

图 1.37 二极管防反接保护电路   图 1.38 二极管 + 保险丝防反接电路

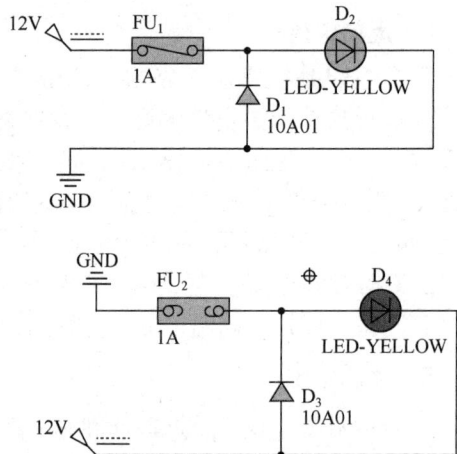

需要注意的是，保险丝的选型要与电路特性配合，仿真实验中使用的是 1A 的熔断电流，发光二极管的最大电流设置为 10mA。保险丝熔断后，需要重新更换保险丝，电路才可正常工作。在实际应用中，可以选择自恢复保险丝，其可以在电源反接时断路，在移除电源后又可以自行恢复，从而提高产品的容错率和安全性。

1.6.5 实例12：稳压二极管电路设计

稳压二极管（Zener Diode）又称齐纳二极管，是利用 PN 结反向击穿状态，其电流可在很大范围内变化而电压基本不变，从而起稳压作用的二极管。稳压二极管是一种在低于临界反向击穿电压时都具有很高电阻的半导体元器件。在临界击穿点，反向电阻降低到一

个很小的数值，在该低阻区电流增加而电压保持恒定，稳压二极管是根据击穿电压来分档的，因为这种特性，稳压二极管主要被作为稳压器或电压基准元器件使用。稳压二极管可以串联起来以便在较高的电压下使用，通过串联可以获得更高的稳定电压。

如图 1.39 所示，1N5338BRL 是标称 5.1V 的稳压二极管，稳压范围为 3.3～200V。9V 电压在限流电阻 R_1 和后级电路等效电阻 R_2 上进行分压，若没有稳压二极管 D_1，R_2 上的电压应为 8.2V，由于工作电压大于 D_1 的稳压，因此 D_1 进入工作状态，将电压稳定在 5.1V 左右。

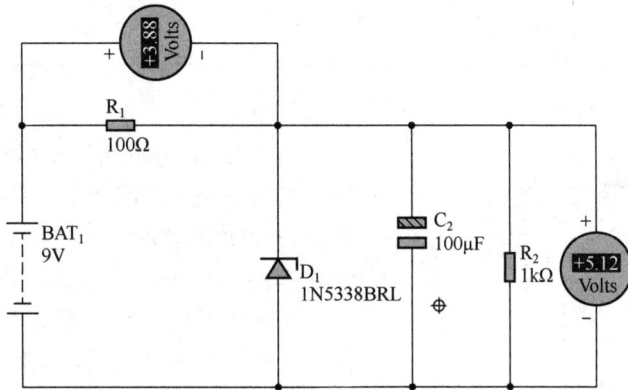

图 1.39　稳压二极管应用

1.7　三极管

三极管的全称为半导体三极管，也称双极型晶体管、晶体三极管，是一种控制电流的半导体元器件。其作用是把微弱信号放大成幅度较大的电信号，常用作无触点开关。

三极管是半导体基本元器件之一，具有电流放大作用，是电子电路的核心元器件。三极管是在一块半导体基片上制作两个相距很近的 PN 结，两个 PN 结把整块半导体分成三部分，中间部分是基区，两侧部分是发射区和集电区，排列方式有 PNP 和 NPN 两种。

1.7.1　三极管的工作原理

1. 理论原理

根据材料不同，三极管可分为两种类型：锗三极管和硅三极管。每种又有 NPN 和 PNP 两种结构形式 [N 是负（Negative）极的意思，N 型半导体在高纯度硅中加入磷取代一些硅原子，在电压刺激下产生自由电子导电；P 是正（Positive）极的意思，在 P 型半导体中加入硼取代硅，可以产生大量空穴，利于导电]。但是，使用最多的是 NPN 硅三极管和 PNP 锗三极管两种三极管。两者除了电源极性不同，其工作原理是相同的，下面仅介绍 NPN 硅三极管的电流放大原理。

NPN 硅三极管由两块 N 型半导体中间夹一块 P 型半导体组成，发射区与基区之间形成的 PN 结称为发射结，集电区与基区形成的 PN 结称为集电结，3 条引线分别称为发射极 e（Emitter）、基极 b（Base）和集电极 c（Collector），如图 1.40 所示。

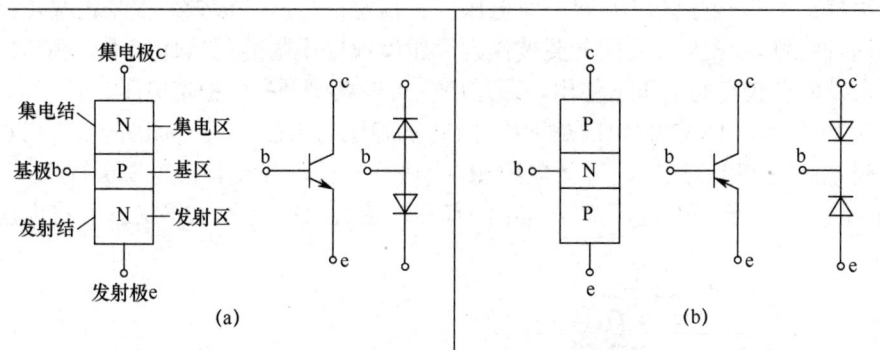

图 1.40   三极管引脚图

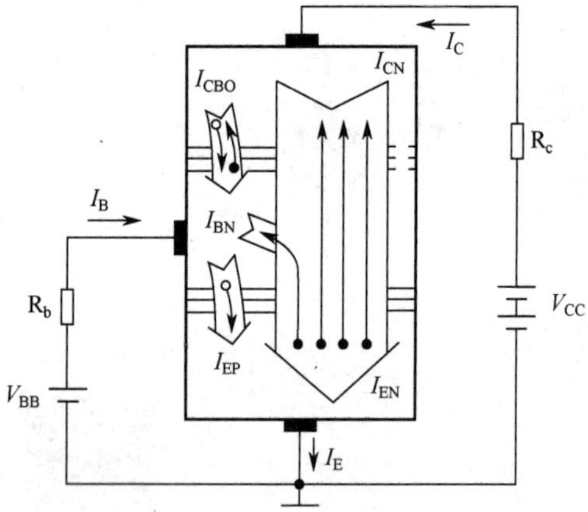

图 1.41   三极管内部机构

当基极 b 电位高于发射极 e 电位零点几伏时，发射结处于正偏状态；当集电极 c 电位高于基极 b 电位几伏时，集电结处于反偏状态，集电极电压 V_{CC} 要高于基极电压 V_{BB}，如图 1.41 所示。

在制造三极管时，有意识地使发射区的多数载流子浓度大于基区的，同时将基区做得很薄，而且严格控制杂质含量，这样，一旦接通电源，由于发射结正偏，发射区的多数载流子（电子）及基区的多数载流子（空穴）很容易越过发射结互相向对方扩散，但因为前者的浓度大于后者，所以通过发射结的电流基本上是电子流，这股电子流称为发射极电子流。

由于基区很薄，加上集电结反偏，注入基区的电子大部分越过集电结进入集电区而形成集电极电流 I_{CN}，只剩下很少（1%～10%）的电子在基区的空穴进行复合，被复合的基区空穴由基极电压 V_{BB} 重新补给，从而形成了基极电流 I_{BN}。

根据电流连续性原理，有

$$I_E = I_B + I_C$$

这就是说，在基极补充一个很小的 I_B，就可以在集电极上得到一个较大的 I_C，这就是电流放大作用，I_C 与 I_B 维持一定的比例关系，即

$$\beta_1 = I_C / I_B$$

式中，β_1 称为直流电流放大倍数，

集电极电流的变化量 ΔI_C 与基极电流的变化量 ΔI_B 之比为

$$\beta = \Delta I_C / \Delta I_B$$

式中，β 称为交流电流放大倍数。由于低频时 β_1 和 β 的数值相差不大，因此，有时为了方便对两者不进行严格区分，β 的取值范围为几十至一百多。

$$\alpha_1 = I_C / I_E（I_C 与 I_E 是直流电路中的电流大小）$$

式中，α_1 也称直流电流放大倍数，一般在共基极组态放大电路中使用，描述了发射极电流与集电极电流的关系。

$$\alpha = \Delta I_C / \Delta I_E$$

式中，α 为交流共基极电流放大倍数。同理，α 与 α_1 在小信号输入时相差也不大。

两个描述电流放大倍数的变量的关系为

$$\beta = \alpha/(1-\alpha)$$

三极管的电流放大作用实际上利用基极电流的微小变化去控制集电极电流的较大变化。三极管是一种电流放大元器件，但在实际应用中常常通过电阻将三极管的电流放大作用转变为电压放大作用。

2．放大原理

1）发射区向基区发射电子

电压 V_{BB} 经过电阻为 R_b 的电阻加在发射结上，发射结正偏，发射区的多数载流子（自由电子）不断越过发射结进入基区，形成发射极电流 I_E。同时，基区多数载流子也向发射区扩散，但由于多数载流子浓度远低于发射区载流子浓度，可以不考虑该电流，因此，可以认为发射结主要是电子流。

2）基区中电子的扩散与复合

电子进入基区后，先在发射结附近聚集，渐渐形成电子浓度差，在电子浓度差的作用下，电子流在基区中向集电结扩散，被集电结电场拉入集电区，形成集电极电流 I_C。也有很小一部分电子（因为基区很薄）与基区的空穴复合，扩散的电子流与复合电子流之比决定了三极管的放大能力。

3）集电区收集电子

由于集电结外加反向电压很大，因此该反向电压产生的电场将阻止集电区电子向基区扩散，同时将扩散到集电结附近的电子拉入集电区从而形成集电极电流 I_{CN}。另外，集电区的少数载流子（空穴）也会产生漂移运动，流向基区形成反向饱和电流，用 I_{CBO} 来表示，其数值很小，但对温度异常敏感。

1.7.2　三极管的特性

1．特征频率

当 $f = f_T$ 时，三极管完全失去电流放大功能。如果工作频率大于 f_T，则电路将不能正常工作。f_T 称为增益带宽积，即 $f_T = \beta f_0$。若已知当前三极管的工作频率 f_0 及高频电流放大倍数，则可得出特征频率 f_T。随着工作频率的升高，放大倍数会减小。f_T 也可以定义为 $\beta = 1$ 的频率。

2．电压/电流

用电压/电流可以指定三极管的电压/电流使用范围。

3．h_{FE}

h_{FE} 为电流放大倍数。

4．V_{CEO}

V_{CEO} 为集电极发射极反向击穿电压，表示临界饱和时的饱和电压。

5．P_{CM}

P_{CM} 为最大允许耗散功率。

1.7.3 实例 13：NPN 与 PNP 对照实验

如图 1.42 所示，Q_1 为 NPN 型三极管，Q_2 为 PNP 型三极管。对于 NPN 型三极管，当基极电压高于发射极电压时，集电极与发射极短路，当基极电压低于发射极电压时，集电极和发射极开路。

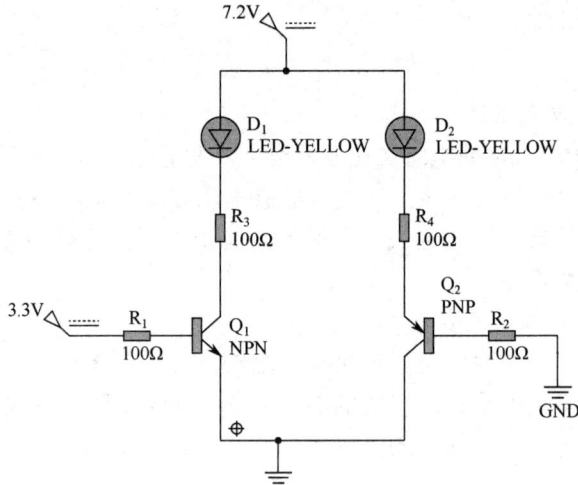

图 1.42　NPN 与 PNP 对照实验

（1）PNP 型三极管电流从发射极流入，从基极和集电极流出，而 NPN 型三极管电流从基极和集电极流入，从发射极流出。

（2）PNP 型三极管在放大区工作时的电压为 $U_e > U_b > U_c$，NPN 型三极管在放大区工作时的电压 $U_c > U_b > U_e$。

（3）PNP 型三极管为共阴极，即以两个 PN 结的 N 结为基极，其余两个 P 结分别为集电极和发射极。电路图标记为向内晶体管。NPN 型三极管则相反。

（4）PNP 型三极管：发射极电流 = 集电极电流 + 基极电流。

（5）NPN 型三极管：发射极电流 = 集电极电流 + 基极电流。

1.8　MOS 管

场效应晶体管（Field Effect Transistor，FET）简称场效应管，主要有两种类型：结型场效应管（Junction FET，JFET）和金属氧化物半导体场效应管（Metal-Oxide Semi-Conductor FET，MOSFET）。场效应晶体管由多数载流子参与导电，也称单极型晶体管，属于电压控制型半导体元器件，具有输入电阻高（107～1015Ω）、噪声小、功耗低、动态范围大、易于集成、没有二次击穿现象、安全工作区域宽等优点，现已成为双极型晶体管和功率晶体管的强大竞争者。

MOS 管

1.8.1　MOS 管的工作原理

1. N 沟道增强型 MOS 管原理

N 沟道增强型 MOS 管（见图 1.43）是一种重要的半导体元器件，也是计算机和电子设备中广泛使用的一种元器件。在 P 型半导体上生成一层 SiO_2 薄膜绝缘层，然后用光刻工艺扩散两个高掺杂的 N 型区，从 N 型区引出电极（漏极 D、源极 S）；在源极和漏极之间的 SiO_2 薄膜绝缘层上镀一层金属铝作为栅极 G；P 型半导体称为衬底，用符号 B 表示。由于栅极与其他电极之间是相互绝缘的，因此 NMOS 又称绝缘栅型场效应管。

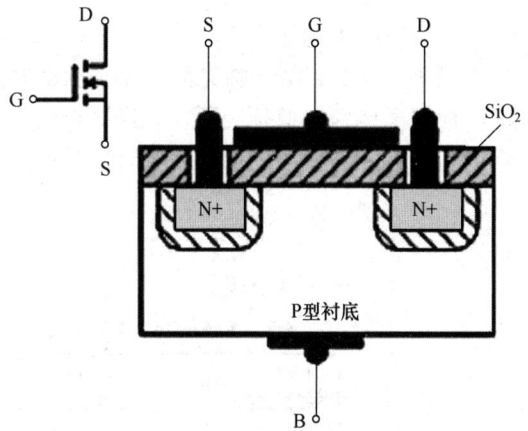

当栅极 G 和源极 S 之间不加任何电压，即 $V_{GS} = 0$ 时，由于漏极和源极两个 N+ 型区之间隔有 P 型衬底，相当于两个背靠背连接的 PN 结，二者之间的电阻高达 $10^{12}\Omega$，即 D、S 之间不具备导电的沟道，所以，无论在

图 1.43　N 沟道增强型 MOS 管结构图

漏极、源极之间加何种极性的电压，都不会产生漏极电流 I_D。

当将衬底 B 与源极 S 短接，在栅极 G 和源极 S 之间加正电压，即 $V_{GS} > 0$ 时，如图 1.44（a）所示，则在栅极与衬底之间产生一个由栅极指向衬底的电场。在该电场的作用下，P 型衬底表面附近的空穴受到排斥将向下方运动，电子受电场的吸引向衬底表面运动，与衬底表面的空穴复合，形成了一层耗尽层。

如果进一步增大 V_{GS}，使 V_{GS} 达到某一电压 V_T，则 P 型衬底表面的空穴全部被排斥和耗尽，而自由电子大量地被吸引到表面，由量变到质变，使表面变成自由电子聚集的 N 型层，称为"反型层"，如图 1.44（b）所示。

图 1.44　耗尽层和反型层示意图

反型层将漏极 D 和源极 S 两个 N+ 型区相连通，构成了漏极、源极之间的 N 型导电沟道。把开始形成导电沟道所需 V_{GS} 称为阈值电压或开启电压，用 $V_{GS(th)}$ 表示。显然，只有当 $V_{GS} > V_{GS(th)}$ 时才有沟道，而且 V_{GS} 越大，沟道越厚，沟道的导通电阻越小，导电能力越强；"增强型"一词也由此得来。

当 $V_{GS} > V_{GS(th)}$ 时，如果在漏极 D 和源极 S 之间加上正电压 V_{DS}，则导电沟道会有电流流通。漏极电流由漏区流向源区，因为沟道有一定的电阻，所以沿着沟道产生电压降，使沟道各点的电位沿沟道由漏区向源区逐渐减小，靠近漏区一端的电压 V_{GD} 最小，为 $V_{GD} = V_{GS} - V_{DS}$，相应的沟道最薄；靠近源区一端的电压 V_{GS} 最大，相应的沟道最厚。

这样就使得沟道厚度不再是均匀的，整个沟道呈倾斜状。随着 V_{DS} 的增大，靠近漏区一端的沟道越来越薄。

当 V_{DS} 增大到某一临界值，使 $V_{GD} < V_{GS(th)}$ 时，漏区一端的沟道消失，只剩下耗尽层，将这种情况称为沟道预夹断，如图1.45（a）所示。继续增大 V_{DS}（$V_{DS} > V_{GS} - V_{GS(th)}$），夹断点向源极方向移动，如图1.45（b）所示。

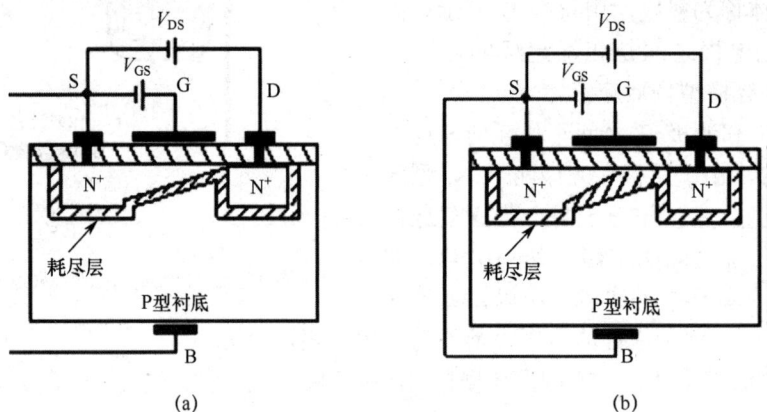

(a)   (b)

图1.45 沟道预夹断及夹断区示意图

尽管夹断点在移动，但沟道区（源极 S 到夹断点）的电压降保持不变，仍等于 $V_{GS} - V_{GS(th)}$。因此，V_{DS} 多余部分电压 $V_{DS} - (V_{GS} - V_{GS(th)})$ 全部降到夹断点上，在夹断区内形成较强的电场。这时电子沿沟道从源极流向夹断区，当电子到达夹断区边缘时，在夹断区强电场的作用下，电子会很快漂移到漏极。

2. P 沟道增强型 MOS 管原理

P 沟道增强型 MOS 管（见图1.46）因在 N 型衬底中生成 P 型反型层而得名，其通过光刻、扩散的方法或其他手段，在 N 型衬底（基片）上制作出两个掺杂的 P 区，分别引出电极（源极 S 和漏极 D），同时在漏极与源极之间的 SiO_2 薄膜绝缘层上制作金属栅极 G。其结构和工作原理与 N 沟道增强型 MOS 管类似，只是使用的栅–源、漏–源电压极性与 N 沟道增强型 MOS 管相反。

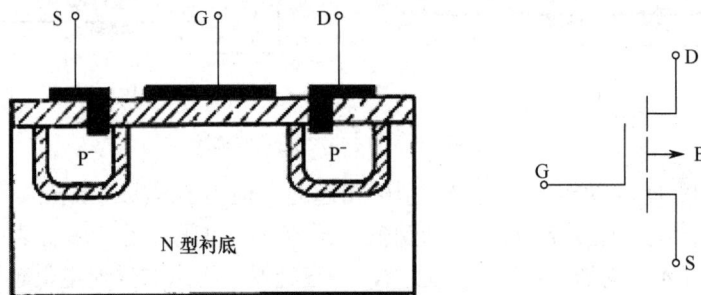

图1.46 P 沟道增强型 MOS 管结构图

在正常工作时，P 沟道增强型 MOS 管的衬底必须与源极相连，而漏极对源极的电压 V_{DS} 应为负值，以保证两个 P 区与衬底之间的 PN 结均为反偏，同时为了在衬底表面附近形成导电沟道，栅极对源极的电压也应为负值。

当 $V_{DS} = 0$ 时，在栅极、源极之间加负电压，由于绝缘层的存在，没有电流，但是金属栅极被补充电而聚集负电荷，N 型半导体中的多子电子被负电荷排斥向体内运动，表面留下带正电的离子，形成耗尽层，如图 1.47（a）所示。

随着栅极、源极之间负电压的增大，耗尽层加宽，当 V_{DS} 增大到一定值时，衬底中的空穴（少子）被栅极中的负电荷吸引到表面，在耗尽层和绝缘层之间形成一个 P 型薄层，称为反型层，如图 1.47（b）所示。

图 1.47　耗尽层和反型层示意图

该反型层就构成了漏极、源极之间的导电沟道，这时的 V_{DS} 称为开启电压 $V_{DS(th)}$。当 V_{DS} 达到 $V_{GS(th)}$ 后再增加，衬底表面感应的空穴越多，反型层越宽，而耗尽层的宽度不再变化，这样可以用 V_{GS} 的大小控制导电沟道的宽度。

当 $V_{DS} \neq 0$ 时，导电沟道形成以后，漏极、源极之间加负向电压，将有漏极电流 I_D 流通，而且 I_D 随 V_{DS} 的增大而增大，I_D 沿沟道产生的电压降使沟道上各点与栅极间的电压不再相等，该电压削弱了栅极中负电荷电场的作用，使沟道从漏极到源极逐渐变窄，如图 1.48（a）所示。

当 V_{DS} 增大到使 $V_{GD} = V_{GS}$ 时，即 $V_{DS} = V_{GS} - V_{GS(th)}$，导电沟道在漏极附近出现预夹断，如图 1.48（b）所示。再继续增大 V_{DS}，夹断区只是稍有加长，而导电沟道电流基本上保持预夹断时的数值，其原因是当出现预夹断时再继续增大 V_{DS}，V_{DS} 的多余部分就全部加在漏极附近的夹断区上，故形成的漏极电流 I_D 近似与 V_{DS} 无关。

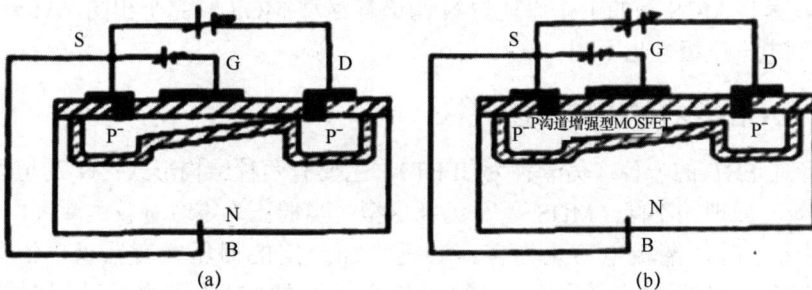

图 1.48　预夹断及夹断区示意图

3. N 沟道耗尽型 MOS 管原理

如图 1.49 所示为 N 沟道耗尽型 MOS 管结构及转移特性示意图。

N 沟道耗尽型 MOS 管的结构与 N 沟道增强型 MOS 管的结构类似，当 N 沟道耗尽型 MOS 管的栅极电压 $V_{GS} = 0$ 时，导电沟道就已经存在。这是因为 N 沟道在制造过程中采用离子注入法预先在漏极、源极之间衬底的表面，以及栅极下方的 SiO_2 薄膜绝缘层中掺入了大量的金属正离子，该沟道也称初始沟道。

当 $V_{GS} = 0$ 时，这些正离子已经感应出反型层，形成了沟道，因此，只要漏极、源极之间有电压，就有漏极电流 I_D 存在；当 $V_{GS} > 0$ 时，将使 I_D 进一步增大；当 $V_{GS} < 0$ 时，随着 V_{GS} 的减小，漏极电流 I_D 逐渐减小，直至 $I_D = 0$。对应 $I_D = 0$ 的 V_{GS} 称为夹断电压或阈值电压，用符号 $V_{GS(off)}$ 或 V_p 表示。

由于耗尽型 MOSFET 在 $V_{GS} = 0$ 时漏极、源极之间的沟道就已经存在，只要加上 V_{DS}，就有 I_D 流通。如果增加正向栅压 V_{GS}，栅极与衬底之间的电场将使沟道中感应更多的电子，沟道变厚，沟道的电导增大。

如果在栅极加负电压（$V_{GS} < 0$），就会在相对应的衬底表面感应出正电荷，这些正电荷抵消 N 沟道中的电子，从而在衬底表面产生一个耗尽层，使沟道变窄，使沟道电导减小。当负栅压增大到某一电压 $V_{GS(off)}$ 时，耗尽区扩展到整个沟道，沟道完全被夹断（耗尽），这时即使 V_{DS} 仍存在，也不会产生漏极电流，即 $I_D = 0$。

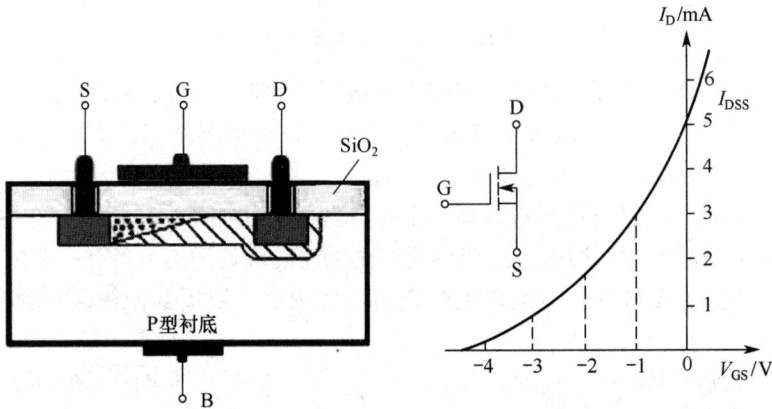

图 1.49　N 沟道耗尽型 MOS 管结构（左）及转移特性（右）示意图

4．P 沟道耗尽型 MOS 管原理

P 沟道耗尽型 MOS 管的工作原理与 N 沟道耗尽型 MOS 管完全相同，只不过导电的载流子不同，供电电压极性也不同。

1.8.2　MOS 管的种类与特性

MOS 管是 FET 的一种（另一种为 JFET），主要有两种结构形式：N 沟道型和 P 沟道型；根据场效应原理的不同，MOS 管分为耗尽型（当栅压为零时有较大漏极电流）和增强型（当栅压为零时，漏极电流也为零，必须再加一定的栅压才有漏极电流）两种。因此，MOS 管可以被制构成 P 沟道增强型、P 沟道耗尽型、N 沟道增强型、N 沟道耗尽型 4 种产品。

1．产品特性

转移特性：栅极电压对漏极电流的控制作用称为转移特性。

输出特性：V_{DS} 与 I_D 的关系称为输出特性。

结型场效应管的放大作用：结型场效应管的放大作用一般指的是电压放大作用。

2．场效应管与晶体管电气特性的区别

场效应管是电压控制元器件，其导电情况取决于栅极电压。晶体管是电流控制元器件，其导电情况取决于基极电流。

场效应管漏源静态伏安特性以栅极电压 V_{GS} 为参数，晶体管输出特性曲线以基极电流 I_b 为参数。

场效应管电流 I_{DS} 与栅极电压 V_{GS} 之间的关系由跨导 G_m 决定，晶体管电流 I_c 与 I_b 之间的关系由放大系数 β 决定。也就是说，场效应管的放大能力用 G_m 衡量，晶体管的放大能力用 β 衡量。

场效应管的输入阻抗很大，输入电流极小；晶体管的输入阻抗很小，在导电时输入电流较大。

一般来说，场效应管的功率较小，晶体管的功率较大。

1.8.3　实例14：MOS管驱动电路设计

如图 1.50 所示是一个简单的 MOS 管驱动电路。该电路中 R_2 是栅极电阻，用于限制电流；R_1 是一个 $10k\Omega$ 下拉电阻，确保 MOS 管始终处于导通状态。该电路用一个 5V 电压控制一个 12V 大功率电机的启停，5V 是该 MOS 管的开启电压，可由 51 单片机输出，进而用单片机控制电机启停。在选择 MOS 管时应充分考虑 MOS 管的负载电流、输入/输出电压、开关频率、工作温度等指标。

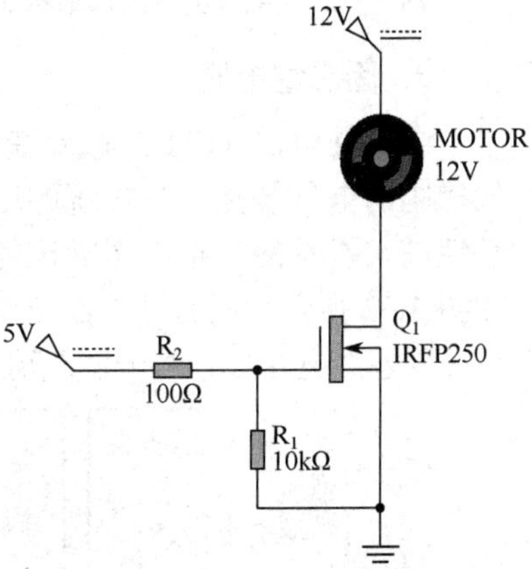

图 1.50　MOS 管驱动电路

1.9　继电器的基础介绍

继电器是一种常用的电气控制装置，其通过电磁作用利用一个或多个机械开关控制电路的开关动作，实现对电路的开关控制。继电器通常由线圈、触点和外壳 3 部分组成。其具有控制系统（又称输入回路）和被控制系统（又称输出回路）之间的互动关系。继电器通常应用于自动化控制电路中，实际上是用小电流控制大电流运作的一种"自动开关"，在电路中起着自动调节、安全保护、转换电路等作用。

继电器的基础介绍

1.9.1　继电器的工作原理

1．电磁继电器

电磁继电器是一种使用电磁原理控制电路开关的电气控制装置。电磁继电器由线圈、动触点和静触点组成。如图 1.51 所示，电磁继电器的工作电路可分为低压控制电路和高压工作电路两部分，磁铁和线圈属于低压控制电路，静触点和动触点属于高压工作电路。当低压电流通过电磁铁的线圈时产生磁场，从而对衔铁产生引力，使动触点 B 与静触点 C 接触，工作电路闭合；当线圈中的电流消失时，衔铁在弹簧的作用下，使动触点 B 与静触点 C 脱开。

只要在线圈两端加上一定的电压，线圈中就会流过一定的电流，从而产生电磁效应，衔铁就会在电磁力吸引的作用下克服返回弹簧的拉力吸向铁芯，从而带动衔铁的动触点与

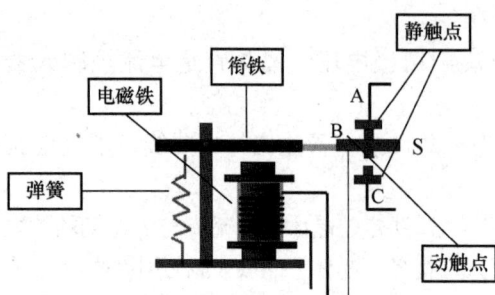

图1.51 电磁继电器内部结构示意图

静触点（常开触点）吸合。当线圈断电后，电磁的吸力也随之消失，衔铁就会在弹簧的反作用力下返回原来的位置，使动触点与原来的静触点（常闭触点）释放。这样吸合、释放，从而达到了电路的导通、切断目的。对于继电器的常开触点和常闭触点，可以这样来区分：继电器线圈未通电时处于断开状态的静触点，称为"常开触点"；处于接通状态的静触点，称为"常闭触点"。

2. 固态继电器

固态继电器（Solid State Relay，SSR）是一种使用半导体元器件代替机械触点实现电气控制的电气装置。与传统的电磁继电器相比，固态继电器具有响应速度快、寿命长、可靠性高、不发热、不产生噪声等优点。下面以交流型的固态继电器为例讲解其工作原理，如图1.52所示为固态继电器工作原理，其中部件①～④是交流固态继电器的主体。从整体上看，固态继电器只有两个输入端（A和B）及两个输出端（C和D），是一种四端元器件。

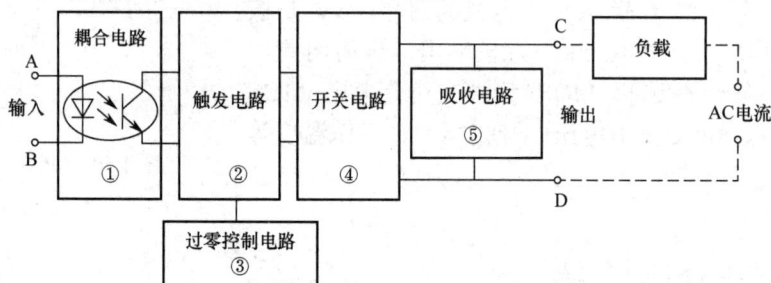

图1.52 固态继电器工作原理

工作时只要在A、B上加上一定的控制信号，就可以控制C、D两端之间的"通"和"断"，实现"开关"的功能，其中，耦合电路的功能是为A、B端输入的控制信号提供一个输入/输出端之间的通道，但又在电气上断开固态继电器中输入端和输出端之间的（电）联系，以防止输出端对输入端的影响，耦合电路用的元器件是"光耦合器"，其动作灵敏、响应速度快、输入/输出端间的绝缘（耐压）等级高。由于输入端的负载是发光二极管，因此，固态继电器的输入端很容易做到与输入信号电平相匹配，在使用时可直接与计算机输出接口相接，即受"1"与"0"的逻辑电平控制。触发电路的功能是产生合乎要求的触发信号，驱动开关电路工作，但由于开关电路在不加特殊控制电路时，将产生射频干扰并以高次谐波或尖峰等污染电网，为此特设"过零控制电路"。所谓"过零"，是指当加入控制信号、交流电压过零时，固态继电器为通态；而当断开控制信号后，固态继电器要等待交流电的正半周与负半周的交界点（零电位）时，固态继电器才为断态。这种设计能防止高次谐波的干扰和对电网的污染。吸收电路是为防止从电源中传来的尖峰、浪涌（电压）对开关元器件双向可控硅管的冲击和干扰（甚至误动作）而设计的，一般用"R-C"串联吸收电路或非线性电阻（压敏电阻器）。

3. 温度继电器

温度继电器是将两种热膨胀系数相差悬殊的金属或合金复合在一起形成碟形双金属

片，当温度升高到一定值时，双金属片由于下层金属膨胀伸长大、上层金属膨胀伸长小而产生向上弯曲的力，带动电触点实现接通或断开负载电路的功能；当温度降低到一定值时，双金属片逐渐恢复原状，反向带动电触点实现断开或接通负载电路的功能。碟形双金属片工作原理示意图如图 1.53 所示，初始状态为 1（室温下），受热（或冷）后跳到状态 2，产生位移 3。

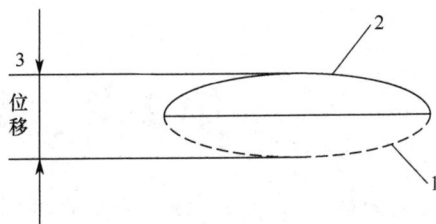

图 1.53　碟形双金属片工作原理示意图

航空工业使用的温度继电器的工作原理与民用温度继电器基本相同，但航空工业的工作环境苛刻、设备结构复杂，对所选用的元器件在材料、工艺和实验等方面都有着极其严格的要求。在材料方面，航空用温度继电器需要选择耐高温、耐腐蚀、耐振动等性能更好的材料，如铜、铝、不锈钢等金属材料及耐高温陶瓷材料等。同时，航空用温度继电器还需要考虑材料的热膨胀系数、热导率等参数对产品性能的影响。在工艺方面，航空用温度继电器需要采用更加精细的加工工艺和质量控制，以确保产品的尺寸精度、表面光洁度和功能性能等。例如，在生产过程中需要进行较长时间的稳定处理，以消除材料内部应力，保证产品的稳定性和寿命。在实验方面，航空用温度继电器需要通过一系列的环境实验和功能实验，以验证其在各种极端条件下的可靠性和耐久性。环境实验包括湿热、霉菌、烟雾、振动、加速度、冲击、低空气等一系列实验；功能实验包括静态和动态的电气特性测试、机械特性测试等。航空用温度继电器在材料、工艺和实验等方面都有极其严格的要求，目的是确保其在航空工业中的稳定可靠性和安全性。

1.9.2　继电器的应用

继电器在各个领域都已经得到了广泛的应用，下面列举常见的应用实例。

1. 汽车领域

继电器在汽车工业中的应用越来越广泛。较常见的继电器有启动电机的启动继电器、喇叭继电器、光亮度控制继电器、空调控制继电器、推挽门自动开闭控制继电器、玻璃窗提升控制继电器。

2. 家用电器

在家用电器领域，继电器主要用于控制空调、洗衣机、微波炉、电加热器等电器上的电源，以及压缩机电机、风扇电机和冷却泵电机的开关等。

1.9.3　新型继电器

新型继电器通常是指与传统继电器相比，具有更高的可靠性、更小的体积、更快的响应速度、更低的功耗、更广泛的应用范围等优点的继电器。一些新型继电器还具有数字化、网络化、智能化等特点。

例如，固态继电器是一种新型继电器，使用半导体元器件来实现开关功能，相对于机械式继电器，具有更高的可靠性、更长的使用寿命、更小的体积、更低的噪声和更小的电磁干扰等特点，可以广泛应用于工业自动化、家用电器、照明控制等领域。

此外，随着物联网技术的发展，越来越多的继电器具有网络化和智能化特点，可以通过网络实现遥控和远程监控，实现智能家居、智能电网、智能工厂等应用。

第 2 章 常用电路设计

本章主要介绍电路原理的基础知识和几类常用的电路，从基本的欧姆定律与串并联知识展开，简单讲解直流电路的一般分析基础。基本电路分析方法以回路电流法和节点电压法为例，同时介绍几种常见的电路，如电源电路、放大电路、整流电路等。通过本章的学习，培养读者对电路进行分析和设计的基本能力。

2.1 电路原理基础

电路是由金属导线和电器、电子部件组成的导电回路，通常由电源、负载和中间环节 3 部分组成。本节将讲解一些电路的知识及基本的分析方法，为读者后续学习打下良好的基础。

2.1.1 欧姆定律

欧姆定律是由德国物理学家乔治·西蒙·欧姆在 1826 年 4 月发表的《金属导电定律的测定》论文中提出的。其内容为，在同一电路中，导体中的电流与导体两端的电压成正比，与导体的电阻成反比。

欧姆定律的标准式如图 2.1 所示。

式中，I 代表电流，单位是安培（A）；U 代表电压，单位是伏特（V）；R 代表电阻，单位是欧姆（Ω）。

电流 —→ $I=\dfrac{U}{R}$ ⟨电压 / 电阻

图 2.1 欧姆定律的标准式

除了欧姆定律的标准式，还有其变形公式：$U=IR$ 和 $R=U/I$，$U=IR$ 主要用来求解已知电流和电阻，未知电压的问题。$R=U/I$ 主要用来求解已知电压和电流，未知电阻的问题。由以上变形公式可得电压即电流与电阻之积；电阻即电压与电流的比值。但电阻是导体的一种性质，与电压的有无、大小及电流的有无、大小都无关，只是在数值上等于电压除以电流，所以，不能认为电阻 R 与电压 U 成正比，与电流 I 成反比。由此可知，这些变形公式只是为了方便计算，作为一个求解问题的参考，本身并无任何实际意义。此外，欧姆定律只适用于纯电阻电路，以及金属导电和电解液导电，在气体导电和半导体元器件等中欧姆定律将不适用。

伏安特性曲线

当欧姆定律成立时，常用纵坐标表示电流 I，用横坐标表示电压 U，以此画出的 U-I 图像称为伏安特性曲线图，如图 2.2 所示。这是一条通过坐标原点的直线，它的斜率为电阻的倒数。具有这种性质的电器元器件称为线性元器件，其电阻称为线性电阻或欧姆电阻。伏安特性曲线是针对导体的，也就是耗电元器件，常被用来研究导体电阻的变化规律。若欧姆定律不成立，那么伏安特性曲线不是过原点的直线，而是不同形状的曲线。将具有这种性质的电器元器件称为非线性元器件。

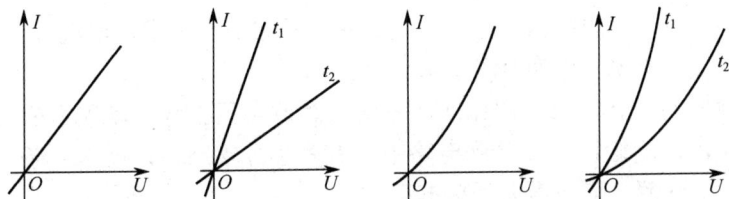

(a) 线性时不变电阻　(b) 线性时变电阻　(c) 非线性时不变电阻　(d) 非线性时变电阻

图 2.2　伏安特性曲线

2.1.2　串联与并联

1. 串联

串联是连接电路元器件的基本方式之一。将若干电器或元器件（如电阻器、电容器、电感器、用电器等）逐个顺次首尾相连，电路中的电流顺次通过，这种连接方法称为串联。

串联的特点如下：

（1）串联电路中通过各用电器的电流都相等。

（2）电路中元器件串联后的总电压是所有元器件的端电压之和。

（3）串联是将两个或两个以上元器件排成一串，每个元器件的首端和前一个元器件的尾端连成一个节点，而且该节点不再同其他节点连接的连接方式。

如图 2.3 所示，在串联电路中，当用电器损坏或电路某一处断开时，整个电路变成断路，电路中无电流，用电器停止工作。在串联电路中，用电器互相牵连，全部工作或全部停止工作。在串联电路中，各个电阻器上的电流相等，各电阻器两端的电压之和等于电路总电压（在理想状态下）。因此，每个电阻器上的电压小于电路总电压，又称串联电阻分压。

在如图 2.3 所示电路中，设 I 为总电流（I_1 和 I_2 为通过 L_1 和 L_2 的电流），U 为总电压（U_1 和 U_2 为 L_1 和 L_2 两端的电压），R 为总电阻（R_1 和 R_2 为 L_1 和 L_2 的电阻），则有 $I = I_1 = I_2$，$U = U_1 + U_2$，$R = R_1 + R_2$。

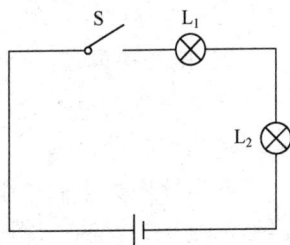

图 2.3　基本串联电路

2. 并联

并联也是连接电路元器件的基本方式之一，指两个同类或不同类的元器件首首相接、尾尾也相连的一种连接方式。

并联的特点如下：

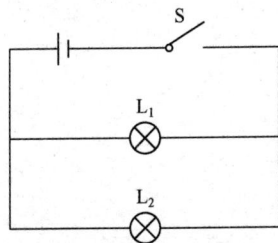

图 2.4　基本并联电路

（1）并联电路中所有并联元器件的端电压是同一个电压。

（2）电路中的总电流是所有元器件的电流之和。

（3）并联是将两个或两个以上两端电路元器件中每个元器件的两个端子，分别接到一对公共节点上的连接方式。

如图 2.4 所示，在并联电路中，电流从电源正极流出在分支处分为几路，每个路径都有电流通过。即使其中的某一路径断开，其余路径仍然会与主电路构成通路。这种特性使得在并联电路中各个路径之间是独立的，不会相互影响。在并联电路中，每个电阻器的电压相等，而所有电阻器上的电流之和等于总电流（主电路电流）。每个电阻器上的电流都小于总电流，此现象称为并联电阻分流。

可以将串联电路和并联电路比作水流系统。串联电路就像一条狭窄的河道，其中，当电阻较大时，电流流动缓慢。在并联电路中，有多个分支路径，就像多条宽敞的河道，使电流能够更容易地分散，从而增大了总电流。

在如图 2.4 所示的电路中，设 I 为总电流（I_1 和 I_2 为通过 L_1 和 L_2 的电流），U 为总电压（U_1 和 U_2 为 L_1 和 L_2 两端的电压），R 为总电阻（R_1 和 R_2 为 L_1 和 L_2 的电阻），则有 $I = I_1 + I_2$，$U = U_1 = U_2$，$1/R = 1/R_1 + 1/R_2$。

2.1.3 直流电路的一般分析基础

直流电路是电流在电路中的方向保持不变的电路。直流电流仅在电路闭合时流动，而在电路断开时完全停止。在直流电路中，电流大小是可以改变的。大小、方向都不变的电流称为恒定电流。一般来说，电路有 3 种工作状态：通路、断路和短路。通路指电流可以在电路中流动的状态。断路表示电流无法流通。短路表示电流可以沿不同路径快速流通，通常是由于电路中存在低电阻连接。在电路分析过程中，需要确定电路中的一个参考点，通常选择一个点作为电势零点，这有助于简化电路分析和计算。

1．电路的参考方向

电路分析中确定电路的参考方向能够更好地分析电路。参考方向是人为给定的，一般来说分为关联和非关联两种。在电路分析中，如果电压的参考方向与电流的参考方向一致，即二者具有相同的方向，这被称为关联参考方向。在某些情况下，电压的参考方向和电流的参考方向可能不一致，这被称为非关联方向。

2．电路的等效

在分析复杂电路时，将电路中的一部分复杂结构替代为一个更简单的电路，该简化电路具有与原电路相同的作用效果，被称为电路的等效，主要用于线性二端网络。

在电路中如果向外引出两个端钮，则称为二端网络。如果网络内部没有独立源的二端网络，则称为无源二端网络；反之，称为有源二端网络。对于任何两个二端网络，内部结构可能不同，若它们端口处的电压—电流关系完全相同，即它们对连接到该端口的任一外部电路的作用效果相同，则这两个二端网络互为等效。

3．简单的电阻电路分析

为方便分析，电路中可将电阻器的串并联等效为一个等效电阻器。当 n 个电阻器串联时，其等效电阻 $R = R_1 + R_2 + \cdots + R_n$。如图 2.5 所示，$R_1$ 和 R_2 可以等效为 R。串联的各电阻器，其两端电压与自身电阻大小成正比，即串联电路的分压作用。

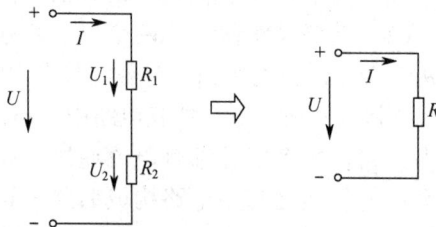

图 2.5　串联电路电阻等效

当 n 个电阻器并联时，其等效电导 $G = G_1 + G_2 + \cdots + G_n$。如图 2.6 所示，电阻 R_1、R_2、$\cdots$、R_n 可以等效为电阻 R_{eq}。在并联电路中，并联的各电阻器的电流与其电阻成反比，即 $I_k = G_k U = I G_k / G$。

图 2.6 并联电路电阻等效

此外，电路中串联和并联同时存在时，该电路可称为混联电路。结合串联、并联与电阻等效的知识，如图 2.7 所示，其电阻可等效为

$$R = \frac{R_1 + R_3}{R_2 + R_4}$$

图 2.7 混联电路电阻

此外，在涉及电阻器的连接方式时，有两种常见的连接方式，分别是三角形连接和星形连接（也称 Y 连接）。如图 2.8 所示，为了方便分析，两者可以进行等效变换。符合变换的条件为对应端流入或流出的电流（I_1、I_2、I_3）对应相等，对应端间的电压（U_1、U_2、U_3）也相等。

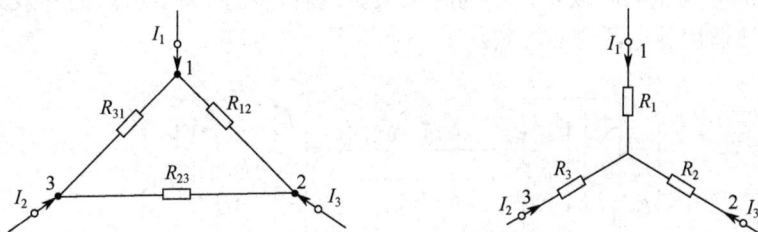

图 2.8 三角形电路和星形电路

其相应变换公式为

$$星形电阻 = \frac{三角形相邻电阻的乘积}{三角形电阻之和}$$

$$三角形电阻 = \frac{星形电阻两两乘积之和}{星形不相邻电阻}$$

三角形电路等效为星形电路的变换公式为

$$\begin{cases} R_1 = \dfrac{R_{12}R_{31}}{R_{12} + R_{23} + R_{31}} \\[3mm] R_2 = \dfrac{R_{12}R_{23}}{R_{12} + R_{23} + R_{31}} \\[3mm] R_3 = \dfrac{R_{23}R_{31}}{R_{12} + R_{23} + R_{31}} \end{cases}$$

星形电路等效为三角形电路的变换公式为

$$\begin{cases} R_{12} = \dfrac{R_1R_2 + R_2R_3 + R_3R_1}{R_3} \\[3mm] R_{23} = \dfrac{R_1R_2 + R_2R_3 + R_3R_1}{R_1} \\[3mm] R_{31} = \dfrac{R_1R_2 + R_2R_3 + R_3R_1}{R_2} \end{cases}$$

特别地，当星形电路中各电阻相等时，即当 $R_1 = R_2 = R_3 = R_{星}$ 时，该电路被称为对称星形电路。当三角形电路中各电阻相等时，即当 $R_{12} = R_{23} = R_{31} = R_{三角}$ 时，该电路被称为对称三角形电路。对称星形电路和对称三角形电路的电阻等效公式为 $R_{三角} = 3R_{星}$。

4．含有电流源、电压源电路分析

一个电压为 U_S 的理想电压源和一个电阻为 R_S 的电阻器串联的电路，可变换为一个电流为 I_S 的理想电流源和此电阻器并联的电路；反之，也可以进行变换。等效变换的根据如下：对外电路来说，伏安关系完全相同；等效变换时，两个电源的参考方向要一一对应。变换方式如图 2.9 所示。此外，任何一个网络与一个理想电压源并联，均可等效为这个理想电压源；任何一个网络与一个理想电流源串联，均可等效为这个理想电流源。n 个理想电压源串联，可以等效为一个电压源，此电压源为各个电压源的电压之和。其中，理想电压源的方向和等效后的电压源的方向相同时取正，不同时取负。n 个理想电流源并联，可以等效为一个电流源，此电流源为各个电流源的电流之和。其中，理想电流源的方向和等效后的电流源的方向相同时取正，不同时取负。这种电流源和电压源的等效只适用于外部电路等效，无法适用于电源内部等效。

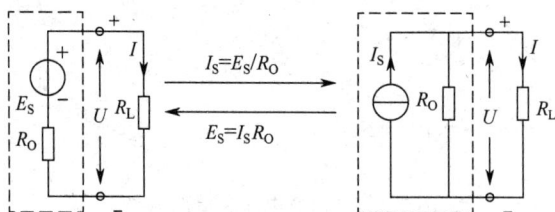

图 2.9　电流源电路和电压源电路等效

5．基尔霍夫定律

首先介绍一下支路。支路是由一个或几个元器件首尾相接构成的无分支电路。串联的元器件也被视为一条支路，在一条支路中，电流处处相等。如图 2.10 所示的电路中有 3 条支路，分别是 AB 支路、CD 支路、EF 支路。支路与支路之间、两条以上的支路的连接点称为节点，A、B 都属于节点。在电路中闭合的支路或者说闭合节点的集合称为回路。AEFBA、ACDBA、AEFBDCA 都属于回路。如果回路的内部不含支路，则称为网孔，ACDBA 和 AEFBA 都是网孔。AEFBDCA 回路内部由于包含支路，故不是网孔。因此，网孔一定是回路，而回路不一定是网孔。

基尔霍夫定律是由德国物理学家基尔霍夫提出的，此定律可用于分析直流电路和交流电路，也可用于分析含有电子元器件的非线性电路。基尔霍夫定律是分析和计算复杂电路的基础。基尔霍夫定律包括基尔霍夫电流定律（KCL）和基尔霍夫电压定律（KVL）。基尔霍夫电流定律是确定电路中任意节点处各支路电流之间关系的定律。基尔霍夫电流定律指出，流入电路中某节点的电流之和等于流出电流之和。如图 2.11 所示，$I_1 + I_2 = I_3$，即电流 1 和电流 2 之和等于电流 3。

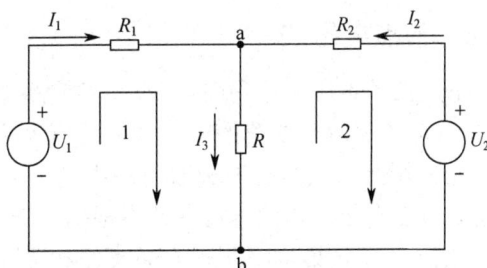

图 2.10　电路示意图 1　　　　　　　　图 2.11　电路示意图 2

基尔霍夫电压定律是确定电路中任意回路内各电压之间关系的定律。基尔霍夫电压定律指出，闭合回路中电压升之和等于电压降之和。如果将电压的升规定为正，则电压降为负。基尔霍夫电压定律也可表述为：在闭合电路中，电压的代数和为 0，即 $\sum U = 0$。

2.1.4　支路电流法

支路电流法是求解复杂电路的一种方法，主要利用基尔霍夫电压定律和基尔霍夫电流定律列方程进行求解。在计算一个具有 n 个节点和 b 条支路的电路时，因待求的支路电流数为 b，故需要列出 b 个含支路电流的独立方程。在求解过程中首先标出各支路电流的参考方向。首先列出 KCL 方程，一般来说，对具有 n 个节点的电路，只能得到 $n-1$ 个独立的 KCL 方程。再列出 KVL 方程，KVL 方程的数量为单孔回路的数目，即 $b-(n-1)$，之后联立方程组进行求解。在使用这种方法进行求解时，可以很直观地得出各支路的电流，但是当求解支路较多的复杂电路时，计算量较大。

以图 2.11 为例，其中有 3 条支路、2 个节点。未知量有 3 个，为 I_1、I_2、I_3，应该列 3 个方程。根据 KCL、KVL，列出相关方程。

节点：$I_1 + I_2 - I_3 = 0$

回路 1：$U_1 = U_{R_1} U_{R_2} = I_1 R_1 + I_3 R$

回路 2：$U_2 = U_{R_2} + U_{R_3} = I_2 R_2 + I_3 R$

解相关方程得到未知量。

2.1.5　回路电流法

回路电流法是以一组独立回路电流作为变量列写电路方程，求解电路变量的方法，本質是 KVL。当选择的独立回路是网孔时，又称网孔电流法。当选择基本回路作为独立回路时，回路电流即各连支电流，此方法可用于回路较少的电路的分析。在使用此方法求解时需要注意元器件是否遗漏，特别是电流源两端电压。此外，在列方程时需要注意判断互阻的正负。在求解时首先选定各支路电流和支路电压的参考方向，对节点和支路进行编号，选出电路基本回路进行编号，规定各回路的绕行方向，同时把这个方向作为回路电流的方向。之后对所列的基本回路列写 KVL 方程进行求解。

以图 2.11 为例，规定参考方向，选择 1、2 两个回路，根据回路电流法列 KVL 方程，有

$$-U_1 + I_1R_1 + R(I_1 + I_2) = 0$$
$$-U_2 + I_2R_2 + R(I_1 + I_2) = 0$$

2.1.6 节点电压法

节点电压法的本质是先利用 KVL 将各支路电流用节点电压表示，然后列 $n-1$ 个节点的 KCL 方程（n 为所分析电路的节点数）分析电路的一种方法。其可用于节点数较少的电路的分析。在使用此方法时首先选取电路中某一节点作为参考节点，并确定其他节点与参考节点之间的节点电压。之后对每个节点根据 KCL 列方程。

如图 2.12 所示，该电路共有 6 条支路和 4 个节点。使用节点电压法对①、②、③节点列 KCL 方程，即

$$节点①：\ I_1 + I_3 - I_4 = 0$$
$$节点②：\ -I_1 - I_2 + I_5 = 0$$
$$节点③：\ -I_1 - I_2 + I_5 = 0$$

支路电流 I_4、I_5 和 I_6 可以用另外 3 个支路电流 I_1、I_2 和 I_3 的线性组合来表示，即

$$I_4 = I_1 + I_3, \qquad I_5 = I_1 + I_2, \qquad I_6 = I_2 - I_3$$

联合求解得到未知量。

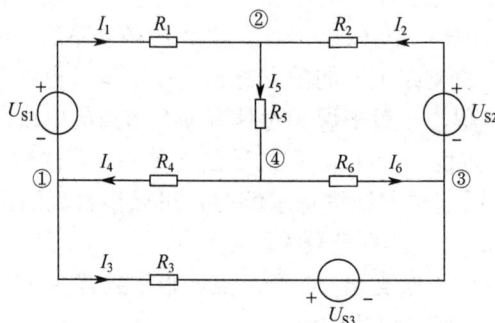

图 2.12 电路示意图 3

2.2 开关电路

2.2.1 模拟开关电路的概念

开关电路是广泛应用的一种重要电路，主要包括数字开关电路、模拟开关电路和机械

开关电路

开关电路。

（1）数字开关电路：主要由晶体管或 MOS 管组成，这种开关电路广泛应用于开关电源、电机驱动、LED 驱动和继电器驱动等场合，是一种常用的开关电路。

（2）模拟开关电路：主要完成信号链路中的信号切换功能，常使用 MOS 管。模拟开关电路是传递模拟信号的是一种最为常用的开关电路。模拟开关电路有功耗低、速度快、无机械触点、体积小和使用寿命长等特点。

（3）机械开关电路：单刀双刀开关、继电器开关等都属于机械开关的范畴。机械开关的显著缺点是开关频率很低、体积较大，而且寿命较短；机械开关的优势是开关损耗很小、隔离度非常高，而且可以实现掉电保持功能。

接下来将举例说明简单的数字开关电路和模拟开关电路设计。

2.2.2　实例 15：数字开关电路设计

本节使用 Protues 绘制一个简单的数字开关电路，以 MOS 管数字开关电路为例。MOS 管数字开关电路是利用 MOS 管栅极（G）控制 MOS 管源极（S）和漏极（D）通断的原理构造的电路。MOS 管属于电压驱动型，因此，在控制时需要考虑 MOS 管的 G 端电压。数字开关电路仿真如图 2.13 所示。

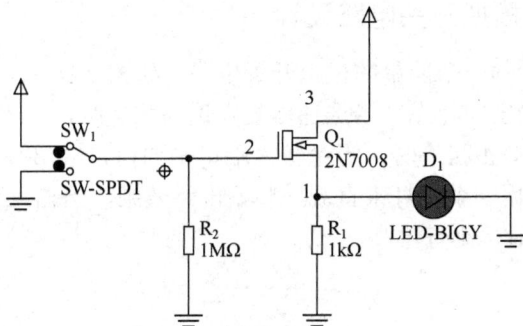

图 2.13　数字开关电路仿真 1

如图 2.14 所示，当输入端为 1 时，Q_1 导通，输出端输出为 1，相当于输入端和输出端接通，这时小灯亮起。

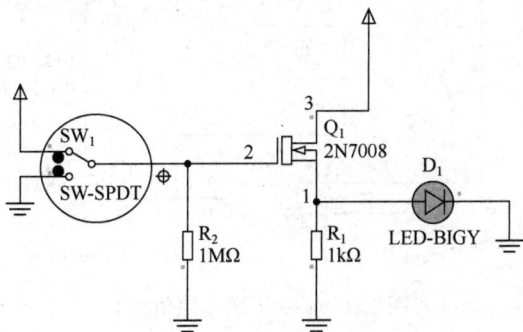

图 2.14　数字开关电路仿真 2

如图 2.15 所示，当输入端为 0 时，Q_1 截止，输出端输出为 0，相当于输入端和输出端不接通，这时小灯不亮。

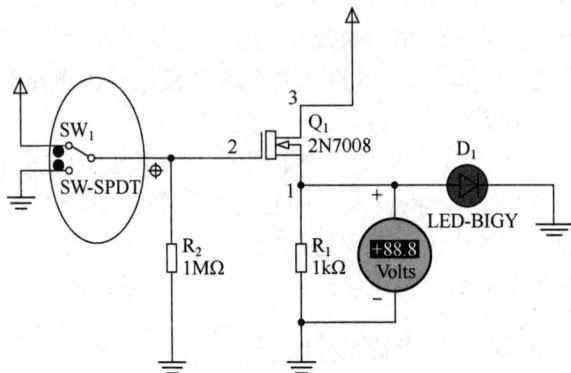

图 2.15 数字开关电路仿真 3

由于 MOS 管能够实现高速开关，因此被大量应用于工作频率高的开关电路中。MOS管的导通电阻比晶体管的导通电阻小很多，适合驱动大功率重负载的场合。

2.2.3 实例 16：模拟开关电路设计

本节使用 Protues 绘制一个简单的模拟开关电路。如图 2.16 所示，E 为选通端，根据选通端的电平控制输入/输出的状态。当选通端处在选通状态时，输出端的状态取决于输入端的状态；当选通端处于截止状态时，无论输入端电平如何，输出端都呈高阻状态。A 为输入口，B 为输出口。使用一个小灯来直观地观察电路效果，当输入开关量为 1 时，小灯亮起；当输入开关量为 0 时，小灯不亮。

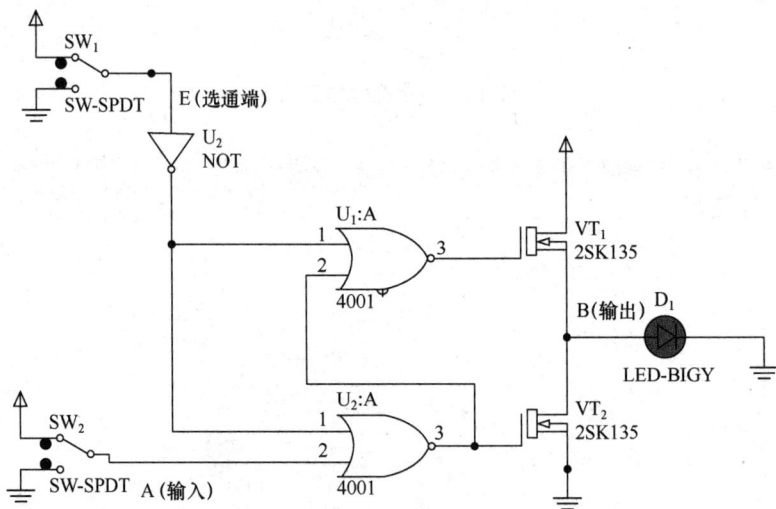

图 2.16 模拟开关电路仿真 1

如图 2.17 所示，当选通端 E 和输入端 A 同为 1 时，则 U_2 端为 0，这时 VT_1 导通、VT_2 截止，输出端 B 的输出为 1，相当于输入端和输出端接通，这时小灯亮起。

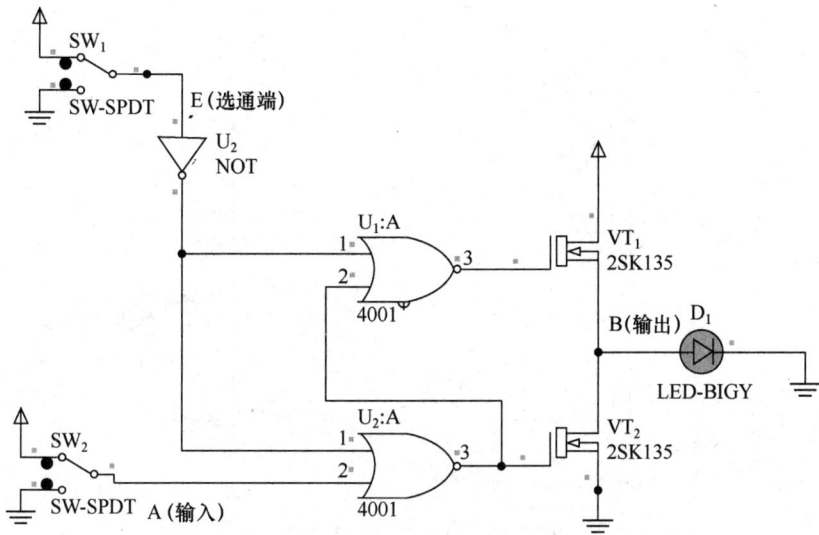

图 2.17　模拟开关电路仿真 2

如图 2.18 所示，当选通 E 为 1，而输入端 A 为 0 时，VT_1 截止，VT_2 导通，输出端 B 为 0，小灯不亮。

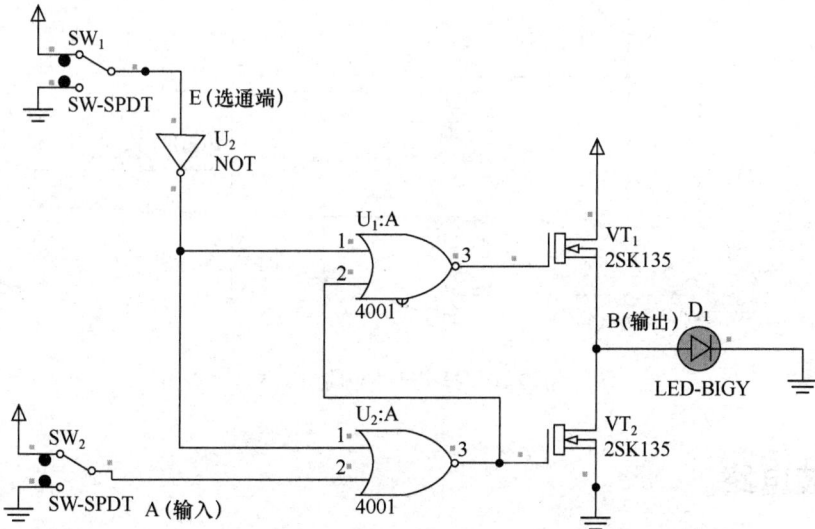

图 2.18　模拟开关电路仿真 3

如图 2.19 和图 2.20 所示，当选通端 E 为 0 时，VT_1 和 VT_2 均为截止状态，电路输出呈高阻状态。无论 A 状态如何，小灯都不亮。

由此可知，只有当选通端 E 为高电平时，模拟开关才会被接通，此时可从 A 向 B 传送信息；当输入端 A 为低电平时，模拟开关断开，停止传送信息。这是一个较为简单的模拟开关电路。在实际应用中，人们多选择集成好的模拟开关电路，如 CD4066、CD4051 等。

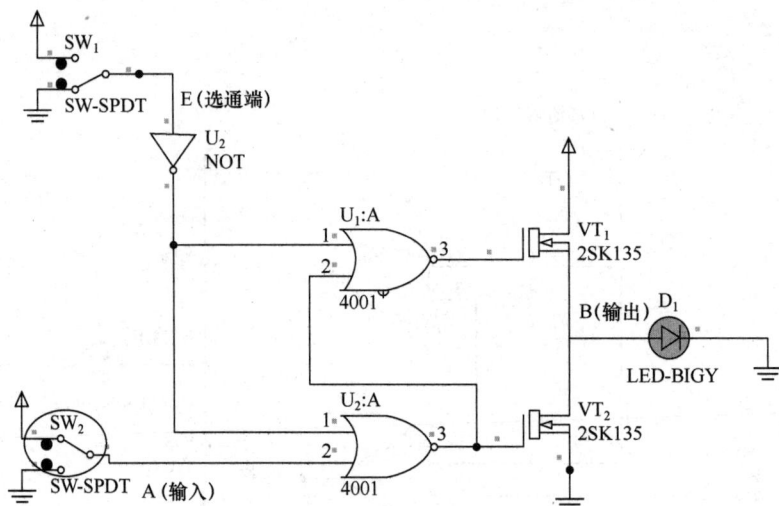

图 2.19　模拟开关电路仿真 4

图 2.20　模拟开关电路仿真 5

2.3　滤波电路

2.3.1　滤波电路的原理和分类

滤波电路

　　只允许一定频率范围内的信号成分正常通过,而阻止另一部分频率的信号成分通过的电路称为滤波电路。滤波电路常用于滤除整流输出电压中的纹波,一般由电抗元器件组成。滤波是信号处理中的一个重要概念,滤波分为经典滤波和现代滤波。经典滤波和现代滤波的滤波器模型一致,但现代滤波中加入了数字滤波的很多概念。

　　滤波电路的特点是:可以将有用的信号与噪声分离,提高信号的抗干扰性及信噪比;可以将不感兴趣与无关的频率滤除,从而提高信号精度以便于分析;可以从复杂频率信号成分中分离出单一频率的信号分量。

在滤波电路中，当通过电感线圈的电流变化时，电感线圈中产生的感应电动势将阻止电流的变化。当通过电感线圈的电流增大时，电感线圈产生的自感电动势与电流方向相反，阻止电流的增大，同时将一部分电能转化成磁场能存储于电感之中。当通过电感线圈的电流减小时，自感电动势与电流方向相同，阻止电流的减小，同时释放出存储的能量，以补偿电流的减小。因此，经电感滤波后，负载电流及电压的脉动减小，波形变得平滑，而且整流二极管的导通角增大。在电感线圈不变的情况下，负载电阻 R_L 越小，输出电压的交流分量越小。只有当 $R_L \gg \omega L$ 时才能获得较好的滤波效果。L 越大，滤波效果越好。

常用的滤波电路有无源滤波电路和有源滤波电路两大类。无源滤波电路由无源元器件（电阻器、电容器、电感器）组成，主要形式有电容滤波、电感滤波和复式滤波（包括倒 L 形、LC 滤波、LC π 形滤波和 RC π 形滤波等）。若滤波电路不仅由无源元器件，还由有源元器件（双极型管、单极型管、集成运放）组成，则称为有源滤波电路。有源滤波的主要形式是有源 RC 滤波，也称电子滤波器。按工作频段分类，滤波器可分为低通滤波器、高通滤波器、带通滤波器、带阻滤波器等。根据信号处理的方式分类，滤波器可分为模拟滤波器、数字滤波器。

2.3.2　实例 17：RC 滤波电路设计

RC 滤波电路由电阻器和电容器构成，本节将介绍一阶 RC 低通滤波器、一阶 RC 高通滤波器、RC 带通滤波器。另外，本节以使用为目的只对电路的搭建进行介绍，对于原理并不进行深入讲解。

高通滤波电路与低通滤波电路的区别为电阻器和电容器的位置不同。高通滤波电路中将电容器放在输入端，低通滤波电路中将电阻器放在输入端。通俗来讲，根据电容器"通交流、阻直流"的特性，可以将频率过低的信号近似等效成直流信号，即不会通过高通滤波器的第一个电容器。RC 高通滤波电路、RC 低通滤波电路分别如图 2.21 和图 2.22 所示。

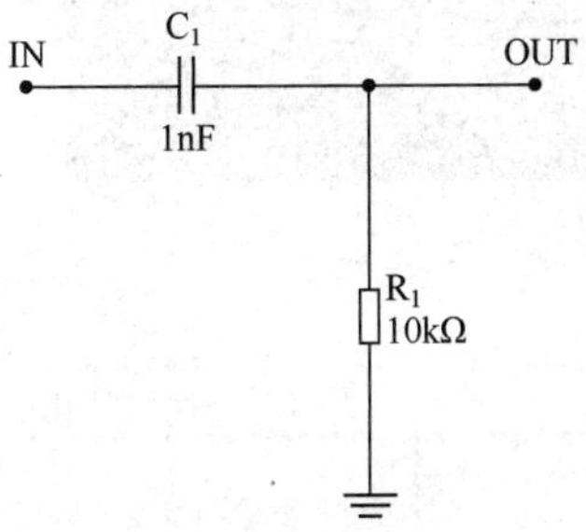

图 2.21　RC 高通滤波电路 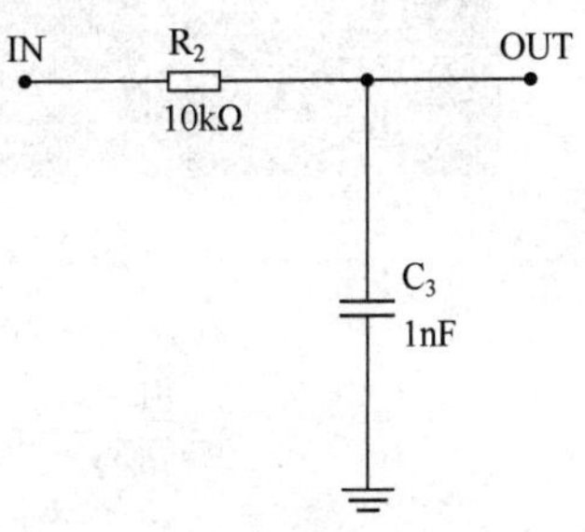　　　　　图 2.22　RC 低通滤波电路

其截止频率的计算公式为

$$f = \frac{1}{2\pi RC}$$

假如截止频率为 f，那么在信号通过高通滤波电路的情况下，频率低于 f 的信号都会被滤掉；在低通滤波的情况下，频率高于 f 的信号都会被滤掉，分别如图 2.23 和图 2.24 所示。

在一般情况下，可以说带通滤波器是低通滤波器和高通滤波器的结合，带通滤波电路如图 2.25 所示。

频率响应

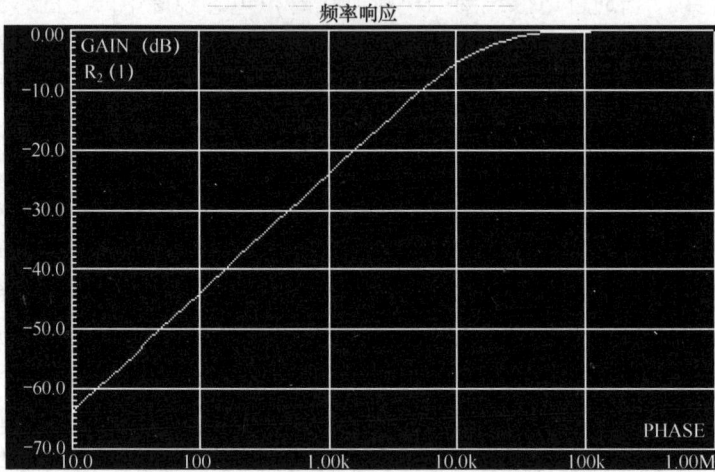

图 2.23　RC 高通滤波电路仿真

频率响应

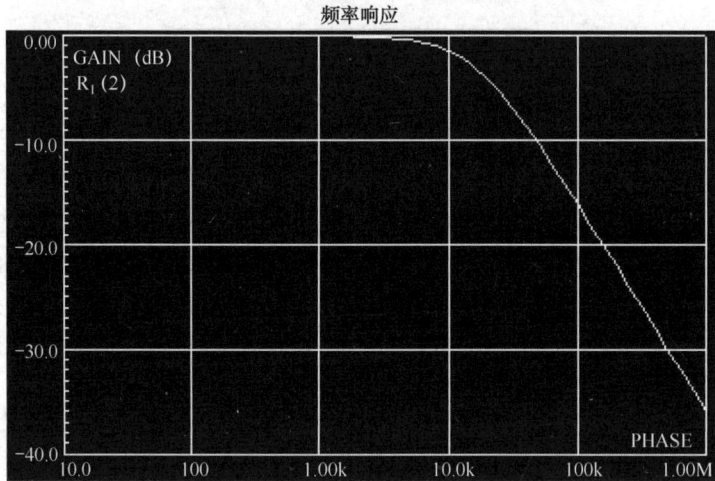

图 2.24　RC 低通滤波电路仿真

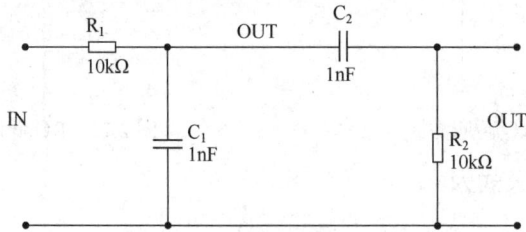

图 2.25　带通滤波电路

　　滤波器本身的名称表明，它只允许某个特定频段的信号通过，并阻止所有其他频率的信号。串联一组 RC 元器件和并联另一组 RC 元器件滤波器的组合，构成一个带通滤波器，如图 2.25 所示。此滤波器属于二阶滤波器，它含有两个截止频率，分别是较低的截止频率 f_L 和较高的截止频率 f_H。频率响应曲线如图 2.26 所示。

频率响应

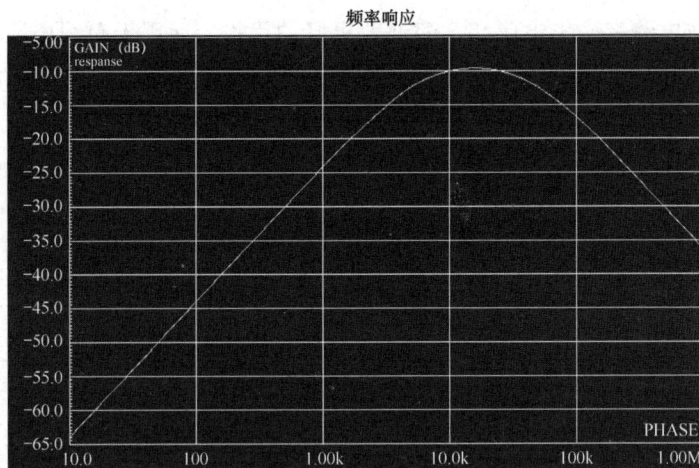

图 2.26　带通滤波器频率响应曲线

2.3.3　实例 18：LC 滤波电路设计

LC 滤波器一般由滤波电容器、电抗器和电阻器适当组合而成。除滤波作用外（可滤除某一次或多次谐波），兼顾无功补偿的功能。如图 2.27 所示为 LC 滤波电路。

在电路中，电感线圈对交流有限流作用，由电感的感抗公式 $X_L = 2\pi fL$ 可知，电感 L 越大，频率 f 越高，感抗就越大。因此，电感线圈有通低频、阻高频的作用，这就是电感的滤波原理。LC 滤波器按照功能分为 LC 低通滤波器、LC 高通滤波器、LC 带通滤波器等。LC 滤波电路的特点是输出电流较大，负载能力较高，滤波效果好，但扼流圈体积大、成本高。这种滤波适用于负载变动较大、负载电流较大的电路滤波。LC 滤波电路频率响应曲线如图 2.28 所示。

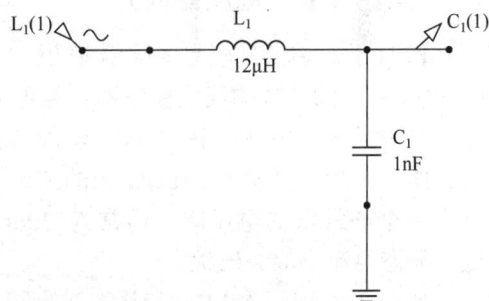

图 2.27　LC 滤波电路

频率响应

图 2.28　LC 滤波电路频率响应曲线

π 形 LC 滤波电路有输出电压高、滤波效果好的优点，适用于负载电流较小、要求稳定的场合。此电路由一个电容器和 LC 滤波器组合而成，滤波过程中交流整流后先经电容器 C，再经 LC 滤波器。基于此，π 形滤波器的性能比 LC 滤波器和普通电容都要优越。其缺点是输出电流小、负载能力低。π 形 LC 滤波电路图如图 2.29 所示。

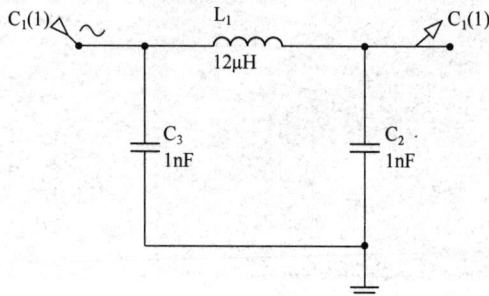

图 2.29　π 形 LC 滤波电路图

2.4　常用电源电路

2.4.1　LDO 稳压器简介

相对于传统的线性稳压器来说，LDO 稳压器是一种低压差线性稳压器。传统的 78xx 系列的芯片的线性稳压器若是正常工作，要求输入电压比输出电压高 2～3V。但是在一些情况下，如 5V 转 3.3V，输入与输出之间的压差较低，不能使用传统线性稳压器正常工作，因此，研发出了 LDO 类的电压转换芯片来用于此类场景。此低压差线性稳压器可以有一个非常低的电压降，通常为 200mV 左右。因此，LDO 稳压器具有成本低、噪声低、静态电流小的突出优点。

如图 2.30 所示为 LDO 稳压器实物图，如图 2.31 所示为 LDO 稳压器封装图。

图 2.30　LDO 稳压器实物图　　　　图 2.31　LDO 稳压器封装图

LDO 稳压器的性能之所以能够达到这个水平，在于其中的调整管采用 P 沟道 MOSFET，普通的线性稳压器采用 PNP 晶体管。P 沟道 MOSFET 由电压驱动，不需要电流，大大降低了元器件本身消耗的电流。采用 PNP 晶体管的电路中，为了防止 PNP 晶体管进入饱和状态而降低输出能力，输入和输出之间的电压降不可过低。P 沟道 MOSFET 上的电压降大致等于输出电流与导通电阻的乘积。由于 P 沟道 MOSFET 的导通电阻很小，故其电压降非常低。

LDO 稳压器的芯片有很多种，如 AMS1117、TLV702x 等。LDO 稳压器根据输出电压可分为两种：输出电压固定的 LDO 和输出电压可调的 LDO。

2.4.2 实例 19：固定输出 LDO 电路设计

下面介绍一个 LDO 电路设计实例。此电路中使用运算放大器和分压电阻采样网络 R_1 和 R_2。当输入电压增大或输出负载电阻增大时，输出电压瞬间增大，通过 R_1、R_2 分压采样的电压也增大，由于是反向端输入，运算放大器 A 的输出相应减小，则输出电流减小、输出电压减小。由如图 2.32 所示的电路可知，LDO 通过电阻分压，LDO 只能降压，不能升压，且电流不可过大。

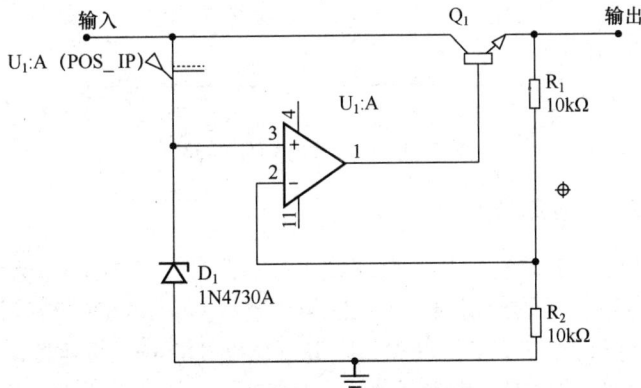

图 2.32　固定输出 LDO 电路

平常搭建电路时一般选择集成好的 LDO 芯片，在使用时在输入端、输出端各接一个电容器即可工作。首先确定输出电压范围，然后根据前一级确定输入电压，最后确定输出电压。例如，给 STM32 供电时，输出电压为 3.3V。选择合适的 LDO 芯片设计电路，如图 2.33 所示。

图 2.33　集成 LDO 芯片

2.4.3 实例 20：可调输出 LDO 电路设计

接下来介绍可调输出 LDO 电路设计。根据 2.4.2 节的步骤选择合适的 LDO 芯片，然后设计输出电压反馈网络电路。这类 LDO 稳压器允许通过连接在 V_{out} 与 GND 之间的两个电阻调节输出电压，从而将这两个电阻之间的电压施加于 ADJ 引脚上。

其计算公式为

$$V_{\text{out}} = V_{\text{ref}}\left(1 + \frac{R_2}{R_1}\right) + I_{\text{ADJ}}R_2$$

如图 2.34 所示为可调输出 LDO 电路。

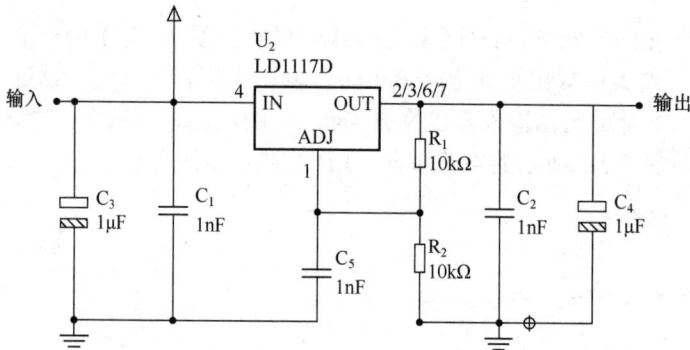

图 2.34　可调输出 LDO 电路

2.4.4　DC-DC 转换器简介

DC-DC 转换器一般由控制芯片、电感线圈、二极管、三极管、电容器构成。DC-DC 转换器是转变输入电压后有效输出固定电压的电压转换器。DC-DC 转换器分为 3 类：升压型 DC-DC 转换器、降压型 DC-DC 转换器、升降压型 DC-DC 转换器。根据需求可采用 3 类控制。DC-DC 转换器的效率普遍要远高于 LDO，这是其工作原理决定的。PWM 控制型效率高并具有良好的输出电压纹波和噪声。PFM 控制型可以长时间使用，尤其是在小负载时具有耗电小的优点。PWM/PFM 转换型在小负载时实行 PFM 控制，在大负载时自动转换到 PWM 控制。目前，DC-DC 转换器广泛应用于手机、MP3、数码相机、便携式媒体播放器等产品中。如图 2.35 所示为 DC-DC 稳压芯片。

图 2.35　DC-DC 稳压芯片

DC-DC 转换器包括升压、降压、升/降压和反相等电路。DC-DC 转换器的优点为效率高、静态电流小、输出电流大。随着集成度的提高，许多新型 DC-DC 转换器仅需要几只外接电感器和滤波电容器。但是，这类电源控制器的输出脉动和开关噪声较大，成本相对较高。

2.4.5　实例 21：固定输出 DC-DC 电路设计

下面介绍 DC-DC 电路设计的实例。在此电路中使用 LM2940 DC-DC 稳压芯片，加上适当的滤波电容器。在输入 7.2V 左右电压的情况下可稳定输出 5V 电压，如图 2.36 所示。

图 2.36　5V 稳压电路

2.5 基本放大电路

2.5.1 基本放大电路简介

基本放大电路是放大电路的一种。放大电路的本质是能量的控制和转换，电子电路放大的基本特征是功率放大，即负载上总是获得比输入信号大得多的电压或电流。能够控制能量的元器件称为有源元器件。此外，放大的前提是不失真，即只有在不失真的情况下的放大才有意义。

基本放大电路一般由输入信号源、三极管、输出负载，以及直流电源和相应的偏置电路组成。基本放大电路可以分为三极管放大电路和 MOS 管放大电路。三极管放大电路又分为基本共发射极放大电路、基本共集电极放大电路、基本共基极放大电路。这 3 种放大电路以输入、输出信号的位置为判断依据：如果以其中发射极 e 作为输入和输出的公共端，基极 b 作为输入，集电极 c 作为输出，则该放大电路称为共发射极放大电路；如果以其中集电极 c 作为输入和输出的公共端，基极 b 作为输入，发射极 e 作为输出，则该放大电路称为集电极放大电路；如果以其中基极 b 作为输入和输出的公共端，发射极 e 作为输入，集电极 c 作为输出，则该放大电路称为共基极放大电路。

下面介绍放大电路的性能指标，包括放大倍数、输入电阻、输出电阻。

1．放大倍数

放大倍数是衡量放大电路放大能力的指标，又称放大增益，是输出变量与输入变量之比。在研究电路时，一般关心某一单项指标的放大倍数，如电压的放大倍数、电流的放大倍数。由于输出信号和输入信号都有电压和电流，因此存在以下 4 种比值。

（1）电压放大倍数：用 A_u 表示，定义为 $A_u=U_o/U_i$。

（2）电流放大倍数：用 A_i 表示，定义为 $A_i=I_o/I_i$。

（3）电压对电流的放大倍数：用 A_{ui} 表示，定义为 $A_{ui}=U_o/I_i$。

（4）电流对电压的放大倍数：用 A_{iu} 表示，定义为 $A_{iu}=I_o/U_i$。

式中，U_o、U_i、I_o 和 I_i 都是正弦信号的有效值。需要注意的是，如果输出波形出现明显失真，则比值将失去意义。

2．输入电阻

一个放大电路，需要有信号源提供输入信号。当放大电路与信号源相连时，就需要从信号源取电流。电流的大小表明了放大电路对信号源的影响程度，因此，用输入电阻来衡量放大电路对信号源的影响。当信号频率不是很高时，输入电流 I_i 与输入电压 U_i 基本同相，因此，通常用输入电阻来表示，定义为

$$R_i = U_i/I_i$$

R_i 是向放大电路输入端看进去的等效电阻。R_i 越大，表明它从信号源取的电流越小，放大电路输入端所得到的电压 U_i 越接近信号电压 U_S。因此，作为测量仪表所用放大电路，其 R_i 要大。但是，对于晶体管来说，R_i 大则取电流小，将降低放大倍数。基于此，在需要放大倍数而 R_S 为固定值的情况下，晶体管放大电路的电流小一些为好。

3．输出电阻

放大电路将信号放大后，可以将放大电路的输出端包括进去当作一个等效内阻，这个等效电阻称为输出电阻（R_o）。通常，测定输出电阻的方法是在输入端加正弦波实验信号，测量负载开路时的输出电压U_o'，再测量接入负载 R_L 时的输出电压 U_o，即

$$R_o = (U_o'/U_o - 1)R_L$$

输出电阻越大，表明接入负载后输出电压下降越多。因此，输出电阻反映了放大电路带负载能力的大小。

2.5.2　实例 22：三极管放大电路设计

由 2.5.1 节可知三极管放大电路有 3 种基本放大电路，分别是共基极放大电路、共发射极放大电路、共集电极放大电路。本节将对这 3 种放大电路进行详细介绍。

首先介绍共集电极放大电路，如图 2.37 所示。VT 为 NPN 型三极管。负载电阻 R_L 与发射极相连。输入电压在基极和集电极之间，输出电压在发射极和集电极之间。集电极是输入、输出的公共端，故称为共集电极放大电路。由于此电路由发射极输出，故又称发射极跟随器。

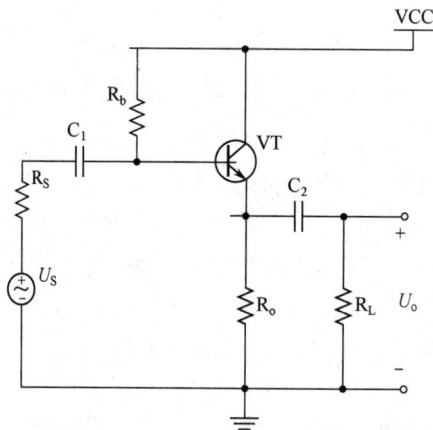

图 2.37　共集电极放大电路

此处对本电路的分析不进行过多深究，只表现出其增益效果。

由 2.5.1 节所介绍的放大电路的性能指标，共集电极放大电路的特性归纳如下：输入阻抗高；输出阻抗低。

电流增益为

$$A_i = \frac{I_e}{I_b} = \beta + 1 \approx \beta$$

电压增益为

$$A_u = \frac{U_o}{U_i} = \frac{I_e R_L}{U_{be} + I_e R_L} \approx 1$$

共集电极放大电路可以应用到阻抗匹配、发射极跟随的场景中。

下面介绍共发射极放大电路，如图 2.38 所示为共发射极放大电路。R_c 与集电极相连，将集电极电流的变化转换为电压的变化并发送到输出端。输入电压在基极和发射极之间，输出电压

在发射极和集电极之间。发射极是输入、输出的公共端，故称为共发射极放大电路。

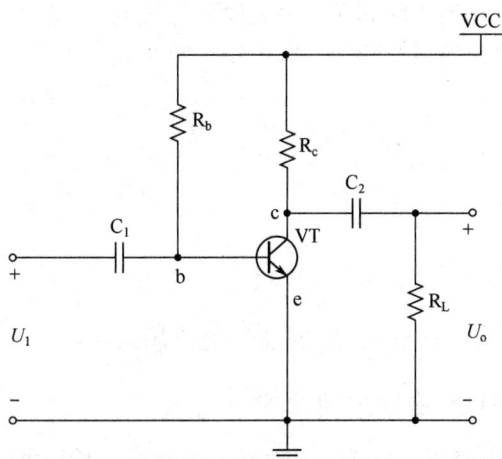

图 2.38　共发射极放大电路

共发射极放大电路的特性归纳如下：输入阻抗与输出阻抗中等。

电流增益为

$$A_i = \frac{I_c}{I_b} = \beta \gg 1$$

电压增益为

$$A_u = \frac{U_o}{U_i} = \frac{-I_c R_L}{I_b R_i} = -\beta \frac{R_L}{R_i}$$

共发射极放大电路可以应用在信号放大器场景中。

接下来介绍共基极放大电路，如图 2.39 所示。输入电压在基极和发射极之间，输出电压在基极和集电极之间。基极是输入、输出的公共端，故称为共基极放大电路。

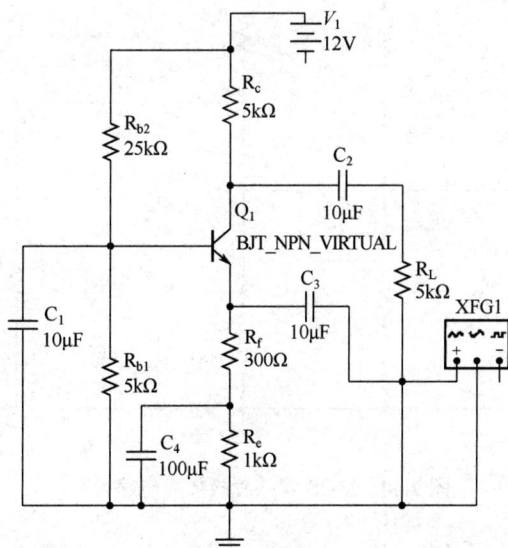

图 2.39　共基极放大电路

共基极放大电路的电路特性归纳如下：

（1）输入端（eb 之间）为正向偏压，因此输入阻抗低；

（2）输出端（cb 之间）为反向偏压，因此输出阻抗高。

电流增益为

$$A_i = \frac{I_c}{I_e} = \alpha = \frac{\beta}{\beta+1} < 1$$

电压增益为

$$A_u = \frac{U_o}{U_i} = \frac{I_c R_L}{I_e R_i} = A_I \frac{R_L}{R_i}$$

共基极放大电路可以应用在高频放大或振荡电路场景中。

2.5.3　实例 23：MOS 管放大电路设计

MOS 管放大器是电压控制元器件，具有输入阻抗高、噪声低的优点，被广泛应用在电子电路中。类比于三极管放大电路，输入在栅极、输出在漏极，称为共源极放大电路（CS）。输入在栅极、输出在源极，称为共漏极放大电路（CD）；输入在源极、输出在漏极，称为共栅极放大电路（CG）。以共源极放大电路为例，电路图如图 2.40 所示，此电路主要由电阻器、电容器、MOS 管构成。

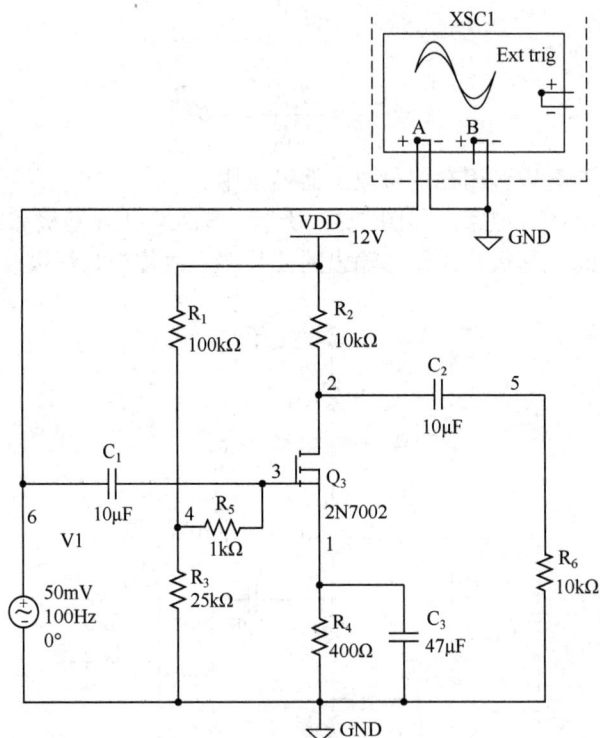

图 2.40　MOS 管共源极放大电路设计

在计算其增益时：

$$U_i = U_{GS} + \left(\frac{U_{GS}}{R_{ES}} + G_m U_{GS}\right) R_S$$

$$U_o = G_m U_{GS}(R_L / / R_D)$$

其中，U_{GS} 和 U_{GS}/R_{ES} 相对较小，可以忽略不计，所以其电压增益为

$$A_u = \frac{U_o}{U_i} = G_m U_{GS}(R_L / / R_D) / G_m U_{GS} R_S = (R_L / / R_D) / R_S$$

2.6 差分放大电路

2.6.1 差分放大电路简介

差分放大电路又称差动式放大电路，具有温漂小、便于集成的优点。如图 2.41 所示，差分放大电路是由两个对称的共发射极放大电路构成的。两个公共的发射极相连接地，R_1 和 R_4 为信号源内阻。差分放大电路有两个输入端和两个输出端。两个集电极作为输出端，有两个输出端输出信号称为双端输出，有一个输出端输出信号称为单端输出。当输入电压为 0 时，两个输入端与地之间可视为短路，在理想的情况下，电路的左右两部分是完全对称的，即两个晶体管的电位相等。

下面介绍差模和共模信号的概念。当两个输入信号取差时，称为差模信号（U_{id}），输入信号的算术平均值为共模信号（U_{ic}）。差模输入信号的两个输入电压大小相等、极性相反。共模输入信号的两个输入电压大小相等、极性相同。

差模电压增益为

$$A_{ud} = U_{od} / U_{id}$$

共模电压增益为

$$A_{ud} = U_{oc} / U_{ic}$$

其中，U_{od} 为差模输出信号，U_{oc} 为共模输出信号。

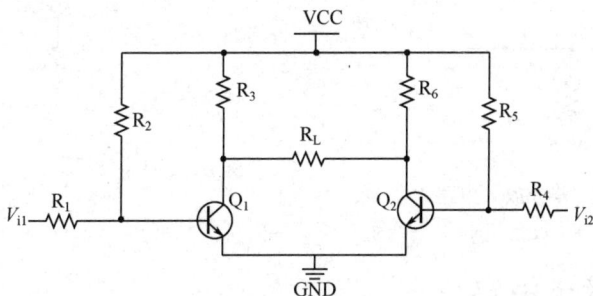

图 2.41 差分放大电路

若要抑制零点漂移，共模电压增益越小越好，差模电压增益越大越好。为了表示差分放大电路抑制共模信号的能力，用共模抑制比 K_{CMR} 来衡量，其定义为放大电路对差模信号的电压增益与对共模信号的电压增益之比的绝对值，即

$$K_{CMR} = \left| \frac{A_{ud}}{A_{uc}} \right|$$

共模抑制比 K_{CMR} 越大，说明放大电路的性能越优良。对于双端输入的差分放大电

路，在理想状态下，共模抑制比趋于无穷大。共模抑制比还可以用另一个公式来表示，结果为分贝数，即

$$K_{CMR} = 20\lg\left|\frac{A_{ud}}{A_{uc}}\right| \quad （dB）$$

2.6.2 实例 24：差分放大电路设计

下面对差分放大电路进行一些改进，并介绍改进后的差分放大电路的实例。

如图 2.42 所示，此电路中增加了 R_e 作为两个晶体管公共发射极电阻，作用是引入共模负反馈，提高共模抑制比 K_{CMR}。R_e 越大，抑制零漂效果越好。增加一个负电源 VEE 补偿 R_e 的直流压降，增加电阻 R_e 后，由 VEE 提供基极电流。此改进方式能够提高共模负反馈，使电路更加优良。引进了 R_e 后，使 R_e 的电阻增大可以提高共模抑制比，受到电源的影响，电阻 R_e 增大，倘若电源不变，静态工作点的电流将减小。若要保证静态工作点的电流不变，则电压应增大。由于三极管有直流压降小、交流压阻很大的特点，因此为了不使用过高的电压，采用三极管来代替电阻 R_e 的电阻。差分放大电路图如图 2.43 所示。

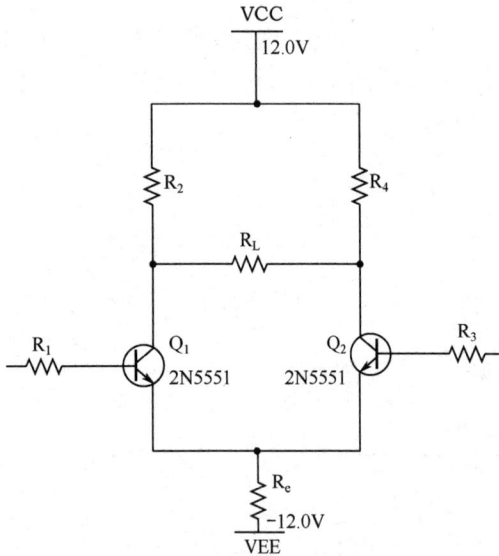

图 2.42　差分放大电路 1　　　　　图 2.43　差分放大电路 2

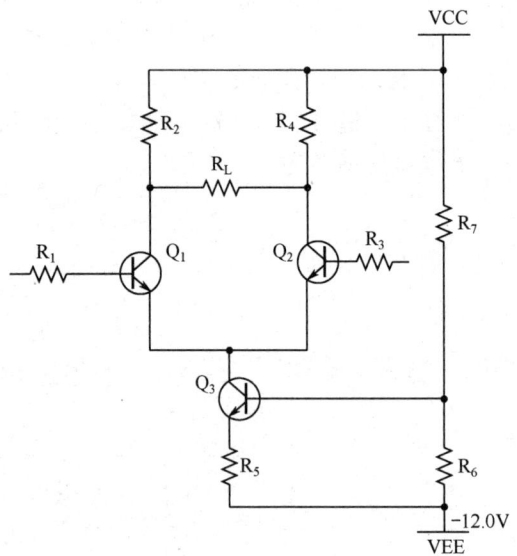

2.7　集成运算放大电路

2.7.1　集成运算放大电路简介

集成电路（Integrated Circuit）是一种微型电子元器件或部件，因具有体积小、性能高的特点而被广泛应用。其以半导体制作工艺为基础，把一个电路中所需的晶体管、二极管、电阻器、电容器和电感器等元器件及布线连接一起，制作在一小块或几小块单晶硅片上。集成电路把元器件和电路融合成一个整体。按集成度高低不同，集成电路分为小规模集成电路、中规模集成电路、大规模集成电路、超大规模集成电路 4 类。

集成运算放大电路

集成电路还可分为模拟集成电路、数字集成电路和数模混合集成电路。模拟集成电路是用来产生、放大和处理各种模拟信号，或者进行模拟信号和数字信号之间相互转换的集成电子线路。数字集成电路是用来产生、放大和处理各种数字信号的集成电子线路。

如图 2.44 所示为集成运算放大器原理图。

集成运算放大电路简称运放，是一种直接耦合的多级放大电路，具有体积小、质量小、可靠性高、增益高、零漂小等优点。其内部电路一般为差分输入级、中间放大级、输出级、偏置电路并带有各种各样的电流源电路。为了抑制零漂，多使用差分放大电路来作为输入级，并且通常要有较大的阻抗和一定的电压增益。中间放大级一般是组合放大电路，电路的主要增益就是依靠这一级。输出级一般有较强的带负载能力。

如图 2.45 所示为集成运算放大器实物图。

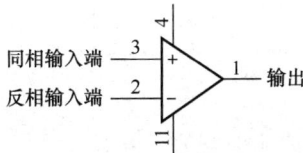

图 2.44　集成运算放大器原理图

图 2.45　集成运算放大器实物图

2.7.2　实例 25：LM358 运算放大器的使用

本节以 LM358 为例介绍集成运算放大器。LM358 是一个双运算放大器。双运算放大器就是把两个通用型的运算放大器集成在一个单片上，这样做出来的双运算放大器增益高、共模抑制比大、有内部频率补偿，适合电源电压范围很大的单电源使用，也适用于双电源工作模式。双运算放大器的使用范围包括传感放大器、直流增益模块和其他所有可用单电源供电的使用运算放大器的场合。LM358 的封装有两种形式：一种是贴片式（SOP）封装（见图 2.46），另一种是双列直插式（DIP）封装（见图 2.47）。

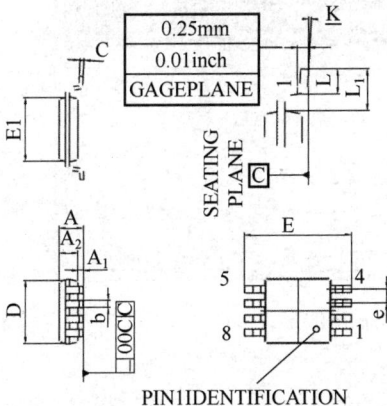

图 2.46　LM358 SOP 封装

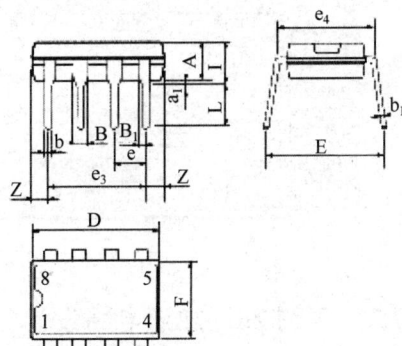

图 2.47　LM358 DIP 封装

LM358 的内部结构如图 2.48 所示。

利用 Multisim 将其仿真为双电源同向放大器电路，放大倍数又称增益，它是衡量放大电路放大能力的指标。反向放大器信号输入与输出之间的关系为

$$U_{out} = [(R_3+R_2)/R_3]U_{in}$$

输出波形放大 10 倍：通道 A 输入 50mV，通过 LM358 输出波形相同时，通道 B 的输出为 500mV。如图 2.49 所示为一个高输入阻抗反向放大器电路，其闭环放大倍数为 $(R_3+R_2)/R_3$。

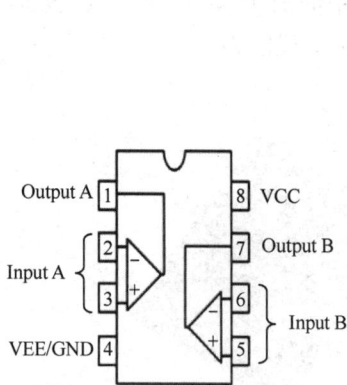

图 2.48　LM358 的内部结构　　　　图 2.49　LM358 放大电路

示波器显示其输出波形如图 2.50 所示。

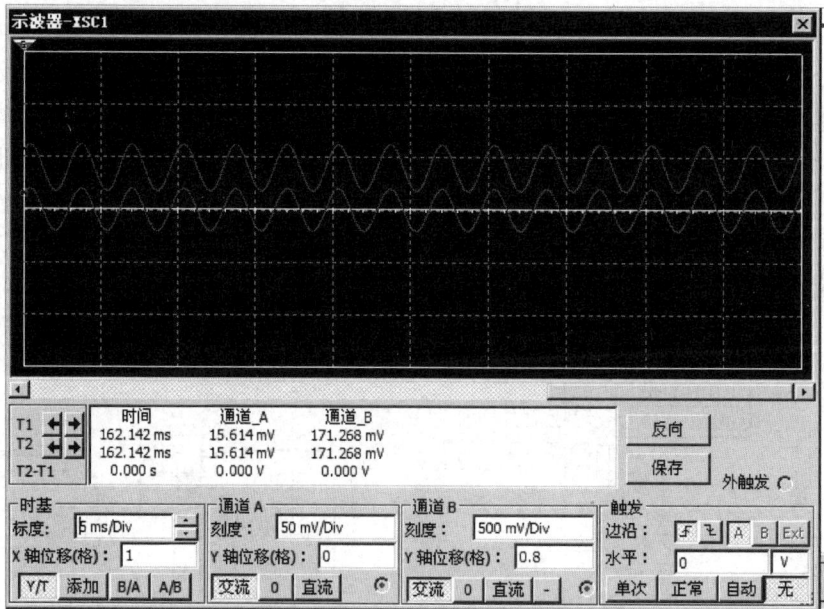

图 2.50　LM358 放大电路输出波形

2.7.3　实例 26：加法电路设计

首先介绍一下虚短、虚断的知识。虚短是指在理想情况下，运放的同相输入端和反向输入端电位相等，就好像两个输入端短接在一起。虚断是指在理想情况下，运放的输入电

流等于零。

如图 2.51 所示为加法电路，其作用是将 u_{s1} 和 u_{s2} 的电压相加。这个电路接成反向放大电路，属于电压并联负反馈电路。由虚短、虚断可得

$$\frac{u_{s1}-u_{N}}{R_1} + \frac{u_{s2}-u_{N}}{R_2} = \frac{u_{N}-u_{O}}{R_{F}}$$

$$\frac{u_{s1}}{R_1} + \frac{u_{s2}}{R_2} = \frac{-u_{O}}{R_{F}}$$

两式联立得

$$-u_{O} = \frac{R_{F}}{R_1}u_{s1} + \frac{R_{F}}{R_2}u_{s2}$$

当 $R_1 = R_2 = R_{F}$ 时，有

$$-u_{O} = u_{s1} + u_{s2}$$

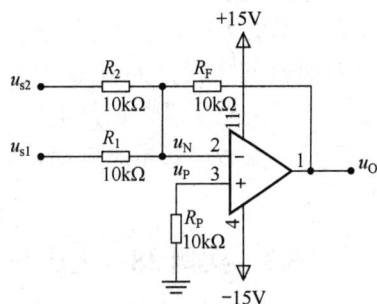

图 2.51　加法电路

2.7.4　实例 27：减法电路设计

如图 2.52 所示为减法电路，其作用是将 u_{s1} 和 u_{s2} 的电压相减。这个电路是反向输入和同相输入相结合的电路，属于差动式电路。由虚短、虚断可得

$$\frac{u_{s1}-u_{N}}{R_2} = \frac{u_{N}-u_{O}}{R_{F}}$$

$$\frac{u_{s2}-u_{P}}{R_1} = \frac{u_{P}}{R_3}$$

由虚短可知 $u_{P} = u_{N}$。

两式联立得

$$u_{O} = \left(\frac{R_{F}+R_2}{R_2}\right)\left(\frac{R_3}{R_1+R_3}\right)u_{s2} - \frac{R_{F}}{R_2}u_{s1}$$

当 $R_{F}/R_2 = R_3/R_1$ 时，有

$$u_{O} = \frac{R_{F}}{R_2}(u_{s2}-u_{s1})$$

又当 $R_{F} = R_2$ 时，有

$$u_{O} = u_{s2} - u_{s1}$$

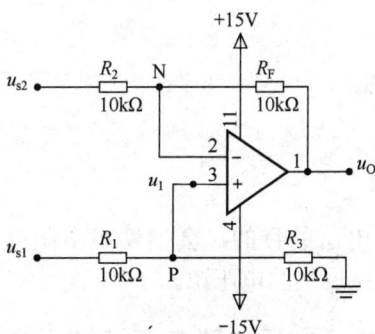

图 2.52　减法电路

2.8　负反馈放大电路

负反馈放大电路

2.8.1　负反馈放大电路简介

负反馈放大电路是指引入了交流负反馈的放大电路。当反馈信号送回输入产生作用，净输入信号量相对没有引入时减小，则反馈为负反馈。交流负反馈有 4 种方式，分别为电压串联、电压并联、电流串联、电流并联。

根据反馈网络与基本放大电路在输入端的连接方式不同，负反馈放大电路可以分为串

联负反馈放大电路和并联负反馈放大电路。反馈网络与基本放大电路串联，进行电压比较的称为串联反馈。反馈网络与基本放大电路并联，进行电流比较的称为并联反馈。

根据反馈网络与基本放大电路在输出端的取样对象不同，负反馈放大电路可以分为电压负反馈放大电路和电流负反馈放大电路。如果输出电压的一部分或全部信号送回到放大电路的输入，则称为电压反馈。如果反馈信号与输出电流成比例，则称为电流反馈。一般，判断是电压反馈还是电流反馈常用输出短路法。将输出端短路，观察此时电路中是否仍有反馈信号，若电路中反馈信号消失，则为电压反馈；反之，若反馈信号仍存在，则为电流反馈。

2.8.2 实例 28：电压串联负反馈放大电路设计

在如图 2.53 所示的电路中，输入端和基本放大电路的输出端并联，输出端与基本放大电路输入端串联，构成电压串联负反馈放大电路。其中，R_1 和 R_F 构成反馈网络。R_1 的电压为反馈信号，其电压反馈系数为

$$F_u = \frac{u_F}{u_O} = \frac{R_1}{R_1 + R_F}$$

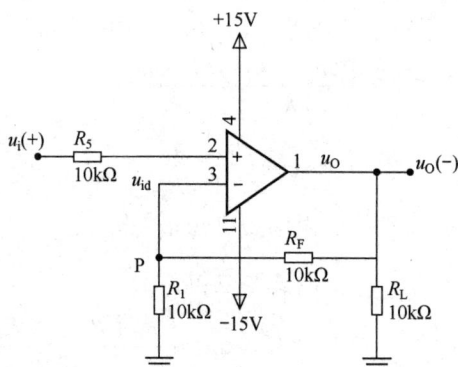

图 2.53　电压串联负反馈放大电路

电压串联负反馈可稳定电压增益，从而达到稳定输出电压的目的，会使输出电阻减小、输入电阻增大，并且有很好的恒压输出特性，是一个电压控制的电压源。

图 2.54　电压并联负反馈放大电路

2.8.3 实例 29：电压并联负反馈放大电路设计

如图 2.54 所示，此电路为电压并联负反馈放大电路。从反馈网络与输入相接的方式可以看出为并联反馈，构成电压并联负反馈放大电路。其反馈系数为

$$F_g = \frac{i_F}{u_O} = \frac{-u_O / R_F}{u_O} = -1 / R_F$$

电压并联负反馈可稳定电流增益，从而达到稳定输出电压的目的，会使输出电阻减小、输入电阻减小。

2.8.4 实例30：电流串联负反馈放大电路设计

如图 2.25 所示，可以看出此电路为电流反馈。从反馈网络与输入相接的方式可以看出为串联反馈，构成电流串联负反馈放大电路。其反馈系数为

$$F_{\mathrm{r}} = \frac{u_{\mathrm{F}}}{i_{\mathrm{O}}} = \frac{i_{\mathrm{O}} R_{\mathrm{F}}}{i_{\mathrm{O}}} = R_{\mathrm{F}}$$

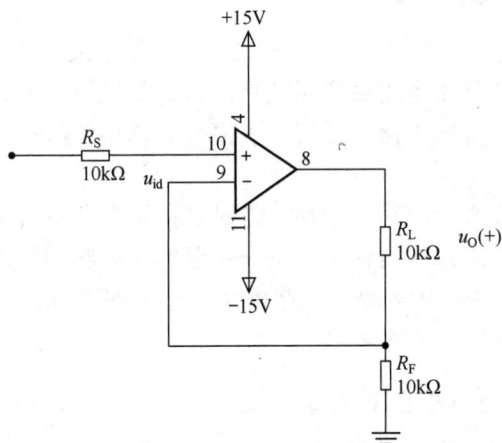

图 2.55　电流串联负反馈放大电路

电流串联负反馈可稳定电压增益，从而达到稳定输出电流的目的，会使输出电阻增大、输入电阻增大。

2.8.5 实例31：电流并联负反馈放大电路设计

如图 2.56 所示，可以看出此电路为电流反馈。从反馈网络与输入相接的方式可以看出为并联反馈，构成电流并联负反馈放大电路。其反馈系数为

$$F_{\mathrm{i}} = \frac{i_{\mathrm{F}}}{i_{\mathrm{O}}} = \frac{R_1}{R_1 + R_{\mathrm{F}}}$$

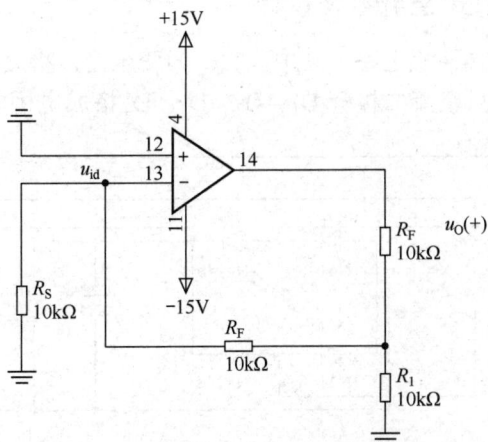

图 2.56　电流并联负反馈放大电路

电流并联负反馈可稳定电流增益，从而达到稳定输出电流的目的，会使输出电阻增大、输入电阻减小。

2.9 桥式整流电路

桥式整流电路

2.9.1 桥式整流电路简介

桥式整流电路是一种整流电路，由 4 只二极管口连接成"桥"结构，利用二极管的单向导电性进行整流。桥式整流电路最常用的功能是将交流电变为直流电。桥式整流电路根据电源类型、控制能力、桥式电路配置等，主要分为单相整流电路和三相整流电路，其优点是简单、高效。

桥式整流电路是全波整流电路的一种，是对二极管半波整流电路的一种改进，利用二极管的单向导电性进行整流。这两种类型进一步分为非控制型整流电路、半控制型整流电路和全控制型整流电路。单相桥式整流电路由 4 个二极管组成，用于将交流电转换为直流电，而三相整流器使用 6 个二极管。

2.9.2 桥式整流电路的工作原理

当电源电压为正半周时，对二极管 D_1、D_3 加正向电压，使得 D_1、D_3 导通；对二极管 D_2、D_4 加反向电压，使得 D_2、D_4 截止。电路中构成 E_2、D_1、R_{fz}、D_3 通电回路，在 R_{fz} 上形成上正下负的半波整流电压。

当电源电压为负半周时，对二极管 D_2、D_4 加正向电压，D_2、D_4 导通；对二极管 D_1、D_3 加反向电压，D_1、D_3 截止。电路中构成 E_2、D_2、R_{fz}、D_4 通电回路，同样在 R_{fz} 上形成上正下负的另外半波的整流电压。如此重复下去，在 R_{fz} 上便得到全波整流电压。

桥式整流电路一般接在电源变压器的两端或者 220V 交流电上，有交流输入端和直流输出端。在电路中，二极管所承受的反压等于交流输入电压的峰值，流过二极管的正向平均整流仅为负载电流的一半。

2.9.3 实例 32：桥式整流电路设计

如图 2.57 所示为桥式整流电路，其中，TR_1 为变压器，将交流电源的交流电变为整流电路所要求的交流电，4 只整流二极管 D_1、D_2、D_3、D_4 搭成电桥的形式。

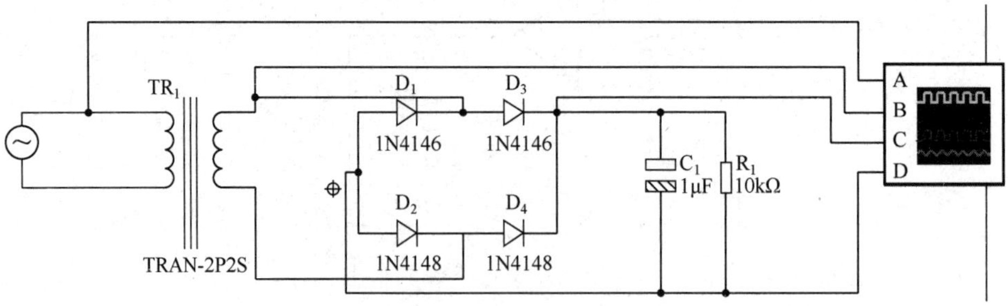

图 2.57 桥式整流电路

其波形如图 2.58 所示。

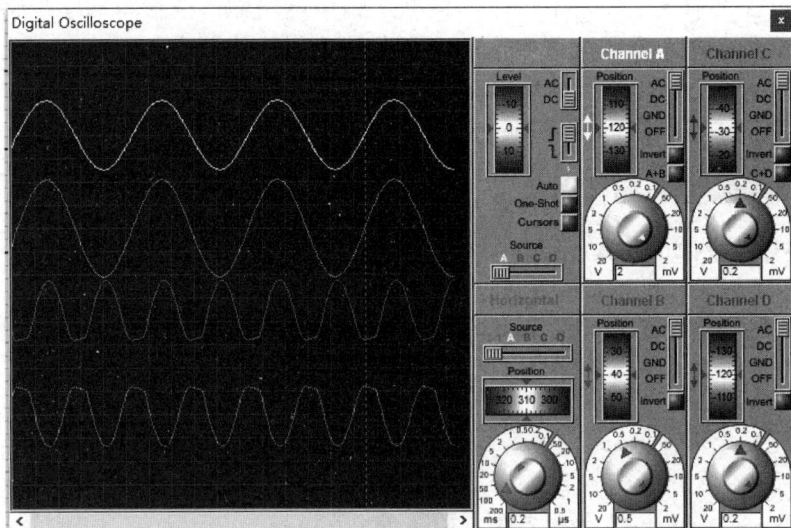

图 2.58　桥式整流电路波形图

2.10　钳位电路

2.10.1　钳位电路简介

钳位在电路中意为限制电压。在电路中，由于二极管的单向导电特性，若施加的电压大于结电压，电流就会流过二极管；在负偏压下，只要两端电压不超过击穿电压，二极管就会处于非导通状态。利用二极管的这种特性可以搭建钳位电路。

钳位电路是将脉冲信号的某一部分固定在指定电压上，并保持原波形不变的电路。钳位电路经常用于各种显示设备中，可以将直流电压加到交流信号的电压上。钳位器又称为直流重置器。

常见的钳位电路有二极管钳位电路和三极管钳位电路。钳位电路运用电阻器、电容器、二极管来搭建，输入信号上移或下移，并不改变输入信号的波形。钳位电路主要分为正钳位电路和负钳位电路。通过是否增加电压，钳位电路又可以分为简单型钳位电路和加偏压型钳位电路。

如图 2.59 所示为钳位电路。

在标准下钳位电路中，电容 C 和负载电阻 R 将选取较大的值，当电容通过电阻进行放电时，时间

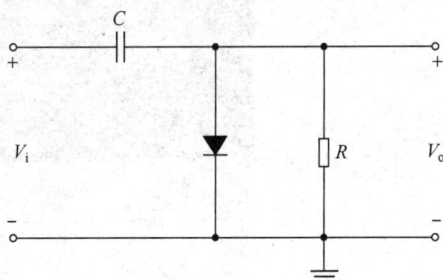

图 2.59　钳位电路

常数 $\tau=RC$ 会比较大，放电过程非常缓慢，当 V_i 供电时电容进行充电，则二极管导通。当输入电压 V_i 达到峰值 V_m 时，电容上的电压也几乎等于 V_m，此时输入电压 V_i 开始下降，电容开始放电，此时二极管处于截止状态。输出电压 V_o 的表达式为 $V_o=V_i-V_C$，根据上面的分析，电容器上的电压 V_C 一直保持为 V_m 不变，则输出电压最终可表达为 $V_o=V_i-V_m$，相当于将输入电压向下平移了 V_m。

当在二极管上加一个偏置电压时，标准下钳位电路输入波形将向下平移任意电平，构成下钳位偏置电路。根据偏置电压的方向分为下钳位偏置上移电路和下钳位偏置下移电路。

此外，还有标准上钳位电路和偏置上钳位电路，原理类似。

2.10.2 实例 33：钳位电路设计

下钳位偏置电路如图 2.60 所示。

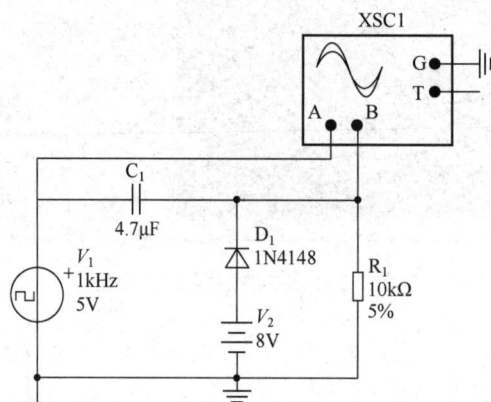

图 2.60 下钳位偏置电路

输入信号为方波信号，如图 2.61 上方的波形所示，由下方的输出波形可以看出，下钳位偏置电路使波形下移。

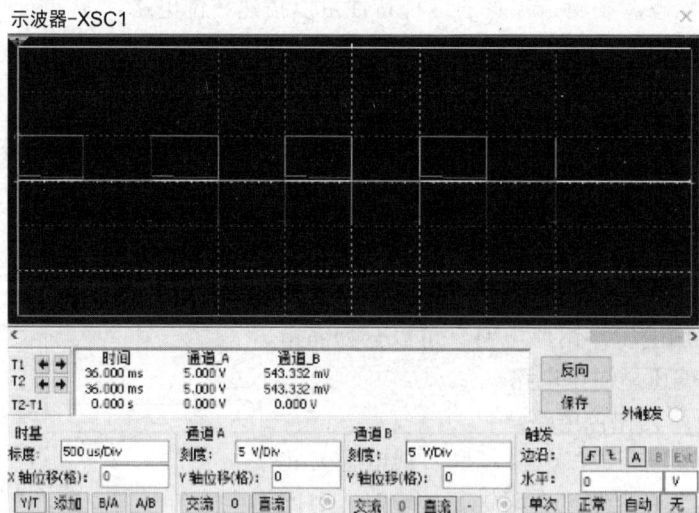

图 2.61 下钳位偏置电路波形图

上钳位偏置电路如图 2.62 所示。

输入方波信号，如图 2.63 下方波形所示，由上方输出波形可以看出，上钳位偏置电路使波形上移。

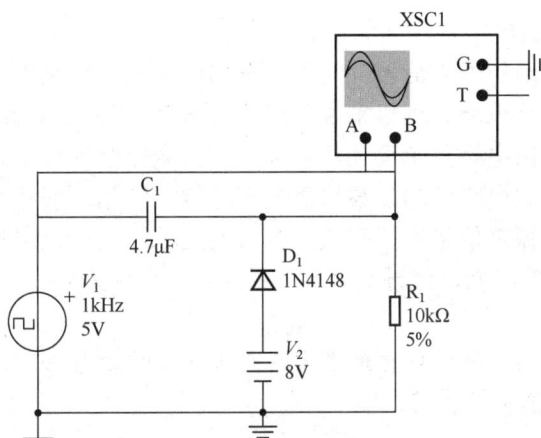

图 2.62　上钳位偏置电路

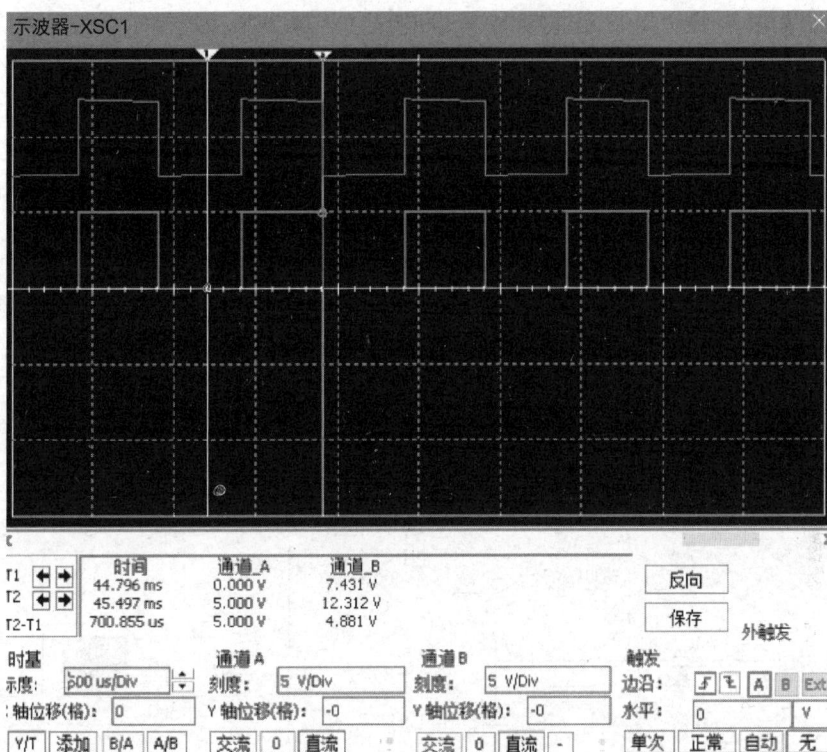

图 2.63　上钳位偏置电路波形图

2.11　波形发生器电路

2.11.1　波形发生器电路简介

波形发生器电路

波形发生器也称信号发生器。波形发生器电路是在不加任何外来信号的情况下能自己产生确定性波形的电路。通常将波形发生器电路分为正弦波振荡电路和非正弦波发生器电路。常用的波形发生器电路为矩形波（包括方波）发生器电路、锯齿波（包括三角波）发生器电路、正弦波发生器电路。

正弦波振荡电路不用加外来信号，电路自身就能产生一定频率和振幅的正弦波输出，这样的电路也称自激振荡电路。一般来说，在建立振荡电路时要考虑两个条件：起振条件和平衡条件。正弦波振荡电路和负反馈放大电路的自激振荡本质上是一样的。正弦波振荡电路起振条件要满足反馈电路的相位与输入电压的相位同相，即正反馈；同时要增加电路中振荡频率的可控性。振荡信号有一个从无到有的过程，在接通电源的瞬间有一个动态平衡的过程。在接通电源的瞬间，经过反馈调节后的起振条件为

$$\dot{A}\dot{F} > 1$$

电路满足起振条件后不能无休止地增大，必须达到平衡条件。也就是说，要满足反馈电压的振幅与输入电压的振幅相等，即

$$\dot{A}\dot{F} = 1$$

一个正弦波振荡电路由放大网络、正反馈网络、选频网络、稳幅环节构成，常见的有 RC 正弦波振荡电路、LC 正弦波振荡电路和石英晶体正弦波振荡电路。RC 正弦波振荡电路的振荡频率较低，LC 正弦波振荡电路的振荡频率较高，石英晶体正弦波振荡电路的稳定性好。

非正弦波发生器电路（如矩形波、锯齿波等）可由正弦波整形后得到，也可直接产生，这里不做过多解释。

2.11.2 实例 34：正弦波振荡电路设计

下面进行正弦波振荡电路的搭建，以 RC 桥式正弦波振荡器（又名文氏电桥振荡电路）产生正弦波。其中，电路的放大部分为集成运放组成的电压串联负反馈电路，之后使用电阻器 R 和电容器 C 构成一个串并联电路作为正反馈。正弦波振荡电路如图 2.64 所示。

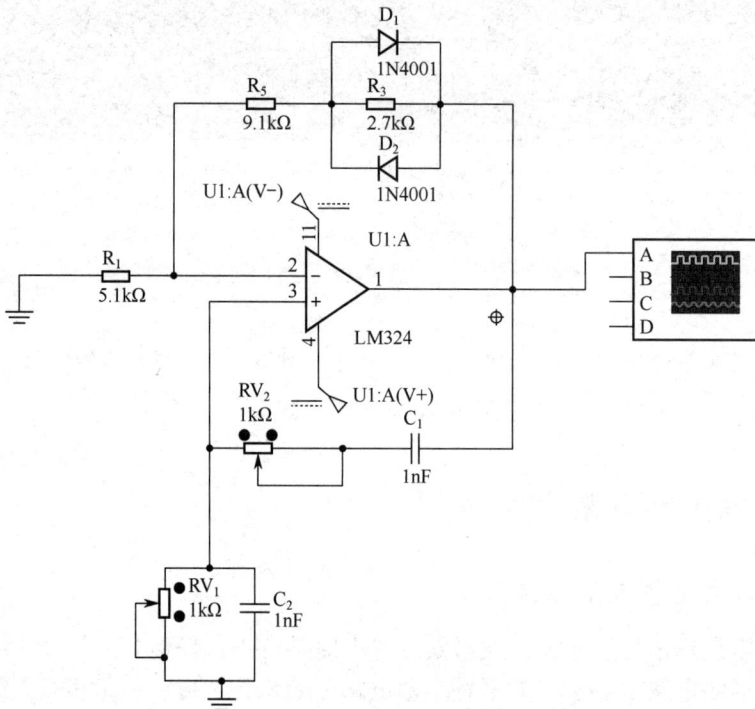

图 2.64　正弦波振荡电路

2.11.3 实例 35：方波发生器电路设计

下面进行方波发生器电路的搭建。方波发生器电路又称多谐振荡器，由一个迟滞比较器和 RC 积分电路构成。方波发生器电路如图 2.65 所示。

方波发生器电路波形图如图 2.66 所示。

图 2.65　方波发生器电路

图 2.66　方波发生器电路波形图

2.11.4 实例 36：三角波发生器电路设计

下面进行三角波发生器电路的搭建。由方波发生器电路所得到的方波经过一个积分电路便可以得到三角波。三角波发生器电路如图 2.67 所示。

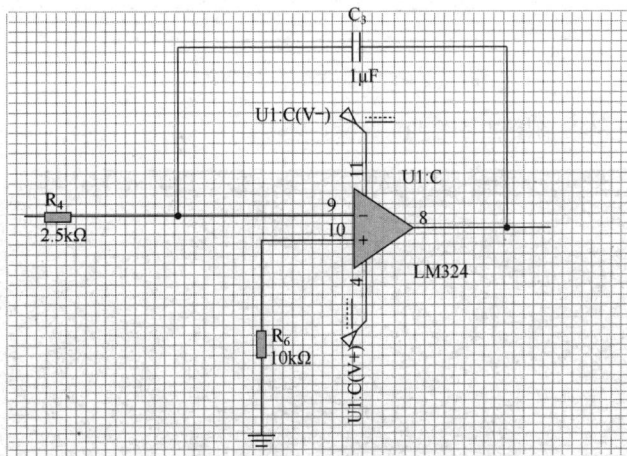

图 2.67　三角波发生器电路

三角波发生器电路波形图如图 2.68 所示。

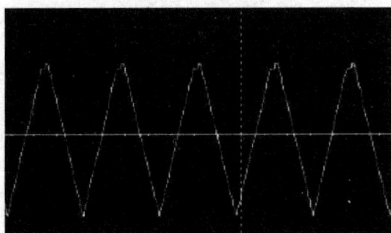

图 2.68　三角波发生器电路波形图

2.11.5 实例 37: 锯齿波发生器电路设计

下面进行锯齿波发生器电路的搭建。锯齿波是不对称的三角波,当电容器的充放电时间常数不同且相差较大时,为锯齿波。由方波发生器电路所得到的方波经过一个积分电路便可以得到锯齿波。锯齿波发生器电路如图 2.69 所示。

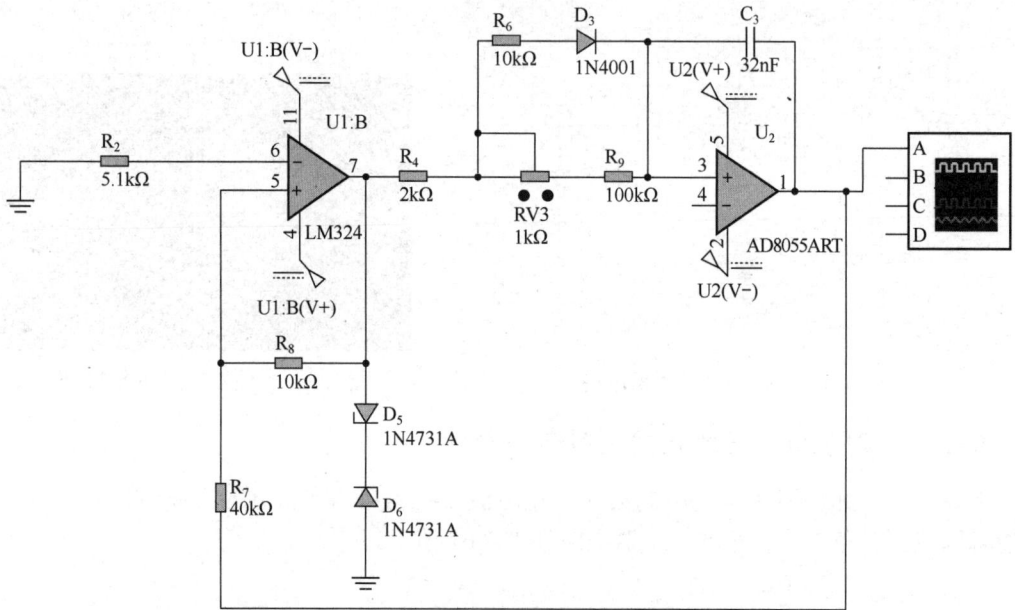

图 2.69 锯齿波发生器电路

锯齿波发生器电路波形图如图 2.70 所示。

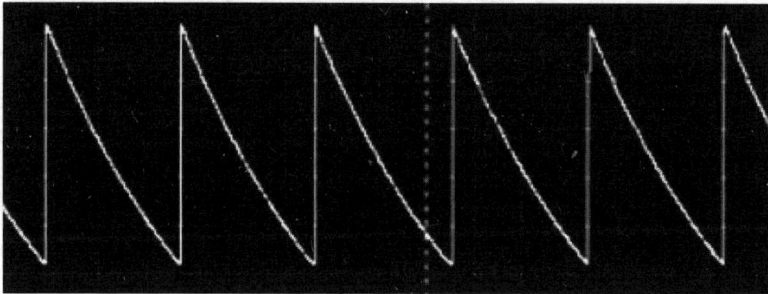

图 2.70 锯齿波发生器电路波形图

第 3 章　PCB 电路设计

PCB 电路设计基础

3.1　什么是 PCB

PCB（Printed Circuit Board，印制电路板）是重要的电子部件。PCB 工艺如图 3.1 所示，像日常用的手机、计算机等电子产品，以及医疗、工业、航空、军事领域的设备，只要有集成电路等电子元器件，就会有 PCB 的存在。

什么是 PCB

图 3.1　PCB 工艺

在早期的电子设备中，电子元器件是使用电线手工点对点连接的，这样的手工操作很容易出现失误，并且这些电路极其复杂，因此，修复损坏的设备是一项难以完成的任务。1936 年，一位奥地利的天才工程师保罗·爱斯勒（Paul Eisler）意识到了这一问题，并提出了印制电路的概念。在绝缘材料上印刷铜制的导线电路，然后通过这些线路连接各个元器件，第一块 PCB 就诞生了。

现阶段的印制电路板由绝缘底板、连接导线和装配焊接电子元器件的焊盘组成，具有导电线路和绝缘底板的双重作用。PCB 不仅缩小了整体体积，降低了成本，还提高了电子设备的质量与可靠性，这些优点使它成为电子领域不可或缺的部件之一。PCB 从设计到成品，要经过一系列的生产流程，接下来以 51 单片机为例，简单讲述 PCB 的设计流程。

3.2　PCB 设计流程概述

PCB 设计流程

结合本书内容，设计一块 51 单片机最小系统的 PCB 需要以下几个流程：①绘制 51 单片机的元器件库和封装库；②绘制 51 单片机的电路原理图；③将原理图导入 PCB 中；④PCB 布局布线；⑤PCB 电气规则检查。

本章将用 Altium Designer 作为绘制软件来讲述 51 单片机最小系统的 PCB 设计。Altium Designer 通过把原理图设计、电路仿真、PCB 绘制编辑、信号完整性分析和设计输出等技术完美融合，为设计者提供了全面的解决方案，使初学者可以轻松进行设计。

3.3 Altium Designer 的操作环境

Altium Designer 的操作环境

3.3.1 工程的组成

工程文件是一个工程的管理者，它含有该工程中所有设计文件的链接信息，用于列出工程中包含的设计文档及有关输出配置等。Altium Designer 软件中主要有 PCB 工程（.PrjPCB）、集成元器件库（.LibPkg）等几种主要的工程。

一个完整的 51 单片机最小系统项目工程主要由元器件库、原理图、PCB 封装库、PCB 共 4 部分组成，如图 3.2 所示。这 4 部分可以独立使用，但最终连接在一起，从而构成完整的电子设计。

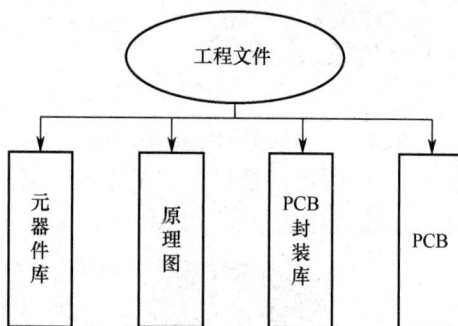

图 3.2　工程框图

3.3.2 实例 38：STC89C51 工程的创建

创建 51 单片机最小系统的新工程有 3 种方法：①在任务链接区单击相应链接，即可创建一个新的工程；②菜单创建；③文件面板创建。

打开 Altium Designer 软件，选择"文件"→"New"→"Project"命令，弹出"New Project"对话框，默认选项即可。对工程名称进行更改，并将工程保存到设置好的位置，如图 3.3 所示，单击"OK"按钮。

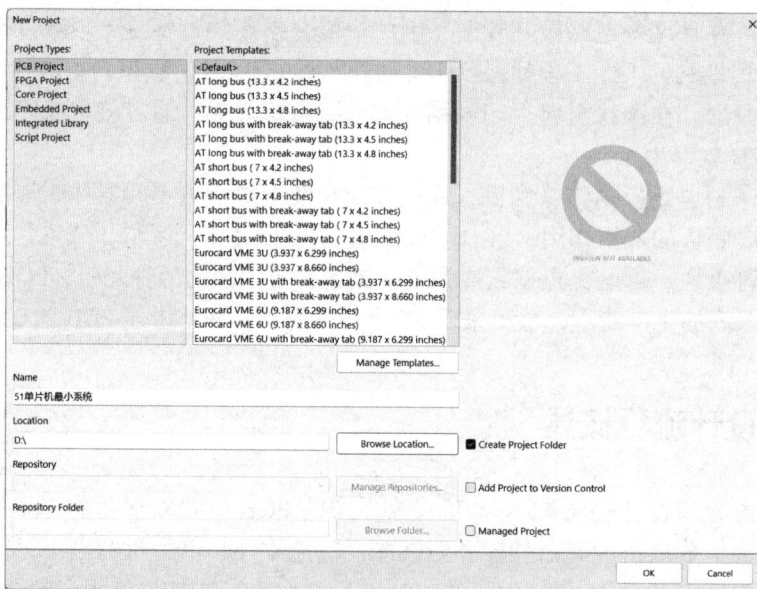

图 3.3　工程创建

创建好的工程如图 3.4 所示，此时工程中什么文件也没有添加。

在创建好的工程上单击鼠标右键，在弹出的快捷菜单中选择"给工程添加新的"→"Schematic"（原理图）命令，如图 3.5 所示。

图 3.4　创建好的工程

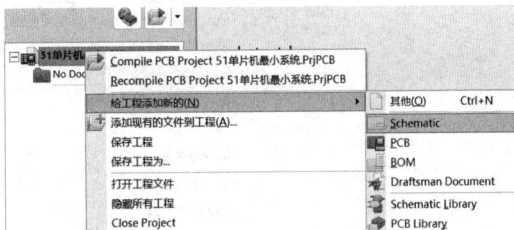

图 3.5　给工程添加原理图

右键单击原理图进行保存，文件名和文件存放路径与刚创建好的工程名一样即可，建好后如图 3.6 所示。

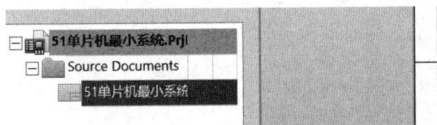

图 3.6　创建好的 51 单片机最小系统工程

如图 3.7 所示，右键单击创建好的工程，在弹出的快捷菜单中选择"给工程添加新的"→"PCB"命令。

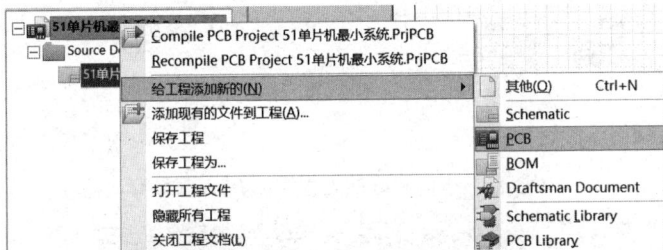

图 3.7　工程添加 PCB

创建好 PCB 后进行保存，文件名和文件存放路径与刚创建好的工程名一样即可，创建好后如图 3.8 所示。

图 3.8　创建好的 51 单片机最小系统 PCB

如图 3.9 所示，右键单击创建好的工程，在弹出的快捷菜单中选择"给工程添加新的"→"Schematic Library"命令。

右键单击原理图库进行保存，文件名和文件存放路径与刚建好的工程名一样即可，建好后如图 3.10 所示。

如图 3.11 所示，右键单击创建好的工程，在弹出的快捷菜单中选择"给工程添加新的"→"PCB Library"命令。

创建好 PCB 封装库后右键单击封装库进行保存，文件名和文件存放路径与刚建好的工程名一样即可，建好后如图 3.12 所示。

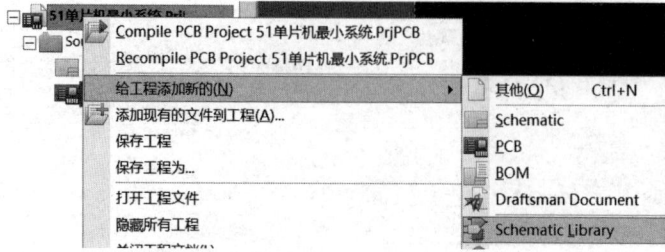

图 3.9　给创建好的工程添加原理图库

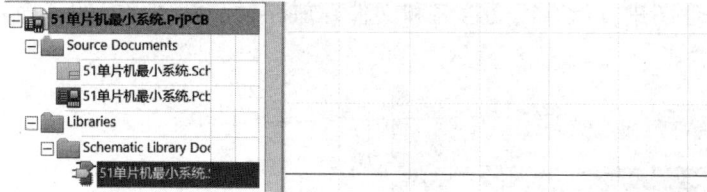

图 3.10　51 单片机最小系统原理图库

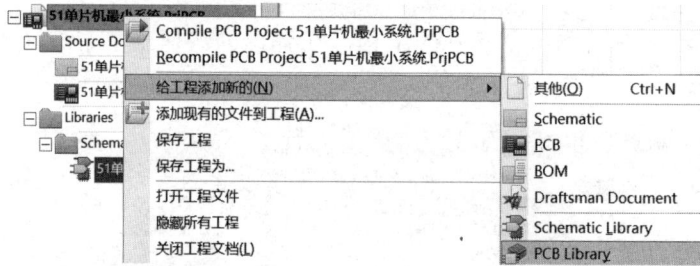

图 3.11　给创建好的工程添加 PCB 封装库

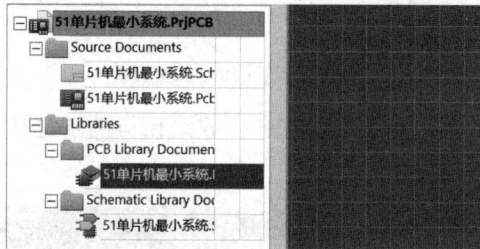

图 3.12　51 单片机最小系统 PCB 封装库

　　注意，一定要先创建项目，否则会显示"free document"（没有工程的文档），文件之间将无法产生联系。

3.4　元器件的设计与添加

3.4.1　元器件库概述

　　元器件是绘制 51 单片机最小系统的基础，Altium Designer 软件自带两个基本元器件库：Miscellaneous Devices 和 Miscellaneous Connectors。如图 3.13 所示，单击左下方的"System"按钮，在展开列表中勾选"库"复选框，即可调出元器件库。

Miscellaneous Devices 是一个非常重要的库，它包含电阻器、电容器、电感器、二极管、三极管、常用开关等。每个元器件又因类型不同，名称也各不相同，如电阻器（Res）、滑动电阻器（Res Adj）、排阻器（Res Pack）等。

Miscellaneous Connectors 中多包含插针排母、插头之类。Header 为最基本的插针，如 Header 2 表示一行两列的插针，Header 3×2 表示两行三列的插针。插针之间主要间隔尺寸有 2.54mm、1.27mm、1mm 几种，本章绘制 51 单片机最小系统用到的尺寸为 2.54mm。

元器件符号是元器件在原理图上的表现形式，主要由元器件边框、引脚（引脚序号和引脚名称）、元器件名称及元器件说明组成，通过放置引脚来建立电气连接关系。元器件符号中的引脚序号是和电子元器件实物的引脚相对应的。在创建元器件时，图形不一定和实物完全一样，但是引脚序号和名称一定要严格与规格书中的一一对应。

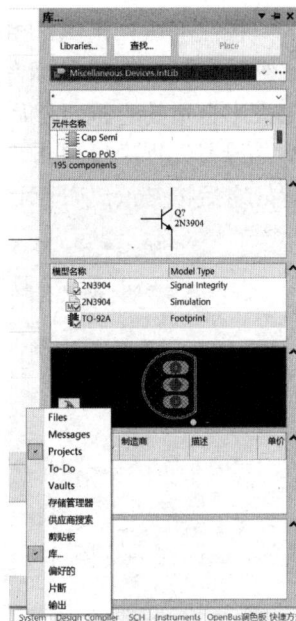

图 3.13　基本元器件库

3.4.2　实例 39：51 单片机芯片的设计

打开元器件库，按照如图 3.14 所示的步骤依次添加元器件：主芯片、电阻器（Res）、电容器（Cap）、晶振（Crystal）、按键（Key）、4 引脚插针（Header 4）、8 引脚插针（Header 8）、LED 灯，并为其命名。

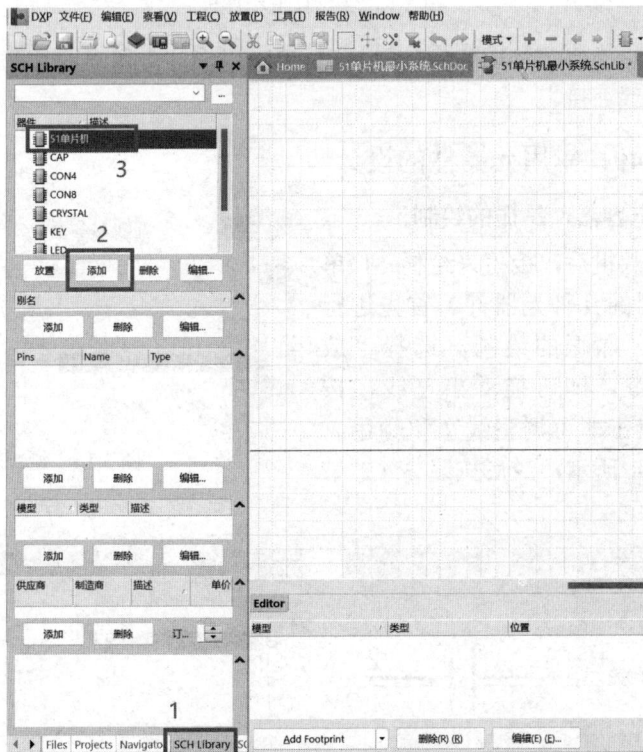

图 3.14　添加元器件

按照上述操作建好相应的元器件后开始绘制。在软件中可以按住 Ctrl 键滚动鼠标滚轮来缩放图纸，通过鼠标右键来移动图纸。在工具栏中选择"放置"→"矩形"命令，拖曳出大小合适的方框，然后选择"放置"→"引脚"命令，按照如图 3.15 所示画出 PIN 引脚。放置过程中按 Tab 键或者放置完之后双击引脚，可对引脚号和引脚名称进行设置，设置好之后按 Enter 键即可。

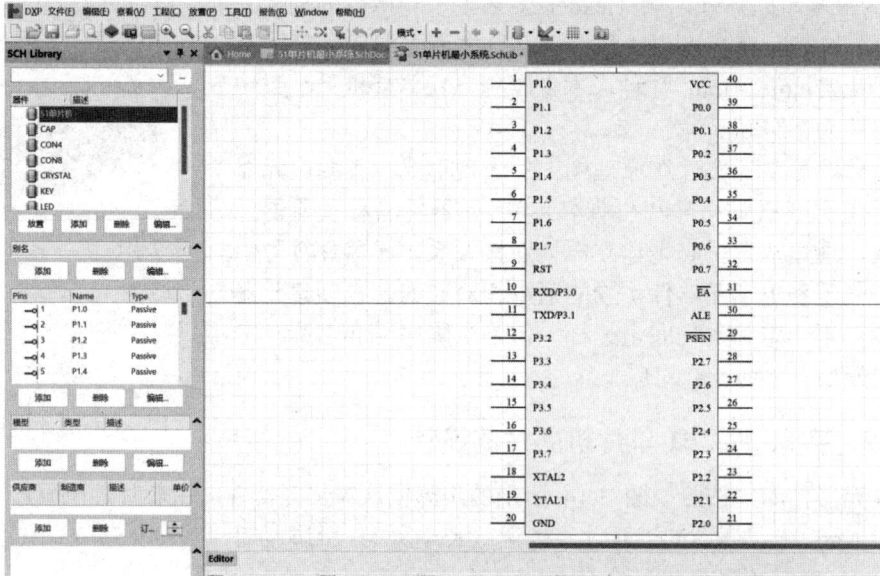

图 3.15　绘制 51 单片机

值得注意的是，引脚一端放大后会显示 4 个小白点，小白点的一端放在外侧与外部元器件连接，表示电气连接。

3.4.3　实例 40：常用元器件的设计

1．电阻器、电容器、晶振的绘制

绘制好 51 单片机后，接下来绘制 51 单片机最小系统常用的几种元器件。首先进行电阻器、电容器、晶振的绘制。选择"放置"→"线"命令，即可拖动出直线，按Tab 键或放置后双击即可调整线宽和颜色，如图 3.16～图 3.18 所示，最后按照 3.4.2 节操作放置好引脚即可。

图 3.16　绘制电阻器

图 3.17　绘制电容器

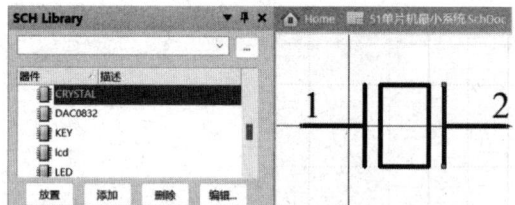

图 3.18　绘制晶振

2. 按键和 LED 灯的绘制

绘制完电阻器、电容器、晶振后，下面绘制按键和 LED 灯。选择"放置"→"多边形"命令，按照如图 3.19 和图 3.20 所示拖动并画出相应形状的多边形，双击多边形，可对内部进行颜色填充。绘制好后接着放上引脚即可。

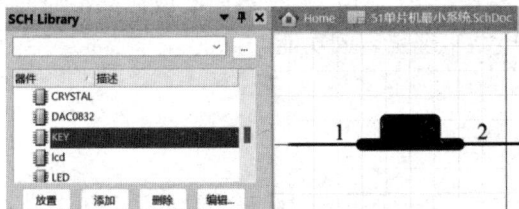

图 3.19　绘制按键

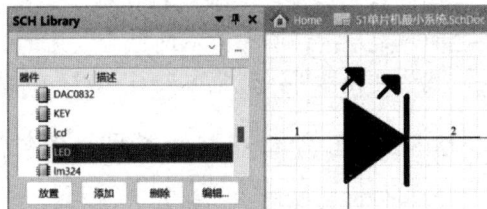

图 3.20　绘制 LED 灯

3. 引脚插针的绘制

分别选择"放置"→"矩形"命令和"放置"→"引脚"命令，绘制 4 引脚和 8 引脚的插针，如图 3.21 和图 3.22 所示。

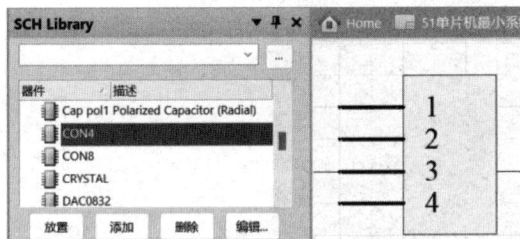

图 3.21　绘制 4 引脚插针

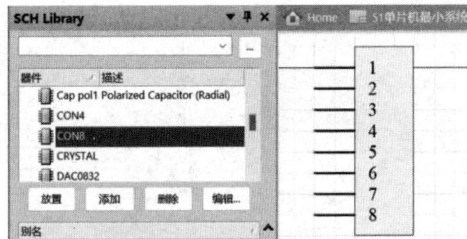

图 3.22　绘制 8 引脚插针

3.5　封装库的设计与添加

3.5.1　PCB 封装概述

封装库的设计与添加

PCB 封装是连接电子元器件与 PCB 的载体。PCB 封装包含元器件的外形轮廓及尺寸、引脚数量和布局，以及引脚尺寸（长短、粗细或者形状）等基本信息。引脚通过电路板上的导线与其他元器件相连接，从而实现内部芯片与外部电路的连接。

PCB 封装按照安装方式主要分为表面粘贴式（SMT）、插入式（THT）、混装式（包含表面粘贴式和插入式）3 类。

表面粘贴式：这类元器件封装的引脚焊盘与元器件同在一面。与插入式元器件相比，它具有体积小而且焊盘不需要钻孔的优点。它承受的功率比插入式元器件小，故元器件布局密集度要比插入式高很多。这一特点在现在的各类电子产品上有非常明显的体现。

插入式：插入式封装元器件需要占用较大的空间，并且每个引脚都要钻孔，因此插入式 PCB 封装要占用 PCB 两面的空间。插入式与表面粘贴式相比，元器件的连接性较好、机械性能好。

PCB 封装根据电气功能分为分立元器件、集成电气元器件、连接器元器件、其他类元器件等。

分立元器件:指的是一般的电阻器、电容器、晶体管等。

集成电路元器件:指的是一种微型电子元器件。这类元器件采用了一定的工艺,把电路中所需的二极管、三极管、电阻器、电容器等连接在一起,制作在一小块导体镜片或介质基片上,封装在一个管壳内,成为具有所需电路功能的微型结构。

连接器元器件:一般也称接插件、插头和插座。它的作用是在被阻断或孤立不通的电路之间,架起沟通的桥梁从而使电流流通,使电路实现预定的功能。

其他类元器件:包括安装孔、丝印标识等。

3.5.2　实例 41:贴片类型元器件封装设计

首先打开封装库,右键单击元器件栏,在弹出的快捷菜单中选择"新建空白元件"命令,按照如图 3.23 所示的步骤依次添加元器件 DIP40、0805R、0805C、XTAL、KEY、SIP4、SIP8、LED,并为其命名。

图 3.23　添加 PCB 封装

0805 封装如图 3.24 所示,它是一种常见的贴片电阻器、电容器封装,公制尺寸为 2.0mm × 1.2mm,功率为 1/8W,焊盘大小为 1.14mm × 1.2mm。

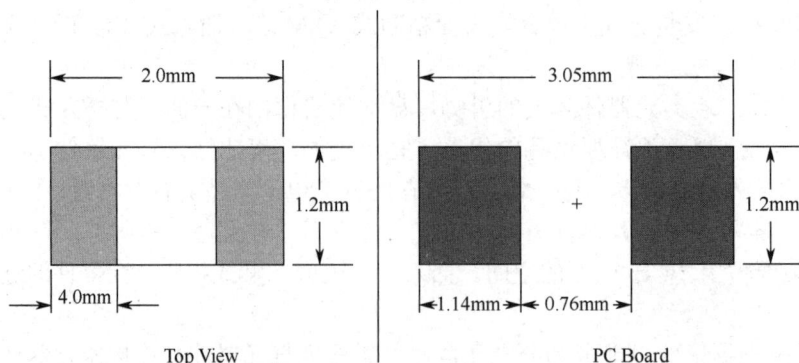

图 3.24　0805 封装

DIP40：DIP 又称双列直插式，其有两排引脚，可以直接插到电路上使用。DIP40 代表有 40 个引脚。DIP 的特点是可以反复插拔，一般用于实验、学习等场景。DIP40 封装横向焊盘间距为 15.24mm，纵向焊盘间距为 2.54mm。

XTAL：尺寸如图 3.25 所示，表示直插式 2 脚石英晶振，51 单片机最小系统使用的晶振大小一般为 11.0592MHz，高壳尺寸为 10.5mm × 4.5mm × 3.5mm，矮壳尺寸为 10.5mm × 5.0mm × 2.5mm。两个直插式焊盘间距为（4.88+0.2）mm。

KEY：表示轻触按键，由常开触点、常闭触点组合而成。在 4 脚轻触按键中，当压力向常开触点施压时，电路呈现接通状态；撤销压力时，恢复到原始的常闭触点，也就是所谓的断开。轻触按键种类有很多，在 51 单片机最小系统中使用的轻触按键尺寸为 6mm × 6mm，引脚间距为 4.5mm × 6.5mm。

SIP4 和 SIP8：SIP 是单列直插式插件封装。SIP4、SIP8 分别表示引脚为 4、引脚为 8。51 单片机最小系统使用的直插式封装焊盘距离为 2.54mm。

按照上述操作建好相应的元件器后进行绘制，如图 3.26 所示，选择"放置"→"焊盘"命令。

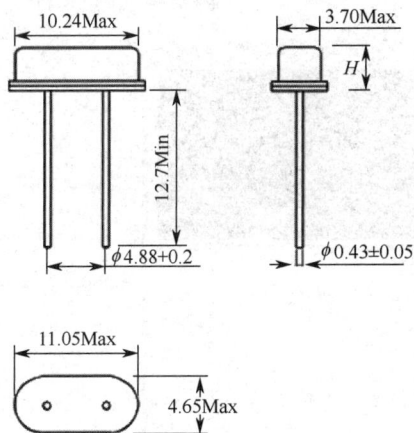

图 3.25 直插式石英晶振封装

图 3.26 放置焊盘

放置好焊盘后双击焊盘，如图 3.27 所示，将"外形"设置为"Rectangular"，并调整焊盘封装大小比电阻标准封装略大即可，将"层"设置为"Top Layer"，为了方便定位，将"位置"改为坐标原点（0mm, 0mm）。

修改好后如图 3.28 所示，放大后可以看出此时焊盘中心有一个×形状的标志，这表示坐标原点。

接下来放置另一个焊盘，按照上述步骤操作好之后，按照 0805 封装尺寸图计算出两个焊盘中心点的距离，如图 3.29 所示，设置的距离比实际距离略大即可。

如图 3.30 所示，将图层切换为"Top Overlay"并选择"放置"→"走线"命令。

如图 3.31 和图 3.32 所示，将走线围绕两个焊盘放置一圈即可，电容器和 LED 灯的封装同电阻器的封装一样。值得注意的是，LED 灯的封装要在一侧标注好正极，以方便确认。

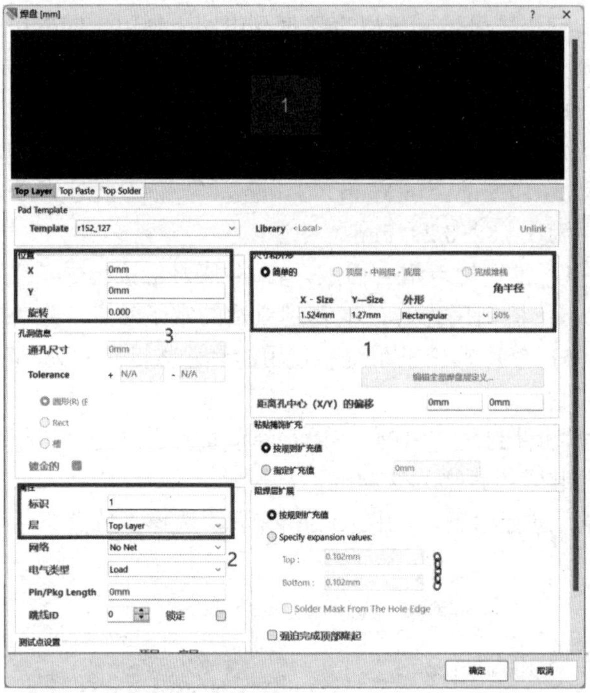

图 3.27　绘制顶层焊盘

图 3.28　顶层焊盘

图 3.29　设置焊盘中心点的距离

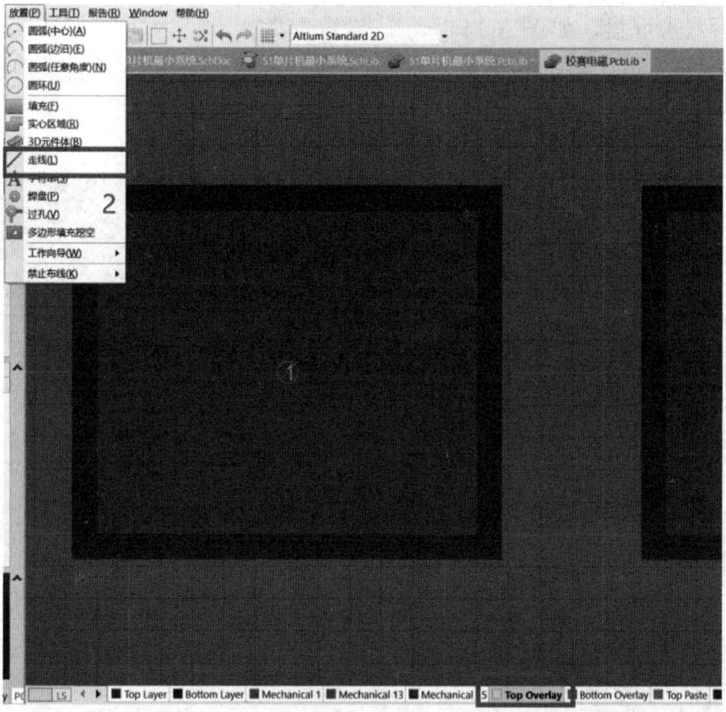

图 3.30 绘制丝印

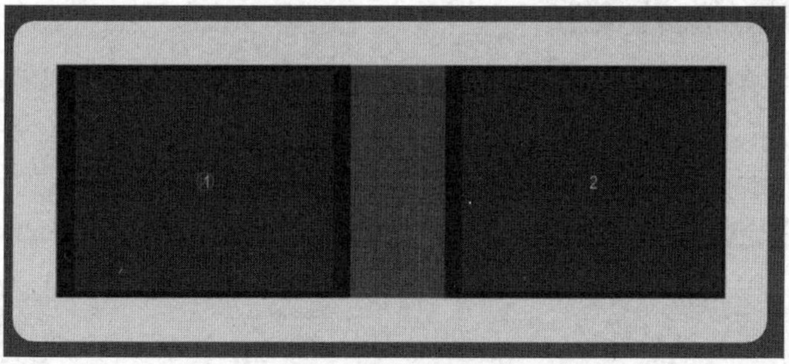

图 3.31 0805 封装的电阻器、电容器

图 3.32 0805 封装的 LED 灯

3.5.3 实例 42：插件类型元器件封装设计

插件类型元器件的绘制如图 3.33 所示，选择"放置"→"焊盘"命令。

放置焊盘后双击焊盘，如图 3.34 所示，设置焊盘的半径为 1.5mm，设置"通孔尺寸"为"0.9mm"，封装大小比标准封装略大即可，为了方便定位，将"位置"设置为坐标原点（0mm，0mm）。

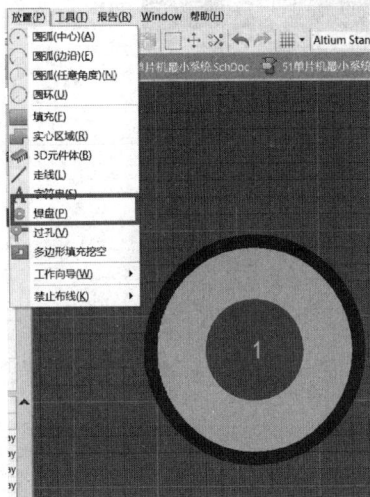

图 3.33　放置焊盘

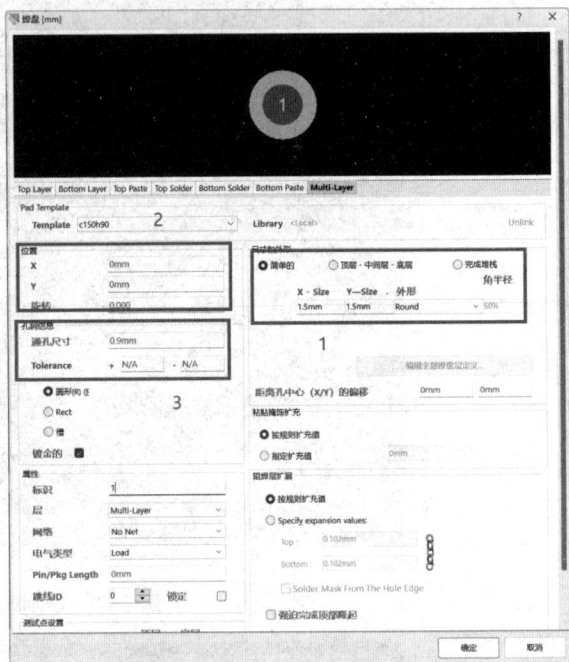

图 3.34　设置焊盘大小

如图 3.35 所示，DIP40 的封装横向间距为 15.24mm，纵向间距为 2.54mm，分别在定位好的 1 号焊盘正右方向和正下方向放置 2 号焊盘和 40 号焊盘。

依次放置好剩余焊盘并用走线框出相应轮廓，如图 3.36 所示。

图 3.35　焊盘定位

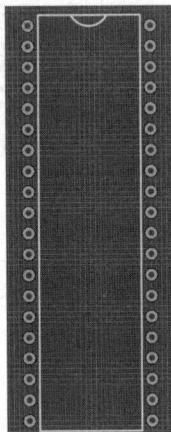

图 3.36　单片机封装

如图 3.37 和图 3.38 所示，用相同的方法画好插针和晶振的封装，插针焊盘间距为 2.54mm，晶振焊盘间距为 4.88mm。在绘制晶振封装过程中选择"放置"→"圆弧配合放置"→"走线"命令，画出相应轮廓。

图 3.37　8 引脚插针封装

图 3.38　晶振封装

3.5.4　实例 43：封装模型的导入

封装全部绘制好后单击"保存"按钮，打开元器件库，双击左侧建好的元器件。如图 3.39 所示，给元器件标号，方便接下来在绘制原理图时对元器件进行注解与编号，其中，元器件添加封装、封装导入分别如图 3.40、图 3.41 所示，单击"Add"按钮右侧的下三角按钮，在弹出的下拉菜单中选择"Footprint"命令，弹出"PCB 模型"对话框，单击"名称"文本框右侧的"浏览"按钮，在弹出的"浏览库"对话框中选择新建好的库，然后选择对应的封装，单击"确定"按钮即可。在软件下方可以看到封装已经添加到元器件中。

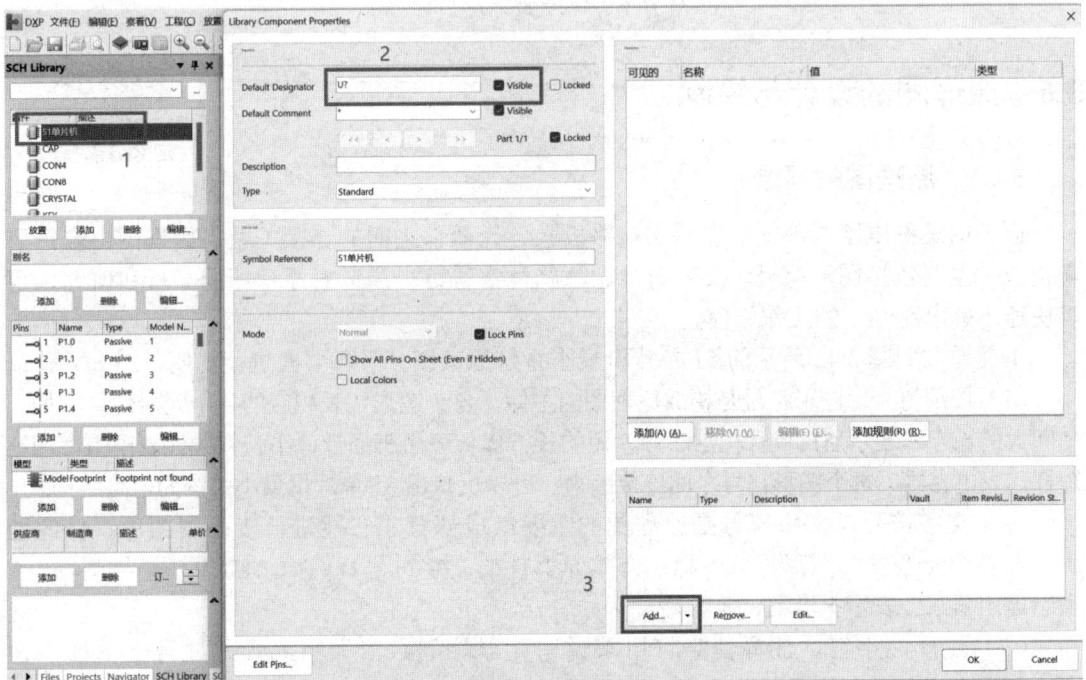

图 3.39　元器件命名

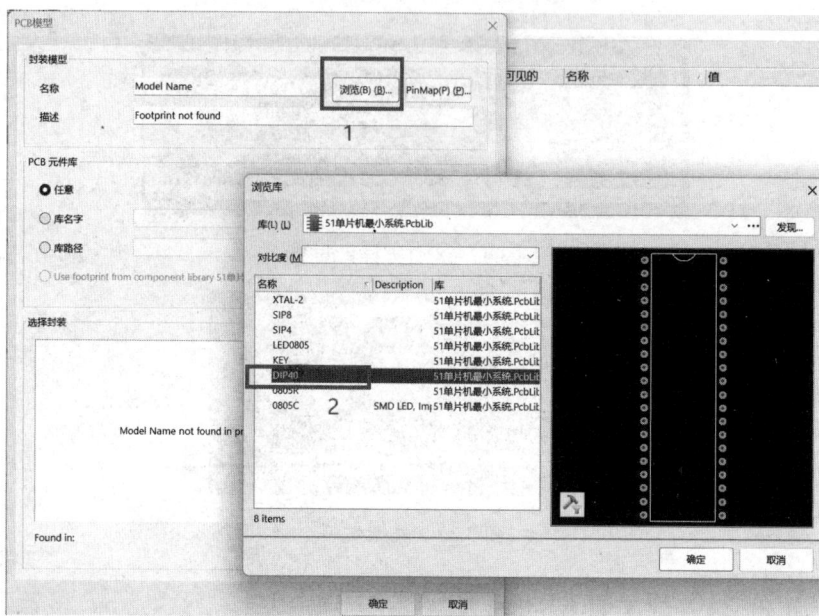

图 3.40　元器件添加封装

图 3.41　封装导入

最后按照步骤依次把对应的封装添加到元器件中即可。

3.6　原理图的设计与绘制

3.6.1　原理图的概念

原理图的设计与绘制

原理图又称电路原理图，表示在电路板上各元器件之间的连接关系。原理图由若干要素构成，主要包括图形符号、文字符号、注释性字符等。通过对原理图的分析和研究，可以快速了解电路结构的工作原理。

下面通过如图 3.42 所示的 51 单片机最小系统原理图，对各要素进行说明。

（1）图形符号。图形符号是构成原理图的主体，各个图形代表相应的各个元器件。例如，中间大的长方体表示 51 单片机主芯片，短的长方体代表引脚插针，小长方体代表电阻，两道短杠代表电容器。每个图形符号之间连接起来，可以反映出 51 单片机最小系统的电路结构。

（2）文字符号。文字符号是原理图的重要组成部分。它能进一步强调图形符号的性质。在各个元器件的图形符号旁标注有该元器件的文字符号。例如，U 表示主控制器，R 表示电阻器，C 表示电容器，等等。

（3）注释性字符。注释性字符用来说明元器件的数值大小或具体型号。例如，在图 3.42 中，通过注释性字符可知，电阻器的电阻为 $10\text{k}\Omega$，电容器 C_1 和 C_2 的电容为 $0.1\mu\text{F}$，电容器 C_3 和 C_4 的电容为 22pF 等。

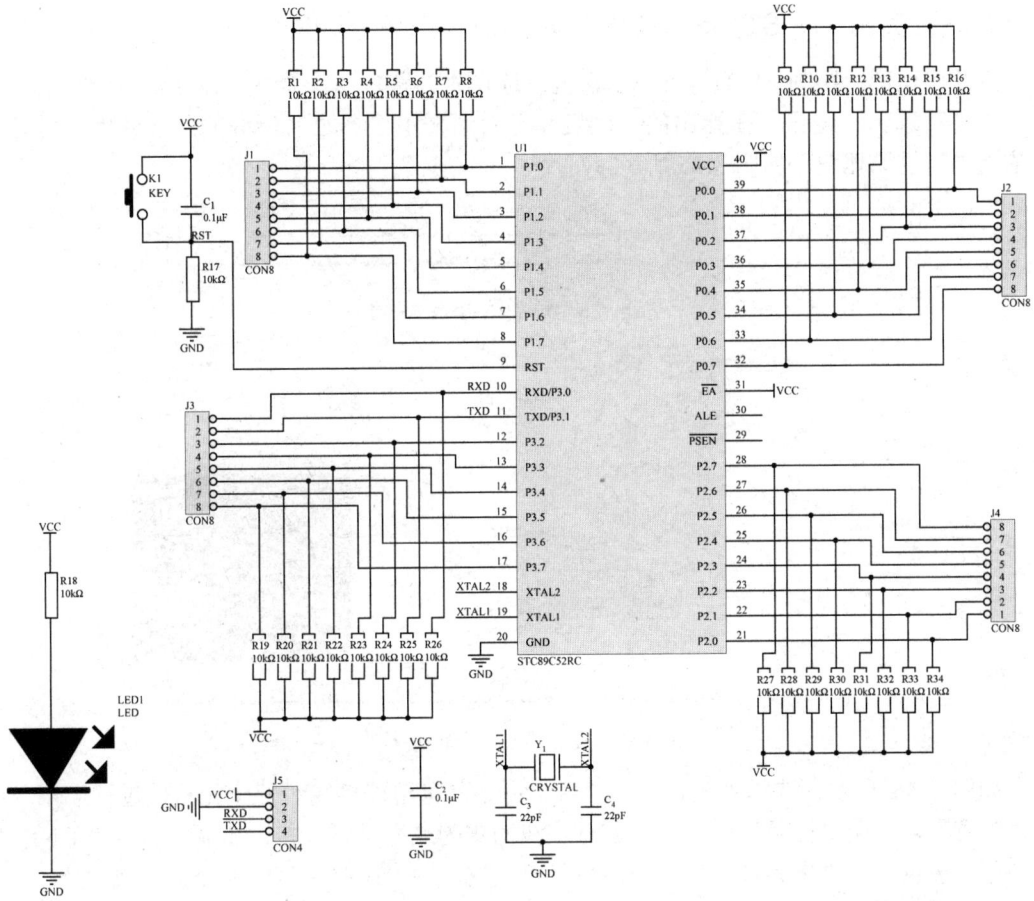

图 3.42　51 单片机最小系统原理图

3.6.2　电气连接及网络标号的放置

连接电路时通过分析原理图，对原理图有一个总体的了解，划分出各个功能模块，如电源模块、控制器模块、音频模块等。针对每个模块进行单独分析，最后整合，即可初步了解所需功能。

在电气连接中，最基本的方式是直接连线，即通过一根线将两个元器件相应的引脚直接连接起来。这种连接方式在电路设计中广泛使用，能够简单有效地实现元器件之间的电气连接，如图 3.43 所示。

在绘制复杂的原理图时，元器件过多，会导致直接连线出现混乱，因此，可以通过放置网络标号（Net Label）的方法进行相应的连接，如图 3.44 所示。网络标号用于标识网络，拥有相同名字的网络连在一起。使用网络标号可以有效减少连接线的使用，从而使原理图简洁明了。

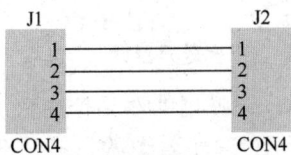

图 3.43　元器件直接连接

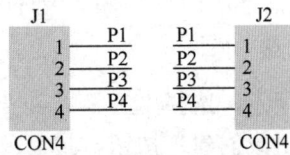

图 3.44　元器件网络标号连接

3.6.3 实例 44：STC89C51 单片机的最小系统原理图绘制

打开原理图，绘制 51 单片机最小系统。选择"放置"→"器件"命令，在弹出的对话框中单击"选择"按钮，在弹出的"浏览库"对话框中选择之前建好的元器件库，将元器件依次添加进原理图，如图 3.45 所示。

图 3.45 在原理图中添加元器件

如图 3.46 所示，选择"放置"→"线"命令，可用连接线对各个元器件进行连接。选择"放置"→"网络标号"命令，对部分连线困难的地方进行连接。电源 VCC 和 GND 可以使用"放置"→"电源端口"命令，或者"放置"→"网络标号"命令来连接。

连接完成后，未标号元器件旁会出现"?"，如图 3.47 所示。

图 3.46 绘线工具

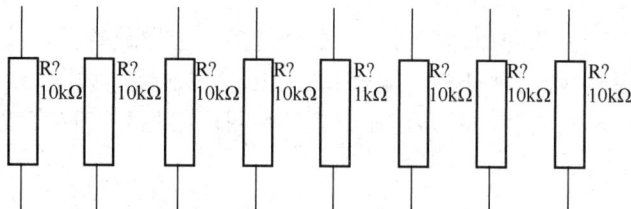

图 3.47 未标号元器件

如图 3.48 所示，选择"工具"→"注解"命令，在弹出的对话框中依次单击"更新更改列表""接收更改创建"按钮，最后单击"执行更改""生效更改"按钮即可。这时会发现每个元器件的文字符号都已按顺序编号，检查无误后保存，即可完成原理图的绘制。

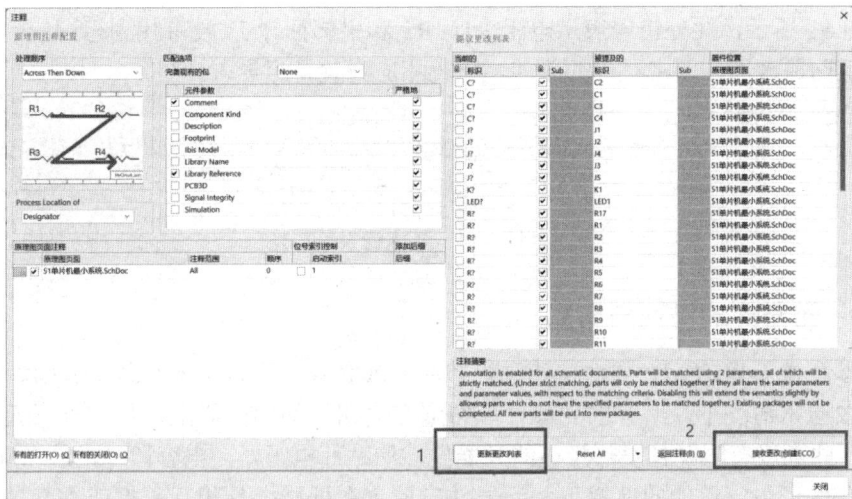

图 3.48　元器件注解

3.7　PCB 的设计与绘制

3.7.1　PCB 的导入

PCB 的设计与绘制

将设计好的原理图导入 PCB 有如下两种方法：一种是直接导入法；另一种是间接导入法，即网表导入。直接导入法如图 3.49 所示，在 PCB 界面中选择"设计"→"Import Changes From 51 单片机最小系统.PrjPCB"命令。

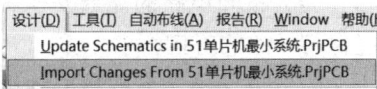

图 3.49　将原理图导入 PCB

在弹出的对话框中取消勾选最下面的两个文件，然后单击"执行更改"按钮，即可进行导入操作。通过右边状态显示可以查看导入状态，√表示导入正确，×表示导入错误。如果发现有错误，可通过修正问题、再次导入等重复操作，直至状态全部为√为止，如图 3.50 所示。

图 3.50　导入封装

如图 3.51 所示，此处错误表示电阻 R1、R2 和引脚插针 J5 没有找到相对应的封装。因此，需要返回原理图，双击对应的器件，检查相应封装是否导入。

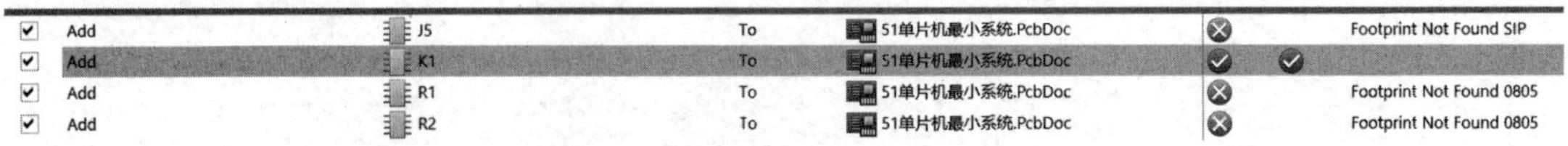

☑	Add	J5	To	51单片机最小系统.PcbDoc	⊗		Footprint Not Found SIP
☑	Add	K1	To	51单片机最小系统.PcbDoc	✓	✓	
☑	Add	R1	To	51单片机最小系统.PcbDoc	⊗		Footprint Not Found 0805
☑	Add	R2	To	51单片机最小系统.PcbDoc	⊗		Footprint Not Found 0805

图 3.51　导入错误

3.7.2　元器件的排列与布局

将元器件导入 PCB 后，要对整体进行布局。PCB 布局有以下 4 个基本原则。

（1）在通常情况下，所有的元器件应布置在电路板的同一面上，只有顶层元器件过密时，才将一些高度有限并且发热量小的元器件，如贴片电阻器、电容器等，放在底层。

（2）在保证电气性能的前提下，元器件应放置在栅格上且相互平行或垂直排列，以求整齐、美观，在一般情况下不允许元器件重叠；元器件排列在整个电路板面上应分布均匀、疏密一致。

（3）电路板上不同组件相邻焊盘之间的间距应在 1mm 以上。

（4）元器件离电路板边缘一般不小于 2mm，电路板的最佳形状为矩形，长宽比为 3∶2 或 4∶3。当电路板过大时，应考虑电路板所能承受的机械强度。

PCB 布局技巧如下。

（1）在 PCB 的布局设计中要分析电路板的单元，依据其功能进行布局设计。

（2）按照电路的流通安排各个电路单元的位置，使布局便于信号流通，并使信号尽可能保持一致的方向。

（3）以功能单元的核心元器件为中心，围绕核心元器件进行布局。元器件应均匀、整体、紧凑地排列在 PCB 上，尽量减少和缩短各元器件之间的引线和连接。

（4）在高频下工作的电路，要考虑元器件之间的分布参数。

3.7.3　常用 PCB 规则设置

接下来介绍 PCB 设计时常用的几种规则，选择"设计"→"规则"命令，打开 PCB 的规则设置。

1．电气规则下的安全间距

如图 3.52 所示，安全距离（Clearance）用来设定两个对象之间最小的安全距离，对象包括导线、焊盘、过孔、敷铜填充等。在绘制 PCB 的过程中，约束对象之间的距离（1）不能小于最小间隔（2），否则，会出现报错。

2．布线规则下的线宽

如图 3.53 所示，线宽（Width）用于设置布线时走线的宽度，布线时信号线可以用默认布线宽度，一般特定的电源线需要新添加一个线宽规则，以便于与其他布线区分。

3．布线规则下的过孔样式

如图 3.54 所示，布线过孔样式（Routing Via Style）用于设置在布线过程中放置的过孔参数。

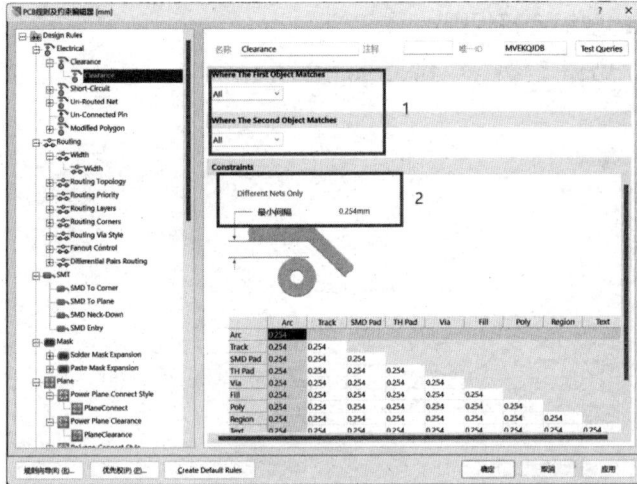

图 3.52　电气规则

图 3.53　布线规则

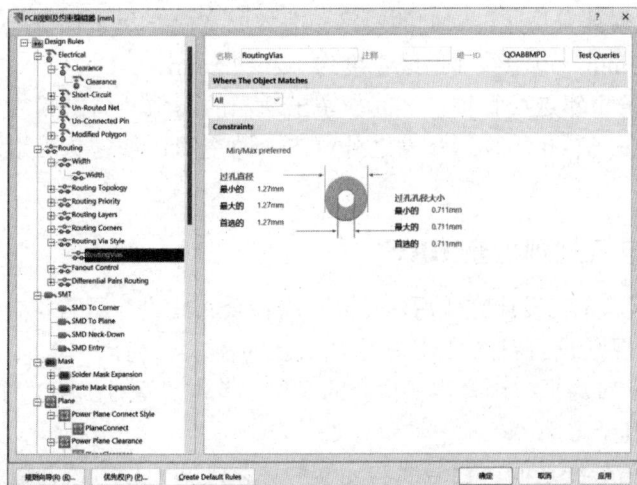

图 3.54　过孔规则

4. 敷铜规则下的敷铜连接规则

如图 3.55 所示,敷铜连接样式(Polygon Connect Style)用来设定敷铜时铜与焊盘和过孔的连接方式。

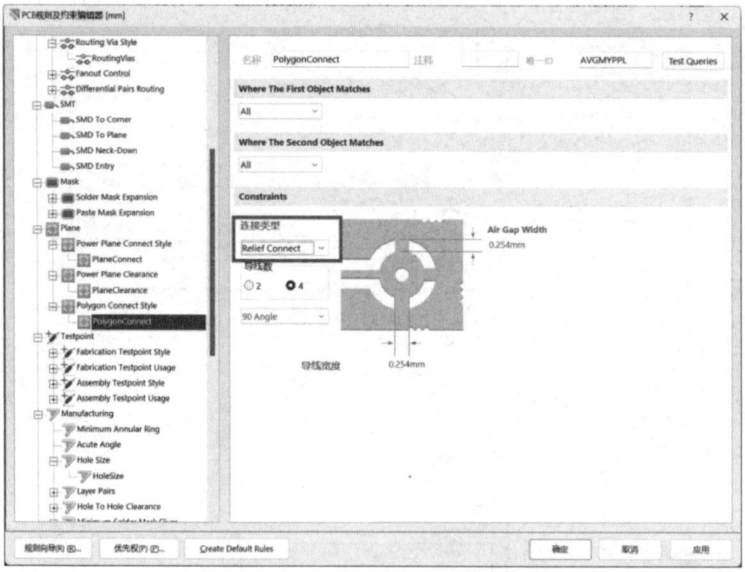

图 3.55　敷铜规则

3.7.4　PCB 的布线与绘制

在 PCB 设计中,布线是整个设计的重要步骤,也是整个 PCB 设计中工作量最大的一个环节。PCB 布线有单面布线、双面布线及多层布线。

布线的方式有两种:自动布线和交互式布线。交互式布线也称手动布线。自动布线是根据已有规则进行布线,手动布线相较于自动布线灵活性高,有助于减小后续工作量。

整个 PCB 的布线中,走线尽可能走钝角,避免走锐角和直角。通常,锐角和直角走线在高频下会发生问题,从而产生不连续性,进而通过增加串扰、辐射和反射来损害信号完整性。PCB 走线必须具有与通过它们的电路相兼容的宽度,尽量加宽电源和地线,通常信号线宽度为 0.2~0.3mm,电源线和地线宽度为 1.2~2.5mm。

一般来说,每条相邻走线和焊盘之间应留出适当的间隙,周围始终要有足够的空间。在使用插件时,要在安装孔的物理尺寸之外留出一圈空间,使它免受附近其他组件和走线的影响。

3.7.5　PCB 电气规则检查 DRC

如图 3.56 所示,布线设计完成后,需要认真检查布线设计是否符合所制定的规则,同时要确认所制定的规则是否符合印制板生产工艺的需求。选择"工具"→"设计规则检查"命令,在弹出的对话框中选择需要检查的对象,单击"运行 DRC"按钮即可。

一般检查以下几个方面。

(1)信号线与信号线之间、信号线与元器件焊盘之间、信号线与过孔之间、焊盘与过孔之间、过孔与过孔之间的距离是否合理,是否满足生产要求。

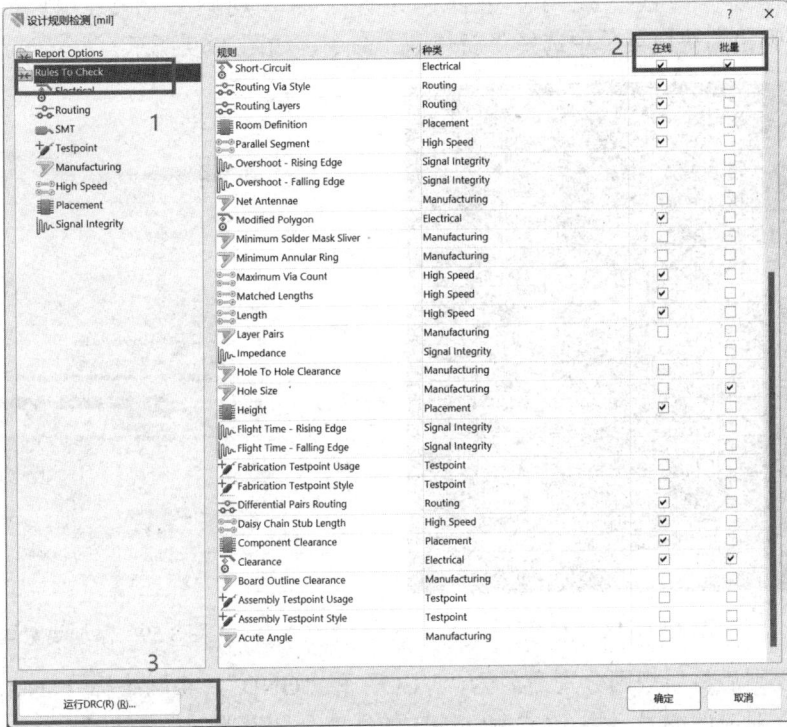

图 3.56 电气规则检查

（2）电源线、信号线、地线的宽度是否合适，电源线和地线之间是否耦合。

（3）对于一些关键的信号线是否采取了最佳的连线策略，如长度最短、线宽合适等。

（4）元器件的图形、标注是否会造成信号线短路。

（5）走线时是否有短路的情况，对不理想的走线进行修改。

3.7.6 实例 45：STC89C51 单片机的最小系统 PCB 绘制

打开 PCB 原理图，绘制 51 单片机最小系统 PCB。首先将元器件导入 PCB 中，选择"设计"→"Import Changes From"命令，将元器件导入 PCB 中，如图 3.57 所示。

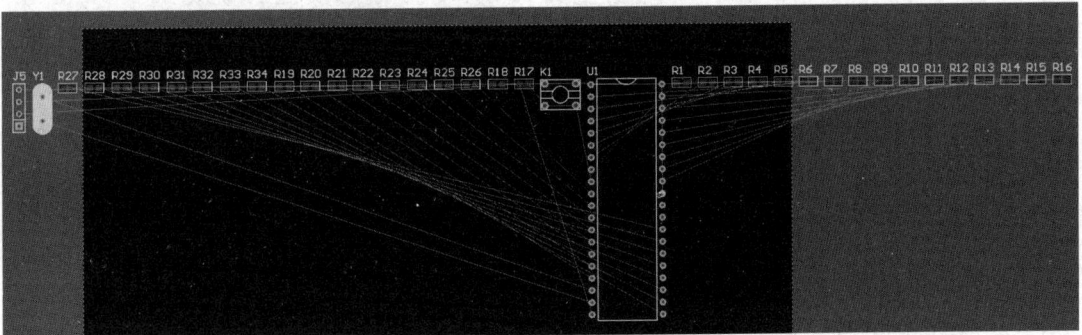

图 3.57 将元器件导入 PCB 中

导入后，拖曳模块进行摆放，将模块摆放到合适的位置后，如图 3.58 所示，即可开始连线绘制。

连线前需要修改线宽规则，选择"设计"→"规则"命令，打开后右键单击"Width"，在弹出的快捷菜单中选择"新规则"命令，如图 3.59 所示。

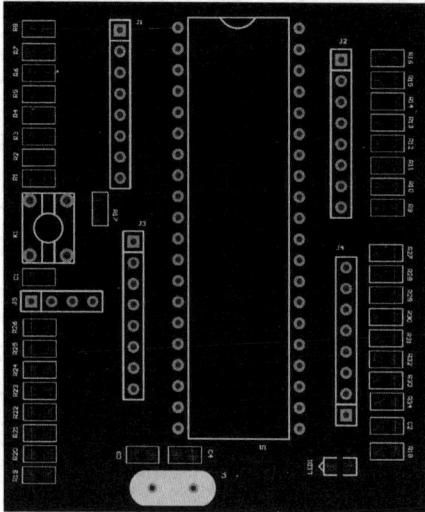

图 3.58　PCB 布局

图 3.59　添加线宽规则

添加新规则后将新规则分别命名为"VCC"和"GND"，将网络标号 Net 分别设置成 VCC 和 GND 对应的编号。将 VCC 和 GND 的线宽分别设置为 1.5mm 和 1mm 左右，最大最小线宽可调。如图 3.60 所示，设置完成后单击"确定"按钮。

图 3.60　设置线宽

在布线时按照如图 3.61 所示选择"放置"→"交互式布线"命令，可以将对应元器件的引脚进行连接。

在布线时可以在软件下方选择不同的电路层进行走线，一般用到的是顶层（Top Layer）和底层（Bottom Layer），如图 3.62 所示。

将摆放的元器件连接好，如图 3.63 所示。

完成后可以对整个 PCB 进行切割，如图 3.64 所示。

选中软件下方的机械层（Mechanical 1）后选择"放置"→"走线"命令，根据全部元器件的整体大小框出合适的边框。单击禁止布线层（Keep-Out Layer）按钮，再次重复上述操作，让这两层的走线重合在一起，如图 3.65 所示。

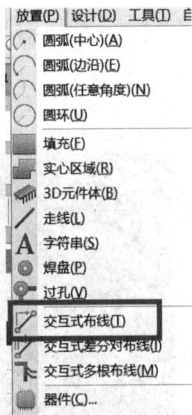

放置(P) | 设计(D) 工具(T) 自

- 圆弧(中心)(A)
- 圆弧(边沿)(E)
- 圆弧(任意角度)(N)
- 圆环(U)
- 填充(F)
- 实心区域(R)
- 3D元件体(B)
- 走线(L)
- 字符串(S)
- 焊盘(P)
- 过孔(V)
- 交互式布线(T)
- 交互式差分对布线(I)
- 交互式多根布线(M)
- 器件(C)...

图 3.61 交互式布线

图 3.62 PCB 顶层和底层

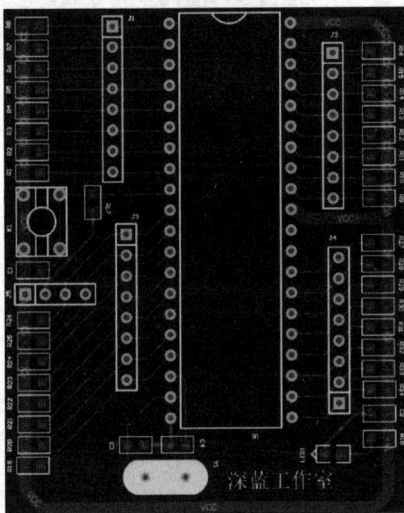

图 3.63 将摆放的元器件连接好

图 3.64 PCB 分割层

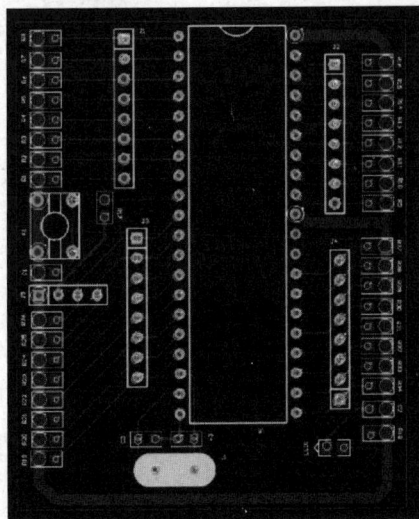

图 3.65 两层的走线重合在一起

如图 3.66 所示，选择"设计"→"板子形状"→"按照选择对象定义"命令，设置 PCB 的形状。

如图 3.67 所示，将 PCB 切割成合适的大小。

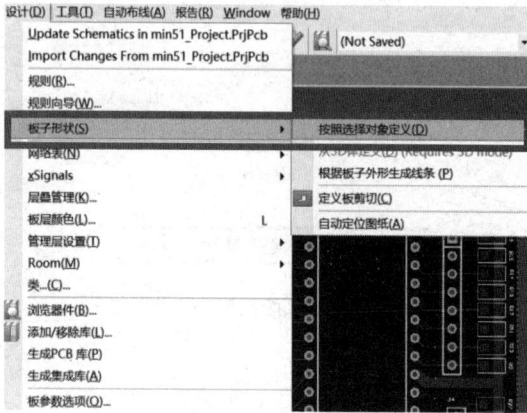

图 3.66　设置 PCB 的形状

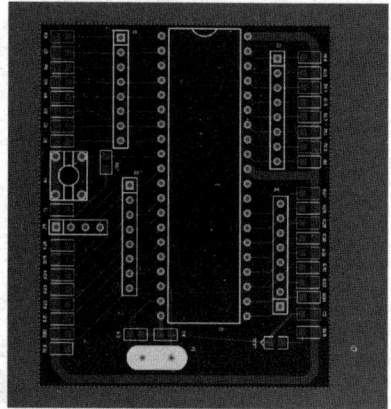

图 3.67　切割好的 PCB

对画好的 PCB 进行敷铜，如图 3.68 所示，选择"放置"→"多边形敷铜"命令。

在弹出的对话框中将"链接到网络"改成"GND"，为此对 GND 进行敷铜，其他选项如图 3.69 所示。

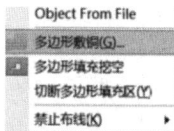

图 3.68　PCB 敷铜

图 3.69　敷铜设置

单击"确定"按钮后框选 PCB，将软件下方的电路层从顶层（Top Layer）切换到底层（Bottom Layer），重复上述操作。如图 3.70 所示，51 单片机最小系统 PCB 即可绘制完毕。

最后，如图 3.71 所示，选择"工具"→"设计规则检查"命令。

如图 3.72 所示，单击"运行 DRC"按钮。

如图 3.73 所示，没有弹出短路等问题的警告。

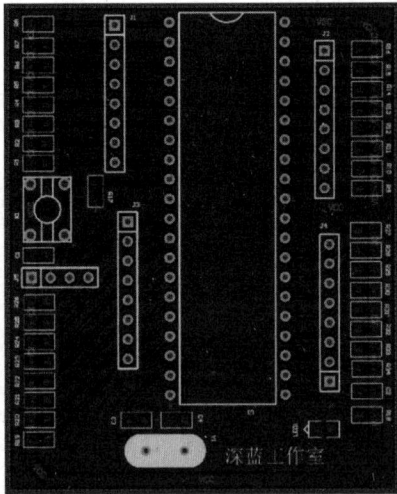

图 3.70　51 单片机最小系统 PCB

图 3.71　规则设计检查

图 3.72　运行检查

Warnings		Count
	Total	0

Rule Violations	Count
Width Constraint (Min=0.5mm) (Max=1.5mm) (Preferred=1mm) (InNet('GND'))	0
Width Constraint (Min=1mm) (Max=2mm) (Preferred=1.5mm) (InNet('VCC'))	0
Short-Circuit Constraint (Allowed=No) (All),(All)	0
Un-Routed Net Constraint (,(All))	0
Clearance Constraint (Gap=0.254mm) (All),(All)	0
Power Plane Connect Rule(Relief Connect)(Expansion=0.508mm) (Conductor Width=0.254mm) (Air Gap=0.254mm) (Entries=4) (All)	0
Width Constraint (Min=0.254mm) (Max=0.254mm) (Preferred=0.254mm) (All)	0
Hole Size Constraint (Min=0.025mm) (Max=2.54mm) (All)	0
	Total　0

图 3.73　检查 PCB 结果

检查无误后，51 单片机最小系统 PCB 正式完成，保存文件，可以交给制板厂家进行打板。

第4章 常用芯片基础

4.1 DS1302 时钟芯片

4.1.1 时钟芯片简介

时钟芯片是一种具有时钟特性，记录现实时间的芯片。时钟芯片属于集成电路的一种，其主要由可充电锂电池、充电电路及晶体振荡电路等部分组成，目前被广泛应用在各类电子产品和信息通信产品中。

时钟芯片最基本的作用就是显示时间和记录时间，还具有闹铃功能。时钟芯片的时钟显示功能强大，可以显示年、月、日、星期、时、分、秒。时钟芯片还具有精确的闰年补偿功能。

时钟芯片能够记录和存储数据，是因为其内部有一个随机存取存储器（Random Access Memory，RAM）单元。RAM 单元一部分用于对时钟显示的控制，另一部分用于存储单元数据，且 RAM 单元具有断电保护功能。时钟芯片的接口较为简单，可以与多种软件连接，并通过软件进行功能屏蔽。

4.1.2 DS1302 时钟芯片的工作原理

DS1302 时钟芯片的晶振频率为 32.768kHz，用于产生时、分、秒等信息，通过晶振的作用来确定日期和时间。

DS1302 时钟芯片是实时时钟（Real Time Clock，RTC），也可以称为实时时钟集成电路。芯片通过时钟端口将时间信息存放到 RTC 存储器中，RTC 控制程序将时间信息自动累加 1，最后输出有效的时间信息。

时钟芯片的时间误差主要来源于时钟芯片中晶振的频率误差，晶振的频率误差主要是温度变化引起的。因此，把温度对晶振谐振频率所产生的误差进行有效补偿，可以提高时钟精度。

4.1.3 实例 46：DS1302 时钟芯片电路设计

DS1302 采用双向数据通信接口，CE 是使能引脚，低电平有效；SCLK 是时钟引脚，为通信提供时钟源；I/O 是数据输入输出引脚，用于传输及接收数据。

DS1302 采用双电源供电模式，VCC1 接备用电源，在 VCC2 主电源失效时保持时间和日期数据。

VCC2 引脚的电容主要用于滤波，串联一个电阻，可以有效防止电源对芯片的冲击。晶振两端的电容主要用于校正时间的精确性。

VCC1 接一个纽扣电池，当 VCC2 主电源断电时，VCC1 备用电源给芯片供电，这样时钟继续运行。

DS1302 时钟芯片电路如图 4.1 所示，可以通过 AD 软件进行设计，通过与单片机进行连接，实现对时钟电路的控制。

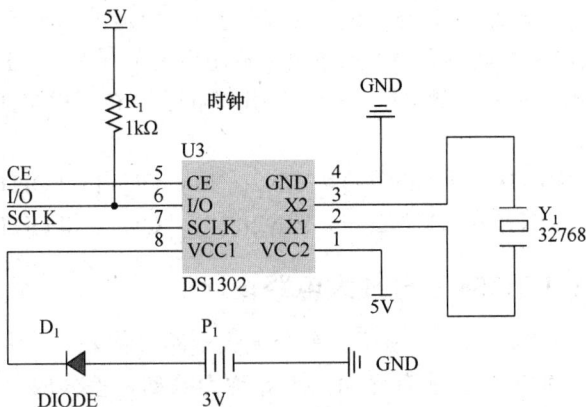

图 4.1 DS1302 时钟芯片电路

4.2 LM358 运算放大器

4.2.1 LM358 运算放大器简介

LM358 运算放大器

LM358 运算放大器是一种低功率双运算放大器，把两个通用运算放大器集成在一起，做出来的双运算放大器增益高，相对于单个运算放大器较为稳定。它可以用在波形发生器、数据放大器、有源滤波器、模拟运算器等多种场景中。

LM358 运算放大器由两个独立的高增益内部频率补偿运算放大器组成，专门设计用于在宽电压范围内由单电源供电。LM358 运算放大器与单电源应用中的标准运算放大器相比，具有低功耗、可以单电源或双电源操作等优点。

LM358 运算放大器可以在低至 3V 或高达 32V 的电源电压下工作。其共模输入范围包括负电源，因此在许多应用中无须使用外部偏置组件。

4.2.2 LM358 运算放大器的工作原理

LM358 运算放大器的封装形式有 8 引脚双列直插式封装和贴片式封装，引脚图如图 4.2 所示。

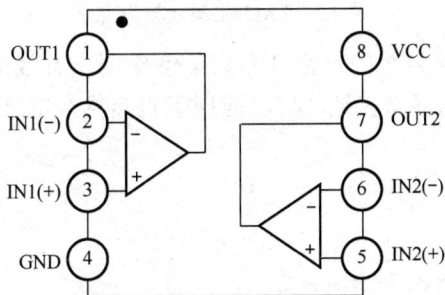

图 4.2 LM358 运算放大器引脚图

LM358 运算放大器的 1 引脚是输出端，2 引脚是反相输入端，3 引脚是同相输入端，4

引脚是负电源（双电源工作）或地（单电源工作），5 引脚是同相输入端，6 引脚是反相输入端，7 引脚是输出端，8 引脚是正电源。

1、2、3 引脚为一个运放通道，5、6、7 引脚为另一个运放通道。

LM358 运算放大器输出端不需要上拉电阻，输出电压范围为 0～1.5V。其中，8 引脚为主供电输入，2 引脚电压与 3 引脚电压比较，5 引脚电压与 6 引脚电压比较，分别对应两个独立输出：

（1）当 VIN1(+) > VIN1(−)且 VIN2(+) > VIN2(−)时，OUT1 和 OUT2 输出高电平；

（2）当 VIN1(+) < VIN1(−)且 VIN2(+) < VIN2(−)时，OUT1 和 OUT2 输出低电平。

4.2.3 实例 47：LM358 差分放大电路设计

LM358 差分放大电路如图 4.3 所示。差分放大电路又称差动放大电路，当电路的两个输入端电压有差别时，输出电压才有变动，因此称为差动。差分放大电路是由静态工作点稳定的放大电路演变而来的。

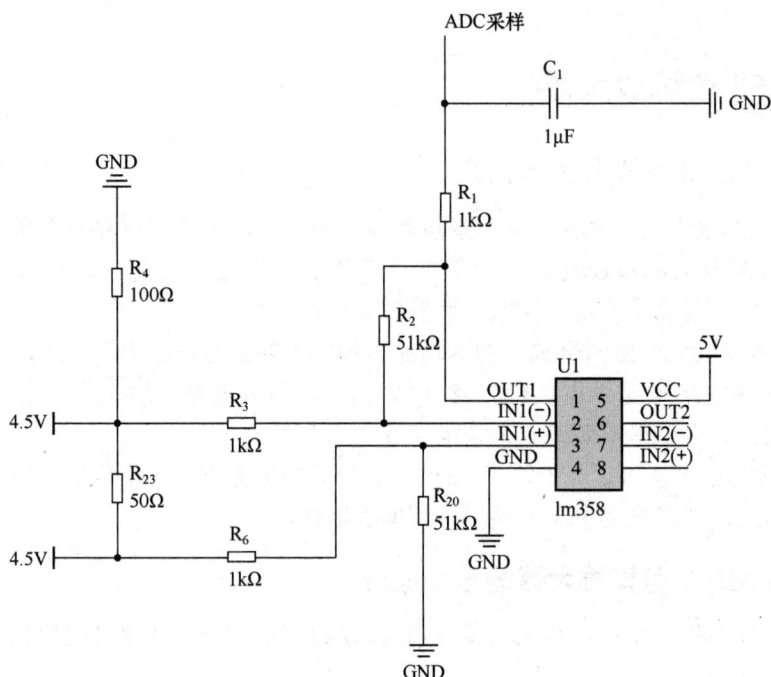

图 4.3　LM358 差分放大电路

差分放大电路利用电路参数的对称性和负反馈作用，有效地稳定静态工作点，以放大差模信号、抑制共模信号为显著特征，广泛应用于直接耦合电路和测星电路的输入级。

4.3　555 定时器

4.3.1　555 定时器简介

555 多谐振荡器

555 定时器是一种结构简单、使用方便灵活、用途广泛的多功能电路，如图 4.4 所示。

555 定时器的全称是通用单双极型定时器。555 定时器的芯片中包含一个用三极管做成的（双极型）定时器。芯片外接一个电阻器和一个电容器后，能够精确地实现延时功能。

555 定时器性能优良，适用范围很广，外部加接少量的阻容元器件可以很方便地组成单稳态触发器和多谐振荡器，以及无须外接元器件就可组成施密特触发器。因此，555 定时器被广泛应用于脉冲波形的产生与变换、测量与控制等方面。

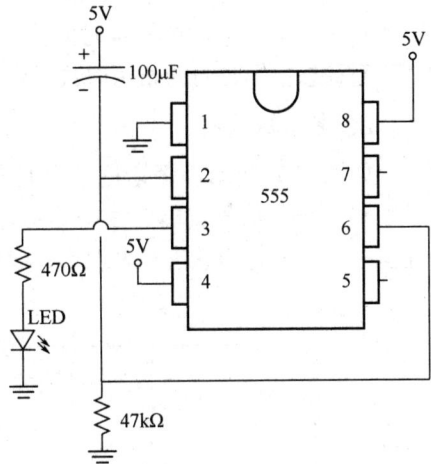

图 4.4　555 定时器

4.3.2　555 定时器的工作原理

555 定时器有如下 3 种工作模式。

（1）单稳态模式：555 定时器在单稳态模式下为单次触发，应用范围包括定时器、脉冲丢失检测、轻触开关、分频器、电容测量、PWM 等。

（2）无稳态模式：555 定时器在无稳态模式下常被用于频闪灯、脉冲发生器、逻辑电路时钟、音调发生器等电路中。若使用热敏电阻作为定时电阻，555 定时器可构成温度传感器，其输出信号的频率由温度决定。

（3）双稳态模式（施密特触发器模式）：在 7 引脚悬空且不外接电容器的情况下，555 定时器的工作方式类似于 RS 触发器，可用于构成锁存开关。

555 定时器引脚图如图 4.5 所示。

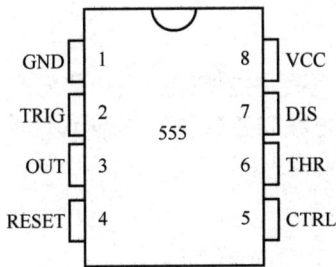

图 4.5　555 定时器引脚图

555 定时器 1 引脚为 GND；2 引脚为触发引脚，当引脚电压降至 1/3VCC 时，输出端输出高电平；3 引脚为输出引脚，输出高电平或低电平；4 引脚为复位引脚，当引脚接高电平时，定时器工作，当引脚接地时，芯片复位；5 引脚为控制引脚，控制芯片的阈值电压，当引脚悬空时，默认阈值电压为 1/3VCC 和 2/3VCC；6 引脚为阈值引脚，当引脚电压增大至 2/3VCC 时，输出端输出低电平；7 引脚为放电引脚，用于给电容放电；8 引脚为 VCC，给芯片供电。

555 定时器成本低、性能可靠，只需要外接几个电阻器、电容器，就可以方便地实现多谐振荡器、单稳态触发器和施密特触发器等脉冲产生与变换电路。555 定时器灵活多变的特性，使其在波形的产生与变化、测量与控制、家用电器、电子玩具等许多领域中得到了应用。

4.3.3　实例 48：555 定时器基本电路设计

555 定时器有如下 4 种基本电路。

1．单稳态触发器

如图 4.6 所示，单稳态触发器是触发器的一种，它有一个稳定态和一个暂稳态。在外加脉冲的作用下，单稳态触发器可以从一个稳定态翻转到一个暂稳态。

单稳态触发器的工作原理如下：当单稳态受到外界信号触发时，会改变目前的状态，反转到另一个状态，在一定时间后会自动恢复到原来的状态。

暂稳态持续时间的长短取决于电路的定时元器件参数，与触发脉冲的宽度和振幅无关。

2．多谐振荡器

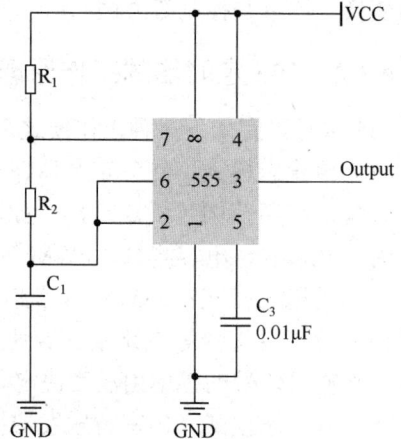

如图 4.7 所示，多谐振荡器是一种能产生矩形波的自激振荡器，该电路在接通电源后无须外接触发信号就能产生一定频率和振幅的矩形脉冲波或方波。由于多谐振荡器在工作过程中不存在稳定状态，故又称为无稳态电路。

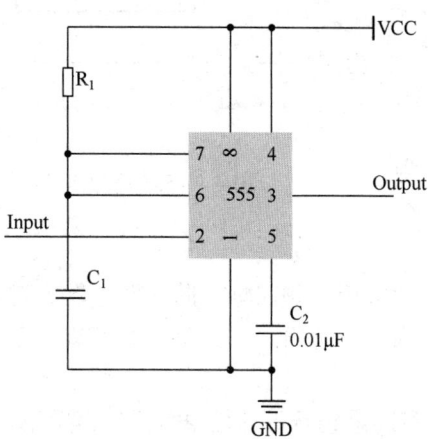

图 4.6　单稳态触发器电路　　　　　图 4.7　多谐振荡器电路

3．施密特触发器

如图 4.8 所示，施密特触发器采用一种具有迟滞的比较器电路，能够减少噪声信号产生的误差，从而产生方波。此外，施密特触发器还可用于将三角波和正弦波等其他类型的信号转换为方波。

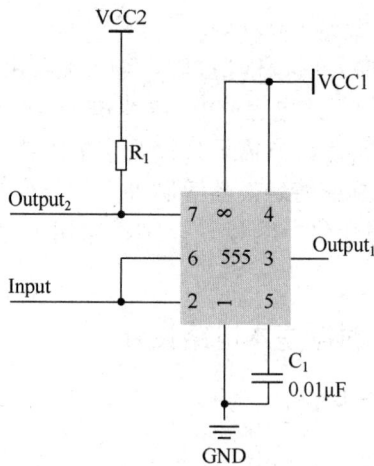

图 4.8　施密特触发器电路

施密特触发器具有两个稳态，当输入达到某个设计的阈值电压电平时，输出在两个稳态电压高低电平之间摆动。

4.4 8255A 外扩 I/O 接口芯片

4.4.1 8255A 外扩 I/O 接口芯片简介

8255A 是一种可编程的 I/O 接口芯片，与 51 单片机及外设直接相连，广泛用作外部并行 I/O 扩展接口，如图 4.9 所示。

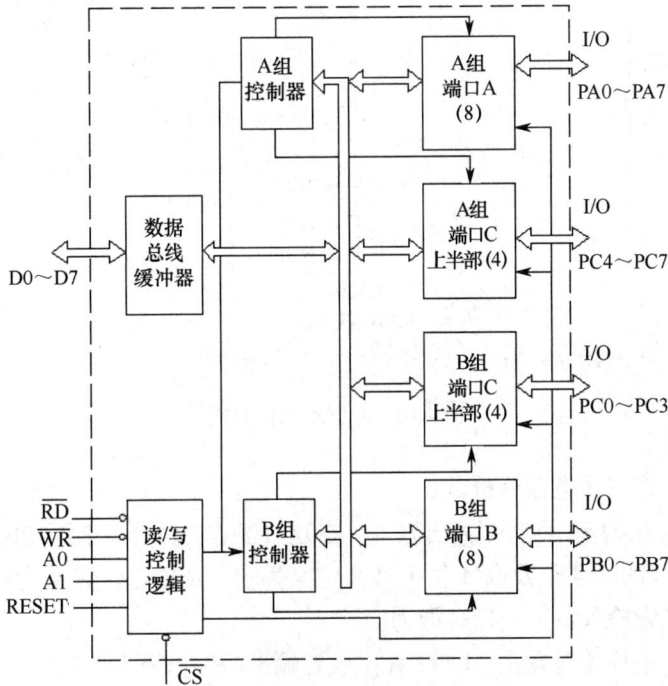

图 4.9　8255A 内部组成

8255A 内部由 PA、PB、PC 3 个 8 位可编程双向 I/O 接口，A 组控制器和 B 组控制器，数据总线缓冲器及读/写控制逻辑 4 部分电路组成。

D0～D7：三态双向数据线，与单片机数据总线连接，用来传送数据信息。

CS：片选信号线，低电平有效，表示芯片被选中。

RD：读出信号线，低电平有效，控制数据的读出。

WR：写入信号线，低电平有效，控制数据的写入。

VCC：5V 电源。

PA0～PA7：A 口输入/输出线。

PB0～PB7：B 口输入/输出线。

PC0～PC7：C 口输入/输出线。

RESET：复位信号线。

A1、A0：地址线，用来选择 8255 内部端口。

GND：地线。

4.4.2　8255A 工作方式

8255A 有 3 种工作方式：方式 0、方式 1、方式 2。其中，PA 可以工作在 3 种方式下，P1 可以工作在方式 0 和方式 1 下，PC 只能工作在方式 0 下。如图 4.10 所示为 8255A 工作方式。

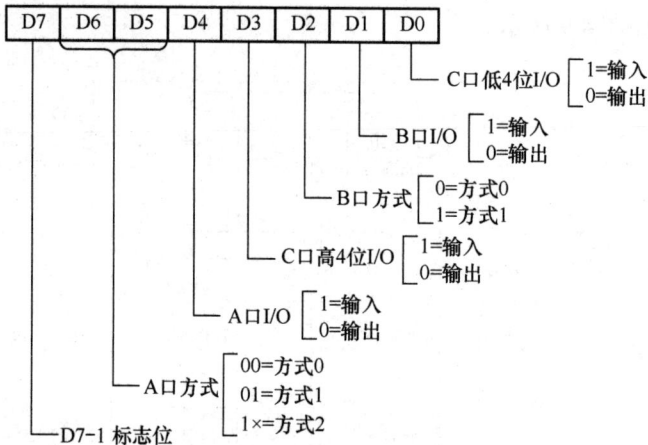

图 4.10　8255A 工作方式

下面对 3 种工作方式进行分析。

（1）工作方式 0 为基本输入/输出方式。在这种工作方式下，PA、PB 各 8 位，均定义为输入或输出，PC 的低 4 位及高 4 位可独立定义为输入或输出。定义为输出口则均有锁存数据的能力，定义为输入口则无锁存能力。

方式 0 适合无条件传送方式，CPU 直接执行输入、输出命令。

（2）工作方式 1 为选通的输入/输出方式。在这种工作方式下，PA 口、PB 口作为数据的输入或输出口，但数据的输入/输出要在选通信号的控制下完成。这些选通信号由 PC 口的某些位提供。PA 口和 PB 口可独立地由程序任意设定为输入口或输出口，此时，PC 口自动作为 PA 口或 PB 口的选通控制线。

（3）工作方式 2 为双向传输方式，只适用于 PA 口。工作方式 2 中 8255A 的 PA 口相当于工作在数据总线的状态，使外部设备利用 8 位数据线与 CPU 进行双向通信，既能发送数据，也能接收数据。因此，PC 口的 5 根线用来提供双向传输所需的控制信号。

4.4.3　实例 49：单片机外扩 I/O 接口设计

如图 4.11 所示，数据线 D0~D7 接 P0 口，RD、WR 接单片机 RD、WR。

复位 RESET 接复位电路，与 CPU 复位。

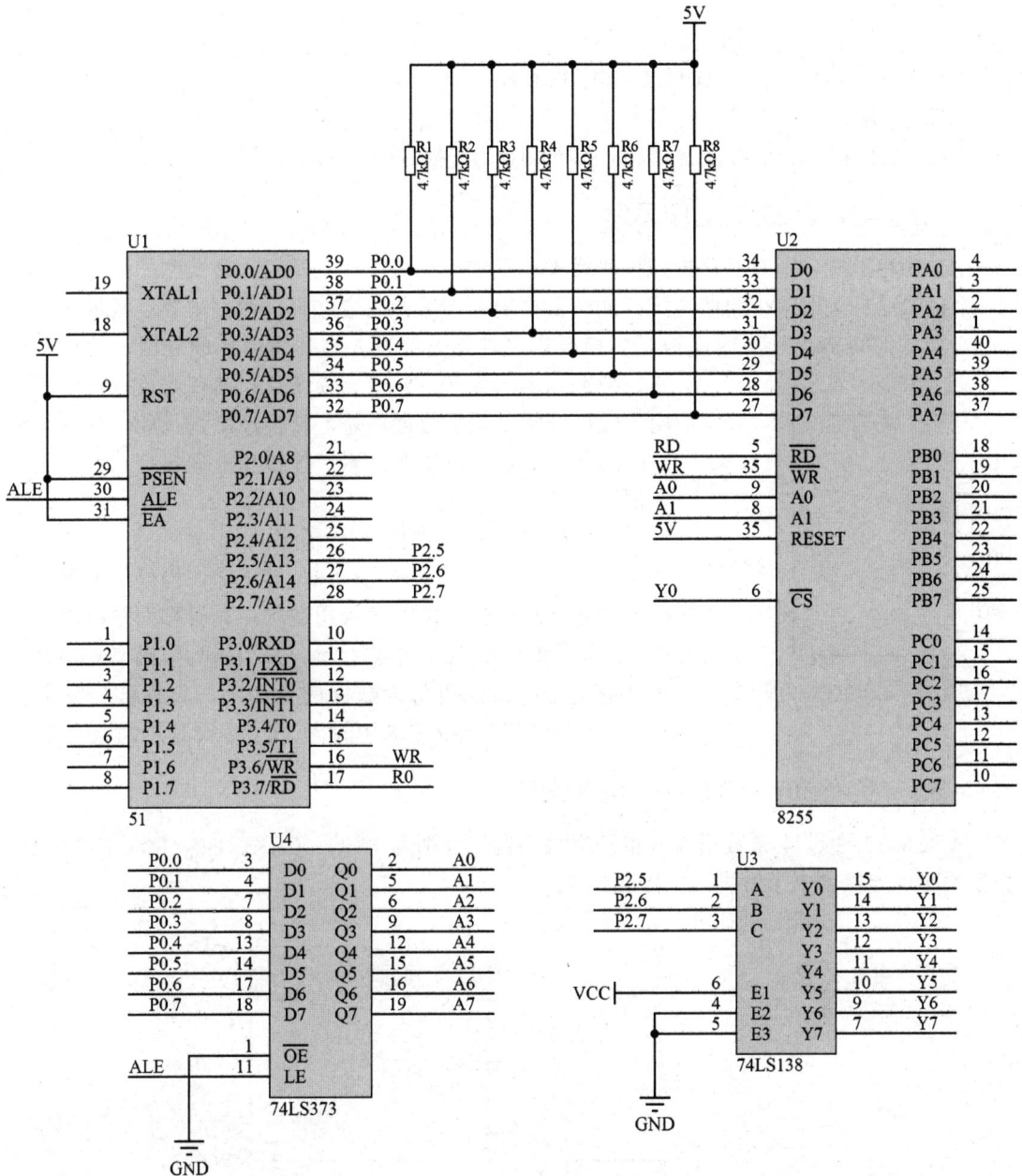

图 4.11 8255A 外扩 I/O 接口电路

4.5 ADC0832 模数转换芯片

4.5.1 模数转换芯片简介

模数转换器即 A/D 转换器，简称 ADC，A 代表模拟量，D 代 ADC0832 模数转换芯片
表数字量，通常是将模拟信号转换为数字信号的电子元器件。

ADC0832 的主要特点如下：

（1）8 位分辨率，双通道 A/D 转换。

（2）输入、输出电平与 TTL/CMOS 相兼容。

（3）5V 电源供电时输入电压为 0～5V。

（4）功耗仅为 15mW，工作频率为 250kHz，转换时间为 32μs。

4.5.2　ADC0832 的工作原理

ADC0832 能分别对两路模拟信号实现模数转换，可以在单端输入方式和差分方式下工作。ADC0832 采用串行通信方式，通过数据输入端进行通道选择、数据采集及数据传送。8 位分辨率可以满足一般的模拟量转换要求。内部电源输入与参考电压的复用，使得芯片的模拟输入电压为 0～5V。ADC0832 具有双数据输出，可用于数据校验以减小数据误差，转换速度快且稳定性高。独立的芯片使能输入，使多元器件挂接和处理器控制变得更加方便。

ADC0832 引脚图如图 4.12 所示。

ADC0832 的 1 引脚为片选使能引脚，当处于低电平时芯片使能；2 引脚为模拟输入通道 0；3 引脚为模拟输入通道 1；4 引脚为 GND，引脚接地；5 引脚为数据信号输入，选择通道控制；6 引脚为数据信号输出，转换数据输出；7 引脚为时钟芯片输入；8 引脚为 VCC，给芯片供电。

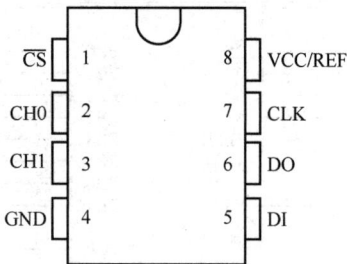

图 4.12　ADC0832 引脚图

4.5.3　实例 50：ADC0832 电路设计

ADC0832 通过 4 条数据线与单片机相连接，分别为 VCC、CLK、D0、D1。D0 和 D1 在使用时可连接同一个引脚，如图 4.13 所示。

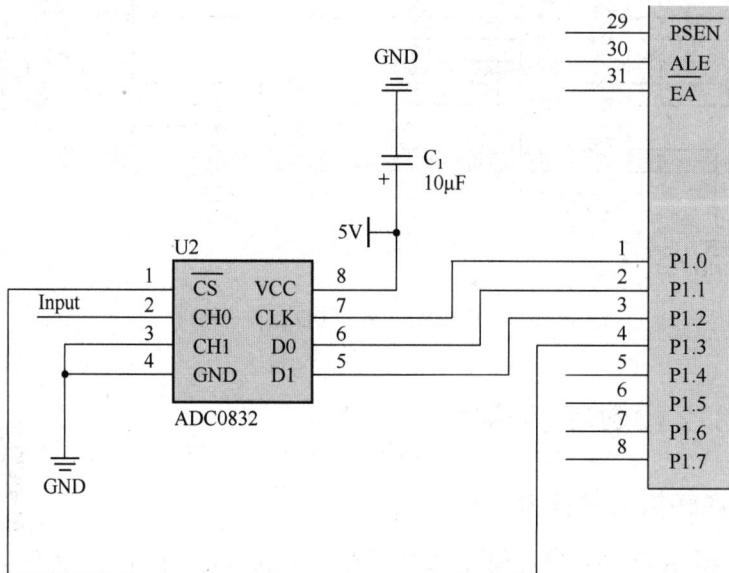

图 4.13　ADC0832 电路设计

ADC0832 在工作时，端口 CS 为高电平，芯片处于禁用状态，CLK、D0 和 D1 的电平可以任意设置。因此，工作时需要先将 CS 端口置于低电平，并且维持低电平直至转换结束。

4.6 DAC0832

DAC0832

4.6.1 数模转换芯片简介

数模转换器即 D/A 转换器，简称 DAC，A 代表模拟量，D 代表数字量，通常是将数字信号转换为模拟信号的电子元器件。

DAC0832 是采样频率为 8 位的 D/A 转换芯片，集成电路内有两级输入寄存器，使 DAC0832 芯片具备双缓冲、单缓冲和直通 3 种输入方式。D/A 转换结果采用电流形式输出，若需要相应的模拟电压信号，可通过一个高输入阻抗的线性运算放大器实现。运算放大器的反馈电阻可通过 RFB 端引用片内固有电阻，也可外接。DAC0832 逻辑输入满足 TTL 电平，可直接与 TTL 电路或微机电路连接。

DAC0832 的主要特点如下：

（1）8 位分辨率，双通道 D/A 转换。

（2）输入、输出电平与 TTL/CMOS 相兼容。

（3）5V 电源供电时输入电压为 0～5V。

（4）功耗仅为 15mW，工作频率为 250kHz，转换时间为 32μs。

4.6.2 DAC0832 的工作原理

对于 DAC0832 的数据锁存器和寄存器不同的控制方式，DAC0832 有 3 种工作方式：单缓冲方式、双缓冲方式、直通方式。

（1）单缓冲方式是控制输入寄存器和 DAC 寄存器同时接收资料，或者只用输入寄存器而把 DAC 寄存器接成直通方式。此方式适用于只有一路模拟量输出或几路模拟量异步输出的情形。

（2）双缓冲方式先使输入寄存器接收，再控制输入寄存器输出到 DAC 寄存器，即分两次锁存输入。此方式适用于多个 D/A 转换同步输出的情节。

（3）直通方式是不经两级锁存器锁存，即 CS*、XFER*、WR1*、WR2*均接地，ILE 接高电平。此方式适用于连续反馈控制线路和不带微机的控制系统，不过在使用时，必须通过另加 I/O 接口与 CPU 连接，以匹配 CPU 与 D/A 转换。

DAC0832 引脚图如图 4.14 所示。

（1）DI0～DI7：8 位数据输入线，TLL 电平。

（2）ILE：数据锁存允许控制信号输入线，高电平有效。

（3）CS：片选信号输入线（选通数据锁存器），低电平有效。

（4）WR1：输入寄存器的写选通信号。

（5）XFER：数据传送控制信号输入线，低电平有效。

（6）WR2：DAC 寄存器写选通输入线。

（7）IOUT1：电流输出线，当输入全为 1 时 IOUT1 输出值最大。

图 4.14　DAC0832 引脚图

（8）IOUT2：电流输出线，其输出值与 IOUT1 输出值之和为常数。

（9）RFB：反馈信号输入线，芯片内部有反馈电阻。

（10）VCC：电源输入线（范围为 5～15V）。

（11）VREF：基准电压输入线（范围为−10～10V）。

（12）AGND：模拟地，模拟信号和基准电源的参考地。

（13）DGND：数字地，两种地线在基准电源处共地比较好。

4.6.3　实例 51：DAC0832 电路设计

如图 4.15 所示为 DAC0832 电路设计，在一些控制应用中，需要有一个线性增长的锯齿波来控制检测过程、移动记录笔或移动电子束等。这可通过在 DAC0832 的输出端接运算放大器，由运算放大器产生锯齿波来实现。

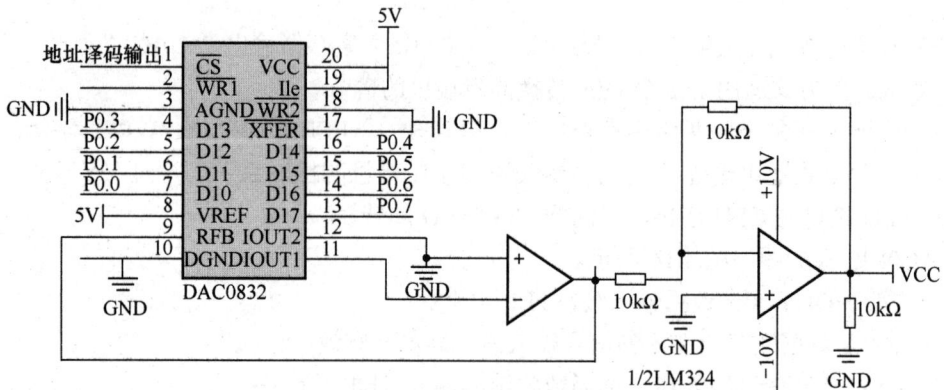

图 4.15　DAC0832 电路设计

4.7 74LS138 译码器

4.7.1 译码器芯片简介

74LS138 是一款高速 CMOS 元器件，引脚兼容低功耗肖特基 TTL 系列。74LS138 译码器可接收 3 位二进制加权地址输入（A0、A1 和 A2），当芯片使能时，可提供 8 位互斥的低有效输出（Y0～Y7）。

74LS138 采用 000～111 这 8 种编码，分别代表一种信号，要实现这些编码，只需要 3 根输入信号线。这些编码所代表的含义是在 8 个输出引脚中选出一个特殊的引脚，使其电平与其他 7 个不同，如输出为 01111111 是输入为 000 的译码。因此，编码指的是有顺序规律但没特殊含义的一种码，而译码指的是真正起作用的码。

4.7.2 74LS138 译码器的工作原理

74LS138 为 3～8 线译码器，共有 54LS138 和 74LS138 两种线路结构形式。74LS138 引脚图如图 4.16 所示。

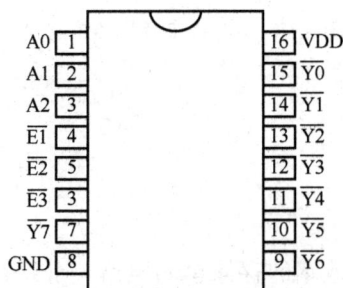

图 4.16 74LS138 引脚图

其工作原理如下：

（1）当一个选通端（E1）为高电平，另两个选通端（E2 和 E3）为低电平时，可将地址端（A0、A1、A2）的二进制编码在 Y0～Y7 对应的输出端以低电平译出（输出为 Y0～Y7 的非）。例如，当 A2A1A0=110 时，Y6 输出端输出低电平信号。

（2）利用 E1、E2 和 E3 可级联扩展成 24 线译码器；若外接一个反相器，还可级联扩展成 32 线译码器。

（3）当将其中一个选通端作为数据输入端时，74LS138 还可作为数据分配器。

（4）可用在 8086 封装的译码电路中，扩展内存。

4.7.3 实例 52：74LS138 译码器电路设计

在设计单片机电路时，单片机的 I/O 接口数量是有限的，有时满足不了设计需求。例如，STC89C52 共有 32 个 I/O 接口，为了控制更多的元器件，要使用一些外围的数字芯片。74LS138 译码器的功能就是把 3 种输入状态翻译成 8 种输出状态。如图 4.17 所示为 74LS138 译码器电路设计。

图 4.17　74LS138 译码器电路设计

4.8　74LS573 锁存器

4.8.1　锁存器芯片简介

　　锁存器是一种对脉冲电平敏感的存储单元电路，可以在特定输入脉冲　74LS573 锁存器
电平作用下改变状态。锁存是指把信号暂存以维持某种电平状态。锁存器最主要的作用是
缓存，其次是解决高速控制器与慢速外设的不同步问题，最终可以解决驱动的问题。锁存
器利用电平控制数据的输入，包括不带使能控制的锁存器和带使能控制的锁存器。

　　74LS573 包含 8 路 D 字形透明锁存器，每个锁存器具有独立的 D 字形输入，以及适用
于面向总线的应用的三态输出，是一种高性能硅栅 CMOS 元器件。所有锁存器共用一个锁
存使能（LE）端和一个输出使能端。

4.8.2　74LS573 锁存器的工作原理

　　74LS573 锁存器的功能如下：在编程时，先将使能端置 1，此时输出数据和输入数据一
致；为将输出的数据锁定，防止误操作，可将使能端清零，此时输出端保持原有值，不再
变化。

　　74LS573 的 8 个锁存器，当使能较高时，输出随数据输入而变化；当使能较低时，输
出将锁存在已建立的数据电平上，输出控制不影响锁存器的内部工作，即旧的数据可以保
持，甚至当输出被关闭时，新的数据也可以置入。

4.8.3　实例 53：74LS573 锁存器电路设计

　　如图 4.18 所示为 74LS573 锁存器电路设计。

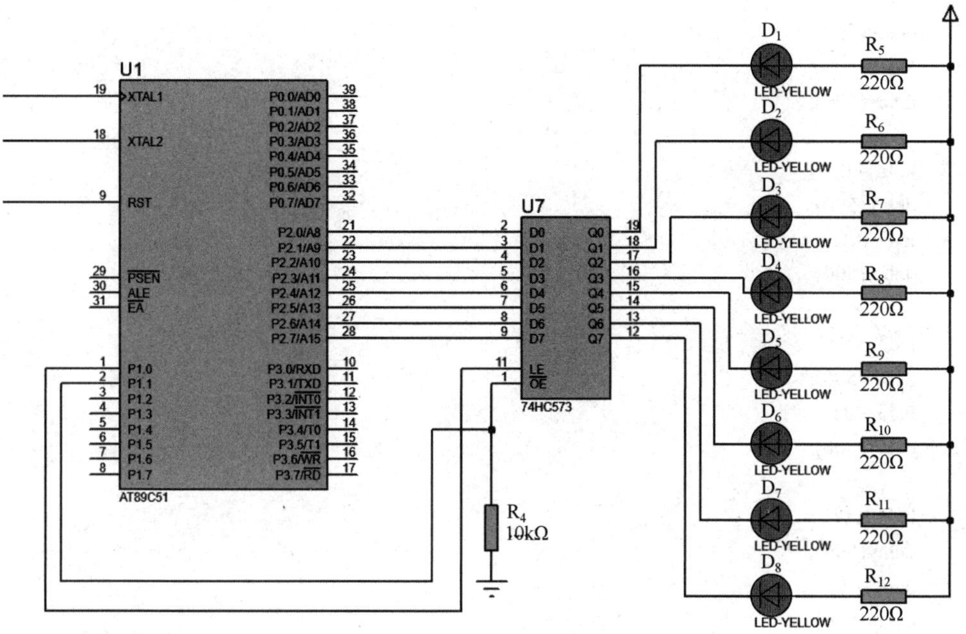

图 4.18　74LS573 锁存器电路设计

具体实现代码如下：

```c
#include <reg52.h>
sbit led0 = P2 ^ 0;
sbit led1 = P2 ^ 1;
sbit led2 = P2 ^ 2;
sbit led3 = P2 ^ 3;
sbit led4 = P2 ^ 4;
sbit led5 = P2 ^ 5;
sbit led6 = P2 ^ 6;
sbit led7 = P2 ^ 7;
void delay(void)
{
    unsigned char a, b;
    for (a = 0; a < 200; a++)
        for (b = 0; b < 200; b++)
            ;
}
void main()
{
    while (1)
    {
        led0 = 0;
        delay(500);
        led0 = 1;
        delay(500);
```

```
        led1 = 0;
        delay(500);
        led1 = 1;
        delay(500);

        led2 = 0;
        delay(500);
        led2 = 1;
        delay(500);

        led3 = 0;
        delay(500);
        led3 = 1;
        delay(500);

        led4 = 0;
        delay(500);
        led4 = 1;
        delay(500);

        led5 = 0;
        delay(500);
        led5 = 1;
        delay(500);

        led6 = 0;
        delay(500);
        led6 = 1;
        delay(500);

        led7 = 0;
        delay(500);
        led7 = 1;
        delay(500);
    }
}
```

第 5 章　51 单片机基础

经过 Arduino 的项目实践，学习目标开始进一步到难度更高、应用更为主流和广泛的单片机中。在众多款单片机中，51 单片机是较为经典的一款单片机，具有较为齐全的外设资源，是学习其他更为高级的单片机的基础。本章将会从程序编写平台、51 单片机基础、51 单片机硬件结构搭建及仿真、51 单片机最小系统 4 个方面来介绍，以此作为学习实际项目的基础。

5.1　Keil 5 软件

Keil 5 是美国 Keil Software 公司出品的 51 系列兼容单片机 C 语言软件开 Keil 5 软件
发系统，与汇编语言相比，C 语言在功能、结构性、可读性、可维护性上有明显的优势，因而易学易用。Keil 5 提供了包括 C 编译器、宏汇编、链接器、库管理和一个功能强大的仿真调试器等在内的完整开发方案，通过一个集成开发环境（μVision）将这些部分组合在一起。

5.1.1　Keil 5 安装

从官网下载 Keil 5 安装软件，以管理员身份运行 C51-V957.exe 程序，如图 5.1 所示。

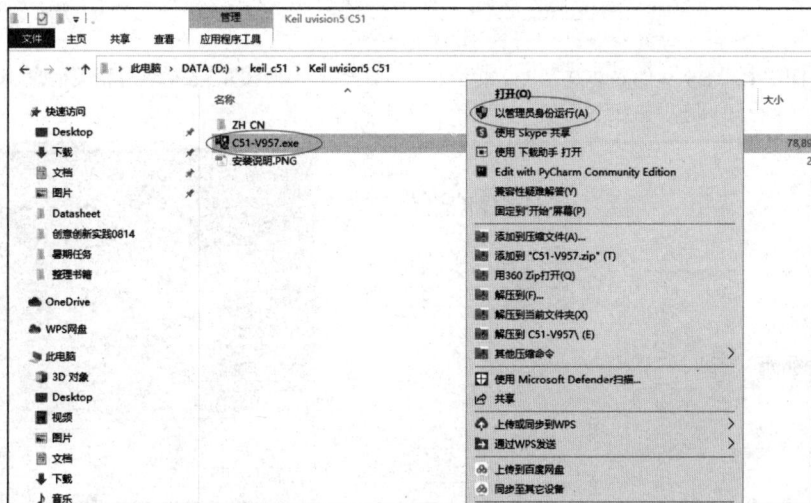

图 5.1　以管理员身份运行 C51-V957.exe 程序

在弹出的对话框中单击"Next"按钮，然后勾选同意协议，继续单击"Next"按钮，如图 5.2 和图 5.3 所示。

修改文件安装路径，建议不要安装在 C 盘，使用英文路径，如图 5.4 所示。

填写相关信息后单击"Next"按钮，等待安装完成后单击"Finish"按钮即可，如图 5.5 与图 5.6 所示。

在桌面上找到 Keil 5 软件图标并以管理员身份运行程序，如图 5.7 所示。

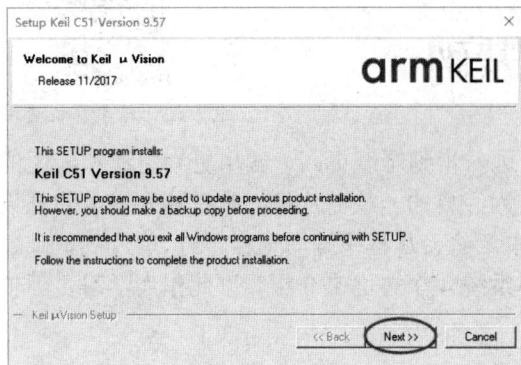

图 5.2　单击"Next"按钮

图 5.3　勾选同意协议

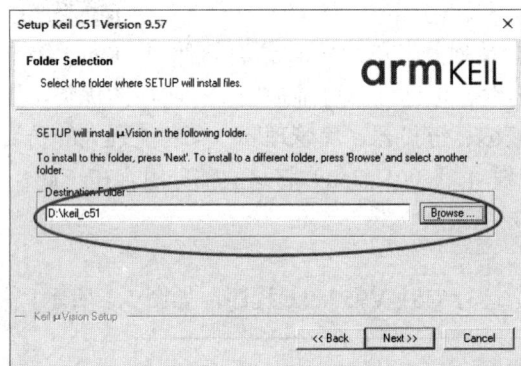

图 5.4　修改文件安装路径

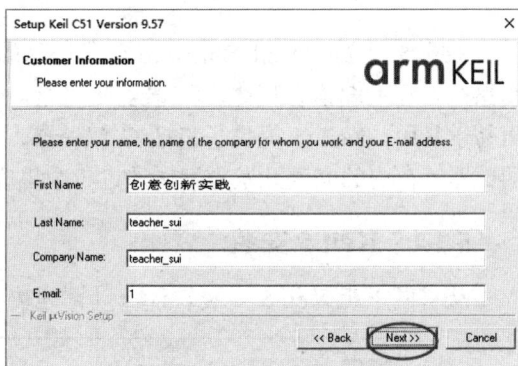

图 5.5　填写相关信息

图 5.6　等待安装完成

图 5.7　Keil 5 软件图标

打开软件界面后，选择"File"→"License Management"命令，添加软件许可证，如图 5.8 所示。

在弹出的对话框中填写相关信息，并通过适当的步骤破解完成后结果如图 5.9 所示。

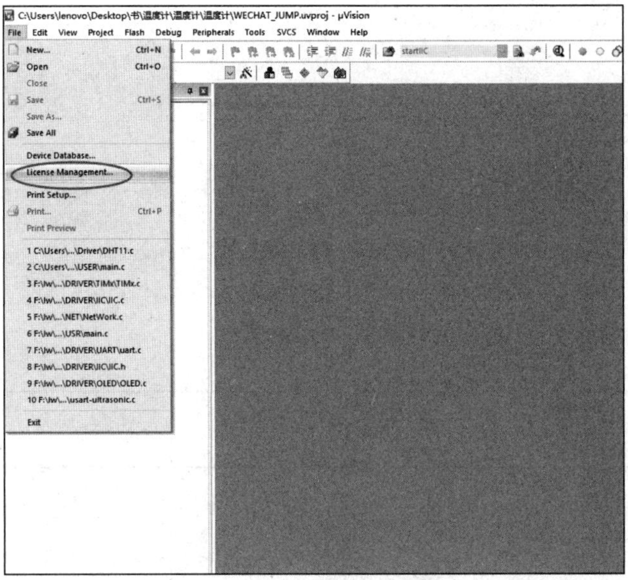

图 5.8　选择"File"→"License Management"命令

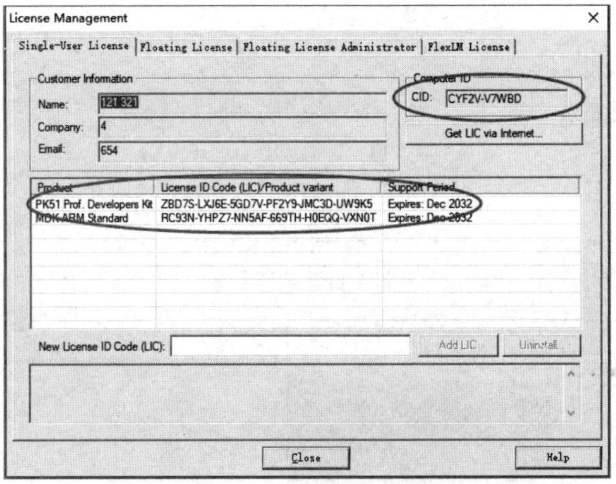

图 5.9　破解完成

5.1.2　Keil 5 程序包创建

创建 Keil 5 的工程文件包，为了养成有条理学习和工作的习惯，首先在文件夹下创建一个工程文件夹，由于第一个项目为微信跳一跳助手，所以把文件夹命名成 WECHAT_JUMP，下面新建 Driver、Startup、USER 共 3 个文件夹，依次存放子函数模块文件、启动底层相关文件、主程序代码相关文件，如图 5.10 与图 5.11 所示。

目录建立完成后，打开 Keil 5 软件，选择"Project"→"New μVision Project"命令，在弹出的工程保存路径选项中选择新建的一级工程目录文件夹，命名后单击"保存"按钮，如图 5.12 与图 5.13 所示。

弹出如图 5.14 所示的对话框。在"Search"文本框中输入"AT89C51"，找到相关芯片后单击选中，再单击"OK"按钮。

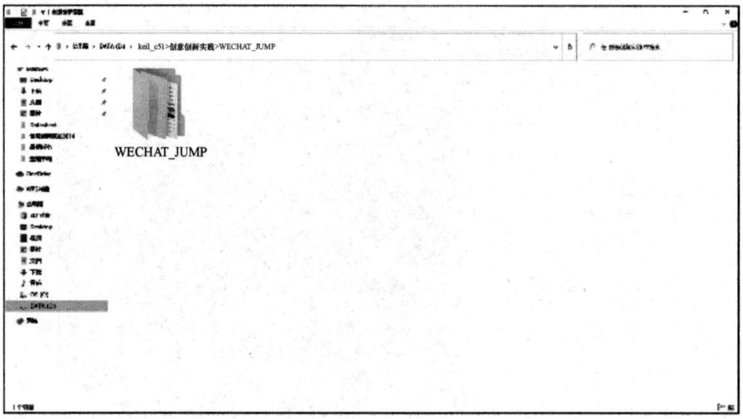

图 5.10　一级目录

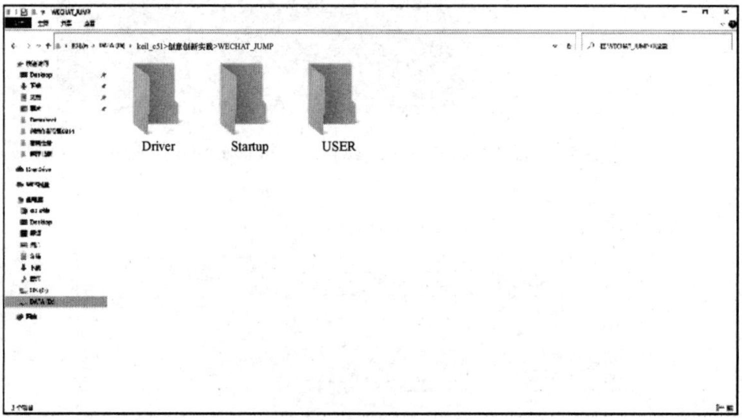

图 5.11　二级目录

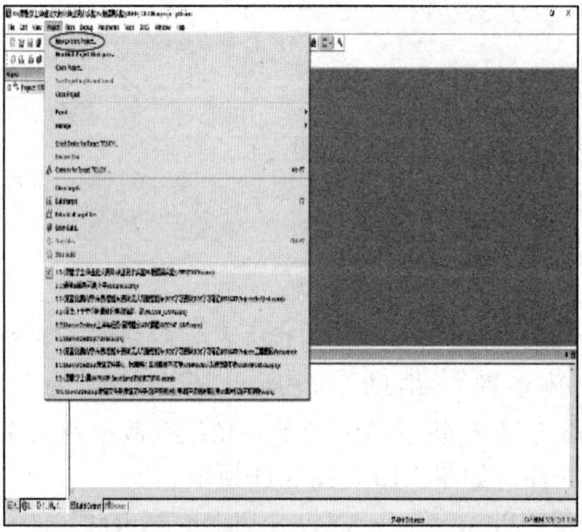

图 5.12　新建工程

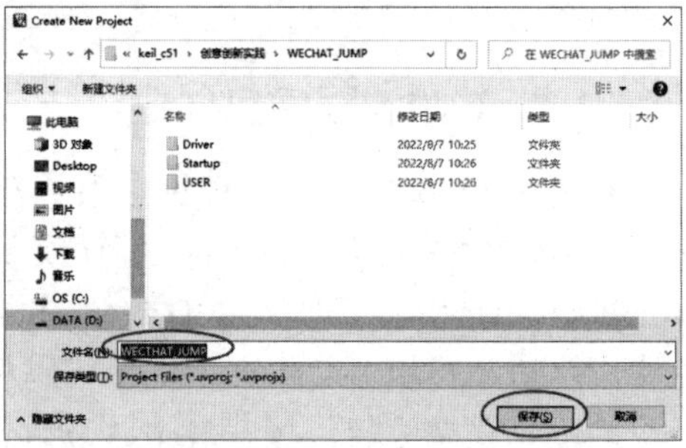

图 5.13　保存工程

新建 main.c 文件并保存在二级目录 USER 文件夹下，如图 5.15 所示；再创建子程序的 C 文件和 H 文件（如 led.c 和 led.h），并保存到二级目录 Driver 文件夹下。

右键单击总工程文件，在弹出的快捷菜单中选择"Manage Project Items"命令，如

图 5.16 所示；弹出"Manage Project Items"对话框，在"Groups"中添加文件夹，如图 5.17 所示。

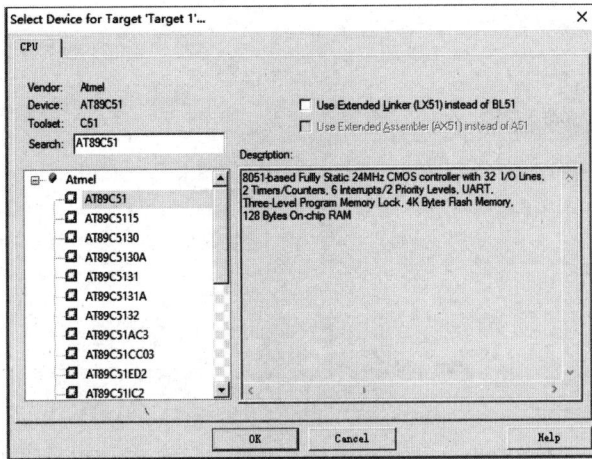

图 5.14　芯片选型

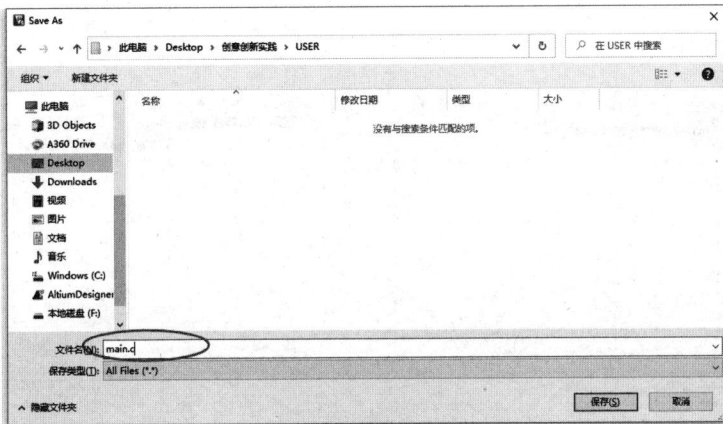

图 5.15　保存 main.c 文件

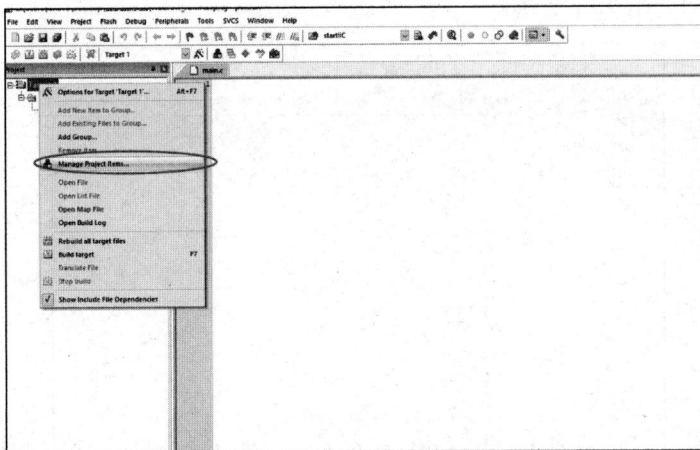

图 5.16　选择"Manage Project Items"命令

然后选中"USER"选项并单击"Add Flies"按钮，在弹出的对话框中选择新建的 main.c 文件；单击"Add"按钮，添加文件，然后关闭，即添加成功，如图 5.18 和图 5.19 所示。

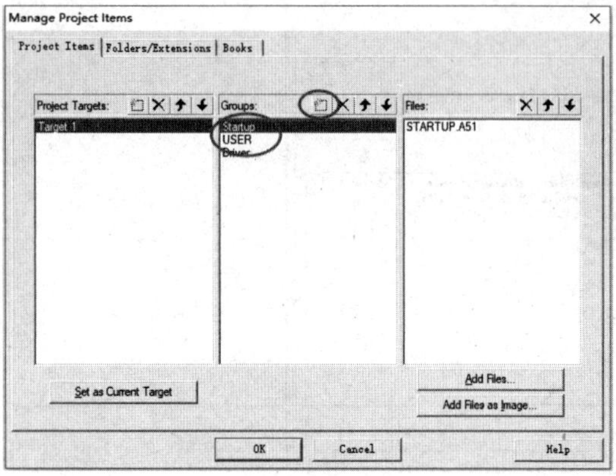

图 5.17　添加文件夹

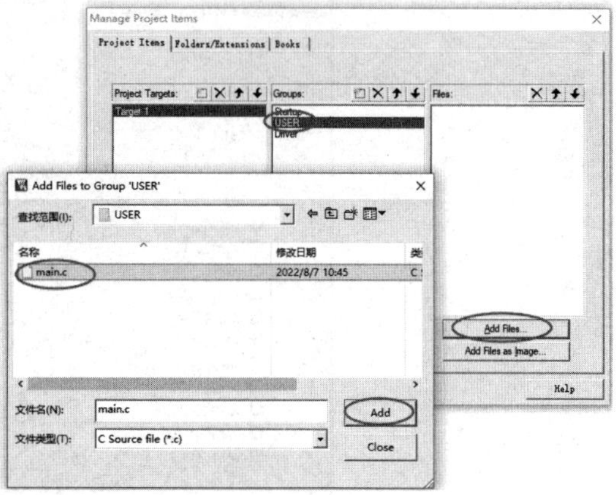

图 5.18　添加文件

重复添加文件操作，在"Driver"文件夹下添加 led.c 文件，如图 5.20 所示。

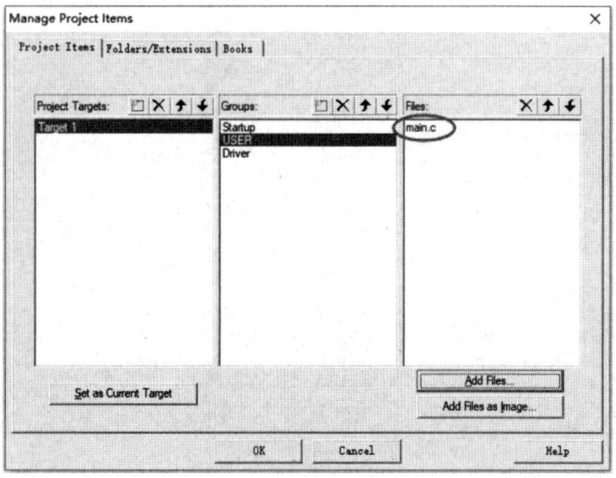

图 5.19　添加文件完成

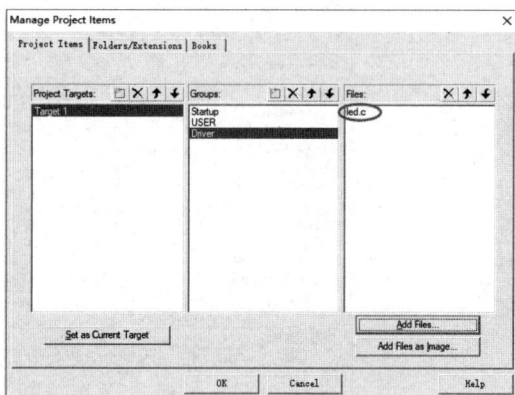

图 5.20　添加子程序文件

完成后的界面如图 5.21 所示。

图 5.21　添加文件完成后的界面

右键单击工程，在弹出的快捷菜单中选择"Options for Target"命令，如图 5.22 所示；在弹出的对话框中选择"C51"选项卡。单击"Include Paths"文本框后的按钮，如图 5.23 所示。

图 5.22　选择命令

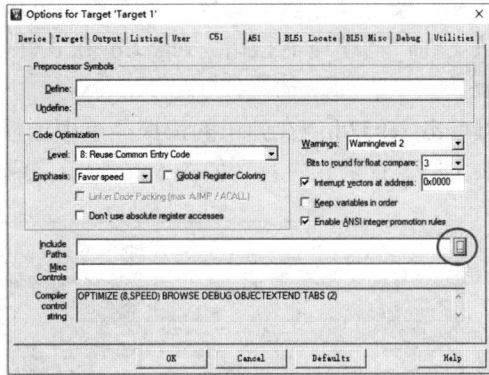

图 5.23　单击按钮

在弹出的对话框中选择存放 H 文件所在的文件夹 Driver，单击"确定"按钮完成添加，如图 5.24 所示。

在此界面中选择"Output"选项卡，勾选"Create HEX File"复选框，使工程自动生成可执行文件，如图 5.25 所示。至此，工程建立完成。

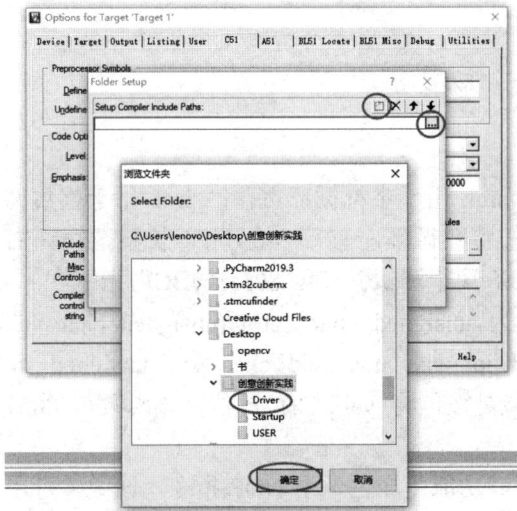

图 5.24　添加路径

图 5.25　输出 HEX 文件

5.1.3　Keil 头文件简介

1. 头文件 reg52.h

在程序中引用头文件，即将该头文件中的全部内容放到引用头文件的位置，免去每次编写同类程序都要将头文件中的语句重复编写。

引用头文件有两种编写格式，分别为#include <reg52.h>和#include "reg52.h"，且不需要在后面加分号。两种编写格式的区别如下：

（1）使用< >引用头文件时，编译器先进入软件安装文件夹处搜索该头文件，即 Keil\C51\INC 文件夹下，若该文件夹下没有引用的头文件，则编译器会报错。

（2）使用" "引用头文件时，编译器先进入当前工程所在文件夹搜索该头文件，若当前工程所在文件夹下没有该头文件，则编译器将进入软件安装文件夹处搜索该头文件，若找不到该头文件，则编译器报错。reg52.h 在软件安装文件夹处存在，因此一般写成#include <reg52.h>。

右键单击 reg52.h，在弹出的快捷菜单中选择"Open document <reg52.h>"命令，即可打开该头文件，查看其内容，如图 5.26 所示；或者进入头文件所在的文件夹打开。

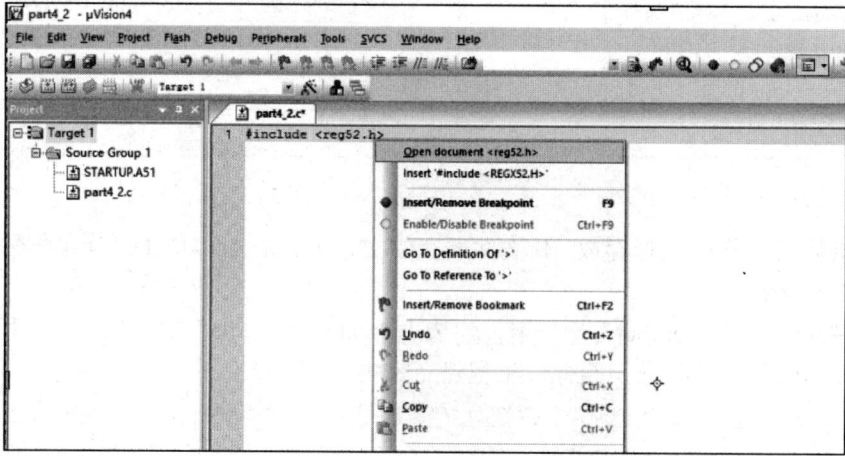

图 5.26　打开头文件方法

2．头文件 INTRINS.H

内部函数描述：_crol_用于字符循环左移；_cror_用于字符循环右移；_irol_用于整数循环左移；_iror_用于整数循环右移；_lrol_用于长整数循环左移；_lror_用于长整数循环右移；_nop_用于空操作 8051 "NOP" 指令；_testbit_用于测试并清零 8051 "JBC" 指令。

函数名为_crol_、_irol_、_lrol_的原型分别为 unsigned char _crol_(unsigned char val, unsigned char n)、unsigned int _irol_(unsigned int val, unsigned char n)、unsigned int _lrol_(unsigned int val, unsigned char n)，其功能是按位将 val 左移 n 位，该函数与 8051 "RLA" 指令相关。

函数名为_nop_的原型为 void _nop_(void)，其功能是产生一个 NOP 指令，该函数可用作 C 语言程序的时间比较。C51 编译器在_nop_函数工作期间不产生函数调用，即在程序中直接执行了 NOP 指令。

函数名为_testbit_的原型为 bit _testbit_(bit x)，其功能是产生一个 JBC 指令，该函数测试 1 个比特位，当置位时返回 1，否则返回 0。如果该位置为 1，则将该位复位为 0。8051 的 JBC 指令即用作此目的。_testbit_只能用于可直接寻址的位，在表达式中使用是不允许的。

3．math.h 库

如表 5.1 所示为 math.h 库中所包含的函数及功能。

表 5.1　math.h 库中所包含的函数及功能

函　数	功　能	使 用 说 明
sin	计算弧度的正弦值	sin(x)，x 为传入的弧度值
cos	计算弧度的余弦值	cos(x)，x 为传入的弧度值
tan	计算弧度的正切值	tan(x)，x 为传入的弧度值
sinh	计算弧度的双曲正弦值	sinh(x)，x 为传入的弧度值
cosh	计算弧度的双曲余弦值	cosh(x)，x 为传入的弧度值
tanh	计算弧度的双曲正切值	tanh(x)，x 为传入的弧度值
asin	计算弧度的反正弦值	asin(x)，x 为传入的弧度值
acos	计算弧度的反余弦值	acos(x)，x 为传入的弧度值
atan	计算弧度的反正切值	atan(x)，x 为传入的弧度值
atan2	计算两个浮点数类型值之比的反正切值	atan2(x, y)，该函数会计算出 x/y 的反正切值
log	计算浮点数的自然对数值	log(x)，计算以 e 为底的对数
log10	以 10 为底来计算对数值	log10(x)，计算以 10 为底的对数
pow	计算某数的某次方值	pow(x, y)，计算 x 的 y 次方
exp	计算浮点数的指数函数值	exp(x)，计算 e 的 x 次方
frexp	调整浮点变量，将原变量的数值部分调整到 0.5～1	double y = frexp(double x, int *expptr)，函数 frexp 将 double x 的数值部分调整成 0.5～1，将调整好的新数值部分回传给 y，而指数部分将传给指针 expptr 所指的位置，使 x=y*(2^expptr)。例如，x=10.5428，y 将为 0.658925，*expptr 将为 4，有算式 10.5428 = 0.658925 * (2 ^ 4)
ldexp	根据所给予的数值部分 x 和指数部分 y 计算出浮点数 x*(2^y)的值	ldexp(double x, int y)，将返回 x*(2^y)的值
_cabs	取得复数结构的绝对值	double y = _cabs(struct _complex x)，设复数 x 的实数部分为 a，虚部分为 b，则 cabs 将会计算 x.a 的平方加 x.b 的平方之和开根号的值
fabs	计算浮点数变量的绝对值	fabs(x)，计算 x 的绝对值
hypot	计算已知两边的直角三角形的斜边长	hypot(x, y)，计算 x 与 y 的平方和，再开根号之后的值
ceil	计算不小于某浮点数的最小整数	ceil(x)
floor	计算不大于某浮点数的最大整数	floor(y)
modf	求浮点数的小数部分	double z = modf(double x, double *y)，x 的整数部分会写入 *y，返回小数部分。例如，x 为 99.5，z 将为 0.5，*y 将为 99
fmod	求两个浮点数相除后的余数	double z = fmod(double x, double y)，z 等于 x 除以 y 后的余数
sqrt	求某非负浮点数的平方根	sqrt(x)

注：以上函数均在 mingw gcc 4.5.0 下用小例程测试通过。在 gcc 4.5.0 中，求整数绝对值的 abs 函数是在 stdlib.h 头文件中提供的

4．ctype.h

ctype.h 提供与字符相关的判断或处理函数，方便对字符进行判断和转换大小写等处理，具体函数及功能如下。

1）isalnum

功能：判断传入参数对应的 ASCII 符号是否为数字或英文字母，当传入参数为 A～Z、a～z、0～9 时，函数返回非零值，否则返回零。

返回非零值的状况: 传入字符 A~Z、a~z、0~9, 或数字 65~90、97~122、48~57。

2) isalpha

功能: 判断传入参数对应的 ASCII 符号是否为英文字母, 当传入参数为 A~Z、a~z 时, 函数返回非零值, 否则返回 0。

返回非零值的状况: 传入字符 A~Z、a~z, 或数字 65~90、97~122。

3) isdigit

功能: 判断传入参数对应的 ASCII 符号是否为阿拉伯数字, 当传入参数为 0~9 时, 函数返回非零值, 否则返回 0。

返回非零值的状况: 传入字符 0~9, 或数字 48~57。

4) isxdigit

功能: 判断传入参数是否为十六进制数字字符, 当传入参数为 0~9、A~F、a~f 时, 函数返回非零值, 否则返回 0。

返回非零值的状况: 传入字符 0~9、a~f、A~F, 或数字 48~57、65~70、97~102。

5) isupper

功能: 判断传入参数是否为大写英文字母, 当传入参数为 A~Z 时, 函数返回非零值, 否则返回 0。

返回非零值的状况: 传入字符 A~Z, 或数字 97~122。

6) islower

功能: 判断传入参数是否为小写英文字母, 当传入参数为 a~z 时, 函数返回非零值, 否则返回 0。

返回非零值的状况: 传入字符 a~z, 或数字 97~122。

7) isascii

功能: 判断传入参数是否为有效的 ASCII 标准字符, 当传入参数为有效的 ASCII 标准字符时, 函数返回非零值, 否则返回 0。

返回非零值的状况: 传入对应 ASCII 码为 0~127 的字符, 或传入数字 0~127。

8) isgraph

功能: 判断传入参数是否为除空格外的可输出字符, 是则返回非零值, 否则返回 0。

返回非零值的状况: 传入对应 ASCII 码为 33~126 的字符, 或传入数字 33~126。

9) isprint

功能: 判断传入参数是否为可输出字符, 是则返回非零值, 否则返回 0。

返回非零值的状况: 传入对应 ASCII 码为 32~126 的字符, 或传入数字 32~126。

10) isspace

功能: 判断传入参数是否为空字符, 是则返回非零值, 否则返回 0。

返回非零值的状况: 传入对应 ASCII 码为 9、10、11、12、13、32 的字符, 或者这几个数。

11) iscntrl

功能: 判断传入参数是否为控制字符, 当传入参数为控制字符时, 函数返回非零值, 否则返回 0。

返回非零值的状况：传入对应 ASCII 码为 0~31、127 的字符，或者这些数。

12）ispunct

功能：判断传入参数是否为标点符号，是则返回非零值，否则返回 0。

返回非零值的状况：传入对应 ASCII 码为 33~47、58~64、91~96、123~126 的字符，或者这些数。

13）iscsym

功能：判断传入参数是否为英文字母、下画线或者数字，若是则返回非零值，否则返回 0。

返回非零值的状况：传入字符 0~9、A~Z、_、a~z，或者数字 48~57、65~90、95、97~122。

14）toupper

功能：将输入的小写英文字母转换为大写英文字母，若传入的不为小写英文字母，则返回原字符。

注：_toupper 与 toupper 的处理方式不同，返回原字符 −32。

15）tolower

功能：将输入的大写英文字母转换为小写英文字母，若传入的不为大写英文字母，则返回原字符。

注：_tolower 与 tolower 的处理方式不同，返回原字符 +32。

以上函数均适用于标准 ASCII 码的相关处理，即 0~127 范围，该头文件中也提供了处理宽字符时相应的函数版本，即 iswalnum、iswalpha 等，功能与此类似。

5. stdarg.h

stdarg.h 是 C 语言标准函数库的头文件，stdarg 是由 standard（标准）arguments（参数）简化而来的，主要目的是使函数能接收不定量参数。

C++的 cstdarg 头文件中也提供了这样的功能，虽然与 C 语言的头文件相容，但也有部分冲突。

不定参数函数（Variadic functions）是 stdarg.h 典型的应用。不定参数函数的参数数量是可变动的，其使用省略号来忽略之后的参数。例如，printf 函数，代表性的声明为：int check(int a, double b,…);。

不定参数函数最少要有一个命名的参数，因此，char *wrong(…); 在 C 语言中不被允许（在 C++中允许）。C 语言中省略符号之前必须有逗号，C++则没有强制要求。

定义不定参数函数并使用相同的语法来声明：

```
long func(char a, double b, int c,…);
long func(char a, double b, int c,…)
{
    /* … */
}
```

实例：

```
#include <stdio.h>
#include <stdarg.h>
void printargs(int arg1, …) /* 输出所有 int 类型的参数，直到−1 结束 */
{
```

```
        va_list ap;
        int i;
        va_start(ap, arg1);
        for (i = arg1; i != -1; i = va_arg(ap, int))
        printf("%d ", i);
        va_end(ap);
    }
    int main(void)
    {
        printargs(5, 2, 14, 84, 97, 15, 24, 48, -1);
        printargs(84, 51, -1);
        printargs(-1);
        printargs(1, -1);
        return 0;
    }
```

该程序输出为：5 2 14 84 97 15 24 48 84 51 1

6. varargs.h

POSIX 定义所遗留下的头文件 varargs.h，早在 C 语言标准化前就已经开始使用且提供了类似 stdarg.h 的功能。这个头文件不属于 ISO C 的一部分。在 UNIX 系统规范（Single UNIX Specification）的第二个版本中，包含了所有 C 语言 stdarg.h 的功能，但不能使用标准 C 语言中较新的形式定义，并且可以不给予参数（标准 C 语言需要最少一个参数）。与标准 C 语言中运作的方法不同，其中一个写成如下形式：

```
#include <stdarg.h>
int summate(int n, …)
{
    va_list ap;
    int i = 0;
    va_start(ap, n);
    for (; n; n--)
    i += va_arg(ap, int);
    va_end(ap);
    return i;
}
```

或者比较旧的形式：

```
#include <stdarg.h>
int summate(n, …)
int n;
{
    /* … */
}
```

以此调用：

```
summate(0);
summate(1, 2);
summate(4, 9, 2, 3, 2);
```

varargs.h 的定义如下：

```
#include <varargs.h>
summate(n, va_alist)
va_dcl /*  这里没有分号! */
{
    va_list ap;
    int i = 0;
    va_start(ap);
    for (; n; n--)
    i += va_arg(ap, int);
    va_end(ap);
    return i;
}
```

7. stddef.h

作用：定义/声明经常使用的常数、类型和变量。

VC 中 stddef.h 的内容如下：

```
/***
*stddef.h - definitions/declarations for common constants, types, variables
* Copyright (c) 1985-1997, Microsoft Corporation. All rights reserved.
*Purpose:
* This file contains definitions and declarations for some commonly
* used constants, types, and variables.
* [ANSI]
* [Public]
****/
#if _MSC_VER > 1000
#pragma once
#endif
#ifndef _INC_STDDEF
#define _INC_STDDEF
#if !defined(_WIN32) && !defined(_MAC)
#error ERROR: Only Mac or Win32 targets supported!
#endif
#ifdef __cplusplus
extern "C" {
#endif
/* Define _CRTIMP */
#ifndef _CRTIMP
#ifdef _DLL
#define _CRTIMP __declspec(dllimport) #else /* ndef _DLL */
#define _CRTIMP
#endif /* _DLL */
#endif /* _CRTIMP */
/* Define __cdecl for non-Microsoft compilers */
#if ( !defined(_MSC_VER) && !defined(__cdecl) )
#define __cdecl
  #endif
```

```
/* Define _CRTAPI1 (for compatibility with the NT SDK) */
#ifndef _CRTAPI1
#if _MSC_VER >= 800 && _M_IX86 >= 300
#define _CRTAPI1 __cdecl
#else
#define _CRTAPI1
#endif
#endif
/* Define NULL pointer value and the offset() macro */
#ifndef NULL
#ifdef __cplusplus
#define NULL 0
#else
#define NULL ((void *)0)
#endif
#endif
#define offsetof(s,m) (size_t)&(((s *)0)->m)
/* Declare reference to errno */
#if (defined(_MT) || defined(_DLL)) && !defined(_MAC)
_CRTIMP extern int * __cdecl _errno(void);
#define errno (*_errno())
#else /* ndef _MT && ndef _DLL */
_CRTIMP extern int errno;
#endif /* _MT || _DLL */
/* define the implementation dependent size types */
#ifndef _PTRDIFF_T_DEFINED
typedef int ptrdiff_t;
#define _PTRDIFF_T_DEFINED
#endif
#ifndef _SIZE_T_DEFINED
typedef unsigned int size_t;
#define _SIZE_T_DEFINED
#endif
#ifndef _WCHAR_T_DEFINED
typedef unsigned short wchar_t;
#define _WCHAR_T_DEFINED
#endif
#ifdef _MT
_CRTIMP extern unsigned long __cdecl __threadid(void);
#define _threadid (__threadid())
_CRTIMP extern unsigned long __cdecl __threadhandle(void);
#endif
#ifdef __cplusplus
}
#endif
#endif /* _INC_STDDEF */
```

5.2 Proteus 的安装与使用

Proteus 是一款将电路仿真软件、PCB 设计软件和虚拟模型仿真软件 Proteus 的安装与使用
三合一的设计平台，其处理器模型支持 8051、HC11、PIC10/12/16/18/24/30/DsPIC33、
AVR、ARM、8086 和 MSP430 等，2010 年增加了 Cortex 和 DSP 系列处理器模型，并持续
增加其他系列处理器模型，支持 IAR、Keil 和 MPLAB 等多种编译器。

电路设计步骤如下：电路仿真→PCB 设计→虚拟模型仿真，如图 5.27 所示。

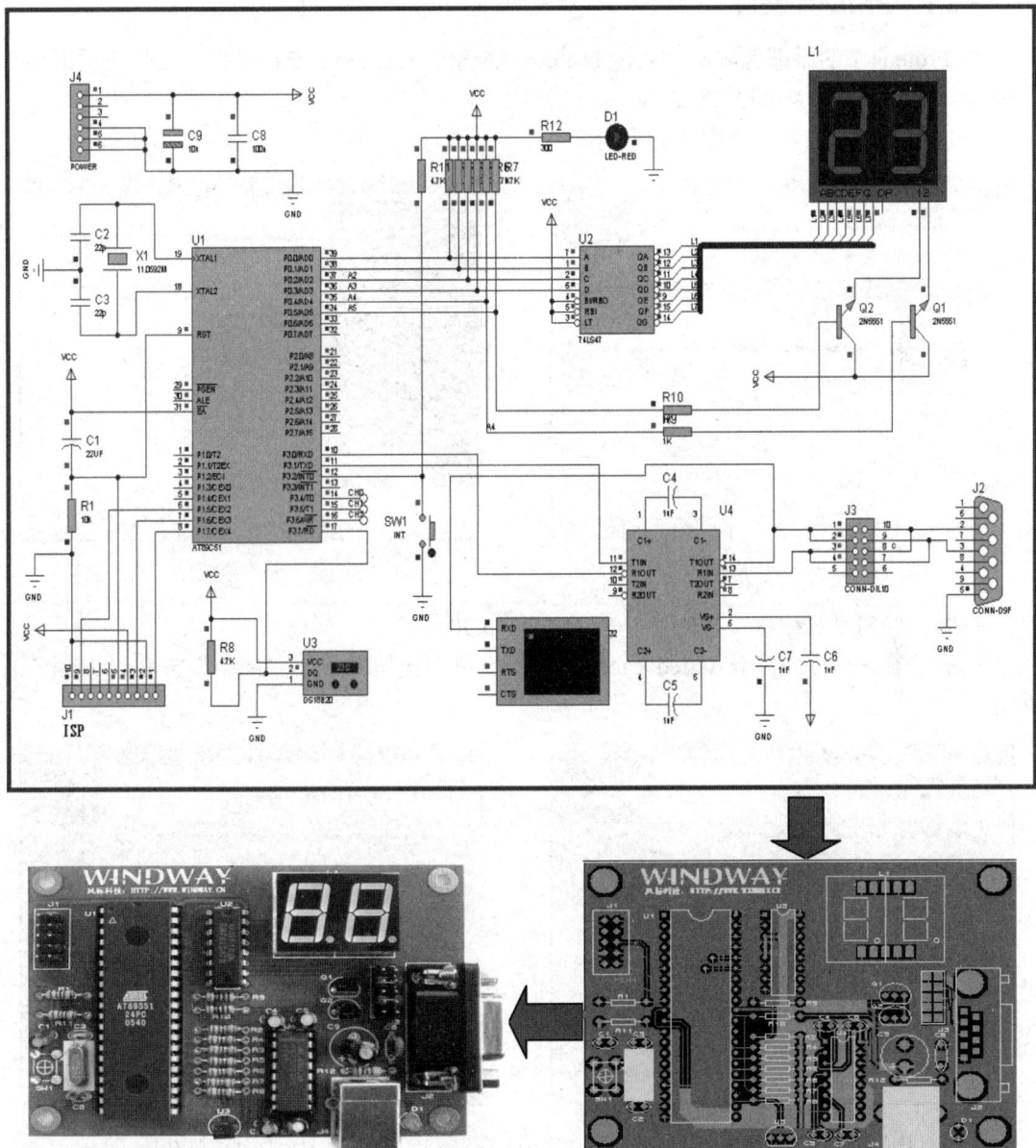

图 5.27　电路设计

Proteus 实现了单片机仿真和 SPICE 电路仿真相结合，能仿真模拟电路、数字电路、单片机、存储器、A/D 转换器、D/A 转换器、总线、显示器和键盘等，且有各种虚拟仪器，如示波器、逻辑分析仪和信号发生器等。

目前，它支持的单片机类型有 68000 系列、8051 系列、AVR 系列、PIC12 系列、PIC16 系列、PIC18 系列、Z80 系列、HC11 系列、STM32F1 系列，以及各种外围芯片。

硬件仿真系统有全速、单步及设置断点等调试功能，同时可以观察各个变量、寄存器等的当前状态。

Proteus 具有强大的原理图绘制、PCB 设计等功能。

5.2.1　Proteus 安装

将 Proteus 7 的压缩包解压，双击 Proteus 7.5 SP3 Setup.exe 安装文件，在弹出的对话框中单击"是"按钮，如图 5.28 所示。

单击"Next"按钮，如图 5.29 所示。

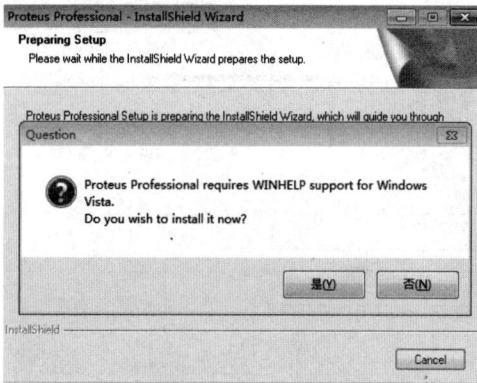

图 5.28　安装操作

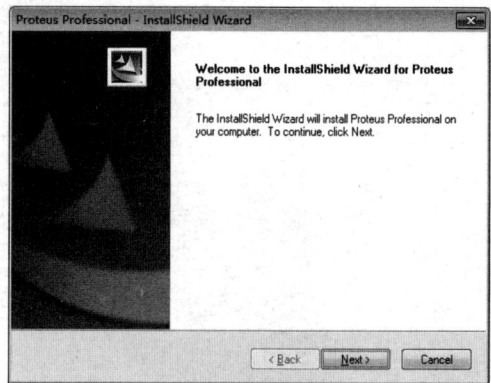

图 5.29　继续操作

在弹出的对话框中单击"Yes"按钮，如图 5.30 所示。

选择"Use a locally installed Licence Key"单选按钮并单击"Next"按钮，如图 5.31 所示。

图 5.30　单击"Yes"按钮

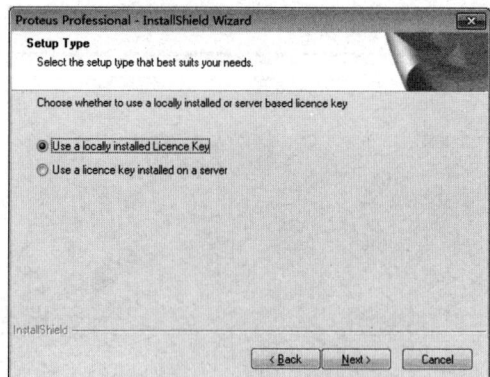

图 5.31　选择注册方式

弹出提示对话框，单击"Next"按钮，如图 5.32 所示。

单击"Browse For Key File"按钮，准备注册软件，如图 5.33 所示。

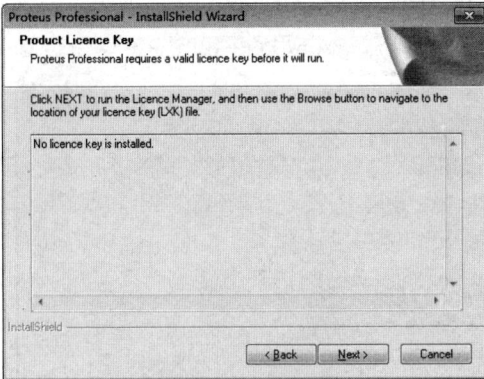

图 5.32　继续安装

图 5.33　准备注册软件

选择安装包下"crack"中的"Grassington North Yorkshire.lxk"文件，并单击"打开"按钮，如图 5.34 所示。

在弹出的对话框中单击"Install"按钮，如图 5.35 所示。

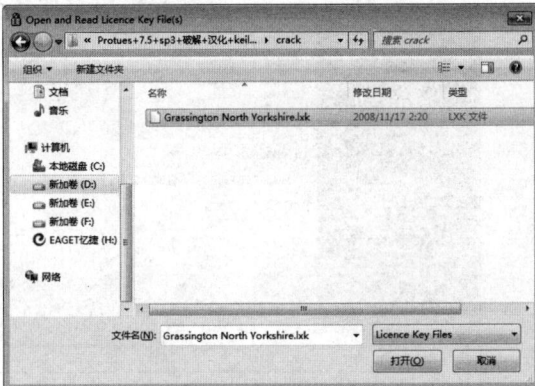

图 5.34　找到注册软件

图 5.35　单击"Install"按钮

在弹出的对话框中单击"是"按钮，然后单击"Close"按钮，如图 5.36 所示。

图 5.36　单击"Close"按钮

单击"Next"按钮，如图 5.37 所示。

单击"Browse"按钮，选择文件位置，如图 5.38 所示。

图 5.37　完成注册操作

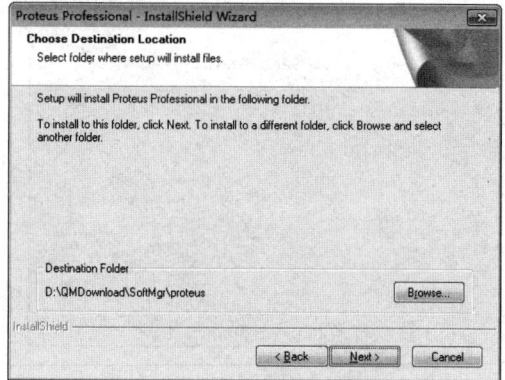

图 5.38　选择文件位置

勾选 3 个文件后单击"Next"按钮，如图 5.39 所示。

单击"Finish"按钮，完成安装，如图 5.40 所示。

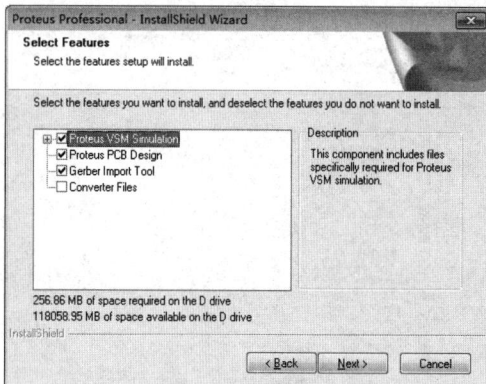

图 5.39　继续选择

图 5.40　完成安装

1．Proteus 7 必要操作

安装完成后运行 crack-->LXK Proteus 7.5 SP3 v2.1.3.exe 文件，单击"Browse"按钮，选择安装路径，然后单击"Update"按钮即可。

2．Proteus 7 的汉化

将压缩包中"汉化"文件夹下的文件覆盖到安装路径下的 BIN 目录中，如图 5.41 和图 5.42 所示。

5.2.2　Proteus 新建工程

在绘制原理图之前，必须新建一个 Proteus 工程。工程新建步骤如图 5.43～图 5.48 所示。

如图 5.49 所示，屏幕显示最大的区域称为编辑窗口，其作用类似于一个绘图窗口，用于放置和连接元器件。左上方较小的区域称为预览窗口，用于预览当前的设计图；中间小长方形边框显示当前图纸的边框，最外边的边框表示编辑窗口的大小。当从对象选择器中选择一个新对象时，预览窗口用于预览该被选中的对象。右键单击预览窗口，将出现对象选择器菜单。

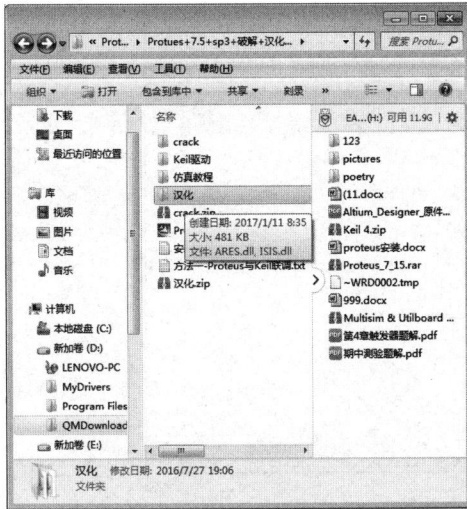

图 5.41 找到汉化文件夹

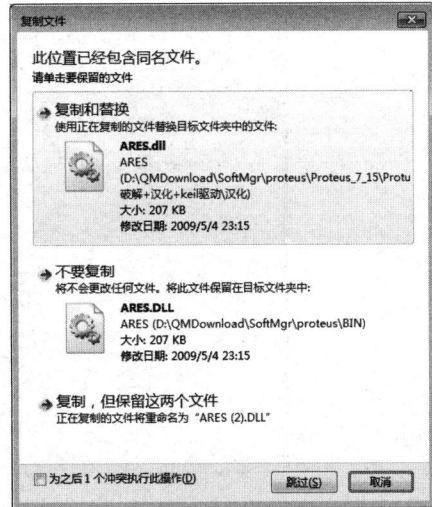

图 5.42 移动位置

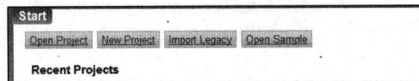

图 5.43 新建工程文件

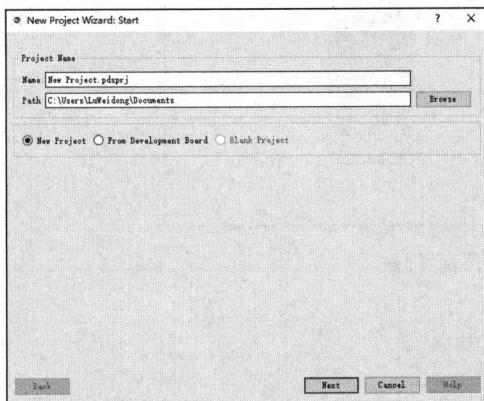

图 5.44 工程所在位置

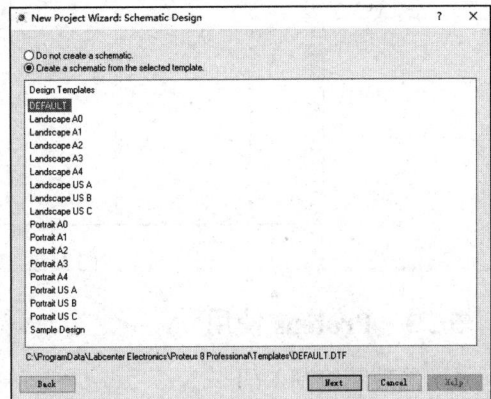

图 5.45 工程选项

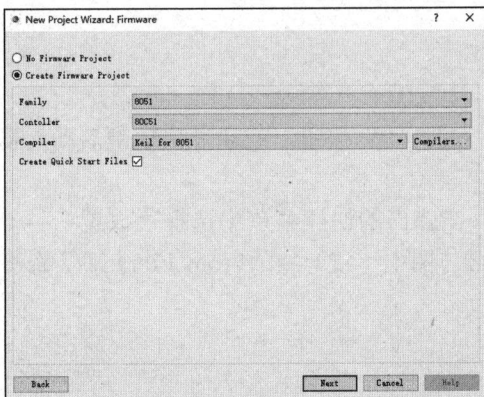

图 5.46 选择型号

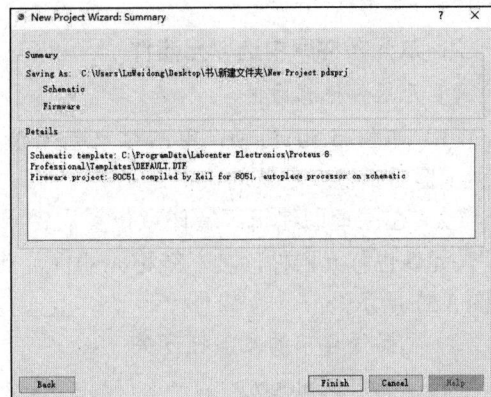

图 5.47 完成创建

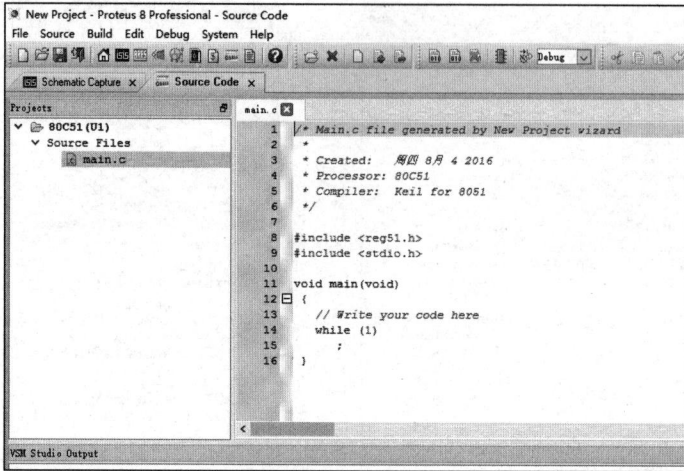

图 5.48　程序编译界面

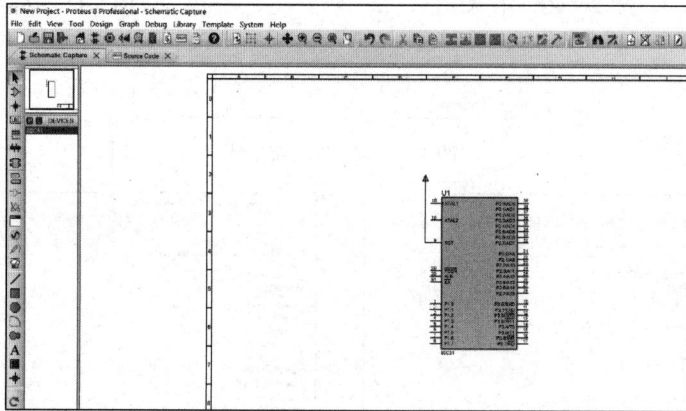

图 5.49　电路仿真界面

5.2.3　Proteus 使用

1. 原理图绘制入门

绘制原理图的操作步骤如下：从元器件库中选取元器件，将它们放置在电路图中并进行相应的电路连线。

2. 从元器件库中选取元器件

1）元器件选择方法

（1）如图 5.50 所示，单击对象选择器左上方的"P"按钮，或通过快捷键启动元器件库浏览器对话框（默认的快捷键是 P）。

（2）在原理图编辑区域任意位置右键单击，在弹出的快捷菜单中选择"放置"→"元件"（元件也称元器件，全书统称元器件，此处可与图中一致）→"From Libraries"命令，如图 5.51 所示。

2）元器件库中的元器件分类

（1）大类（Category）。

如图 5.52 所示为元器件库简介。

图 5.50 打开元器件库

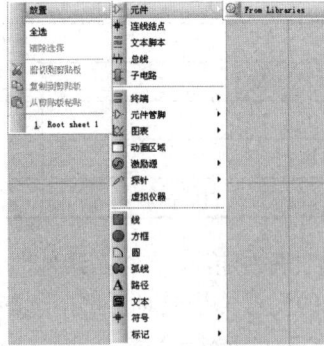

图 5.51 元器件放置

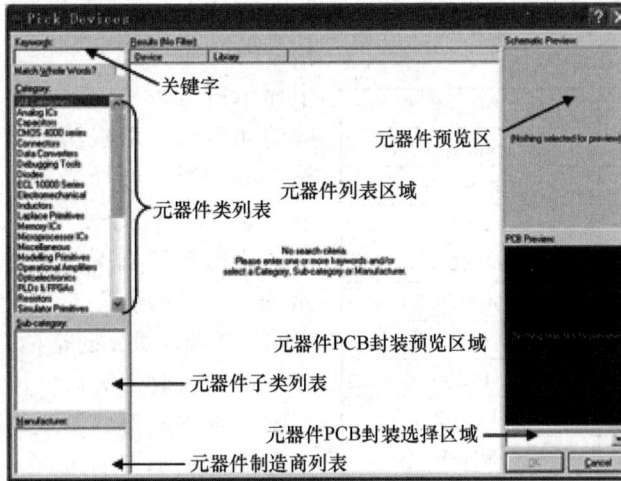

图 5.52 元器件库简介

在左侧的"Category"中列出了如表 5.2 所示的大类。

表 5.2 Proteus 元器件库中的元器件大类

Analog ICs：模拟电路集成库	CMOS 4000 Series：CMOS 4000 系列
Capacitors：电容器	Connectors：插座、插针等电路接口连接
Data Converters：ADC、DAC	Diodes：二极管
Debugging Tools：调试工具	ECL 10000 Series：ECL 10000 系列
Electromechanical：电机	Laplace Primitives：拉普拉斯变换
Inductors：电感器	Mechanics：力学元器件
Memory ICs：存储器芯片	Microprocessor ICs：CPU
Memory：存储元器件	Miscellaneous：元器件混合类型
Modeling Primitives：简单模式库	Optoelectronics：光电元器件
Operational Amplifiers：运算放大器	PICAXE：PICAXE 集成电路
PLDs & FPGAs：可编程逻辑元器件	Simulator Primitives：仿真模拟源
Resistors：电阻器	Speakers & Sounders：扬声器、蜂鸣器
Switches & Relays：开关及继电器	Thermionic Valves ：热电子元器件
Switching Devices：开关元器件	Transducers：传感器

（续表）

Transistors：晶体管	TTL 74LS Series：低功耗肖特基 TTL 系列
TTL 74 Series：标准 TTL 系列	TTL 74ALS Series：先进的低功耗肖特基 TTL 系列
TTL 74F Series：快速 TTL 系列	TTL 74HC Series：高速 CMOS 系列
TTL 74S Series：肖特基 TTL 系列	TTL 74HCT Series：与 TTL 兼容的高速 CMOS 系列
TTL 74AS Series：先进的肖特基 TTL 系列	

当要从元器件库中拾取一个元器件时，首先要清楚它的分类是位于表 5.2 中的哪一类，然后在打开的元器件拾取对话框中选择"Category"中相应的大类。

（2）子类（Sub-Category）。

选取元器件所在的大类（Category）后，再选子类（Sub-Category），也可以直接选择生产厂家（Manufacturer），这样会在元器件拾取对话框中间部分的查找结果（Results）中显示符合条件的元器件列表。从中找到所需的元器件，双击该元器件名称，元器件即被拾取到对象选择器中。如果要继续拾取其他元器件，最好使用双击元器件名称的办法，这样对话框不会关闭。如果只选取一个元器件，则可以单击元器件名称后单击"OK"按钮，关闭对话框。

如果选取大类后，没有选取子类或生产厂家，则在元器件拾取对话框中的查询结果中会把此大类下的所有元器件按元器件名称首字母的升序排列出来。

Proteus 中的常用元器件中英文对照如表 5.3 所示。

表 5.3　中英文对照

中　　文	英　　文
单片机	Microprocessor ICs
晶振	CRYSTAL
电容（瓷片电容）	CAP
电解电容	CAP-ELEC
极性电容	CAP-POL
电阻	RES
电位器	POT
上拉电阻	PULLUP
开关	SWITCH
按键	BUTTON
七段码数码管	7SEG
发光二极管	LED

3．连线

放置好元器件后，即可开始进行连线。连线过程中主要用到以下 3 种方法，可以使电路连接方便、快捷。

1）无模式连线

在 ISIS 中没有"连线模式"，也就是说，连线可以在任何时候放置或编辑。这样减少了鼠标的移动和模式的切换，提高了开发效率。

2）自动跟随

开始放置连线后，连线将随着鼠标以直角方式移动，直至到达目标位置。

3）动态光标显示

在连线过程中，光标样式会随不同动作而变化。起始点是绿色铅笔，过程中是白色铅笔，结束点是绿色铅笔。

示例如下，连接的是 SCK 引脚和 100Ω 电阻。

将光标放置在存储芯片的 SCK 引脚上，光标自动变成绿色，示意图如图 5.53 所示。

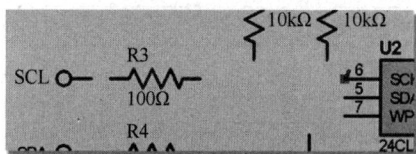

图 5.53　连线步骤 1

单击后接着向左移动鼠标到 100Ω 电阻的引脚处，导线将会跟随移动，在移动过程中光标、画线笔将变成白色，如图 5.54 所示。

再次单击以完成连线，如图 5.55 所示。

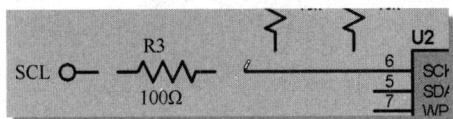

图 5.54 连线步骤 2

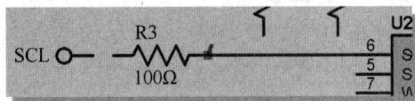

图 5.55 连线步骤 3

在导线上进行连线的方法基本是相同的，需要注意的地方如下：

（1）不可以从导线的任意位置开始连线，只能从芯片的引脚开始连接到另一根导线；

（2）当连接到其他已存在导线时，系统会自动放置节点，然后结束连线操作。

在连线过程中，如果需要连接两根导线，操作步骤如下：首先需要在其中一根导线上放置节点，再从这个节点上连线到另一根导线。

如果需要在放置导线后再进行修改（例如，此例中连接 SDA 和电阻的导线），只需要在所需要移动的导线上单击鼠标右键，在弹出的快捷菜单中选择"拖动导线"命令，或者在导线上单击，然后拉动导线即可，如图 5.56 所示。

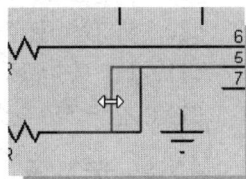

图 5.56 修改导线位置

5.3 51 单片机结构介绍

MCS-51 单片机在一块芯片中集成了 CPU、RAM、ROM、定时器/计数器和多种功能的 I/O 接口等一台计算机所需要的基本功能部件。MCS-51 单片机内包含以下几个部件：中央处理器（CPU）、程序存储器（ROM）、数据存储器（RAM）、定时器/计数器、并行 I/O 接口和中断系统等。

8051 单片机框图如图 5.57 所示。各功能部件由内部总线连接在一起。

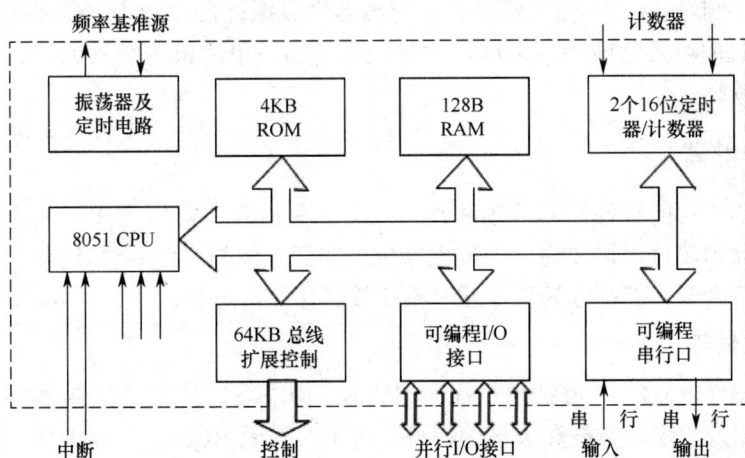

图 5.57 8051 单片机框图

4KB（4096B）ROM 存储器部分用 EPROM 替换就成为 8751 单片机；去掉 ROM 部分就成为 8031 单片机。

CPU 是单片机的核心部件，由运算器和控制器组成。8051 的 CPU 的主要功能特性如下。

（1）8 位 CPU。

（2）布尔代数处理器，具有位寻址能力。

（3）128KB 内部 RAM 数据存储器，21 个专用寄存器。

（4）4KB 内部掩模 ROM 程序存储器。

（5）两个 16 位可编程定时器/计数器。

（6）32 个（4×8 位）双向可独立寻址的 I/O 接口。

（7）一个双全工 UART（异步串行通信口）。

（8）5 个中断源，两级中断优先级的中断控制器。

（9）时钟电路，外部晶振和电容可产生 1.2～12MHz 的时钟频率。

（10）外部程序存储器寻址空间为 64KB，外部数据存储器寻址空间也为 64KB。

（11）111 条指令，大部分为单字节指令。

（12）单一 5V 电源供电，双列直插 40 引脚 DIP 封装。

5.3.1 运算器

运算器的功能是进行算术运算和逻辑运算，其操作顺序由控制器控制。运算器由算数逻辑单元（ALU）、累加器（Accumulator）、暂存器 TMP1 和 TMP2，以及程序状态字（PSW）组成。

5.3.2 控制器

控制器由程序计数器（Program Counter，PC）、SP、DPTR、指令寄存器（Instruction Register，IR）、指令译码器（Instruction Decoder，ID）、定时控制逻辑和振荡器（OSC）等组成。CPU 根据 PC 中的地址将欲执行指令的指令码从存储器中取出，存放在 IR 中，ID 对 IR 中的指令码进行译码，定时控制逻辑在 OSC 配合下对 ID 译码后的信号进行分时，以产生执行本条指令所需的全部信号。

OSC 是控制器的核心，与外部晶振、电容器组成振荡器，能为控制器提供时钟脉冲。其频率是单片机的重要性能指标之一，时钟频率越高，单片机控制器的控制节拍就越快，运算速度也就越高。

5.3.3 存储器

MCS-51 单片机的存储器有片内和片外之分。片内存储器集成在芯片内部，片外存储器是专用的存储器芯片，需要通过印制电路板上的三总线与 MCS-51 连接。无论是片内存储器还是片外存储器，都可分为程序存储器和数据存储器两类。

1. 程序存储器

只读存储器（ROM）一般被用作程序存储器。MCS-51 具有 64KB 程序存储器寻址空间，用于存放用户程序、数据和表格等信息。对于内部无 ROM 的 8031 单片机，它的程序存储器必须外接，空间地址为 64KB。此时单片机的 EA 端必须接地，强制 CPU 从外部程序存储器读取程序。对于内部有 ROM 的 8051 单片机等，其在正常运行时，需要接高电平，使 CPU 先从内部的程序存储器中读取程序，当 PC 超过内部 ROM 的容量时，才会转向外部的程序存储器读取程序。

8051 单片机内有 4KB 的程序存储单元，其地址为 0000H～0FFFH。单片机启动复位后，PC 的内容为 0000H，因此，系统将从 0000H 单元开始执行程序。

在程序存储器中有些特殊的单元，在使用中应加以注意。其中，一组特殊单元是 0000H～0002H，系统复位后，PC 为 0000H，单片机从 0000H 单元开始执行程序，应在 0000H～0002H 这 3 个单元中存放一条无条件转移指令，使 CPU 直接转到用户指定的程序去执行；另一组特殊单元是 0003H～002DH，专门用于存放中断服务程序入口地址。中断响应后，按中断类型自动转到各自的中断服务入口地址执行程序。因此，以上地址单元不能用于存放程序的其他内容。

2．数据存储器

一般将随机存取储存器（RAM）用作数据存储器。MCS-51 单片机内部有 128B 或 256B 的 RAM 用作数据存储器（不同的型号有区别），其均可读/写，部分单元还可以位寻址。

8051 单片机内部 RAM 共有 256B，分为两部分：地址 00H～7FH 的单元作为用户数据 RAM；地址 80H～FFH 的单元作为特殊功能寄存器。用户数据 RAM 又分为工作寄存器区、位寻址区、堆栈和数据缓冲区。

内部 RAM 的 20H～2FH 单元为位寻址区，既可作为一般单元用字节寻址，也可以对它们的位进行寻址，位寻址区共有 16B（128 位），位地址为 00H～7FH。位地址分配如表 5.4 所示，CPU 能直接寻址这些位，执行置 1、清零、求反、转移、传送和逻辑运算等操作。常称 MCS-51 单片机具有布尔处理功能，布尔处理的存储空间就是位寻址区。

表 5.4　位地址分配

单 元 地 址	（MSB）			位地址			（LSB）	
	D7	D6	D5	D4	D3	D2	D2	D0
2FH	7FH	7EHH	7DH	7CH	7BH	7AH	79H	78H
2EH	77H	76H	75H	74H	73H	72H	71H	70H
2DH	6FH	6EH	6DH	6CH	6BH	6AH	69H	68H
2CH	67H	66H	65H	64H	63H	62H	61H	60H
2BH	5FH	5EH	5DH	5CH	5BH	5AH	59H	58H
2AH	57H	56H	55H	54H	53H	52H	51H	50H
29H	4FH	4EH	4DH	4CH	4BH	4AH	49H	48H
28H	47H	46H	45H	44H	43H	42H	41H	40H
27H	3FH	3EH	3DH	3CH	3BH	3AH	39H	38H
26H	37H	36H	35H	34H	33H	32H	31H	30H
25H	2FH	2EH	2DH	2CH	2BH	2AH	29H	28H
24H	27H	26H	25H	24H	23H	22H	21H	20H
23H	1FH	1EH	1DH	1CH	1BH	1AH	19H	18H
22H	17H	16H	15H	14H	13H	12H	11H	10H
21H	0FH	0EH	0DH	0CH	0BH	0AH	09H	08H
20H	07H	06H	05H	04H	03H	02H	01H	00H

可以看出，内部 RAM 低 128 个单元的位地址范围为 00H～7FH，而位寻址区的位地址

范围也为 00H～7FH，二者重叠，在应用中可以通过指令的类型区分单元地址和位地址。

内部 RAM 的堆栈及数据缓冲区的位地址范围为 30H～7FH，共有 80 个单元，用于存放用户数据或作为堆栈区使用，MCS-51 单片机对该区中的每个 RAM 单元只实现字节寻址。

5.3.4　特殊功能寄存器

特殊功能寄存器（Special Function Register，SFR）也称专用寄存器。MCS-51 单片机有 21 个特殊功能寄存器（PC 除外），它们被离散地分布在内部 RAM 的 80H～FFH 地址单元中，共占据了 128 个存储单元，构成了 SFR。在 SFR 中，如果其单元地址能被 8 整除，则 MCS-51 单片机允许对其进行位寻址。SFR 反映了 MCS-51 单片机的运行状态，其功能已有专门的规定，用户不能修改其结构。如表 5.5 所示为特殊功能寄存器分布一览表，这里只对其主要的寄存器进行介绍。

表 5.5　特殊功能寄存器分布一览表

特殊功能寄存器	功 能 名 称	物 理 地 址	可否位寻址
B	寄存器 B	F0H	可以
A（ACC）	累加器	E0H	可以
PSW	程序状态字（标志寄存器）	D0H	可以
IP	中断优先级控制寄存器	B8H	可以
P3	P3 口数据寄存器	B0H	可以
IE	中断允许控制寄存器	A8H	可以
P2	P2 口数据寄存器	A0H	可以
SBUF	串口发送/接收数据缓冲寄存器	99H	不可以
SCON	串口控制寄存器	98H	可以
P1	P1 口数据寄存器	90H	可以
TH1	T1 计数器高 8 位寄存器	8DH	不可以
TH0	T0 计数器高 8 位寄存器	8CH	不可以
TL1	T1 计数器低 8 位寄存器	8BH	不可以
TL0	T0 计数器低 8 位寄存器	8AH	不可以
TMOD	定时器/计数器方式控制寄存器	89H	不可以
TCON	定时器控制寄存器	88H	可以
PCON	电源控制寄存器	87H	不可以
DPH	数据指针寄存器高 8 位	83H	不可以
DPL	数据指针寄存器低 8 位	82H	不可以
SP	堆栈指针寄存器	81H	不可以
P0	P0 口数据寄存器	80H	可以

1. 程序计数器（PC）

程序计数器（PC）在物理上是独立的，其不属于 SFR。PC 是一个 16 位的计数器，专门用于存放 CPU 将要执行的下一条指令的地址，位寻址范围为 64KB。PC 有自动加 1 功能，即执行完一条指令后，其内容自动加 1。PC 本身并没有地址，因而不可位寻址。用户无法对它进行读/写，但是可以通过转移、调用、返回等指令改变其内容，以控制程序执行的顺序。

2. 累加器

累加器是 8 位寄存器，是一个最常用的专用寄存器。通过在算数/逻辑运算中存放操作数或结果，CPU 通过累加器与外部存储器、I/O 接口交换信息。大部分数据操作都会通过累加器进行，在程序比较复杂的运算中，累加器成了软件效率提升的"瓶颈"。其功能特殊，地位也十分重要，因此，近年来出现的单片机，有的集成了多累加器结构，或者使用寄存器阵列来代替累加器，即赋予更多寄存器以累加器的功能，目的是解决累加器的"交通堵塞"问题，提高单片机的软件效率。

3. 寄存器 B

寄存器 B 是 8 位寄存器，是专门为乘除法指令设计的。在乘法指令中，寄存器 B 专门用于存放乘数和积的高 8 位。在除法指令中，寄存器 B 专门用于存放除数和余数。

4. 工作寄存器

内部 RAM 的工作寄存器区 00H～1FH 共 32B，被均匀地分成 4 个组，每个组 8 个寄存器，分别用 R0～R7 表示，称为工作寄存器或通用寄存器，其中，R0、R1 除作为工作寄存器用，还经常用于间接寻址的地址指针。

在程序中，通过程序状态字寄存器管理它们，CPU 通过定义 PSW 的第 4 位和第 3 位（RS1 和 RS0），即可选中这 4 组通用寄存器中的某一组。对应的编码关系如表 5.6 所示。

表 5.6　编码关系

RS1（PSW.4）	RS0（PSW.3）	选定的当前使用的		
工作寄存器组	片内 RAM 地址	通用寄存器名称		
0	0	第 0 组	00H07H	R0R7
0	1	第 1 组	08H0FH	R0R7
1	0	第 2 组	10H17H	R0R7

5. 程序状态字（PSW）

程序状态字（PSW）是 8 位寄存器，用于存放程序运行的状态信息。PSW 中各位的状态通常是在指令执行过程中自动形成的，但也可以由用户根据需要采用传送指令加以改变。PSW 的各标志位定义如表 5.7 所示。

表 5.7　PSW 的各标志位定义

位　　序	PSW.7	PSW.6	PSW.5	PSW.4	PSW.3	PSW.2	PSW.1	PSW.0
标 志 位	CY	AC	F0	RS1	RS0	OV	F1	P

各标志位简单介绍如下。

- CY（PSW.7）：PSW 的 D7 位，进位、借位标志。进位、借位，CY=1；否则，CY=0。
- AC（PSW.6）：PSW 的 D6 位，辅助进位、借位标志。当 D3 向 D4 有借位或进位时，AC=1；否则，AC=0。
- F0（PSW.5）：PSW 的 D5 位，用户标志位。
- RS1 及 RS0（PSW.4 及 PSW.3）：PSW 的 D4、D3 位，寄存器组选择控制位。
- OV（PSW.2）：溢出标志。有溢出，OV=1；否则，OV=0。
- F1（PSW.1）：保留位，无定义。

- P（PSW.0）：奇偶校验标志位，由硬件置位或清零；存在 ACC 中的运算结果有奇数个 "1" 时 P 为 1，否则 P 为 0。

6．数据指针寄存器（DPTR）

数据指针寄存器（DPTR）是一个 16 位专用寄存器，由 DPL（低 8 位）和 DPH（高 8 位）组成，地址是 82H（DPL，低字节）和 83H（DPH，高字节）。DPTR 是传统 8051 单片机中唯一可以直接进行 16 位指针操作的寄存器，也可分别对 DPL 和 DPH 按字节进行指针操作。STC12C5A60S2 系列单片机有两个 16 位的数据指针 DPRT0 和 DPTR1，这两个数据指针共用一个地址空间，可通过设置 DPS/AUXR1.0 选择具体被使用的数据指针。

7．堆栈指针（SP）

堆栈是一种数据结构，是内部 RAM 的一段区域。堆栈有栈顶和栈底之分，堆栈的起始地址称为栈底，堆栈的数据入口称为栈顶。堆栈存取数据的原则是 "先进后出"，堆栈有两种操作：进栈和出栈，都是对栈顶单元进行操作。

堆栈指针（SP）是一个 8 位专用寄存器。当堆栈中为空时，栈顶地址等于栈底地址，两者重合，SP 的内容即栈底地址。栈底地址一旦设置，就固定不变，直至重新设置。每当一个数据进栈或出栈，SP 的内容都随之变化，即栈顶随之浮动。

在 51 单片机系统复位后，SP 初始化为 07H，使得 SP 实际上是由 08H 单元开始的。在响应中断或子程序调用时，发生入栈操作，入栈的是 16 位 PC。

51 单片机中有 PUSH（压入）和 POP（弹出）栈操作指令，如有必要，在中断或调用子程序时可用 PUSH 指令把 PSW 或其他需要保护的寄存器的内容压入堆栈加以保护，返回前再使用 POP 指令把它们恢复。

51 单片机的内部 RAM 只有 00H～7FH 共 128B 空间，而且 00H～1FH 是工作寄存器区，因此，SP 的设定一般是 20H～70H 这个范围。51 单片机堆栈的容量最大不会超过 128B。

8．I/O 接口专用寄存器（P0、P1、P2 和 P3）

8051 单片机内有 4 个 8 位并行 I/O 接口：P0、P1、P2 和 P3。每个 I/O 接口内部都有一个 8 位数据输出锁存器和一个 8 位数据输入缓冲器。4 个数据输出锁存器与接口号 P0、P1、P2 和 P3 同名，皆为特殊功能寄存器（SFR）中的一个，即 4 个并行 I/O 接口还可以当作寄存器直接位寻址，参与其他操作。

9．定时器/计数器（TL0、TL1、TL2 和 TL3）

MCS-51 单片机中有两个 16 位的定时器/计数器：T0、T1，由 4 个 8 位寄存器（TL0、TL1、TL2 和 TL3）组成。两个 16 位的定时器/计数器是完全独立的，用户可以单独对这 4 个 8 位寄存器进行位寻址，但不能把 T0 和 T1 当作 16 位寄存器来使用。

10．串行数据缓冲器

串行数据缓冲器（Serial Data Buffer，SBUF）用来存放需要发送和接收的数据，由两个独立的寄存器组成，一个是发送缓冲器，另一个是接收缓冲器。要发送和接收的操作其实都是由串行数据缓冲器进行的。

11．其他控制寄存器

除了以上介绍的几个专业寄存器，还有 IP、IE、TCON、SCON 和 PCON 等控制寄存器。这几个控制寄存器主要用于中断、定时和串口的控制。

5.4　51 单片机最小系统及仿真

51 单片机最小系统及仿真

5.4.1　51 单片机最小系统

51 单片机最小系统电路图如图 5.58 所示。其中，引脚上的字母符号称为网络标号，相同名称的网络标号表示使用导线连接在一起。

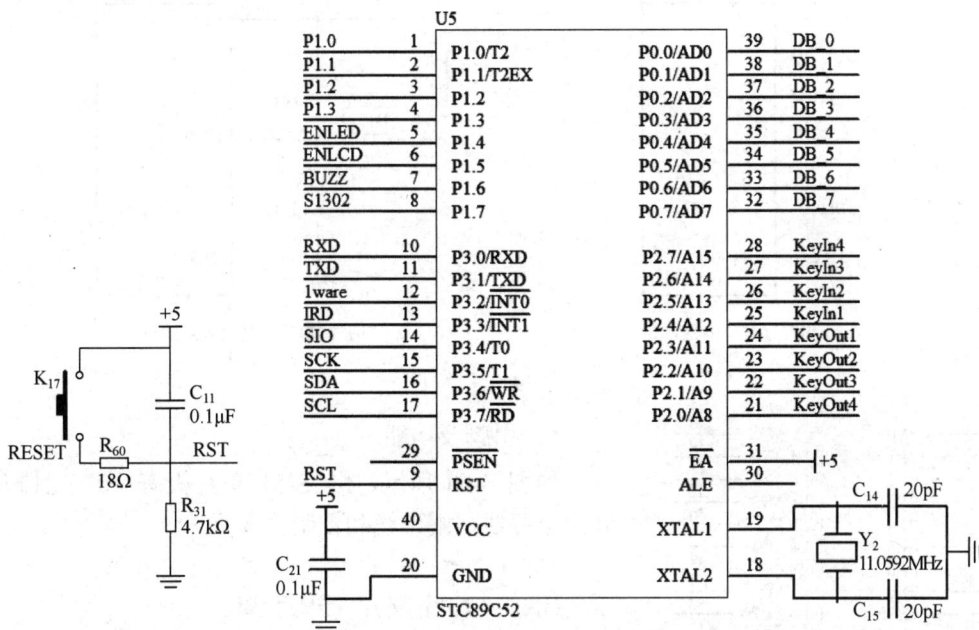

图 5.58　51 单片机最小系统电路图

1．电源电路

电子设备都需要供电，对于一个完整的电子设计来讲，首要问题就是为整个系统提供电源供电模块，电源供电模块的稳定可靠是系统平稳运行的基础。供电电路在 40 引脚和 20 引脚的位置上，40 引脚接的是 5V 电源，通常也称为 VCC 或 VDD，代表的是电源正极，20 引脚接的是 GND，代表的是电源的负极。

2．晶振电路

晶振又称晶体振荡器。晶振的作用是为单片机系统提供基本的时钟信号，类似于部队训练时喊口令的人，单片机内部所有的工作都是以这个时钟信号为步调基准来进行的。STC89C52 单片机的 18 引脚和 19 引脚是晶振引脚，接一个频率为 11.0592MHz 的晶振（每秒振荡 11059200 次），外加两个电容器，电容器的电容一般为 15～50pF，其作用是帮助晶振起振，并维持振荡信号的稳定。

3．复位电路

单片机的置位和复位是为了把电路初始化到一个确定的状态。单片机复位电路的原理是在单片机的复位引脚 RST 上外接电容器和电阻器，实现上电复位。复位电路包括上电自动复位电路和按键手动复位电路。

上电自动复位电路：接入 5V 的电源后，在电阻器 R 上可获得正脉冲，只要保持正脉冲的宽度为 10μs，即可使单片机复位。电阻器一般选用电阻为 8.2kΩ 或 10kΩ 的。

按键手动复位电路：按下按键 SW，电源对电容器 C 充电，使 RST 引脚快速到达高电平，松开按键，电容器向芯片的内阻放电，恢复为低电平，从而使单片机复位。

如图 5.59 所示为复位电路。

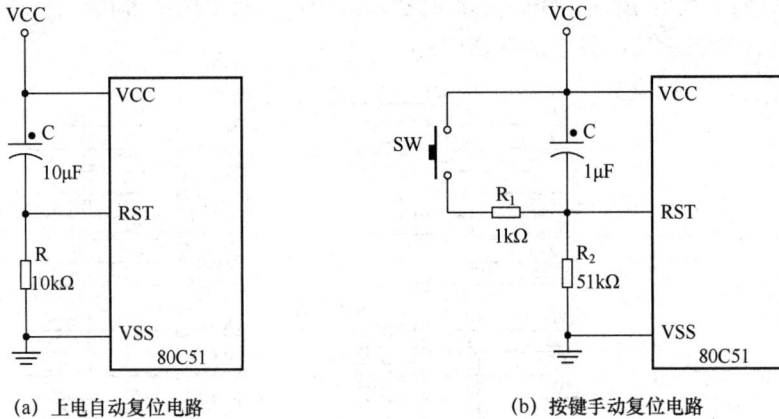

(a) 上电自动复位电路　　　　　　　　　　　(b) 按键手动复位电路

图 5.59　复位电路

图 5.60　MCS-51 引脚图

4．引脚及功能

如图 5.60 所示，MCS-51 单片机有 40 个引脚，可分为电源线、端口线和控制线 3 类。

1）电源线

GND（20 引脚）：接地引脚。

VCC（40 引脚）：正电源引脚。在正常工作时，接 5V 电源。

2）端口线

8051 单片机内有 4 个 8 位并行 I/O 接口：P0、P1、P2 和 P3，均可双向使用。

（1）P0 接口（P0.0～P0.7 引脚、32～39 引脚）。P0 接口为双向 8 位三态 I/O 接口，既可作为通用 I/O 接口，又可作为外部扩展时的数据总线及低 8 位地址总线的分时复用口。在作为通用 I/O 接口时，需要外加上拉电阻。输出数据可缓存，无须外加专用缓存器；输入数据可缓存，增加了数据输入的可靠性。每个引脚可驱动 8 个 TTL 负载。

（2）P1 接口（P1.0～P1.7 引脚、1～8 引脚）。P1 接口为 8 位准双向 I/O 接口，内部具有上拉电阻，一般作为通用 I/O 接口使用，其每一位都可以分别定义为输入线或输出线，作为输入线时，锁存器必须置 1。每个引脚可驱动 4 个 TTL 负载。

（3）P2 接口（P2.0～P2.7 引脚、21～28 引脚）。P2 接口为 8 位准双向 I/O 接口，内部具有上拉电阻，可直接连接外部 I/O 设备。其作为地址总线高 8 位分时复用，可驱动 4 个 TTL 负载。其一般作为外部扩展时的高 8 位地址总线使用。

（4）P3 接口（P3.0～P3.7 引脚、10～17 引脚）。P3 接口也是一个准双向 I/O 接口，内部具有上拉电阻，是双功能复用接口，每个引脚可驱动 4 个 TTL 负载。当作为第一功能使用时，其功能同 P1 接口。当作为第二功能使用时，每一位的功能定义如表 5.8 所示。

表 5.8　功能定义

引脚标号	第二功能
P3.0	RXD——串行输入（数据接收）接口
P3.1	TXD——串行输出（数据发送）接口
P3.2	$\overline{INT0}$ ——外部中断 0 输入线
P3.3	$\overline{INT1}$ ——外部中断 1 输入线
P3.4	T0 ——定时器 0 外部输入线
P3.5	T1 ——定时器 1 外部输入线
P3.6	$\overline{WR}$ ——外部数据存储器写选通信号输出线
P3.7	$\overline{RD}$ ——外部数据存储器读选通信号输入线

3）控制线

（1）RST/VPD（9 引脚）。RST/VPD 是复位信号/备用电源线引脚。当 8051 单片机通电时，时钟电路开始工作，在 RST 引脚上出现 24 个时钟周期以上的高电平，系统即初始复位。初始复位后，PC 指向 0000H，P0～P3 接口全部为高电平，堆栈指针为07H，其他专用寄存器被清零。RST 由高电平下降为低电平后，系统立刻从 0000H 地址开始执行程序。RST/VPD 引脚的第二功能是作为备用电源输入线，当主电源 VCC 发生故障而降低到规定电平时，RST/VPD 引脚上的备用电源自动投入，以保证单片机内部 RAM 的数据不丢失。

（2）ALE/ $\overline{PROG}$ （30 引脚）。ALE/ $\overline{PROG}$ 是地址锁存允许/编程引脚。当访问外部程序存储器时，ALE 的输出用于锁存地址的低 8 位，以便 P0 接口实现地址/数据复用。当不访问外部程序存储器时，ALE 输出一个 1/6 时钟频率的正脉冲信号，该信号可以用于识别单片机是否工作，也可以当作时钟向外输出。需要注意的是，当访问外部数据存储器时，ALE 会跳过一个脉冲。ALE/ $\overline{PROG}$ 是复用引脚，其第二功能是在对 EPROM 型芯片（如 8751 单片机）进行编程和校验时，传送 52ms 宽的负脉冲选通信号，用于控制芯片的写入操作。

（3） $\overline{EA}$ /VPP（31 引脚）。 $\overline{EA}$ /VPP 是允许访问片外程序存储器/编程电源线。8051 单片机和 8751 单片机内置 4KB 的程序存储器，当 $\overline{EA}$ 为高电平且程序地址小于 4KB 时，读取内部存储器指令数据，而当程序地址超过 4KB 时，读取外部程序存储器指令数据。如果 $\overline{EA}$ 为低电平，则无论地址大小，一律读取外部程序存储器指令数据。显然，对于片内无程序存储器的 MCS-51 单片机（如 8031 单片机），其 $\overline{EA}$ 必须接地。

$\overline{EA}$ /VPP 是复用引脚，其第二功能是片内 EPROM 编程/校验时的电源线，在编程时， $\overline{EA}$ /VPP 需要加上 21V 的编程电压。

（4）XTAL1、XTAL2（18、19 引脚）。XTAL1 为片内振荡器反相放大器及内部时钟发生器的输入端，XTAL2 为片内振荡器反相放大器的输出端。8051 单片机的时钟有两种方式：一种是片内时钟振荡方式，但需要在 18、19 引脚外接石英晶体（频率为 1.2～12MHz）和振荡电容，振荡电容的电容一般取 10～30pF，典型值为 30pF；另一种是外部时钟方式，外部时钟信号从 XTAL1 输入，XTAL2 悬空。

（5） $\overline{PSEN}$ （29 引脚）。PSEN 是片外 ROM 选通线。在访问片外 ROM 执行指令

MOVC 时，8051 单片机自动在 $\overline{PSEN}$ 上产生一个负脉冲，用于对片外 ROM 的读选通，16 位地址数据将出现在 P2、P0 接口上，外部程序存储器则把指令数据放到 P0 接口上，由 CPU 读取并执行。在其他情况下，$\overline{PSEN}$ 均为高电平封锁状态。

5.4.2 51 单片机最小系统仿真图

如图 5.61 所示为 51 单片机最小系统仿真图。

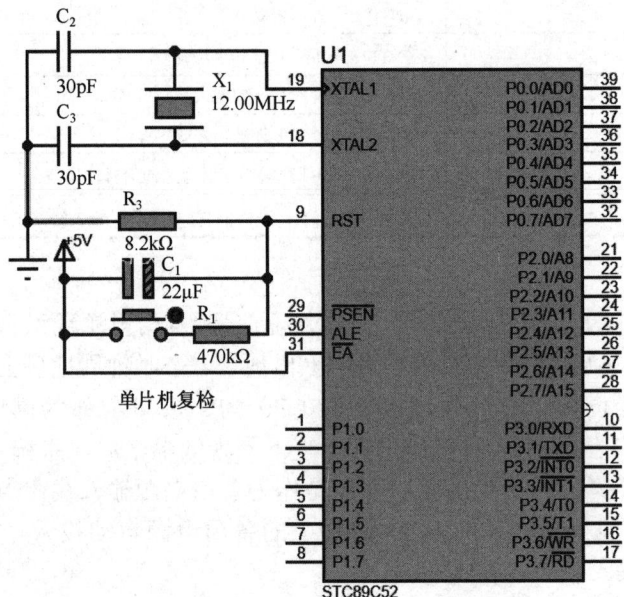

图 5.61 51 单片机最小系统仿真图

5.5 I/O 接口

I/O 接口

5.5.1 I/O 接口简介

I/O 接口是主机与被控对象进行信息交换的纽带。主机通过 I/O 接口与外部设备进行数据交换。绝大部分 I/O 接口电路都是可编程的，即它们的工作方式可由程序进行控制。在工业控制机中常用的接口有如下 5 种：

（1）并行接口，如 8155、8255；

（2）串行接口，如 8251；

（3）直接数据传送接口，如 8237；

（4）中断控制接口，如 8259；

（5）定时器/计数器接口，如 8253 等。

此外，由于计算机只能接收数字量，而一般的连续化生产过程的被测参数大都为模拟量，如温度、压力、流量、液位、速度、电压及电流等，因此，为了实现计算机控制，还必须把模拟量转换成数字量，即进行 A/D 转换。

I/O 接口是 MCS-51 单片机对外部实现控制和信息交换的必经之路，用于信息传送过程中的速度匹配。I/O 接口有串行和并行之分，串行 I/O 接口一次只能传送一位二进制信息，并行 I/O 接口一次能传送一组二进制信息。

5.5.2　发光二极管控制原理

发光二极管与普通二极管一样，是由一个 PN 结组成的，同样具有单向导电性。当给发光二极管加上正向电压后，从 P 区注入到 N 区的空穴及由 N 区注入到 P 区的电子，在 PN 结附近数微米内分别与 N 区的电子和 P 区的空穴复合，产生自发辐射的荧光。不同的半导体材料中电子和空穴所处的能量状态不同。电子和空穴复合时释放的能量越多，则发出光的波长越短。常用的是发红光、绿光或黄光的二极管。发光二极管的反向击穿电压大于 5V。其正向伏安特性曲线很陡，在使用时必须串联限流电阻以控制通过二极管的电流。

发光二极管的核心部分是由 P 型半导体和 N 型半导体组成的晶片，在 P 型半导体和 N 型半导体之间有一个过渡层，称为 PN 结。在某些半导体材料的 PN 结中，注入的少数载流子与多数载流子复合时会把多余的能量以光的形式释放出来，从而把电能直接转换为光能。PN 结加反向电压，少数载流子难以注入，故不发光。当处于正向工作状态（两端加上正向电压）时，电流从 LED 阳极流向阴极，半导体晶体就发出从紫外到红外不同颜色的光线，光的强弱与电流有关。

如图 5.62 所示为发光二极管工作原理。如图 5.63 所示为发光二极管极性判断。

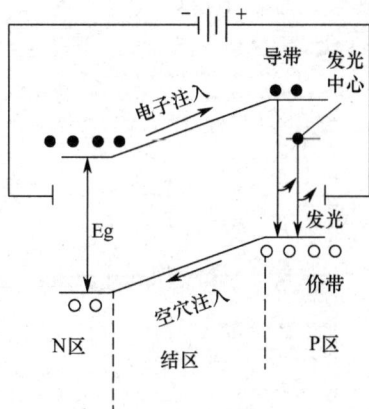

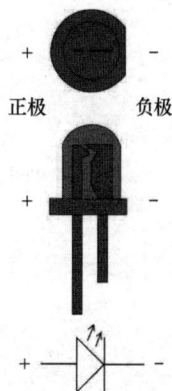

图 5.62　发光二极管工作原理　　　图 5.63　发光二极管极性判断

5.5.3　TTL 电平

TTL 电平信号规定，5V 等价于逻辑"1"，0V 等价于逻辑"0"（在采用二进制来表示数据时）。这样的数据通信及电平规定方式，被称为 TTL（晶体管-晶体管逻辑电平）信号系统。这是计算机处理器控制的设备内部各部分之间通信的标准技术。

TTL 电平信号对于计算机处理器控制的设备内部的数据传输是很理想的。首先，计算机处理器控制的设备内部的数据传输对于电源的要求不高，热损耗也较低；其次，TTL 电平信号直接与集成电路连接而不需要价格昂贵的线路驱动器及接收器电路；再次，计算机处理器控制的设备内部的数据传输是在高速下进行的，而 TTL 接口的操作恰能满足这个要求。在大多数情况下，TTL 型通信采用并行数据传输方式，而并行数据传输对于超过 3 米的距离就不适合了，这主要受可靠性和成本两方面的影响。在并行接口中存在偏相和不对称的问题，这些问题对可靠性均有影响。

在数字电路中，由 TTL 电子元器件组成电路使用的电平。电平是一个电压范围，规定输出高电平大于 2.4V，输出低电平小于 0.4V。在室温下，一般输出高电平是 3.5V，输出低电平是 0.2V，输入高电平≥2.0V，输入低电平≤0.8V，噪声容限是 0.4V。

5.5.4 实例 54：点亮 LED 灯

编写程序，点亮第一个发光二极管。

```
#include <reg52.h>          //52 系列单片机头文件
sbit led1 = P1 ^ 0;          //声明单片机 P1 接口的第一位
void main()                  //主函数
{
    led1 = 0;                //点亮第一个发光二极管
}
```

在输入上述程序时，Keil 会自动识别关键字，并以不同的颜色提示用户加以注意，有利于提高编程效率。若新建立的文件没有事先保存，Keil 是不会自动识别关键字的，也不会有不同颜色出现。代码输入完毕，如图 5.64 所示。

先保存文件，再单击全部编译快捷图标，编译此工程。建议每次在执行编译之前都先保存一次文件，因为在进行编译时，Keil 软件有时会导致计算机死机，从而不得不重启计算机。编译后的界面如图 5.65 所示，重点观察信息输出窗口。

图 5.64 输入代码后的编辑界面

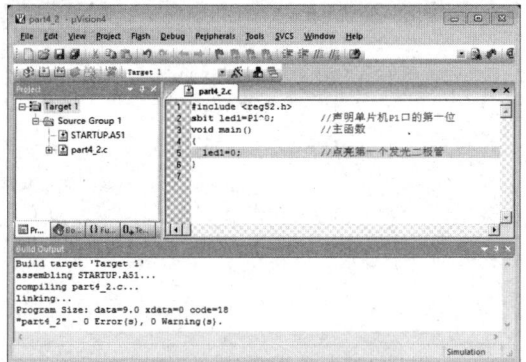

图 5.65 编译后的界面

在图 5.65 中，"Build Output"面板中显示的是编译过程及编译结果。其信息表示此工程成功编译通过。

下面改错一处，再编译一次，观察编译错误信息。

将程序中"led1=0; //点亮第一个发光二极管"一行中的"1"删掉，保存后再编译，如图 5.66 所示。

编译过程出现了错误，错误信息有一处，位于 part4_2.c 的第五行，在一个比较大的程序中，如果某处出现了错误，编译后会发现有多个错误信息，其实这些错误并非真正的错误，而是当编译器发现一个错误时，编译器自身已经无法完整编译完后续的代码而引发更多的错误。解决办法如下：将错误信息窗口右侧的滚动条拖到最上面，双击第一条错误信息，可以看到 Keil 软件自动将错误定位，并且在代码行前面出现一个蓝色的箭头。需要说明的是，有些软件连 Keil 软件也不能准确显示其错误信息，更无法准确定位错误，只能定位错误出现的大概位置，可以根据这个大概位置和错误提示信息再查找和修改错误。双击图 5.66 中的错误信息后，显示结果如图 5.67 所示。

图 5.66　输出错误信息界面　　　　　　　　　图 5.67　定位错误

5.5.5　实例 55：流水灯设计

在本实例中设计一个每隔 1s 循环点亮一个 LED 灯的流水灯，在 Keil 软件中编写如下程序，然后按照上一个实例进行编译，生成 HEX 文件。

```
#include <REGx52.H>            //52 系列头文件
sbit led1 = P1 ^ 0;            //声明单片机 P1 接口的第一位
sbit led2 = P1 ^ 1;
sbit led3 = P1 ^ 2;
sbit led4 = P1 ^ 3;
void delay()                   //延时函数，粗略延时 1s
{
    int i, j;
    for (i = 0; i < 200; i++)
    {
        for (j = 0; j < 1000; j++)
            ;
    }
}
void main()                    //主函数
{
    led1 = 0;                  //LED 灯初始状态设置
    led2 = 0;
    led3 = 0;
    led4 = 0;
    while (1)
    {
        led1 = 1;              //点亮第一个 LED 灯
        led2 = 0;
        led3 = 0;
        led4 = 0;
        delay();
```

```
        led1 = 0;
        led2 = 1;                    //点亮第二个 LED 灯
        led3 = 0;
        led4 = 0;
        delay();


        led1 = 0;
        led2 = 0;
        led3 = 1;                    //点亮第三个 LED 灯
        led4 = 0;
        delay();


        led1 = 0;
        led2 = 0;
        led3 = 0;
        led4 = 1;                    //点亮第四个 LED 灯
        delay();
    }
}
```

　　本实验中使用的是 12MHz 的晶振，因此单片机的时钟周期为 1/12μs，可以利用 Keil 软件测试程序运行的时间，在 Keil 软件上方的工具栏中为 Keil 仿真工具，如图 5.68 所示，单击第一个按钮，进入仿真模式，后面的 4 个按钮分别为插入/移除断点、使能/失能断点、失能全部断点、删除全部断点，将鼠标光标放置在上面会有相应的说明。

　　如图 5.69 所示为 Keil 仿真界面，左侧为寄存器界面，右侧为汇编和 C 语言程序界面，最上方为各种控制按钮。将鼠标放置在 C 语言程序左侧的灰色部分，单击一下就可以设置一个断点，运行程序时，程序运行到断点处就会停止，在主函数中第一个 delay( )函数前后各设置一个断点，然后单击左上角的第二个按钮运行程序，则程序会停在第一个断点处，如图 5.70 所示，此时左侧 sec 的值为 397μs，然后单击运行按钮，程序会停止在第二个断点处，如图 5.71 所示，此时左侧 sec 的值为 1.096s，因此这个延时函数大约运行 1s。

图 5.68　Keil 仿真工具

图 5.69　Keil 仿真界面

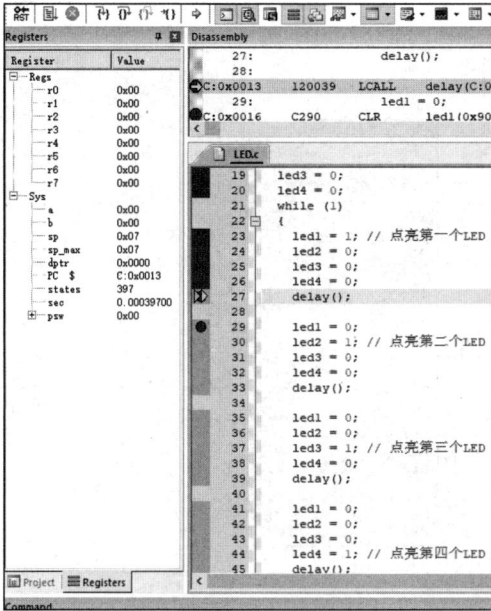

图 5.70　第一个断点处

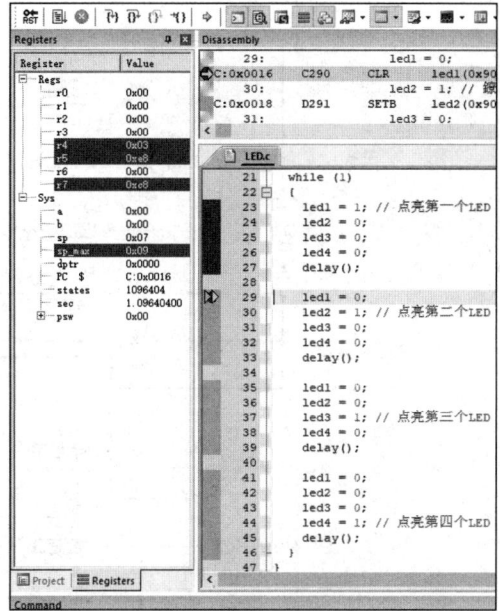

图 5.71　第二个断点处

接下来如图 5.72 所示绘制流水灯 Proteus 仿真图，注意将晶振频率设置成 12MHz。然后双击 AT89C51 芯片，如图 5.73 所示，在 Program File 栏选择刚才生成的 HEX 文件，将 Clock Frequency 栏设置成 12MHz，这是因为在 Proteus 仿真中 51 单片机内部自带晶振，也就是说可以不使用外部的晶振 X_1，但是在实际电路中必须带外部晶振，这就是仿真和实物的差别。

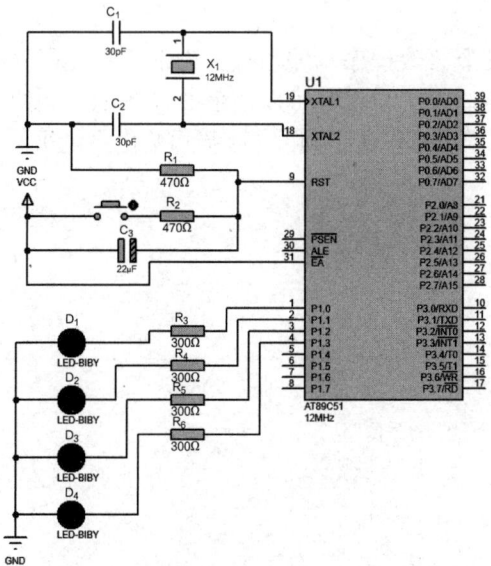

图 5.72　流水灯 Proteus 仿真图

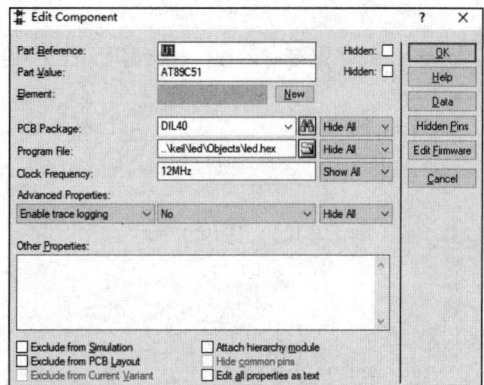

图 5.73　51 单片机芯片设计

最后单击左下角的运行按钮，效果如图 5.74 所示，注意，LED 灯从上往下依次点亮与熄灭是动态效果，在实际仿真中也会显示各个引脚电平的变化，红色为高电平，蓝色为低电平。

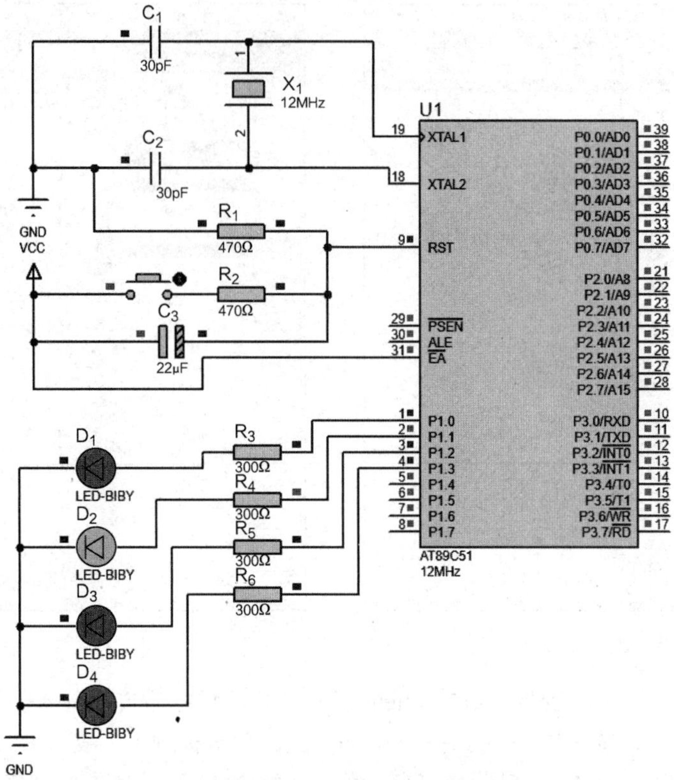

图 5.74　单向流水灯效果

5.5.6　实例 56：双向流水灯

设计双向流水灯只需要在上一个实验的基础上修改程序，编写程序如下所示。程序中改成了直接给单片机的 P1 接口进行赋值，P1 接口共有 8 位，可以使用 2 位十六进制的数对其进行赋值，这里只使用了低 4 位，然后通过移位操作使不同的 I/O 接口输出高电平。

```
#include <REGx52.H> //52 系列头文件

void delay( ) //延时函数，粗略延时 1s，使用频率为 24MHz 的晶振
{
    int i, j;
    for (i = 0; i < 200; i++)
    {
        for (j = 0; j < 1000; j++)
            ;
    }
}
void main( ) //主函数
{
    int i = 0;
    P1 = 0x01; //LED 初始状态设置
    delay();
    while (1)
    {
```

```
        if (i < 3)
        {
            for (i = 0; i < 3; i++) //左移
            {
                P1 = P1 << 1;
                delay();
            }
        }
        else
        {
            for (i = 3; i > 0; i--) //右移
            {
                P1 = P1 >> 1;
                delay();
            }
        }
    }
}
```

  然后将 HEX 文件导入单片机,运行后效果如图 5.75 所示,动态效果为首先从上往下依次点亮,然后从下往上依次点亮,间隔 1s。

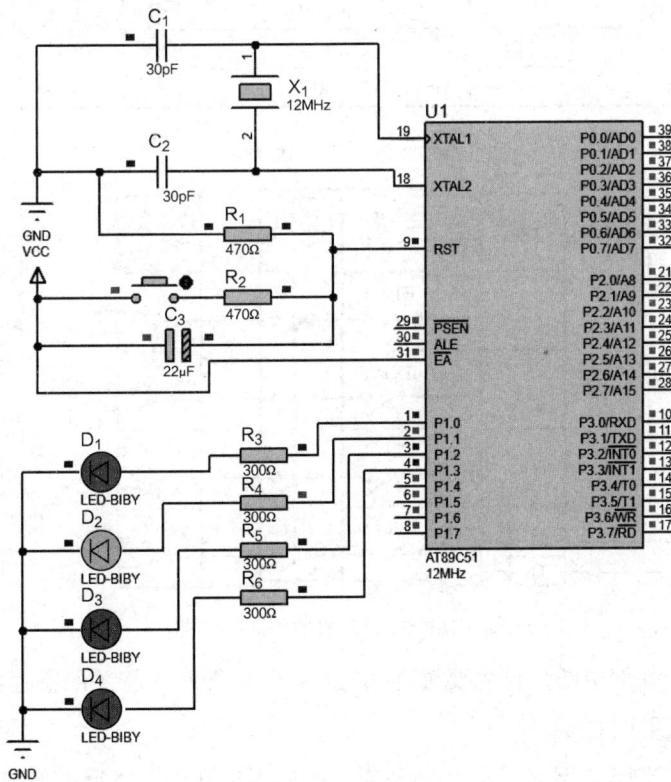

图 5.75 双向流水灯效果

5.6 外部中断

5.6.1 外部中断简介

外部中断是单片机实时处理外部事件的一种内部机制。当某种外部事件发生时，单片机的中断系统将迫使 CPU 暂停正在执行的程序，转而去进行中断事件的处理。中断事件处理完毕又返回被中断的程序处，继续执行下去。

51 单片机有两个外部中断源：外部中断 0、外部中断 1，分别由单片机的 12 号引脚（INT0/P3.2）、13 号引脚（INT1/P3.3）的低电平/负跳变触发。其他 I/O 接口不能作为外部中断使用。

如表 5.9 所示为 51 单片机各中断源中断优先级顺序，如图 5.76 所示为 51 单片机的中断控制图。

表 5.9 51 单片机各中断源中断优先级顺序

中 断 源	中 断 标 志	默认优先级
外部中断 INT0	IE0	最高
定时器 T0	TF0	
外部中断 INT1	IE1	
定时器 T1	TF1	
串口中断	TI、RI	最低

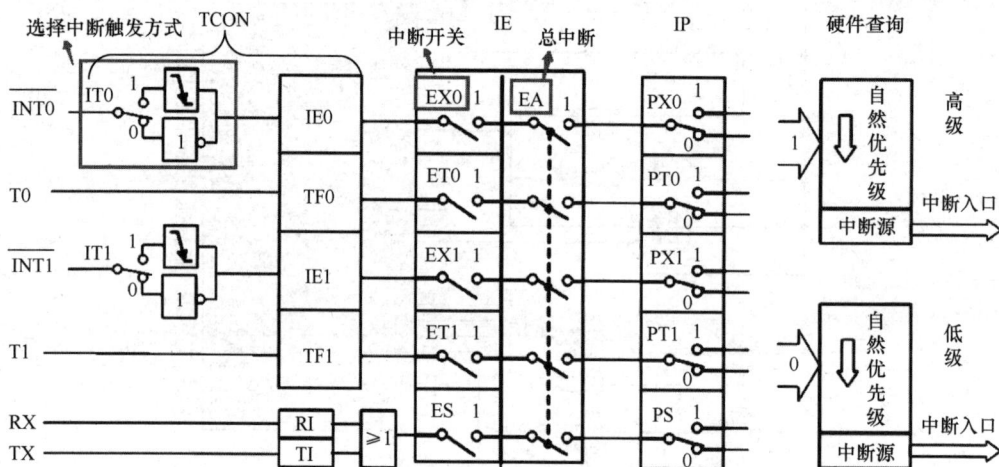

图 5.76 51 单片机的中断控制图

要使用这两个外部中断，首先要进行初始化操作，即写入相关的寄存器。

1. 控制寄存器 TCON

高 4 位用来控制定时器的启、停，标志定时器溢出和中断情况；低 4 位用于对外部中断的控制。定时器/计数器控制寄存器在特殊功能寄存器中，该寄存器可进行位寻址。单片机复位时 TCON 全部被清零。其各位定义如表 5.10 所示。其中，TF1、TR1、TF0、TR0 位用于定时器/计数器；IE1、IT1、IE0、IT0 位用于外部中断。

表 5.10　控制寄存器 TCON

位	D7	D6	D5	D4	D3	D2	D1	D0
符　号	TF1	TR1	TF0	TR0	IE1	IT1	IE0	IT0

TF1：定时器 1 溢出标志位。

TR1：定时器 1 运行控制位。

TF0：定时器 0 溢出标志位。

TR0：定时器 0 运行控制位。

IE1：外部中断 1 请求标志位。IE1=1 则外部中断 1 在向 CPU 请求中断，当 CPU 响应中断时硬件清零。一般不用手动设置。

IT1：外部中断 1 触发方式选择位。该位为 0 时 INT1 引脚上的低电平信号可触发外部中断 1。该位为 1 时 INT1 引脚上的负跳变信号可触发外部中断 1。

IE0：外部中断 0 请求标志位。IE0=1 则外部中断 0 在向 CPU 请求中断，当 CPU 响应中断时硬件清零。一般不用手动设置。

IT0：外部中断 0 触发方式选择位。该位为 0 时 INT0 引脚上的低电平信号可触发外部中断 1。该位为 1 时 INT0 引脚上的下降沿信号可触发外部中断 1。

IE1 和 IE0 为状态位，表示 CPU 对当前的中断执行状态，一般无须手动设置。需要设置的寄存器位是 IT0，以选择低电平信号触发还是下降沿信号触发。

例如：

IT0 = 1;　　//设置外部中断 0 触发方式

2. 中断允许控制寄存器 IE

中断允许控制寄存器 IE 用来设定各个中断源的打开和关闭，是一个 8 位的特殊功能寄存器，位地址由低到高分别是 A8H~AFH，并且可以对相应的某一位单独位寻址进行操作，如表 5.11 所示（注：单片机复位时 IE 全部清零）。

表 5.11　控制寄存器 IE

位	D7	D6	D5	D4	D3	D2	D1	D0
符　号	EA	—	ET2	ES	ET1	EX1	ET0	EX0

EA：全局中断允许位，当此位是 1 时中断可用。

ET2：定时器/计数器 2 中断允许位。

ES：串口中断允许位。

ET1：定时器/计数器 1 中断允许位。

EX1：外部中断 1 允许位。

ET0：定时器/计数器 0 中断允许位。

EX0：外部中断 0 允许位（重要）。

使用外部中断需要开启全局中断允许位 EA，以及开启外部中断 0 允许位 EX0。

例如：

EA = 1;　　//开启全局中断
EX0 = 1;　　//开启外部中断 0

例如，使用外部中断 0，下降沿触发初始化代码如下。

```
void initEx0()
{
    //中断允许控制寄存器 IE
    EA = 1;        //开启全局中断
    EX0 = 1;       //开启外部中断 0
    //控制寄存器 TCON
    IT0 = 1;       //设置外部中断触发方式；0—低电平触发；1—负跳变触发
}
```

3. 中断优先级寄存器 IP

中断优先级寄存器 IP 用来设置各个中断源属于两级中断中的高低优先级，是一个 8 位的特殊功能寄存器，位地址由低到高分别是 B8H～BFH，可以对相应的某一位单独位寻址操作（注：单片机复位时 IP 全部被清零）。

各位定义如表 5.12 所示。

表 5.12　中断优先级寄存器 IP

位 序 号	D7	D6	D5	D4	D3	D2	D1	D0
位 符 号	—	—	—	PS	PT1	PX1	PT0	PX0
位 地 址				BCH	BBH	BAH	B9H	B8H

—：无效位。

PS：串口中断优先级控制位。PS=1，串口中断定义为高优先级中断。PS=0，串口中断定义为低优先级中断。

PT1：定时器/计数器 1 中断优先级控制位。PT1=1，定时器/计数器 1 中断定义为高优先级中断。PT1=0，定时器/计数器 1 中断定义为低优先级中断。

PX1：外部中断 1 中断优先级控制位。PX1=1，外部中断 1 定义为高优先级中断。PX1=1，外部中断 1 定义为低优先级中断。

PT0：定时器/计数器 0 中断优先级控制位。PT0=1，定时器/计数器 0 定义为高优先级。PT0=0，定时器/计数器 0 定义为低优先级。

PX0：外部中断 0 中断优先级控制位。PX0=1，外部中断 0 定义为高优先级中断。PX0=0，外部中断 0 定义为低优先级中断。

高优先级中断能够打断低优先级中断，以形成中断嵌套，同优先级中断之间或低优先级中断对高优先级中断则不能形成中断嵌套。若几个同优先级中断同时向 CPU 请求中断响应，在没有设置中断优先级的情况下，按照默认中断优先级响应中断，在设置中断优先级后，则按设置顺序确定响应的先后顺序。

51 单片机中断服务程序的写法如下：

```
void 函数名( )interrupt 中断号 using 工作组
{
        中断服务程序内容;
}
```

注意：中断不能返回任何值，因此前面是 void，后面是函数名，名字可以自己起，但不要与 C 语言的关键字相同；中断函数不带任何参数，函数名后面的( )内是空的，中断号是指单片机的几个中断源的序号，该序号是单片机识别不同中断的唯一标志。

后面的 using 工作组是指这个中断使用单片机内存中 4 组工作寄存器的哪一组，51 单片机编译后会自动分配工作组，因此最后这句通常省略不写。

5.6.2 实例 57：外部中断控制小灯亮灭

利用 Proteus 绘制电路图，编写程序如下所示，程序一直在第二个 while(1)处进行空循环，每当按键中断触发后程序会跳到中断服务程序中执行，然后回到 while(1)处继续进行空循环操作。

```c
#include "reg52.h"
typedef unsigned int u16;
sbit k3 = P3 ^ 2;
sbit led = P2 ^ 0;
void delay(u16   i)          //延时
{
   while (i--)
     ;
}
void Int0Init( )            //外部中断初始化
{
   IT0 = 1;                 //下降沿触发
   EX0 = 1;                 //打开 INT0 的中断允许
   EA = 1;                  //打开全局中断
}
void Int0( ) interrupt 0    //外部中断 0 服务程序
{
   delay(1000);             //延时消抖
   if (k3 == 0)
   {
      led = ~led;
   }
}
void main( )
{
   Int0Init( );             //外部中断初始化
   led = 0;                 //LED 灯状态初始化
   while (1) ;

}
```

如图 5.77 所示为中断控制 LED 灯效果 1。

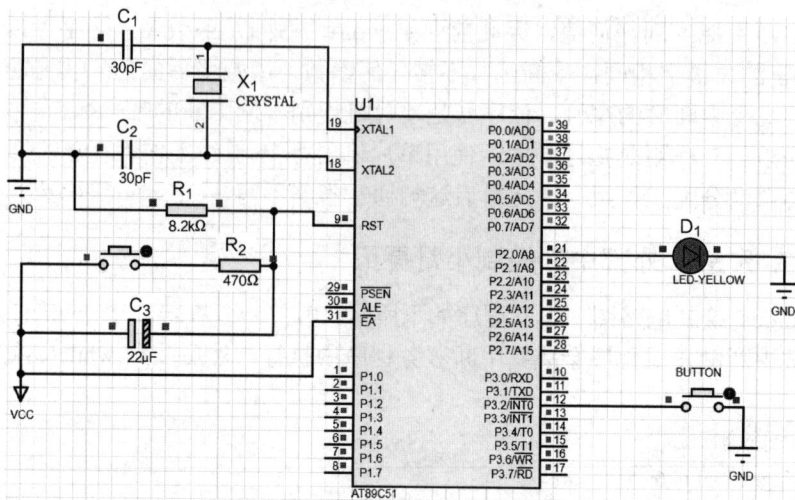

图 5.77　中断控制 LED 灯效果 1

如图 5.78 所示为中断控制 LED 灯效果 2。

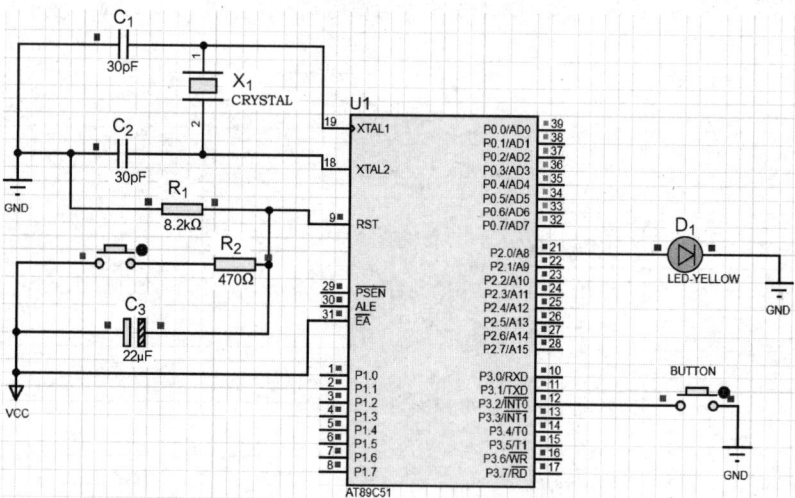

图 5.78　中断控制 LED 灯效果 2

5.7　定时器/计数器

定时器/计数器

　　51 单片机内部共有两个 16 位可编程的定时器/计数器——定时器 T0 和定时器 T1。52 单片机内部多一个定时器/计数器 T2。其既有定时功能，又有计数功能，通过设置与它们相关的特殊功能寄存器，可以选择启用定时功能或计数功能。需要注意的是，该定时器系统是单片机内部一个独立的硬件部分，与 CPU 和晶振通过内部控制线连接并相互作用，CPU 一旦设置开启定时功能，定时器便在晶振的作用下自动开始计时，当定时器的计数器计满回零后，能够自动溢出，产生中断，表示定时时间或者计数已经终止，即通知 CPU 该如何处理。在定时模式下可以根据需求自己设置定时的时间，在计数模式下也可以设置计数的初值。

5.7.1 定时器/计数器简介

51 单片机定时器内部结构框图如图 5.79 所示，定时器/计数器的实质是加 1 计数器（16 位），由高 8 位和低 8 位两个寄存器组成。TMOD 是定时器/计数器的工作方式寄存器，确定工作方式和功能；TCON 是控制寄存器，控制 T0、T1 的启动和停止及设置溢出标志位。在程序开始时，需要对 TMOD 和 TCON 进行初始化编程，定义 T0、T1 的工作方式，以及控制 T0、T1 计数的启动/停止。在使用定时器时，若需要定时精确的数值，需要对 TH0、TL0、TH1、TL1 装入初值，即设定定时器的初值。

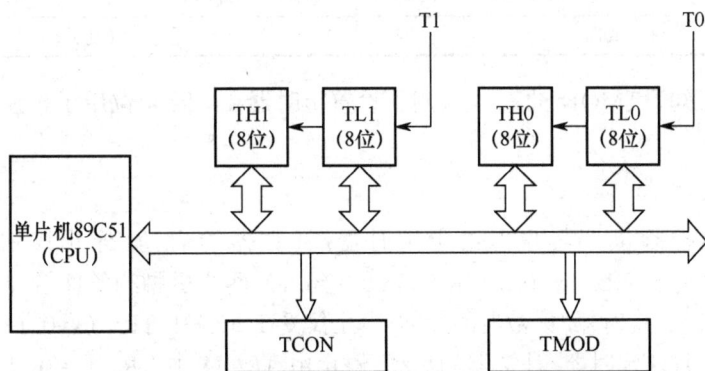

图 5.79　51 单片机定时器内部结构框图

加 1 计数器输入的计数脉冲有两个来源：一个是由系统的时钟振荡器输出脉冲经 12 分频后送来；另一个是 T0 或 T1 引脚输入的外部脉冲源。每输入一个脉冲，计数器加 1，当加到计数器为全 1 时，再输入一个脉冲就使计数器回零，且计数器的溢出使 TCON 寄存器中的 TF0 或 TF1 置 1，向 CPU 发出中断请求（定时器/计数器中断允许时）。如果定时器/计数器工作于定时模式，则表示定时时间已到。如果定时器/计数器工作于计数模式，则表示计数值已满。

由此可见，溢出时计数器的值减去计数初值才是加 1 计数器的计数值。

当设置为定时器模式时，也是通过计数实现的。计数脉冲来自内部时钟脉冲，每个机器周期计数值增 1，每个机器周期为 12 个振荡周期，因此，计数频率为振荡频率的 1/12，即定时时间=计数值×机器周期。例如，晶振频率为 12MHz，当计数值为 50000 时，定时时间是 50000×12×(1/12MHz)=50ms。

当设置为计数器模式时，外部事件计数脉冲由 T0 或 T1 引脚输入到计数器，就是对外部事件进行计数。计数脉冲来自相应的外部输入引脚 T0（P3.4）或 T1（P3.5）。当输入信号发生由 1 至 0 的负跳变（下降沿）时，计数器（TH0、TL0 或 TH1、TL1）的值增 1。计数的最高频率一般为振荡频率的 1/24。以频率为 12MHz 的晶振为例，其计数的最高频率为 0.5MHz，也就是周期为 2μs，即最大能够识别 2μs 内的负跳变。

单片机在使用定时器或计数器功能时，通常需要设置两个与定时器有关的寄存器：定时器/计数器工作方式寄存器 TMOD 与定时器/计数器控制寄存器 TCON。

5.7.2 定时器/计数器工作原理

工作方式寄存器 TMOD 用于设置定时器/计数器的工作模式和工作方式。定时器/计数器工作方式寄存器在特殊功能寄存器中，字节地址为 89H，不能位寻址，TMOD 用来确定定时器/计数器的工作方式及功能选择。单片机复位时 TMOD 全部被清零。其各位的定义如表 5.13 所示。

表 5.13　各位的定义

D7	D6	D5	D4	D3	D2	D1	D0
GATE	C/$\overline{\text{T}}$	M1	M0	GATE	C/$\overline{\text{T}}$	M1	M0
T1 方式位				T0 方式位			

由表 5.13 可知，TMOD 的高 4 位用于设置定时器 1，低 4 位用于设置定时器 0，对应 4 位的含义如下。

1. GATE

GATE 是门控制位，其状态决定定时器/计数器的启动/停止控制是取决于 TRx（x=0,1），还是取决于 TRx（x=0, 1）和 $\overline{\text{INT}x}$（x=0, 1）两个引脚的条件组合。

当 GATE=0 时，定时器/计数器的启动/停止仅受 TCON 中 TRx（x=0, 1）的控制。

当 GATE=1 时，定时器/计数器的启动/停止由 TCON 中 TRx（x=0, 1）和外部中断引脚（INT0 或 INT1）上的输入信号共同控制，如图 5.80 所示。

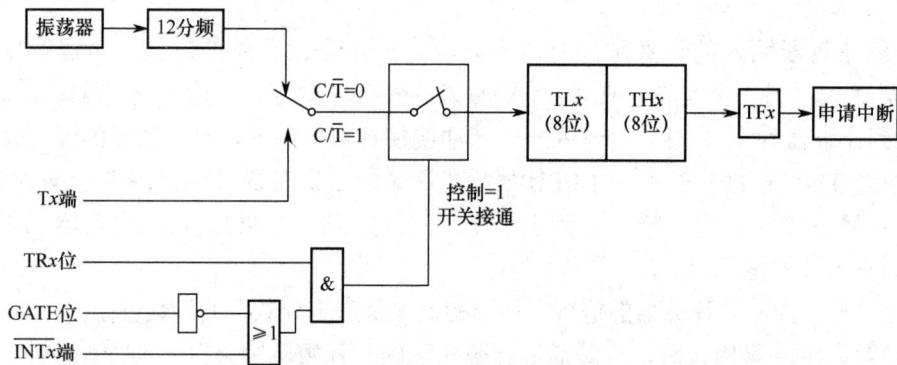

图 5.80　定时器/计数器控制逻辑结构图

2. C/$\overline{\text{T}}$

C/$\overline{\text{T}}$ 是定时器模式和计数器模式选择位。

当 C/$\overline{\text{T}}$=1 时，为外部事件计数器，对 Tx 引脚的负脉冲计数。加 1 计数器对来自输入引脚 T0（P3.4）和 T1（P3.5）的外信号脉冲进行计数，每来一个脉冲，计数器加 1，直到计时器计满溢出。

当 C/$\overline{\text{T}}$=0 时，为片内时钟定时器，对机器周期脉冲计数定时。加 1 计数器对脉冲进行计数，每来一个脉冲，计数器加 1，直到计时器计满溢出；因为频率 12 分频之后，即一个计数脉冲的周期就是一个机器周期；计数器计数的是机器周期脉冲个数，从而实现定时。

3．M1、M0

M1、M0 是工作方式选择位。每个定时器/计数器都有 4 种工作方式，它们由 M1、M0 设定，如表 5.14 所示。

表 5.14 定时器/计数器的 4 种工作方式

M1、M0	方　式	说　明	使 用 情 况
0 0	方式 0	13 位定时器/计数器	不经常用
0 1	方式 1	16 位定时器/计数器	经常使用
1 0	方式 2	8 位自动重装初值的定时器/计数器	经常使用
1 1	方式 3	两个 8 位定时器/计数器	几乎不用

5.7.3 实例 58：定时器控制小灯闪烁

利用定时器 0 的工作方式 1，实现第一个发光二极管以 1s 亮灭闪烁。新建文件 interrupt.c，代码如下。

```
#include<reg52.h>              //52 系列单片机头文件
#define uchar unsigned char
#define uint unsigned int
sbit led1=P1 ^ 0;
uchar num;
void main()
{
    TMOD=0x01;                //设置定时器 0 为工作方式 1（M1、M0 为 01）
    TH0=(65536-50000)/256;    //装入初值
    TL0=(65536-50000)%256;
    EA=1;                     //开全局中断
    ET0=1;                    //开定时器 0 中断
    TR0=1;                    //启动定时器 0
    while(1);                 //程序停止在这里等待中断发生
}
void T0_time()interrupt 1
{
    TH0=(65536-50000)/256;    //装入初值
    TL0=(65536-50000)%256;
    num++;                    //num 每加 1 次判断一次是否到 20 次
    if(num==20)               //计数 20 次说明到了 1s
    {
        num=0;                //把 num 清零，重新再计 20 次
        led1=~led1;           //让发光二极管状态取反
    }
}
```

编译程序加载到 Proteus 仿真中，可以看到在 Proteus 中第一个发光二极管以 1s 间隔闪动。如图 5.81 所示。

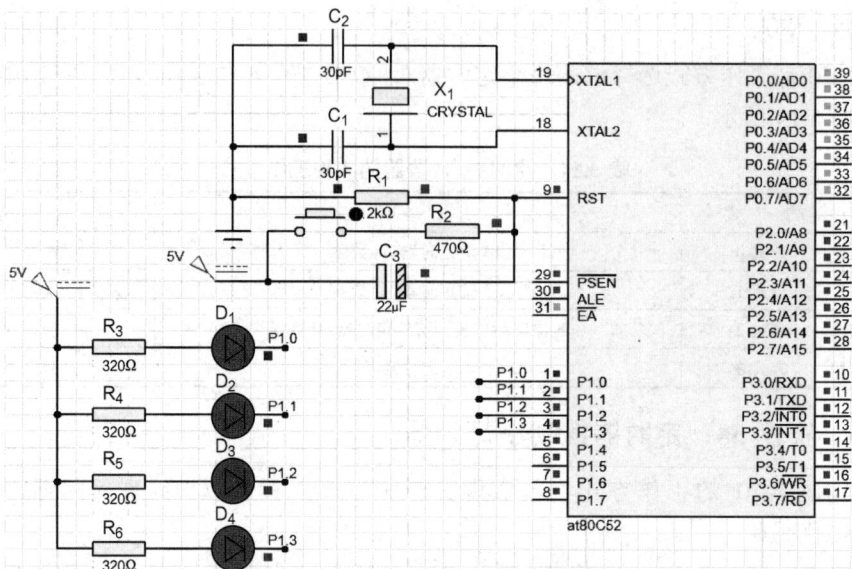

图 5.81　一个发光二极管以 1s 亮灭闪烁

注：图示无法动态显示。

分析：进入主程序后，首先对定时器和中断有关的寄存器初始化，按照上面讲到的初始化过程来操作。定时 50ms 的初值。启动定时器后主程序会在 while(1)处空循环。当计数溢出时，自动进入中断服务程序，执行代码，执行完中断程序后再回到原来处继续执行。

为了确保定时器的每次中断都是 50ms，需要在中断函数中每次为 TH0 和 TL0 重新装入初值，因为每进入一次中断需要 50ms，在中断程序中做一判断是否进入了 20 次，也就是判断时间是否到了 1s，若时间到，则执行相应动作。

注意：一般在中断服务程序中不要写过多的处理语句，因为处理语句过多，中断服务程序中的代码还未执行完毕，而下一次中断又来临，会丢失此次中断。当单片机循环执行代码时，这种丢失累积出现，程序便会出错。一般遵循的原则是：能在主程序中完成的功能不在中断函数中处理，如果非要在中断函数中实现功能，那么一定要高效、简洁。例如，20 次判断就可写在主程序中，实现如下：

```
//while(1)处改为
   while(1)                          //程序停止在这里，等待中断发生
   if(num==20)                       //计数 20 次说明到了 1s
   {      num=0;                      //把 num 清零，重新再计 20 次
          led1=~led1;                 //让发光二极管状态取反
   }
//中断函数中改为
void T0_time()interrupt 1
{
   TH0=(65536-50000)/256;            //装入初值
   TL0=(65536-50000)%256;
   num++;                            //num 每加 1 次就判断是否到 20 次
}
```

5.8 串口

串口

随着计算机功能的日益更新，计算机与外部设备之间的通信越来越被人们所重视，计算机通信和单片机通信有串行通信和并行通信两种方式。

5.8.1 串行通信与并行通信

1. 串行通信

串行通信一般是指使用一条数据线，将数据字节分成一位一位的，依次在单条一位宽的传输线上一位接一位地按顺序传送给接收设备。如图 5.82 所示，串行通信像一条很窄的单车道，一次只能允许一辆车通过。串行通信最大的优点就是节省数据线，特别适用于计算机与计算机、计算机与外设之间的远距离通信。同时，单根数据线限制了串行通信的传输效率，导致串行通信数据传输效率较低。

图 5.82 串行通信

1）同步串行通信

同步串行通信是指接收数据的设备要受发送数据的设备的绝对控制，使两个设备在时钟频率上达到完全同步。这就保证了通信双方在发送和接收数据时具有完全一致的定时关系，如图 5.83 所示。如图 5.84 所示为同步通信的数据格式，在传输数据的同时还要传输时钟信号。

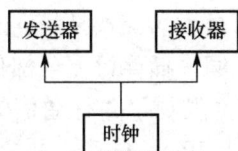

图 5.83 同步串行通信

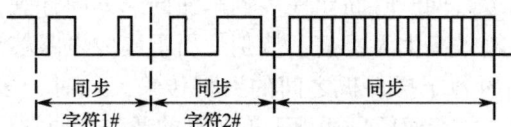

图 5.84 同步通信的数据格式

2）异步串行通信

异步串行通信不要求发送设备和接收设备在时钟频率达到完全同步，如图 5.85 所示。发送设备和接收设备可以通过各自的时钟频率来控制数据的收发，各自的时钟频率互不干扰、彼此独立，异步通信的数据格式如图 5.86 所示。

如图 5.87 所示为异步串行通信工作过程，可以看到，在通信线上没有数据传输时处于逻辑"1"的状态，发送设备在传输数据之前需要给接收设备发出一个逻辑"0"信号，逻辑"0"信号是开始发送数据的标志，接收设备接收到这个信号后，就开始接收数据。

3）串行通信的工作方式

（1）单工如图 5.87（a）所示，数据只能从发送器到接收器。

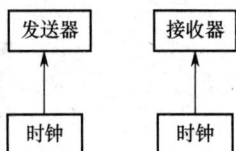

图 5.85 异步串行通信

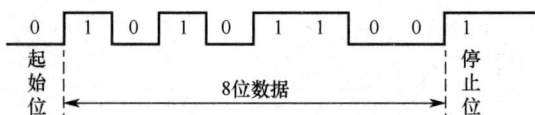

图 5.86 异步通信的数据格式

（2）半双工如图 5.87（b）所示，数据可以从发送器到接收器，也可以从接收器到发送器，但是双向传输数据不能同时进行。

（3）全双工如图 5.87（c）所示，同一时间数据可以从发送器到接收器，也可以从接收器到发送器。

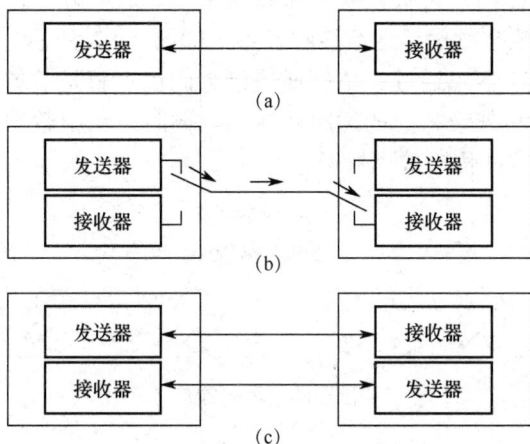

（a）

（b）

（c）

图 5.87 异步串行通信工作过程

2. 并行通信

并行通信一般是指使用多条数据线，将数据字节一位一位地依次在多条一位宽的传输线上传输，即一组数据的各数据位同时在多条数据线上传输。如图 5.88 所示，并行通信像多条单行道，同一时间允许多辆车往同一方向行驶。并行通信最大的优点是能同时传输，使数据传输效率大大提高，特别适用于集成电路芯片的内部、同一插件板上各部件之间、同一机箱内各个插件板之间的数据传输。同时，多条数据线也限制了并行通信的传输距离，因此，并行通信只适用于近距离的通信，通常传输距离小于 30m。

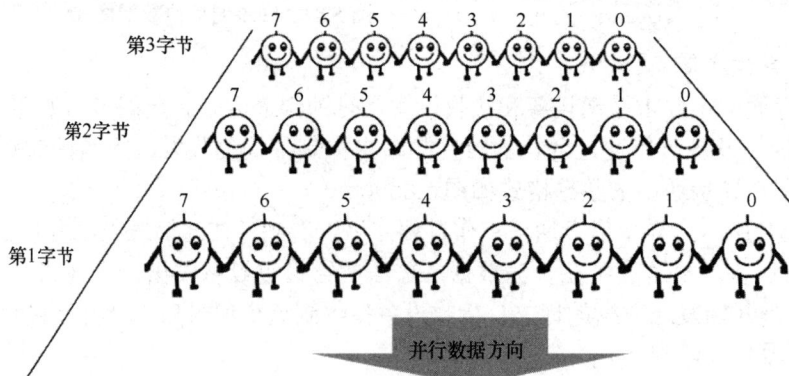

图 5.88 并行通信

5.8.2　51 单片机串口通信工作原理

51 单片机的串口是一个可编程全双工的通信接口，具有 UART（通用异步收发器）的全部功能，能同时进行数据的发送和接收，也可作为同步移位寄存器使用，基本结构如图 5.89 所示。

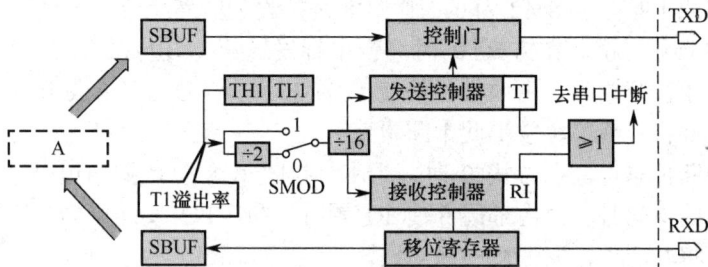

图 5.89　51 单片机串口结构

51 单片机可以通过特殊功能寄存器 SBUF 对串行接收寄存器或串行发送寄存器进行访问，两个寄存器共用一个地址 99H。注意：在物理上这是两个独立的寄存器，只是共用一个地址而已，由指令操作决定访问哪个寄存器，即 a=SBUF 接收和 SBUF=a 发送。

1．串口控制寄存器 SCON

SCON 是一个特殊功能寄存器，字节地址为 98H，可位寻址，用以设定串口的工作方式、接收/发送控制及设置状态标志等，单片机复位时，SCON 全部被清零，其各位定义如表 5.15 所示。

表 5.15　串口控制寄存器 SCON

位	D7	D6	D5	D4	D3	D2	D1	D0
符　　号	SM0	SM1	SM2	REN	TB8	RB8	TI	RI

SM0 和 SM1 为工作方式选择位，可选择 4 种工作方式，如图 5.16 所示。

表 5.16　串口的工作方式

SM0	SM1	工作方式	说　　明	波　特　率
0	0	0	同步移位寄存器	$f_{osc}/12$
0	1	1	10 位异步收发器（8 位数据）	可变
1	0	2	11 位异步固定波特率收发器（9 位数据）	$f_{osc}/64$ 或 $f_{osc}/32$
1	1	3	11 位异步可变波特率收发器（9 位数据）	可变

SM2：多机通信控制位，主要用于方式 2 和方式 3。当接收机的 SM2=1 时，可以利用收到的 RB8 来控制是否激活 RI（RB8＝0 时不激活 RI，收到的信息丢弃。RB8＝1 时收到的数据进入 SBUF，并激活 RI，进而在中断服务中将数据从 SBUF 读走）。当 SM2=0 时，无论收到的 RB8 是 0 还是 1，均可以使收到的数据进入 SBUF，并激活 RI（此时 RB8 不具有控制 RI 激活的功能）。控制 SM2，可以实现多机通信。在方式 0 时，SM2 必须是 0。在方式 1 时，若 SM2 为 1，则只有接收到有效停止位时，RI 才置 1。

REN：允许串行接收位。由软件置 REN=1，则启动串口接收数据。若软件置 REN=0，则禁止接收。

TB8：在方式 2 或方式 3 中，是发送数据的第 9 位，可以用软件规定其作用，可以用作数据的奇偶校验位，或者在多机通信中，作为地址帧/数据帧的标志位。在方式 0 和方式 1 中，该位未用。

RB8：在方式 2 或方式 3 中，是接收数据的第 9 位，作为奇偶校验位或地址帧/数据帧的标志位。在方式 1 时，若 SM2 为 0，则 RB8 是接收到的停止位。

TI：发送中断标志位。在方式 0 时，当串行发送第 8 位数据结束时，或者在其他方式，串行发送停止位开始时，由内部硬件使 TI 置 1，向 CPU 发送中断申请。在中断服务程序中，必须用软件将其清零，取消此中断申请。

RI：接收中断标志位。在方式 0 时，当串行接收第 8 位数据结束时，或者在其他方式串行接收停止位的中间时，由内部硬件使 RI 置 1，向 CPU 发送中断申请。必须在中断服务程序中用软件将其清零，取消此中断申请。

说明：通过对串口控制寄存器 SCON 的介绍可以得出，在使用串口工作方式 1 的情况下，设置 SCON 的各位如下：SM0=0，SM1=1，SM2=0，REN=1，TB8、RB8、TI、RI 都不用设置（都为 0）。

2. 工作方式 1 数据格式

51 单片机串口工作方式 1 传送一帧数据的格式如图 5.90 所示。

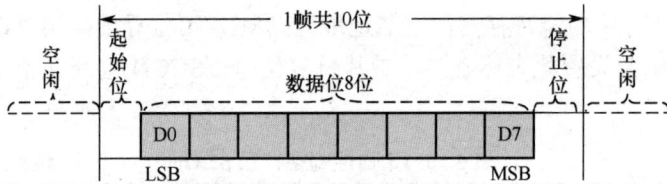

图 5.90　传送一帧数据的格式

工作方式 1 是 10 位数据的异步通信，包括 1 位起始位、8 位数据位、1 位停止位。传送一帧数据共 10 位：1 位起始位（0）；8 位数据位，最低位在前，最高位在后；1 位停止位（1）。帧与帧之间可以有空闲，也可以无空闲。TXD 为数据发送引脚，RXD 为数据接收引脚，工作方式 1 数据输出时序图和数据输入时序图分别如图 5.91 和图 5.92 所示。

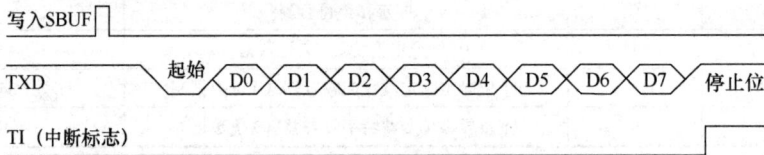

图 5.91　数据输出时序图

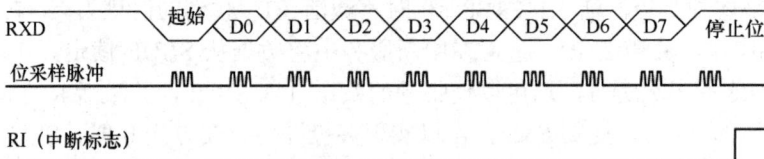

图 5.92　数据输入时序图

数据被写入 SBUF 寄存器后，51 单片机自动开始从起始位发送数据，发送到停止位开始时，由内部硬件将 TI 置 1，向 CPU 申请中断，接下来可在中断服务程序中进行相应处理，也可选择不进入中断。

用软件置 REN 为 1 时，接收器以所选择波特率的 16 倍速率采样 RXD 引脚电平，检测到 RXD 引脚输入电平发生负跳变时，则说明起始位有效，将其移入输入移位寄存器（见上文串口基本结构），并开始接收这一帧信息的其余位。在接收过程中，数据从输入移位寄存器右边移入，起始位移至输入寄存器最左边时，控制电路进行最后一次移位。当 RI=0 且 SM2=0（或接收到停止位为 1）时，将接收到的 9 位数据的前 8 位装入 SBUF，第 9 位（停止位）进入 RB8，并置 RI=1，向 CPU 请求中断。

5.8.3　实例 59：串口双机通信

利用串口实现一个单片机上的按键控制另一个单片机上的 LED 灯的亮和灭，主机控制程序如下，P3.2 引脚连接按键，通过中断检测按键是否按下，若按下则通过串口向从机发送 0x01。

```c
#include <REGx52.h>
sbit key = P3 ^ 2;
unsigned char receiveData;
unsigned char u16, i;

void UsartInit()
{
    //*TMOD 配置：设置定时器模式
    TMOD &= 0x0F;
    TMOD |= 0x20;

    //*TCON 配置
    TR1 = 1; //打开定时器

    //*计数器配置
    TH1 = 0xF3; //设置定时器初始值 1111 0011
    TL1 = 0xF3; //设置定时器重装值 1111 0011
/**********************************************
波特率计算:
（1）二进制的 0xF3 等于十进制的 243。
（2）每隔 256 溢出一次，256 − 243 = 13（每计 13 个数就溢出 1 次）。
（3）频率为 12MHz 的晶振，每 1μs 计 1 次数，计 13 个数就会溢出，需要 13μs。
（4）溢出率 = 1/13μs = 0.07692MHz。
（5）波特率 = 溢出率/16 = 0.00480769MHz = 4807Hz。
（6）波特率加倍 = 波特率 × 2 = 9614Hz。
**********************************************/
    //*SCON 配置，波特率设置为 9600Hz
    SCON = 0x50;                    //设置串口工作模式 1，SCON=01010000
    PCON = 0x80;                    //设置波特率，SMOD=1，波特率加倍；PCON=10000000
```

```
    //*中断配置
    ES = 1;                     //打开串口中断
    EA = 1;                     //打开全局中断
}


void Int0Init( )                //按键外部中断，下降沿触发
{
    IT0 = 1;                    //跳变沿出发方式（下降沿）
    EX0 = 1;                    //打开 INT0 的中断允许
    EA = 1;                     //打开全局中断
}
void delay(i)                   //延时函数，用于消抖
{
    while (i--)
        ;
}


//发送函数
void UART_SendByte(unsigned char Byte)
{
    SBUF = Byte;                //把 Byte 的值赋给缓存 SBUF
    while (TI == 0);
        //确认发送控制器 TI 标志位的状态，只有当 TI 不等于 0 时才会跳出循环
    TI = 0;                     //清除发送完成标志位
}


void Int0() interrupt 0         //外部中断 0 的中断函数
{
    delay(1000);                //延时消抖
    if (key == 0)
    {
        UART_SendByte(0x01);    //向从机发送控制代码
    }
}


void main(void)
{
    UsartInit();    //串口初始化
    Int0Init();     //按键中断初始化
    while(1)
    {
        ;
    }
}
```

从机控制代码如下，使用 P1.0 引脚控制 LED 灯，当从机接收到主机发送的控制代码 0x01 时，翻转 LED 灯的状态。

```c
#include <REGx52.h>
unsigned char receiveData;
sbit led = P1 ^ 0;
void UsartInit()
{
    TMOD &= 0x0F;
    TMOD |= 0x20;
    TR1 = 1;
    TH1 = 0xF3;
    TL1 = 0xF3;
    ET1 = 0;
    SCON = 0x50;
    PCON |= 0x80;
    ES = 1;
    EA = 1;
}
void Usart() interrupt 4
{
    if (RI == 1)                    //接收中断
    {
        receiveData = SBUF;         //将接收到的值赋值给 receiveData
        SBUF = 0;
        RI = 0;                     //清除接收完成标志位
    }
}
void main(void)
{
    UsartInit();                    //串口初始化
    led = 0;                        //LED 灯状态初始化
    while (1)
    {
        if (receiveData == 0x01)    //若接收到的控制代码为 0x01
        {
            led = !led;             //翻转 LED 灯的状态
            receiveData = 0;        //清空接收缓冲区
        }
    }
}
```

Proteus 仿真电路图如图 5.93 所示,在主机中导入主机代码,在从机中导入从机代码,通过主机按键就可以控制从机上连接的 LED 灯的亮灭。注意,主机串口的 TX 发送端口连接从机的 RX 接收端口,主机的 RX 接收端口连接从机的 TX 发送端口,交叉连接,否则,不能进行通信。本实验中仅使用了主机向从机发送数据,因此,主机的 RX 与从机的 TX 不连接也可以完成功能,但在双向数据传输中都需要连接。

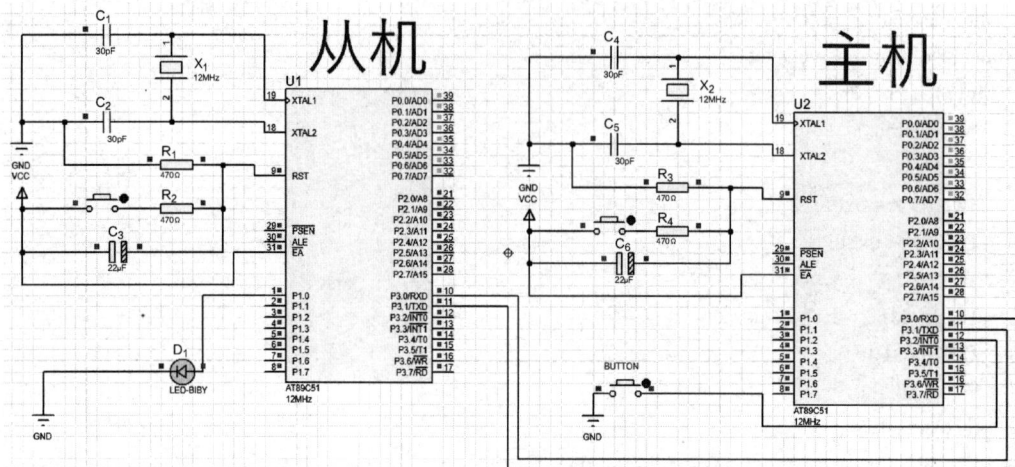

图 5.93　Proteus 仿真电路图

5.9　模拟 I²C

5.9.1　I²C 简介

模拟 I²C

IIC（Inter-Integrated Circuit）是 IICBus 的简称，因此中文应称为集成电路总线。IIC 是一种串行通信总线，使用多主从架构，是飞利浦公司在 20 世纪 80 年代为了让主板、嵌入式系统或手机连接低速周边设备而发展的。IIC 又称 I²C，I²C 的正确读法为"I 平方 C"（"I-squared-C"）。

随着大规模集成电路技术的发展，把 CPU 和一个单独工作系统所必需的 ROM、RAM、I/O 接口、A/D、D/A 等外围电路集成在一个单片内而制成单片机或微控制器越来越方便。目前，世界上许多公司生产单片机，品种很多，其中包括各种字长的 CPU，各种容量的 ROM、RAM，以及功能各异的 I/O 接口电路等，但是单片机的品种规格仍然有限，因此只能选用某种单片机进行扩展。扩展的方法有两种：一种是并行总线，另一种是串行总线。串行总线的连线少，结构简单，往往不需要专门的母板和插座而直接用导线连接各个设备，因此，采用串行总线可大大简化系统的硬件设计。飞利浦公司早在十几年前就推出了 I²C 串行总线，利用该总线可实现多主机系统所需的裁决和高低速设备同步等功能。因此，这是一种高性能的串行总线。

飞利浦公司推出新型二选一 I²C 主选择器，可以使两个 I²C 主设备中的任何一个与共享资源连接，广泛适用于从 MP3 播放器到服务器等计算、通信和网络应用领域，从而使制造商和终端用户从中获益。PCA9541 可以使两个 I²C 主设备在互不连接的情况下与同一个从设备连接，从而降低了设计的复杂性。此外，新产品以单元器件替代了 I²C 多个主设备应用中的多个芯片，有效节省了系统成本。

5.9.2　I²C 的工作原理

1．硬件结构

I²C 串行总线一般有两根信号线：一根是双向的数据线 SDA，另一根是时钟线 SCL。

所有接到 I^{2}C 总线设备上的串行数据线 SDA 都接到总线的 SDA 上，各设备的时钟线 SCL 都接到总线的 SCL 上。

为了避免总线信号的混乱，各设备在连接到总线的输出端时必须是漏极开路（OD）输出或集电极开路（OC）输出。设备上的串行数据线 SDA 接口电路应该是双向的，输出电路用于向总线发送数据，输入电路用于接收总线上的数据。串行时钟线也应是双向的，作为控制总线数据传送的主机，一方面，要通过 SCL 输出电路发送时钟信号；另一方面，要检测总线上的 SCL 信号，以决定何时发送下一个时钟脉冲电平。作为接收主机命令的从机，要按总线上的 SCL 信号发送或接收 SDA 上的信号，也可以向 SCL 发送低电平信号以延长总线时钟信号周期。当总线空闲时，因各设备都是开漏输出，上拉电阻 Rp 使 SDA 和 SCL 都保持高电平。任一设备输出的低电平都将使相应的总线电平变低，即各设备的 SDA 是"与"关系，SCL 也是"与"关系。

总线对设备接口电路的制造工艺和电平没有特殊的要求（NMOS 和 CMOS 都兼容）。在 I^{2}C 串行总线上的数据传输率可高达 10 万位/秒，高速方式时数据传输率为 40 万位/秒以上。另外，总线上允许连接的设备数以总电容不超过 400pF 为限。

总线的运行（数据传输）由主机控制。所谓主机，是启动数据的传输（发出启动信号）、发出时钟信号及传送结束时发出停止信号的设备。通常主机都是微处理器。被主机寻访的设备称为从机。为了进行通信，每个接到 I^{2}C 串行总线的设备都有一个唯一的地址，以便主机寻访。主机和从机的数据传输，可以由主机发送数据到从机，也可以由从机发送数据到主机。发送数据到总线的设备称为发送器，从总线上接收数据的设备称为接收器。

I^{2}C 串行总线上允许连接多个微处理器及各种外围设备，如存储器、LED 及 LCD 驱动器、A/D 转换器及 D/A 转换器等，如图 5.94 所示。为了保证数据可靠地传送，任一时刻总线只能由某一台主机控制，各微处理器应该在总线空闲时发送启动数据，为了妥善解决多台微处理器同时发送启动数据的传送（总线控制权）冲突，以及决定由哪台微处理器控制总线的问题，I^{2}C 总线允许连接不同传送速率的设备。多台设备之间时钟信号的同步过程称为同步化。

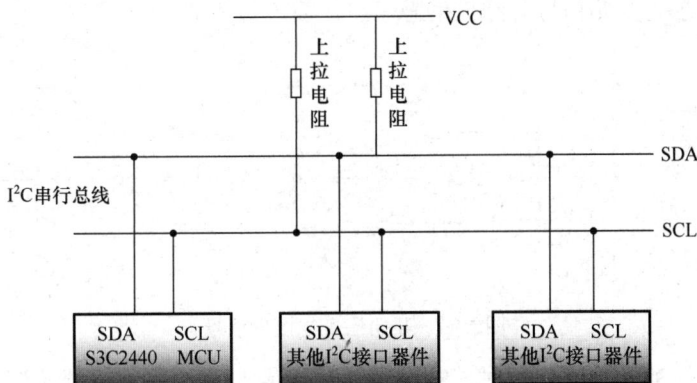

图 5.94　I^{2}C 串行总线物理拓扑结构

2．数据传输

在 CPU 与被控 IC 之间、IC 与 IC 之间进行双向传输，高速 I^{2}C 串行总线一般可达 400Kbps 以上。

I^2C 串行总线在传送数据过程共有 3 种类型的信号，分别是开始信号、结束信号和应答信号。

· **开始信号**：当 SCL 为高电平时，SDA 由高电平向低电平跳变，开始传送数据。

· **结束信号**：当 SCL 为高电平时，SDA 由低电平向高电平跳变，结束传送数据。

· **应答信号**：接收数据的 IC 在接收到 8 位数据后，向发送数据的 IC 发出特定的低电平脉冲，表示已收到数据。CPU 向受控单元发出一个信号后，等待受控单元发出一个应答信号，CPU 接收到应答信号后，根据实际情况做出是否继续传送信号的判断。若未收到应答信号，则判断受控单元出现故障。

在这些信号中，开始信号是必需的，结束信号和应答信号都可以不要，其时序图如图 5.95 所示。

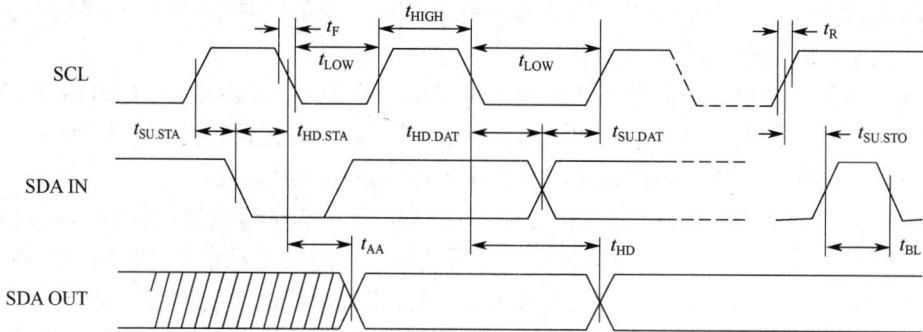

图 5.95　I^2C 时序图

3. I^2C 协议

1）空闲状态

I^2C 串行总线的 SDA 和 SCL 两根信号线同时处于高电平时，规定为总线的空闲状态。此时各个元器件的输出级场效应管均处在截止状态，即释放总线，由两根信号线各自的上拉电阻把电平拉高。

2）开始信号与结束信号

如图 5.96 所示为开始信号与结束信号。

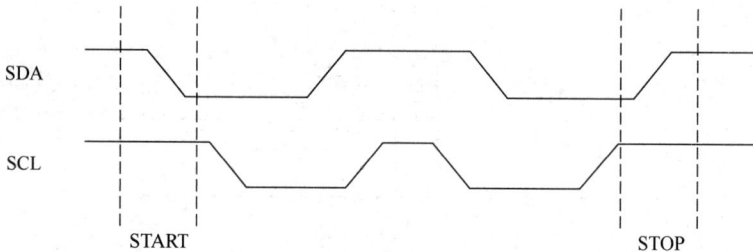

图 5.96　开始信号与结束信号

开始信号：当 SCL 为高电平时，SDA 由高电平到低电平跳变；开始信号是一种电平跳变时序信号，而不是一个电平信号。

结束信号：当 SCL 为高电平时，SDA 由低电平到高电平跳变；结束信号也是一种电平跳变时序信号，而不是一个电平信号。

3）应答信号 ACK

发送器每发送 1Byte（8 位），就在时钟脉冲 9 期间释放数据线（将 SDA 电平拉高），由接收器（SDA 电平拉低）反馈一个应答信号，如图 5.97 所示。当应答信号为低电平时，规定为有效应答位（ACK 简称应答位），表示接收器已经成功接收了该字节；当应答信号为高电平时，规定为非应答位（NACK），一般表示接收器接收该字节没有成功。对于反馈有效应答位 ACK 的要求如下：接收器在第 9 个时钟脉冲之前的低电平期间将 SDA 电平拉低，并且确保在该时钟的高电平期间为稳定的低电平。如果接收器是主控器，则在它收到最后一字节后，发送一个 NACK 信号，以通知被控发送器结束数据发送，并释放 SDA 信号，以便主控接收器发送一个结束信号 P。

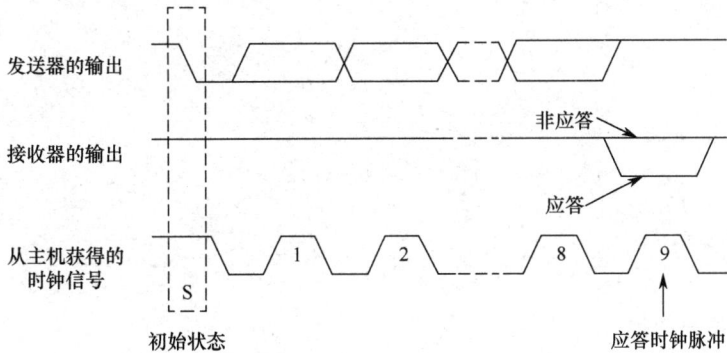

图 5.97　I^2C 应答信号

4）数据有效性

I^2C 串行总线在进行数据传送时，时钟信号为高电平期间，数据线上的数据必须保持稳定，只有在时钟线上的信号为低电平期间，数据线上的高电平或低电平状态才允许变化，如图 5.98 所示，即数据在 SCL 的上升沿到来之前就要准备好，并在下降沿到来之前稳定。

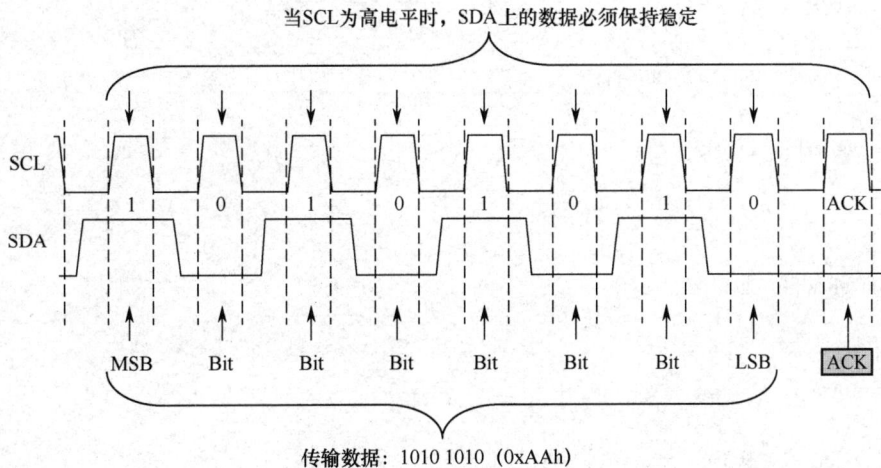

传输数据：1010 1010（0xAAh）

图 5.98　I^2C 数据有效性

5.9.3　实例 60：模拟 I^2C 程序设计

模拟 I^2C 是指利用 I/O 接口来模拟 I^2C 通信中的 SDA 和 SCL 信号的时序，大部分使用场景都是利用 MCU 对从机进行读/写，一般从机的寄存器地址厂家在使用手册中会有说明，只需要使用 I^2C 读取和写入从机的寄存器即可控制从机。本实例中实现主机控制程序设计。

1. 开始信号和结束信号

主机发送开始信号是在 SCL 高电平期间，SDA 从高电平跳转到低电平。因此，从机的代码应该是在 SCL 高电平期间，等待 SDA 从高电平跳转到低电平。

```
void slaver_wait_start()
{
  while(!PIN_SCL);   //等待 SCL 高电平
  while(PIN_SDA);
  while(PIN_SCL);
}

void slaver_wait_stop()
{
  while(!PIN_SCL);
  while(!PIN_SDA);
}
```

2. 从机读和写数据

```
void slaver_read_data()
{
  u8 i;
  g_u8_data = 0x00;   //全局变量
  for(i=0;i<8;i++)
  {
      while(!PIN_SCL);
      if(PIN_SDA)
      {
          g_u8_data |= (0x80>>i);
      }
      while(PIN_SCL);
  }
}

void slaver_write_data(u8 u8_byte)
{
  u8 i;
  for(i=0;i<8;i++)
  {
      while(PIN_SCL);          //等待 SCL 低电平
      PIN_SDA = u8_byte & (0x80>>i);
      while(!PIN_SCL);
      while(PIN_SCL);
  }
  PIN_SDA = 1;                 //释放 SDA 信号
}
```

3. 从机发送和接收应答（ACK）

```c
void slaver_send_ack(u8 u8_ack)
{
    PIN_SDA = u8_ack;
    while(!PIN_SCL);
    while(PIN_SDA);
    PIN_SDA = 1;
}

int slaver_receive_ack()
{
    while(!PIN_SCL);
    if(PIN_SDA)
    {
        while(PIN_SCL);
        return 1;
    }
    else
    {
        while(PIN_SCL);
        return 0;
    }
}
```

4. 判断主机发送读操作还是写操作

```c
int slaver_device_addr()
{
    slaver_wait_start();
    slaver_read_data();
    if(g_u8_data == g_u8_device_w_addr)
    {
        slaver_send_ack(0);
        return 1;
    }
    else if(g_u8_data == g_u8_device_r_addr)
    {
        slaver_send_ack(0);
        return 2;
    }
    else
    {
        return 0;
    }
}
```

5. 寄存器地址

```c
void slaver_reg_addr()
{
```

```
        slaver_read_data();
        g_u8_reg_addr = g_u8_data;
        slaver_send_ack(0);
    }
```

6. 主函数

在发送完元器件地址、寄存器地址后，主机读数据比写数据要多发送一个起始位和元器件地址，因此判断是否有起始位，有起始位就读，没有起始位就写，这样程序不会卡死，抓取的波形也是正确的。主机的 SCL 接收从机的 SCL，主机的 SDA 接收从机的 SDA，最后需要连接地线。

```
#include< reg52.h >
sbit PIN_SCL = P1 ^ 4;
sbit PIN_SDA = P1 ^ 5;
u8 g_u8_device_w_addr = 0xa8;
u8 g_u8_device_r_addr = 0xa9;
u8 g_u8_data = 0x00;
u8 g_u8_reg_addr = 0x01;
u8 g_u8_buf[10];
void main()
{
  while(1)
  {
      if(slaver_device_addr() == 1)
      {
          slaver_reg_addr();
          while(!PIN_SCL);
          if(PIN_SDA == 1)                        //主机读
          {
              if(slaver_device_addr() == 2)
              {
                  slaver_write_data(g_u8_buf[0]);
                  if(slaver_receive_ack() == 1)
                  {
                      slaver_wait_stop();
                  }
              }
          }
          else                                    //主机写，从机读
          {
              slaver_read_data();
              g_u8_buf[0] = g_u8_data;
              slaver_send_ack(0);
              slaver_wait_stop();
          }
      }
  }
}
```

第6章 常用电子设计

6.1 数码管

6.1.1 数码管简介

数码管又称 LED（Light Emitting Diode）数码管。1 位数码管（见图 6.1）与 4 位数码管（见图 6.2）是比较常见的数码管。数码管的前身为辉光数码管。现在辉光数码管被广泛应用于辉光钟、棋盘、手表等的制作。辉光数码管的价格少则几十元，多则上万元，相对于 2000 年上涨了 10～20 倍。

图 6.1　1 位数码管

图 6.2　4 位数码管

数码管的显示主要利用了视觉暂留现象。视觉暂留现象即视觉暂停现象，又称"余晖效应"，是由英国伦敦大学皮特·马克·罗葛特教授于 1824 年在其研究报告《移动物体的视觉暂留现象》中最先提出的。其原理为人眼在观察景物时，光信号传入大脑神经需要经过一段短暂的时间，而光的作用结束后视觉形象并不立即消失，这种残留的视觉形象称为"后像"。视觉的这种现象被称为"视觉暂留"。

6.1.2 数码管的分类

数码管可分为共阴极数码管和共阳极数码管。共阴极数码管是指将所有发光二极管的阴极接到一起，形成公共阴极的数码管。共阴极数码管应用时将公共阴极与地线（GND）相接。相反，共阳极数码管是指将所有发光二极管的阳极接到一起，形成公共阳极的数码管。共阳极数码管应用时需要将公共阳极与合适的电源 VCC 相接。数码管存在段选和位选，以 1 位数码管举例，在数码管中，位选是一种用于确定要显示的数字或字符位置的控制技术。通过位选信号，可以选择数码管的特定位，然后使用段选信号来决定在该位上显示的数字或字符。这是数字显示技术中的一项关键操作，用于实现多位数码管的数字显示。例如，当显示 1 时，让数码管的 b、c 段工作。若 b、c 段高电平点亮，则数码管为共阴极数码管；反之，数码管为共阳极数码管。数码管内部原理图如图 6.3 所示。

在共阴极 4 位数码管（见图 6.4）中，通常配备 1 组段选信号和 4 组位选信号。当 4 组位选信号同时处于有效状态时，4 位数码管将显示相同的数字，这并不符合设计预期。通常，人眼的视觉暂留时间为 0.1～0.4s，这意味着如果在这个时间范围内频繁切换显示内容，人眼会将它们视为持续显示。因此，让 4 组位选信号轮流有效，且对应位显示相应位上的段选。

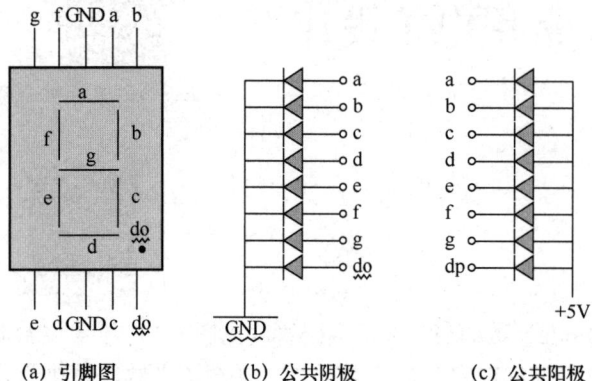

(a) 引脚图	(b) 公共阴极	(c) 公共阳极

图 6.3　数码管内部原理图　　　　　　　图 6.4　共阴极 4 位数码管

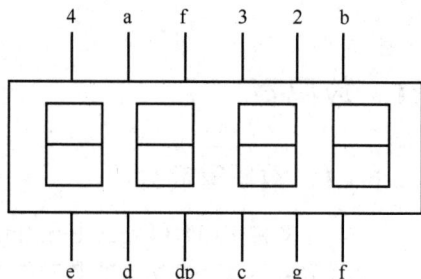

此外，数码管的拓展为 G1-21 示数管：1954 年 5 月，著名真空管制造商全美联合无线电公司（National Union Radio Corp）发布了一系列氖气指示管。这款名为"示数管"的装置是 4 年研发、2 年试产的成果，不过 G1-21 示数管无法与辉光数码管抗衡，结果惨遭淘汰。

6.1.3　实例 61：静态显示数码管

静态显示数码管的特点是：每个数码管的段选需要连接到一根独立的 8 位数据线，以保持显示的数字或字符形状。一旦向这些数据线输入了适当的数字或字符形状数据，显示将一直保持，直到输入新的数据。这种方法的主要优势是占用的 CPU 时间较少，显示容易被监测和控制。当多位数码管应用时，数码管的"位选"可以进行独立控制，而"段选"是共同运作的，因此多位数码管也将显示一样的数字。如图 6.5 所示为静态显示数码管的仿真电路。

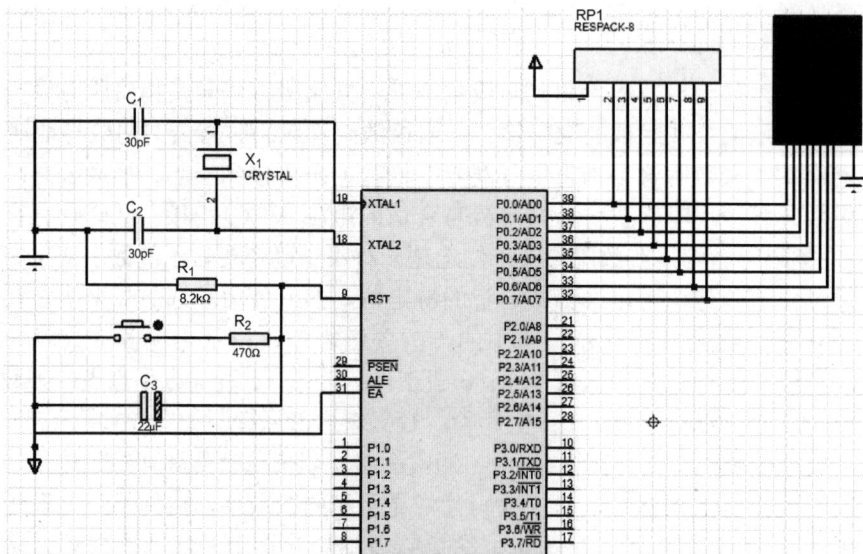

图 6.5　静态显示数码管的仿真电路

如表 6.1 所示为共阴极数码管编码。

表 **6.1**　共阴极数码管编码

符　号	0	1	2	3	4	5	6	7
编　码	0x3f	0x06	0x5b	0x4f	0x66	0x6d	0x7d	0x07
符　号	8	9	A	B	C	D	E	F
编　码	0x7f	0x6f	0x77	0x7c	0x39	0x5e	0x79	0x71

程序如下：

```
#include<reg51.h>    //包含头文件
unsigned char code tabl[]={0x3f, 0x06, 0x5b, 0x4f, 0x66, 0x6d, 0x7d, 0x07, 0x7f, 0x6f, 0x77, 0x7c, 0x39,
0x5e, 0x79, 0x71};    //定义数码管显示数字编码数组（这里采用的是共阴极数码管编码）
void delayms(unsigned int xms){    //延时函数
unsigned int i,j;
   for(i=xms;i>0;i--)
      for(j=110;j>0;j--)
         ;
}
void display(){    //显示函数
   unsigned char i;
   for(i=0;i<16;i++){
      P0=tabl[i];        //送入数码管需要显示的数字进行显示
      delayms(1000);    //延时 1s
   }
}
void main()
{
   while(1)
   {
      display();
   }
}
```

上述程序实现的是从 0 开始显示数字，每隔 1s 切换 1 次，一直循环显示到 F。仿真效果如图 6.6 所示。

6.1.4　实例 62：动态显示 4 位数码管

数码管的动态显示又称数码管的动态扫描显示，将所有数码管的段选线并联在一起，公共端通过相应的 I/O 接口控制。动态显示的特点是将所有数码管的段选线并联在一起，由位选线控制数码管。选亮数码管采用动态扫描显示。所谓动态扫描显示，是指轮流向各位数码管送出字形码和相应的位选，利用发光管的余晖和人眼视觉暂留作用，使人感觉各位数码管同时都在显示。以下程序将实现运用动态显示在 4 位数码管上分别显示数字 1、2、3、4。

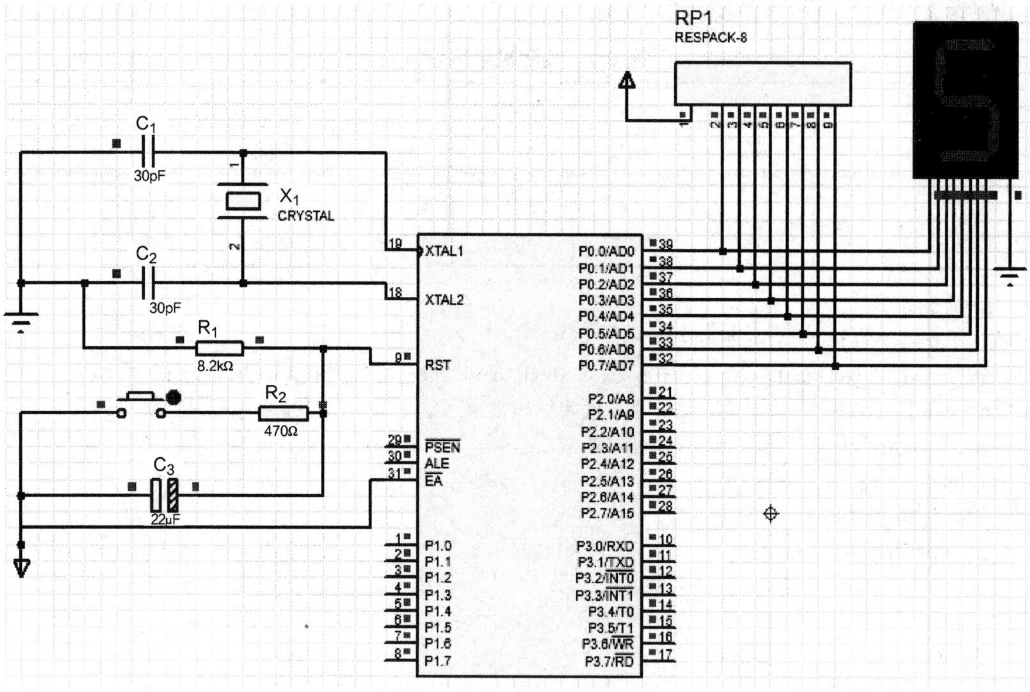

图 6.6　显示数字仿真效果

```c
#include <reg51.h>
sbit we1 = P1 ^ 0;        //定义数码管第一位的公共控制端，用来控制数码管的显示和关闭
sbit we2 = P1 ^ 1;
sbit we3 = P1 ^ 2;
sbit we4 = P1 ^ 3;
//定义数码管显示数字编码数组
unsigned char code tabl[] = {0xc0, 0xf9, 0xa4, 0xb0, 0x99, 0x92, 0x82, 0xf8,
                             0x80, 0x90, 0x88, 0x83, 0xc6, 0xa1, 0x86, 0x8e};
void delayms(unsigned int xms)
{
   unsigned int i, j;
   for (i = xms; i > 0; i--)
         for (j = 110; j > 0; j--)
             ;
}
void display()
{
   we1 = 1;     //给右边第一个数码管公共端一个高电平，使其进行显示
   P2 = tabl[4]; //送入数字 4 到数码管中
   delayms(5); //延时一段时间
   we1 = 0;     //给数码管公共端一个高电平，使其关闭显示
   P2 = 0xff;    //消影
   we2 = 1;
   P2 = tabl[3];
   delayms(5);
```

```
    we2 = 0;
    P2 = 0xff;
    we3 = 1;
    P2 = tabl[2];
    delayms(5);
    we3 = 0;
    P2 = 0xff;
    we4 = 1;
    P2 = tabl[1];
    delayms(5);
    we4 = 0;
    P2 = 0xff;
}
void main()
{
    while (1)
    {
        display();
    }
}
```

电路及仿真效果如图 6.7 所示。由图 6.7 可以看出，数码管依次显示数字 1、2、3、4。

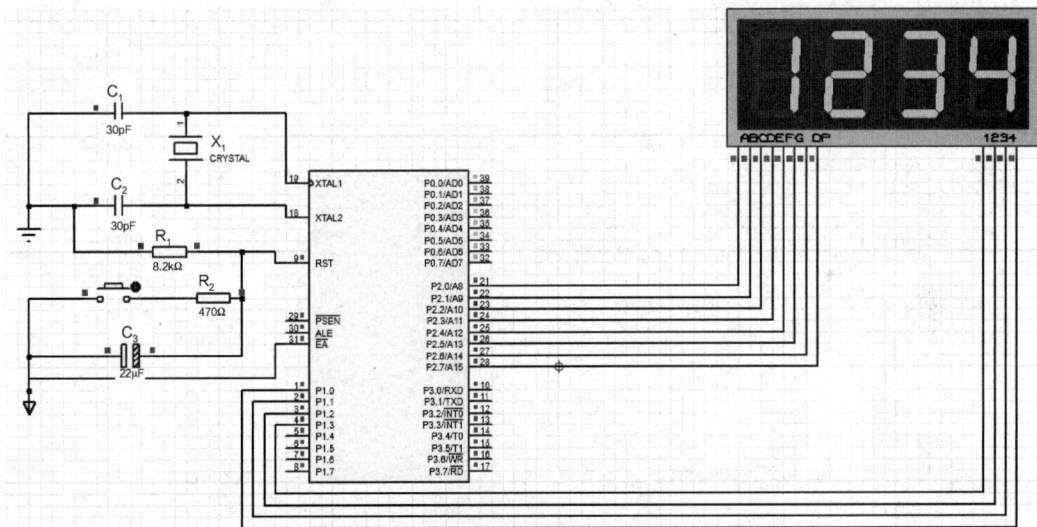

图 6.7　电路及仿真效果

6.1.5　实例 63：数码管计数器

本节设计一款计数器，通过 4 位数码管进行显示，从 0000 开始累加到 9999 结束，编写程序如下。

```
#include <regx51.h>
sbit we1=P1 ^ 0;
sbit we2=P1 ^ 1;
sbit we3=P1 ^ 2;
```

```
sbit we4=P1^3;
sbit k3=P3^1;
unsigned char code tabl[]={0xc0,0xf9,0xa4,0xb0,0x99,0x92,0x82,0xf8,0x80,0x90,
                           0x88,0x83,0xc6,0xa1,0x86,0x8e};
unsigned int T0Count,s;
unsigned int a;
void delayms(unsigned int xms){
    unsigned int i,j;
    for(i=xms;i>0;i--)
        for(j=110;j>0;j--)
            ;
}
void Timer0_Init()
{
    //TMOD=0x01;              //0000 0001
    TMOD=TMOD|0xf0;           //设计定时器的工作方式
    TF0=0;
    TR0=1;
    TH0=0xd8;
    TL0=0xf0;
    ET0=1;                    //1ms
    EA=1;                     //开全局中断
    PT0=1;                    //开定时器中断

}

void main()                  //主函数
{

    Timer0_Init();

    while(1)                 //计数运算
    {

    {
        we1=1;
        P2=tabl[((s%1000)%100)%10];
        delayms(5);
        we1=0;
        P2=0xff;

        we2=1;
        P2=tabl[((s%1000)%100)/10];
        delayms(5);
        we2=0;
        P2=0xff;

        we3=1;
        P2=tabl[(s%1000)/100];
```

```
        delayms(5);
        we4=0;
        P2=0xff;


        we4=1;
        P2=tabl[s/1000];
        delayms(5);
        we4=0;
        P2=0xff;


    }
}

void Timer0_Routine() interrupt 1              //中断使计数到 9999 和归零

{
    TH0=0xd8;//gaowei
    TL0=0xf0;//diwei
    T0Count++;
    if(T0Count>100)
    {
        T0Count=0;
        s++;
        if(s>=9999)
        s=0;
    }
}
```

数码统计数实验效果如图 6.8 所示。

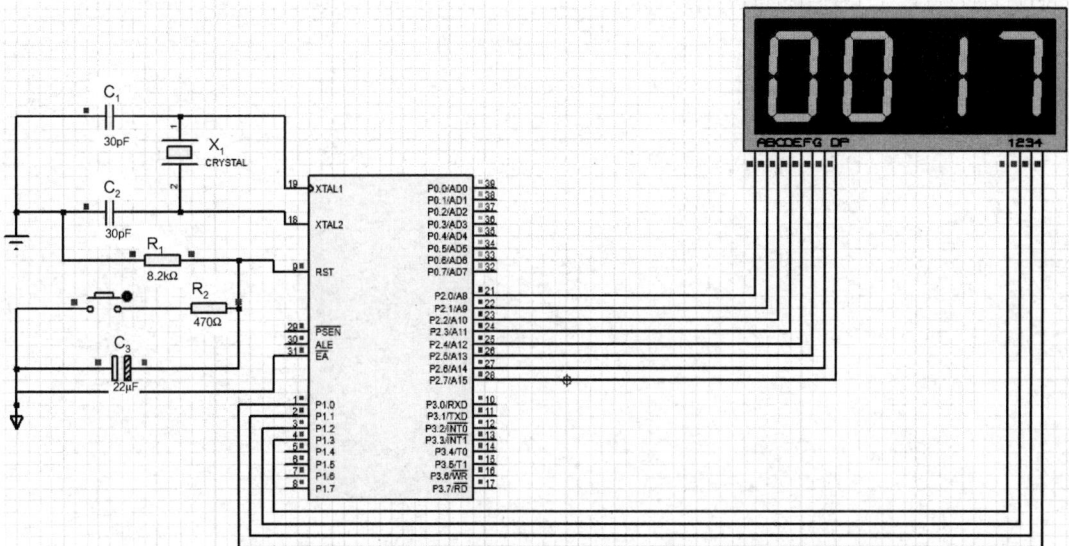

图 6.8　数码管计数实验效果

6.1.6 实例 64：秒表

本节制作一个秒表（范围为 0～59.99s）。要求显示精度为小数后两位，按键 1 开始、停止计数，按键 2 清零，代码如下。

```
#include<reg52.h>
#define uchar unsigned char
int temp=0,key=0,c=0,num=0,msecs=0,msecb=0,secg=0,secs=0,m;
uchar code table[]={0x3f,0x06,0x5b,0x4f,0x66,0x6d,0x7d,0x07,0x7f,0x6f};
void delayTime(uchar time)                          //延时子程序
{
  uchar x,y;
  for(x=0;x<110;x++)
      for(y=0;y<time;y++)
          ;
}
int keyScan()                                       //按键检测
{
  P3=0xef;
  temp=P3;
  temp=temp&0xcf;
  if(temp!=0xcf)
  {
      delayTime(10);
      temp=P3;
      temp=temp&0xcf;
      if(temp!=0xcf)
      {
          temp=P3;
          switch(temp)
          {
              case 0xaf:
              TR0=~TR0;
              break;
              case 0x6f:
                  TR0=0;
                  num=0;
                  msecs=0,msecb=0,secg=0,secs=0;
                  break;
          }
          while(temp!=0xcf)
          {
              temp=P3;
              temp=temp&0xcf;
          }
      }
  }
```

```c
    return key;
}
void main()
{
    TMOD=0x01;                              //设计定时器的工作方式
    TH0=(65536-10000)/256;                  //装初值
    TL0=(65536-10000)%256;

    EA=1;                                   //开全局中断
    ET0=1;                                  //开定时器中断
    TR0=0;
    while(1)
    {
        keyScan();                          //按键检测
        P0=0xf7;                            //数码管显示
        P2=table[msecs];
        delayTime(1);

        P0=0xfb;
        P2=table[msecb];
        delayTime(1);

        P0=0xfd;
        P2=table[secg]|0x80;
        delayTime(1);

        P0=0xfe;
        P2=table[secs];
        delayTime(1);
    }
}
void T0_time() interrupt 1                  //中断子程序
{
        TH0=(65536-10000)/256;
        TL0=(65536-10000)%256;
        num++;
        if(num==1)
        {
                num=0;
                msecs++;
                if(msecs==10)
                {
                        msecb++;
                        msecs=0;
                        if(msecb==10)
                        {
                                secg++;
```

```
            msecb=0;
            if(secg==10)
            {
                secs++;
                secg=0;
                if(secs==6)
                {
                        TR0=0;
                }
            }
        }
    }
}
```

秒表电路图如图 6.9 所示。

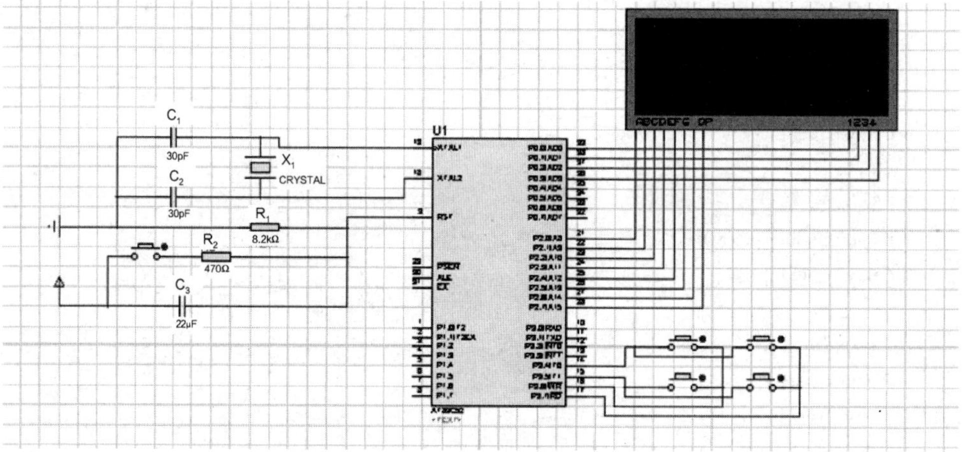

图 6.9　秒表电路图

6.2　按键与键盘

6.2.1　按键分类

如图 6.10 所示为普通按键，如图 6.11 所示为自锁开关。

按键与键盘

按键按照结构原理可分为两类，一类是触点式开关按键，如机械式开关、导电橡胶式开关；另一类是无触点式开关按键，如电气式按键、磁感应按键等。在单片机应用中，当所设置的功能键或数字键按下时，系统应完成该按键所设定的功能。

多个按钮组合起来就形成了键盘，早在 1714 年，英、美、法、意、瑞士等国相继发明了各种形式的打字机。1868 年，"打字机之父"——美国人克里

图 6.10　普通按键　　图 6.11　自锁开关

斯托夫·拉森·肖尔斯（Christopher Latham Sholes）获得打字机模型专利并取得经营权，他又于几年后设计了现代打字机的实用形式，并首次规范了键盘，即"QWERTY"键盘。

如今，键盘是操作设备运行的一种指令和数据输入装置，也是经过系统安排操作一台机器或设备的一组功能键，如图 6.12 所示。键盘是最常用的也是最主要的输入设备，通过键盘可以将英文字母、数字、标点符号等输入计算机中，从而向计算机发出命令、输入数据等。计算机键盘由打字机键盘发展而来，依照键盘上的按键数，其可分为 101 键、104 键、87 键等多种类型。

图 6.12　键盘

6.2.2　按键消抖

对于键盘中的按键，需要进行按键消抖。通常，按键所用开关为机械弹性开关，当机械触点断开、闭合时，由于机械触点的弹性作用，一个按键开关在闭合时不会立即稳定接通，在断开时也不会立刻断开。因而，闭合及断开的瞬间均伴随一连串抖动，为了不产生这种现象，需要进行按键消抖。按键消抖可分为硬件消抖（见图 6.13）和软件消抖（见图 6.14）两种。

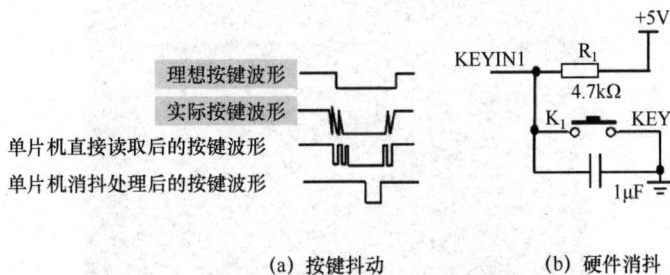

图 6.13　按键抖动与硬件消抖

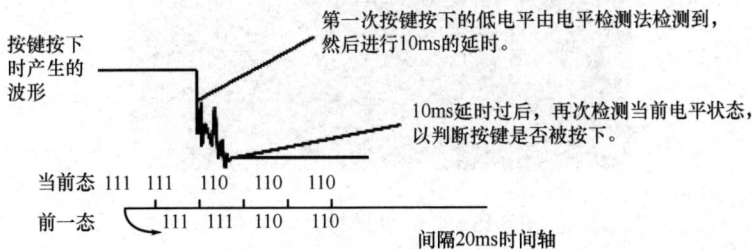

图 6.14　软件消抖

理想中的按键波形应该平滑有规则，但实际上的按键波形会有许多毛刺抖动。按下按键后经示波器检测到的是不规则、不稳定的波形，消抖后的按键波形较平滑。

硬件消抖利用电容充放电特性对抖动过程中产生的电压毛刺进行平滑处理，从而实现消抖。在实际应用中，这种方式的效果往往不是很理想，增加了成本和电路的复杂度，因此实际应用并不多，大多使用软件消抖。

最简单的消抖原理，就是当检测到按键状态变化后先等待 10～20ms 延时，抖动消失后再进行一次按键状态检测，如果与刚才检测到的状态相同，则确认按键已按下。

```
if (0 == Keyport)       //如果有键按下
delay_ms(10);           //延时一段时间消抖
 if (0 == Keyport)      //如果的确有键按下，则检测到的是稳定闭合状态
 {
        … ;             //按键实现的功能
 }
while (!Keyport);       //俗称"死等"
                        //松手检测，如果按住不放，则一直在 while()循环中
```

6.2.3　矩阵键盘

矩阵键盘又称行列键盘，以 4×4 矩阵键盘为例，矩阵键盘焊接出的电路图如图 6.15 所示。矩阵键盘是单片机外部设备中所使用的排布类似于矩阵的键盘组，用 4 条 I/O 线作为行线、4 条 I/O 线作为列线组成的键盘。在行线和列线的每个交叉点上设置一个按键，则键盘上按键的个数为 4×4 个。这种行列式键盘结构能有效地提高单片机系统中 I/O 接口的利用率。

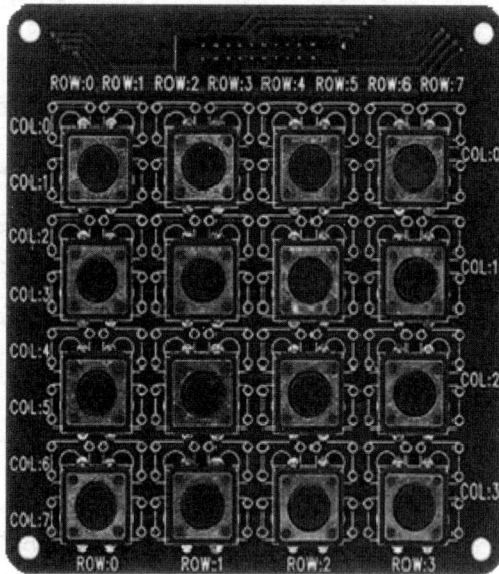

图 6.15　4×4 矩阵键盘电路图

当键盘按键数量较多时，为减少 I/O 接口的占用，通常将按键排列成矩阵形式，构成矩阵键盘。常用的矩阵键盘检测方法有查表法、行列扫描法等。在实际应用时将行列扫描

法与查表法相结合，以 4×4 矩阵键盘为例，行列扫描法包含行扫描和列扫描。行列扫描法
如图 6.16 和图 6.17 所示，首先置位行值、复位列值。所谓置位行值，即所有行都置为高电
平；所谓复位列值，即所有列都置为低电平，这也是无键按下时的情况。此时，若某一行
有按键按下，则该按键对应的行值被拉低，列中依然全为低电平。然后复位行值、置位列
值。此时，若无键按下，则行中全为低电平，列中全为高电平。若某一列有按键按下，则
对应的列被拉低，行中依然全为低电平。

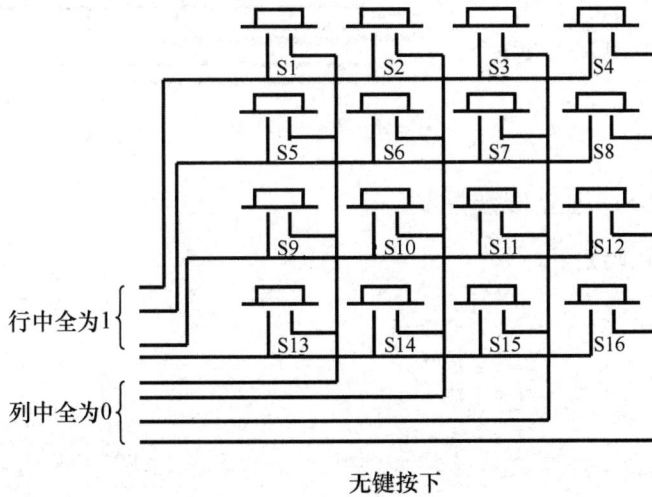

图 6.16　行列扫描法 1

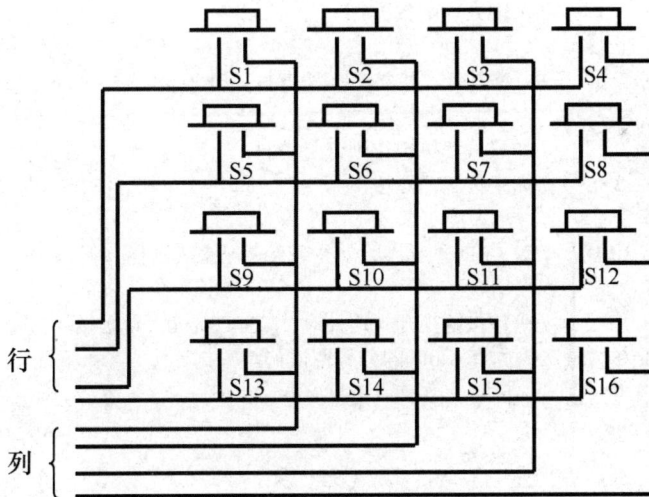

图 6.17　行列扫描法 2

　　如图 6.18 所示，假设行扫描时第 0 行检测为 0，列扫描时第 0 列检测为 0，此时判断
S1 键按下，完成了一次行列扫描。

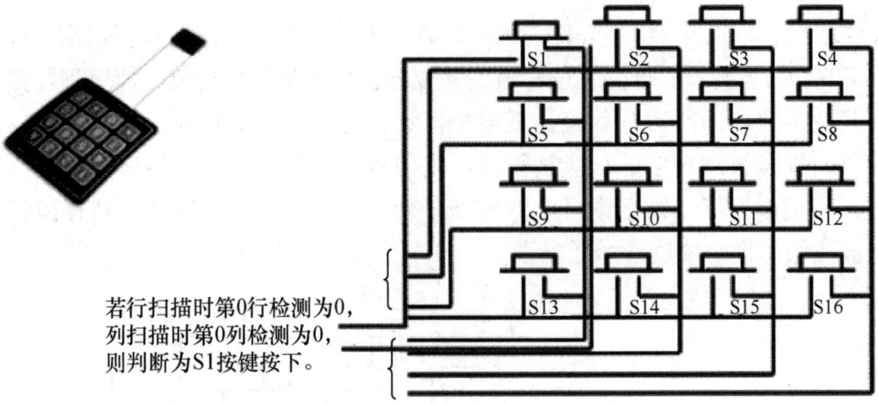

若行扫描时第0行检测为0，
列扫描时第0列检测为0，
则判断为S1按键按下。

图 6.18 举例示意图

6.2.4 实例 65：独立按键控制

独立按键控制代码如下。

```
#include<reg51.h>          //头文件
sbit LED=P1 ^ 0;           //位定义 LED 灯
sbit k1=P2 ^ 1;            //位定义按键
void delay()               //延时函数
{
unsigned char a,b;
    for(a=0;a<200;a++)
    for(b=0;b<200;b++);
}
void key()                 //按键处理函数
{
    if(k1==0)              //判断按键是否按下（按键按下时 k1=0）
    {
    delay();               //如果按下按键，则延时消抖
    if(k1==0)              //如果按键仍然按下
        {
            LED=~LED;      //对 LED 取反，原来亮则灭，原来灭则亮
        }
    while(!k1);            //等待按键松开（松开时 k1=1，!k1=0，跳出循环，
    //未松开时，k1=0，!k1=1，执行 while 的分号空语句，一直等待）
    }
}
void main()                //主函数
{
    while(1)
    {
        key();             //调用按键处理函数
    }
}
```

独立按键控制电路图如图 6.19 所示。

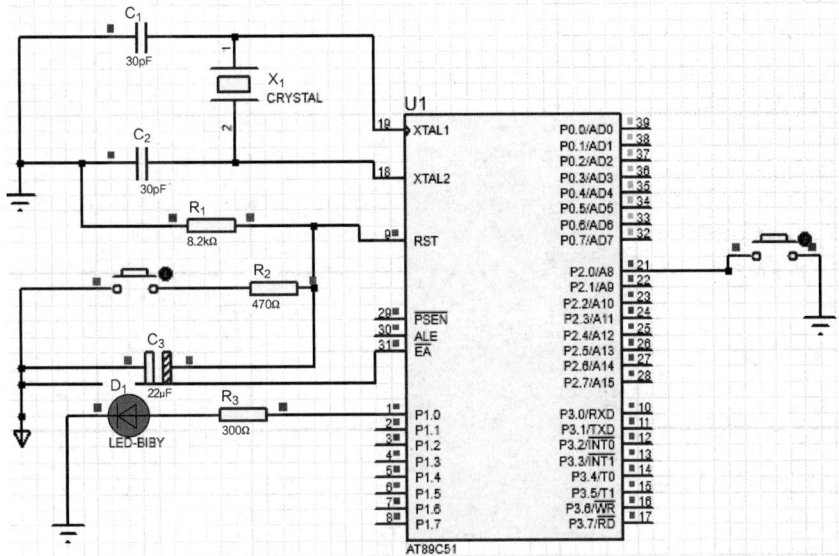

图 6.19　独立按键控制电路图

当按键按下时，小灯亮起，如图 6.20 所示。

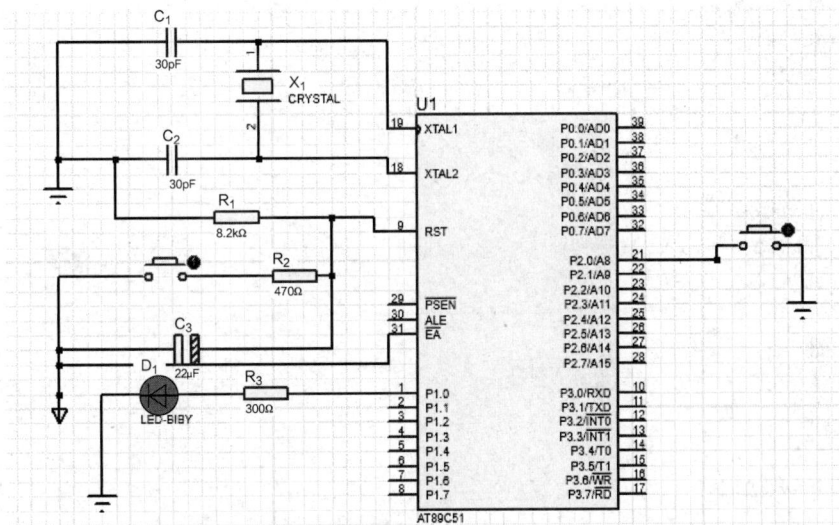

图 6.20　小灯亮起

6.2.5　实例 66：矩阵键盘显示

以 2×2 矩阵键盘为例控制 4 个小灯的亮灭，电路图如图 6.21 所示，代码如下：

```
#include <regx52.h>
sbit led1=P1 ^ 0;
sbit led2=P1 ^ 2;
sbit led3=P1 ^ 4;
sbit led4=P1 ^ 6;
void delay(unsigned int xms)          //@12.000MHz
{
```

```
        unsigned char i, j;
        while(xms)
        {
            i = 5;
            j = 144;
            do
            {
                while (--i);
            } while (--j);
            xms--;
        }
    }
    void main()
    {
        if(P2_0==1&&P2_2==0)
        {
            delay(10);
            while(P2_0==1&&P2_2==0);
            delay(10);
            led1=1;
            led2=0;
            led3=0;
            led4=0;
        }
        if(P2_0==1&&P2_3==0)
        {
            delay(10);
            while(P2_0==1&&P2_3==0)
            delay(10);
            led1=0;
            led2=1;
            led3=0;
            led4=0;
        }
        if(P2_1==1&&P2_2==0)
        {
            delay(10);
            while(P2_1==0&&P2_2==0)
            delay(10);
            led1=0;
            led2=0;
            led3=1;
            led4=0;
        }
        if(P2_1==1&&P2_3==0)
        {
            delay(10);
```

```
        while(P2_1==1&&P2_3==0)
        delay(10);
        led1=0;
        led2=0;
        led3=0;
        led4=1;

    }
}
```

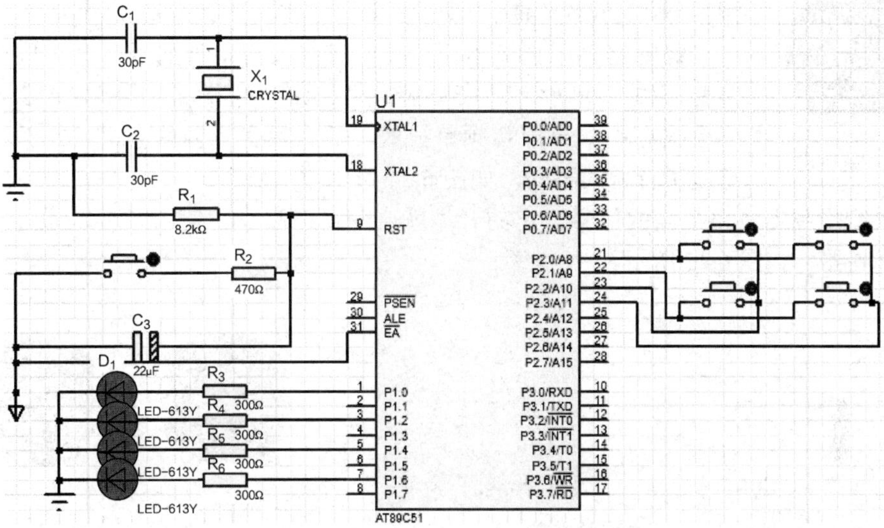

图 6.21　2×2 矩阵键盘显示电路图

按下第 1 键和第 4 键可以看到第 1 个小灯和第 4 个小灯亮起，如图 6.22 所示。

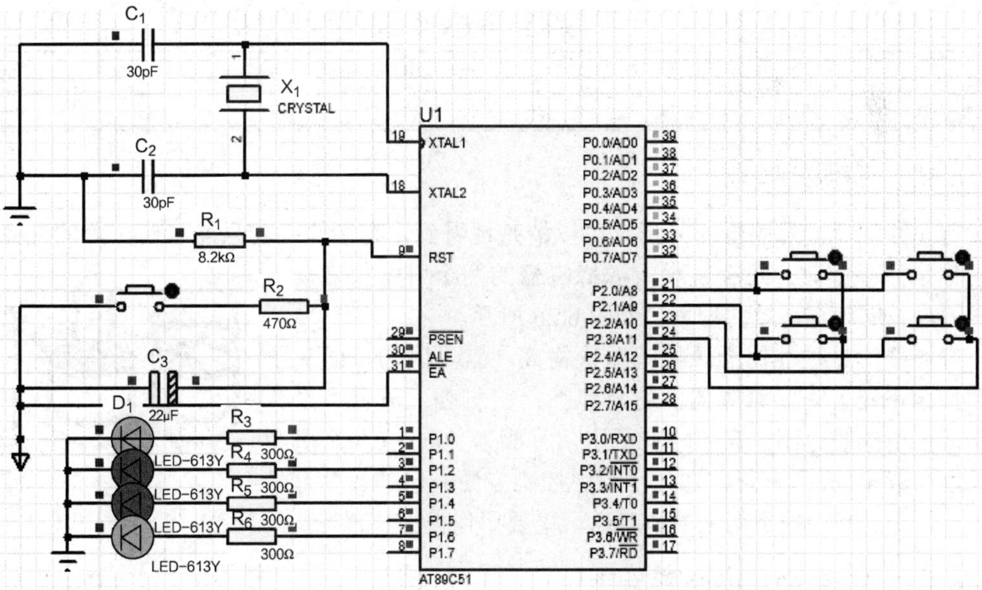

图 6.22　第 1 个小灯和第 4 个小灯亮起

6.3 蜂鸣器

蜂鸣器

6.3.1 蜂鸣器简介

蜂鸣器是一种一体化结构的电子讯响器，是将电信号转换为声音信号的元器件，常用来产生设备的按键音、报警音等提示信号，如图 6.23 所示，在电路中用字母"H"或"HA"表示。

蜂鸣器采用直流电压供电，其能发出单调的或者某个固定频率的声音，如"嘀嘀嘀""嘟嘟嘟"等。如果声音频率很高，那么声音音调就会很高；如果声音频率很低，那么声音音调就会很低。频率的不同造就了音调的不同，如图 6.24 所示。

图 6.23 蜂鸣器

如果给蜂鸣器频率很高的信号，它的音调就会变得很高。在使用时可以通过改变频率来控制蜂鸣器，如图 6.25 所示。

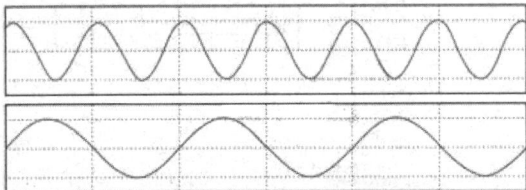

图 6.24 不同频率的声音

图 6.25 蜂鸣器

如表 6.2 所示为音阶对照表。声音有 3 个特性：音高、音调和音色，如果想要蜂鸣器发出不同的声音，就要通过调节音调来实现。

表 6.2 音阶对照表

音 阶	1	2	3	4	5	6	7
频率（Hz）	262	294	330	349	392	440	494

6.3.2 有源蜂鸣器

首先介绍有源蜂鸣器的外形。可以清楚地看到，有源蜂鸣器只能看到黑色的外壳。其实当你拿到手上时，还会发现有源蜂鸣器的两个引脚长度是不一样的，长的为正，短的为负，如图 6.26 所示。

有源蜂鸣器往往比无源蜂鸣器价格高，就是因为里面多了一个振荡电路。有源蜂鸣器的特点包括：引脚朝上放置，没有电路板，用黑胶封闭；高度略有区别，一般为 9mm（两个引脚的长度一般不同）；有正负之分；程序控制方便，但发音频率已经固定，因此，一般不用来播放音乐，主要用作报警装置。

图 6.26 有源蜂鸣器简化图

6.3.3 实例 67：蜂鸣器发声

接下来介绍一个蜂鸣器发声的实例，使有源蜂鸣器以大约 500ms 的时间间隔发声，代码如下。

```
#include <reg52.h>          //此头文件中定义了单片机的一些特殊功能寄存器
sbit beep = P2^1;           //定义蜂鸣器的引脚
void Delay_10us(unsigned int time)
{
   while(time--);
}
int main()
{
   while(1)
   {
      beep = ~beep;          //高低电平切换
      Delay_10us(50000);     //延时约 500ms
   }
}
```

蜂鸣器控制电路图如图 6.27 所示。

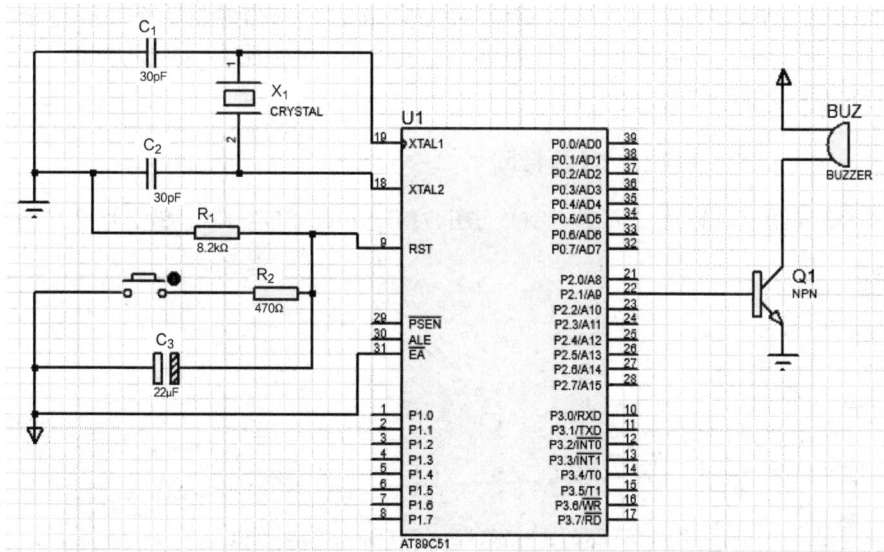

图 6.27   蜂鸣器控制电路图

6.3.4   无源蜂鸣器

无源蜂鸣器是一种电子元器件，能够清晰地观察到其内部的电路板。无源蜂鸣器通常有两个引脚，这两个引脚长度一样。此外，底部通常有正、负极的标记，以帮助正确连接电源。这些标记用于指示蜂鸣器的极性，以确保能够正常工作。无源蜂鸣器的高度为 8mm，需要接在音频输出电路中才能发声。无源蜂鸣器内部不带振荡源，如果使用直流信号，则无法令其鸣叫，故使用频率为 2000～5000Hz 的方波去驱动它。无源蜂鸣器可以实现有源蜂鸣器不能实现的功能，例如，使用无源蜂鸣器可以发出歌曲《两只老虎》的音乐。如图 6.28 所示为无源蜂鸣器简化图。

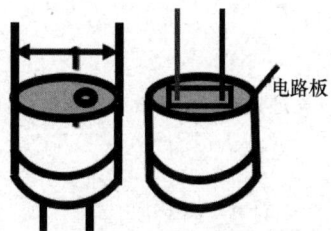

图 6.28   无源蜂鸣器简化图

无源蜂鸣器的特点包括：价格低廉，声音频率可控，内部不带振荡源，用直流信号无法令其鸣叫；当引脚朝上放置时，可观察到绿色的电路板；引脚无正、负之分，不同的频率发出的声音不一样，可以做出"哆来咪发索拉西"的效果；在一些特例中，可以和 LED 灯复用一个控制口。

单片机驱动蜂鸣器的方式有两种：一种是 PWM 输出口直接驱动，另一种是利用 I/O 定时翻转电平产生驱动波形对蜂鸣器进行驱动。下面介绍蜂鸣器驱动方式。可利用 PWM 输出口本身输出一定的方波直接驱动蜂鸣器。通过设置这些寄存器产生符合蜂鸣器要求频率的波形之后，只要打开 PWM 输出，PWM 输出口就能输出该频率的方波，此时利用这个波形就可进行蜂鸣器驱动。例如，驱动频率为 2000Hz 的蜂鸣器，由频率可知周期为 500μs，只需要将 PWM 的周期设置为 500μs，将占空比电平设置为 250μs，就能产生一个频率为 2000Hz 的方波，再利用三极管就可驱动这个蜂鸣器。

利用 I/O 定时翻转电平来产生驱动波形的方式较为复杂，需要利用定时器进行定时，通过定时翻转电平产生符合蜂鸣器要求频率的波形，此波形可用来驱动蜂鸣器。例如，频率为 2500Hz 的蜂鸣器的驱动，可以知道周期为 400μs，只需要驱动蜂鸣器的 I/O 接口每 200μs 翻转一次电平，就可以产生一个频率为 2500Hz、占空比为 50%的方波，再通过三极管放大就可以驱动此蜂鸣器。

6.3.5　实例 68：蜂鸣器演奏音阶

在无源蜂鸣器上循环演奏低音"DO、RE、MI、FA、SO、LA、SI"这 7 个音调，代码如下：

```c
#include <reg52.h>
#include "TimeInit.h"
#define Fosc (11059200L)
unsigned char i=0;
unsigned char cnt=0;
//char Tone[]={'D','R','M','F','S','L','X'};

code unsigned char FreqH[]={0xF8,0xF9,0xFA,0xFA,0xFB,0xFB,0xFC};
code unsigned char FreqL[]={0x8B,0x5B,0x14,0x66,0x03,0x8F,0x0B};
sbit beep=P3^7;


void main(void)
{
  T0Init(10);
  T1Init(50);
  while(1);
}
void T0Tnt(void) interrupt 1
{

  VTH0=FreqH[i];
  VTL0=FreqL[i];
```

```
    TH0=VTH0;
    TL0=VTL0;
    beep=～beep;


}
void T1Tnt(void) interrupt 3
{
    TH1=VTH1;
    TL1=VTL1;
    cnt++;
    if(cnt>=10)
    {
        cnt=0;
        i++;
        if(i>=7)
        {
            i=0;
        }
    }
}
```

6.3.6 实例 69：蜂鸣器演奏乐曲

接下来用蜂鸣器演奏乐曲，这里演奏《青花瓷》，电路图如图 6.29 所示。

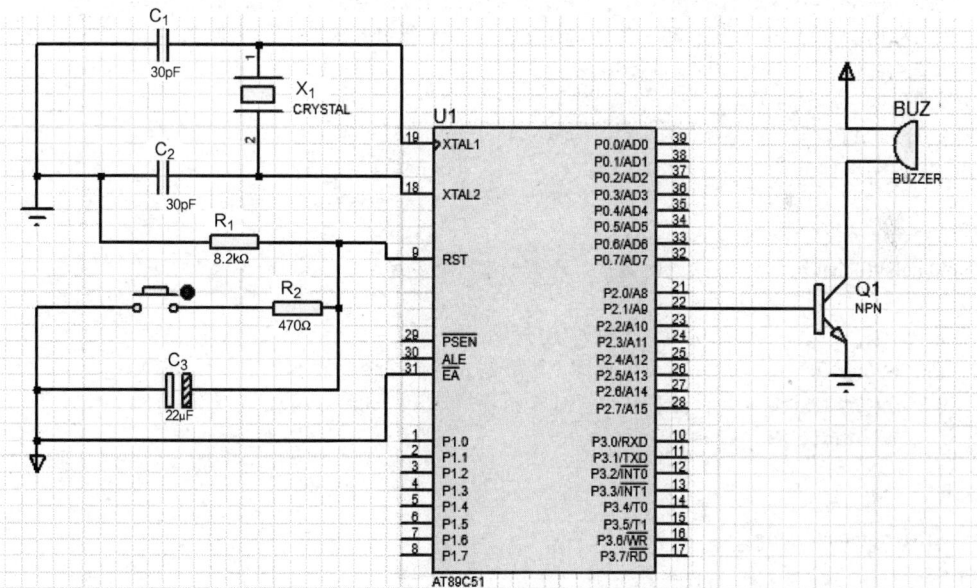

图 6.29 蜂鸣器演奏乐曲电路图

代码如下：

```
#include <reg51.h>
#define uchar unsigned char
sbit Buzzer=P2^1;           //定义蜂鸣器引脚，根据单片机实际蜂鸣器引脚改变
```

```
uchar m,n; //定义 4 个八度，每个八度 12 个音律，共 48 个音律
uchar code T[49][2]= {{0,0},
{0xF9,0x1F},{0xF9,0x82},{0xF9,0xDF},{0xFA,0x37},{0xFA,0x8A},{0xFA,0xD8},{0xFB,0x23},
{0xFB,0x68},{0xFB,0xAA},{0xFB,0xE9},{0xFC,0x24},{0xFC,0x5B},
{0xFC,0x8F},{0xFC,0xC1},{0xFC,0xEF},{0xFD,0x1B},{0xFD,0x45},{0xFD,0x6C},{0xFD,0x91},
{0xFD,0xB4},{0xFD,0xD5},{0xFD,0xF4},{0xFE,0x12},{0xFE,0x2D},
{0xFE,0x48},{0xFE,0x60},{0xFE,0x78},{0xFE,0x86},{0xFE,0xA3},{0xFE,0xB6},{0xFE,0xC9},
{0xFE,0xDA},{0xFF,0xEB},{0xFE,0xFA},{0xFF,0x09},{0xFF,0x17},
{0xFF,0x24},{0xFF,0x30},{0xFF,0x3C},{0xFF,0x47},{0xFF,0x51},{0xFF,0x5B},{0xFF,0x64},
{0xFF,0x6D},{0xFF,0x75},{0xFF,0x7D},{0xFF,0x84},{0xFF,0x8B}
}; //定义音律 49 个二维数组
uchar code music[][2]= {{0,4},{0,4},{24,4},{24,4},{21,4},{19,4},{21,4},{14,8},{19,4},{21,4},{24,4},
{21,4},{19,16},
//记录青花瓷简谱歌词: 0553236 23532 天青色等烟雨  而我在等你
   {0,4},{24,4},{24,4},{21,4},{19,4},{21,4},{12,8},{19,4},{21,4},{24,4},{19,4},{17,16},
//简谱歌词: 0553235 23521 炊烟袅袅升起  隔江千万里
   {0,4},{17,4},{19,4},{21,4},{24,4},{26,4},{24,4},{22,4},{24,4},{21,4},{21,4},{19,4},{19,16},
//简谱歌词: 01235654 53322 在平地书刻你房间上的飘影
   {0,4},{17,4},{19,4},{17,4},{17,4},{19,4},{17,4},{19,4},{19,4},{21,8},{24,4},{21,4},{21,12},
//简谱歌词: 就当我为遇见你伏笔
   {0,4},{24,4},{24,4},{21,4},{19,4},{21,4},{14,8},{19,4},{21,4},{24,4},{21,4},{19,16},
//简谱歌词: 0553236 23532 天青色等烟雨  而我在等你
   {0,4},{24,4},{24,4},{21,4},{19,4},{21,4},{12,8},{19,4},{21,4},{24,4},{19,4},{17,16},
//简谱歌词: 0553235 23521 月色被打捞起  掩盖了结局
   {0,4},{17,4},{19,4},{21,4},{24,4},{26,4},{24,4},{22,4},{24,4},{21,4},{21,4},{19,4},{19,12},
//简谱歌词: 0123 5654 5332 25 322 11  如传世的青花瓷在独自美丽
   {12,4},{21,8},{19,8},{19,4},{17,20},
//简谱歌词: 你眼带笑意
   {0xFF,0xFF}
}; //歌曲结尾标志


void delay(uchar p)          //延时函数，无符号字符型变量
{
   uchar i, j;               //定义无符号字符型变量 i 和 j
   for(; p>0; p--)           //此处 p 值即主函数的 n 值节拍个数
       for(i=181; i>0; i--)  //延时 181×181 个机器周期，约 35ms，即一个 1/16 节拍
           for(j=181; j>0; j--);
}

void T0_int() interrupt 1
{
   Buzzer=~Buzzer;          //蜂鸣器翻转发声
   TH0=T[m][0];
   TL0=T[m][1];
//音律延时周期次数码表赋给定时寄存器，作为计数初始值，每 TH0×TL0 个机器周期触发蜂鸣器引脚
//翻转，演奏出不同音符
}
```

```
void main()
{
    uchar i=0;              //定义无符号字符型变量 i，初始值为 0
    TMOD=0x01;
    EA=1;
    ET0=1;                  //开启 T0 定时 16 位方式，全局中断开启，开启 T0 外部中断请求
    while(1)                //开始曲谱演奏，循环无限重复
    {
        m=music[i][0];      //将音律号赋值给 m
        n=music[i][1];      //将节拍号赋值给 n
        if(m==0x00)         //如果音律号为 0x00
        {
            TR0=0;
            delay(1);
            i++;
        } //关闭计时器，延迟 n 拍，将循环数 i 加 1，准备读下一个音符
        else if(m==0xFF)    //如果音律号为 0xFF
        {
            TR0=0;
            delay(3);
            i=0;
        } //开启节拍延时 30 个 1/16 节拍，歌曲停顿 2s，将循环数 i 置 0
        else if(m==music[i+1][0])    //如果把下一个音律号赋值给变量 m
        {
            TR0=1;
            delay(1);
            TR0=0;
            i++;
        } //定时器 0 打开延迟 n 拍，关闭定时器 T0，读下一个音符，循环数加 1，读下一个音律
        else //如果音符不为零
        {
            TR0=1;
            delay(1);
            i++;
        }//打开定时器，延时 n 个 1/16 拍，循环数 i 加 1，准备演奏下一个音符
    }
}
```

6.4　HX711 称重传感器

　　HX711 是为高精度称重传感器而设计的 24 位 A/D 转换器芯片。与同类型芯片相比，该芯片集成了稳压电源、片内时钟振荡器等其他同类型芯片所需外围电路，具有集成度高、响应速度快、抗干扰性强等优点，降低了电子秤的整体成本，提高了整机性能和可靠性。该芯片与后端 MCU 芯片的接口和编程简单，所有控制信号由引脚驱动，无须对芯片内部的寄存器编程。输入选择开关可任意选取通道 A 或通道 B，与其内部低噪声可编程放大器相连。通道 A 的可编程增益为 128 或 64，对应的满额度差分输入信号幅值分别

为 ±20mV 或 ±40mV。通道 B 则为固定的 32 增益，用于系统参数检测。芯片内提供的稳压电源可以直接向外部传感器和芯片内的 A/D 转换器提供电源，系统板上无须另外的模拟电源。芯片内的时钟振荡器不需要外接任何元器件。上电自动复位功能简化了开机的初始化过程。

两路可选择差分输入，片内低噪声可编程放大器可选增益为 64 和 128，片内稳压电路可直接向外部传感器和芯片内 A/D 转换器提供电源。片内时钟振荡器无须任何外接元器件，在必要时也可使用外接晶振或时钟。上电自动复位电路，简单的数字控制和串口通信：所有控制由引脚输入，芯片内寄存器无须编程。可选择 10Hz 或 80Hz 的输出数据频率，同步抑制 50Hz 和 60Hz 电源干扰。典型工作电流<1.7mA，断电电流<1μA，工作电压范围为 2.6～5.5V，工作温度范围为−20～85℃。16 引脚的 SOP-16 封装如图 6.30 所示。

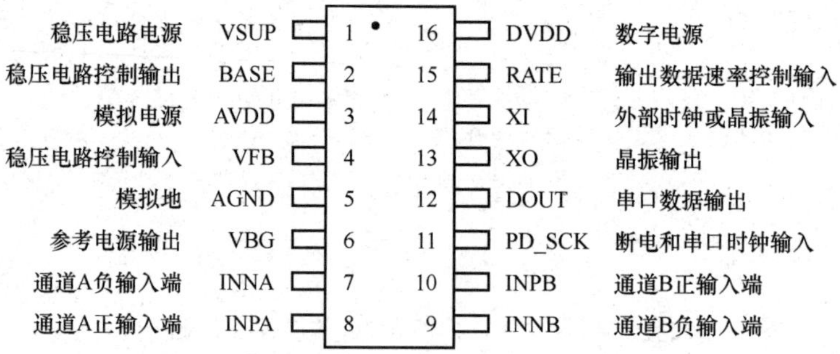

图 6.30 16 引脚的 SOP-16 封装

1．模拟输入

通道 A 模拟差分输入，可直接与桥式传感器的差分输出相接。由于桥式传感器输出的信号较小，因此，该通道的可编程增益较大，设置为 128 或 64 以充分利用 A/D 转换器的动态输入范围。这些增益所对应的满量程差分输入电压分别为 ±20mV 和 ±40mV。通道 B 为固定的 32 增益，所对应的满量程差分输入电压为 ±80mV。通道 B 应用于包括电池在内的系统参数检测。

2．供电电源

数字电源（DVDD）应使用与 MCU 芯片相同的数字供电电源。HX711 芯片内的稳压电路可同时向 A/D 转换器和外部传感器提供模拟电源。稳压电路电源的供电电压（V_{SUP}）可与数字电源（DVDD）相同。稳压电路电源的输出电压（V_{AVDD}）由外部分压电阻 R_1、R_2 和芯片的输出参考电压 V_{BG} 决定，即 $V_{AVDD}=V_{BG}(R_1+R_2/R_2)$。应选择该输出电压比稳压电路电源的输入电压（$V_{SUP}$）低至少 100mV。若不使用芯片内的稳压电路，引脚 VSUP 和引脚 AVDD 应相连，并接到电压为 2.6～5.5V 的低噪声模拟电源。引脚 VBG 上不需要外接电容，引脚 VFB 应接地，引脚 BASE 无连接。

3．时钟选择

如果将引脚 XI 接地，HX711 将自动选择使用内部时钟振荡器，并自动关闭外部时钟输入和晶振的相关电路。在这种情况下，典型输出数据频率为 10Hz 或 80Hz。如需准确的输出数据频率，可将外部输入时钟通过一个 20pF 的隔直电容器连接到 XI 引脚上，或将晶振连接到 XI 和 XO 引脚上。在这种情况下，芯片内的时钟振荡器电路会自动关闭，晶振时钟或外部输入时钟电路将被采用。此时，若晶振频率为 11.0592MHz，输出数据频率为准确的 10Hz 或 80Hz。输出数据频率与晶振频率以上述关系按比例增加或减少。在使用外部输入时钟时，外部时钟信号不一定为方波。外部时钟输入信号的幅值可低至 150mV。

4．串口通信

串口通信由引脚 PD_SCK、DOUT 组成，用来输出数据，选择输入通道和增益。当数据输出引脚 DOUT 为高电平时，表明 A/D 转换器未准备好输出数据，此时串口时钟输入信号 PD_SCK 应为低电平。DOUT 从高电平变为低电平后，PD_SCK 应输入 25～27 个不等的时钟脉冲，如图 6.31 所示。其中，第 1 个时钟脉冲的上升沿将读出输出 24 位数据的最高位（MSB），直至第 24 个时钟脉冲完成，24 位输出数据从最高位至最低位逐位输出完成；第 25～27 个时钟脉冲用来选择下一次 A/D 转换的输入通道和增益。

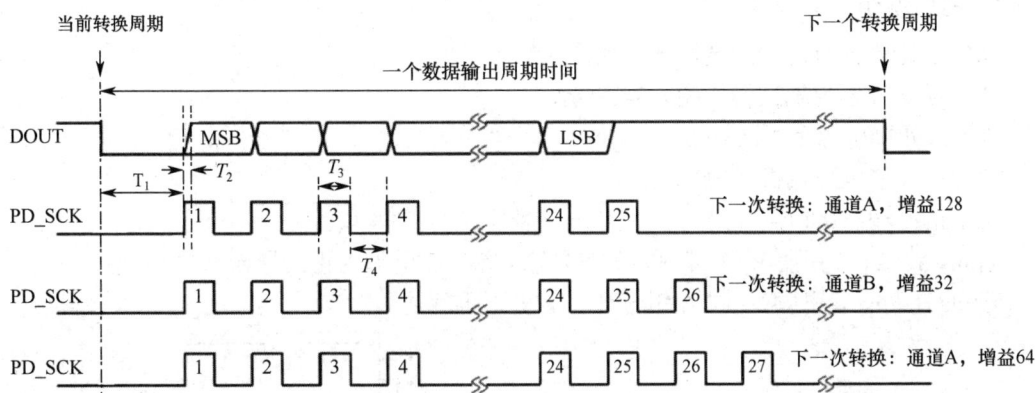

图 6.31　HX711 输出增益图

PD_SCK 的输入时钟脉冲数不应少于 25 个或多于 27 个，否则会造成串口通信错误。当 A/D 转换器的输入通道或增益改变时，A/D 转换器需要 4 个数据输出周期才能稳定。DOUT 在 4 个数据输出周期后才会从高电平变为低电平，输出有效数据。

HX711 使用参考电路如图 6.32 所示。

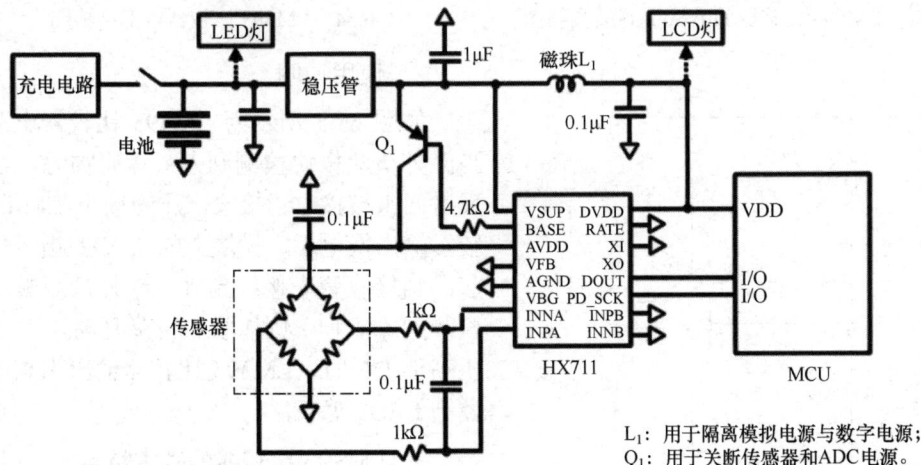

图 6.32　HX711 使用参考电路

6.5 LM393 比较器应用

LM393 比较器应用

6.5.1 LM393 比较器简介

LM393 是低电源双电压比较器，其内部包含两个独立的精确电压比较器，通过比较电压（最低可达到 2mV），芯片内部比较器通过统一供电提供一个宽范围比较电压区间。芯片具有独特的双比较器共地设计，统一供电也并不影响精度。LM393 比较器拥有与 TTL 和 CMOSE 直接连接的接口。在操作过程中，电压增大或减小时，LM393 比较器直接输出逻辑比较电压。

1．接口说明

LM393 比较器有两种封装形式，如图 6.33 所示。

LM393 比较器内部结构如图 6.34 所示。

VCC：外接电源正极（5V）。

GND：外接电源负极（GND）。

Outputs：输出接口高/低电平开关信号（数字信号 0 和 1）。

Inputs A（2、3 引脚）：2 引脚为负信号输入端，3 引脚为正信号输入端。

Inputs B（5、6 引脚）：同 A 组一样，这里不再叙述。

图 6.33　LM393 比较器 DIP/SOP 封装实物图

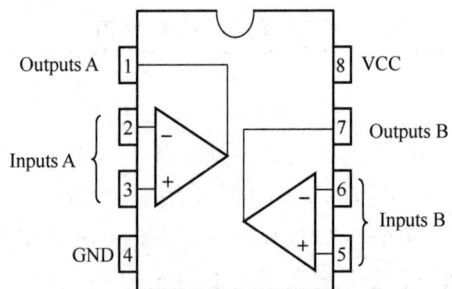

图 6.34　LM393 比较器内部结构图

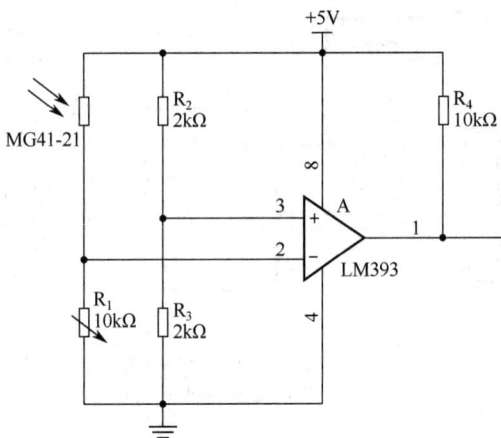

图 6.35　LM393 比较器电路图

2．使用说明

如图 6.35 所示为 LM393 比较器电路图。当红外检测模块检测到人或障碍物时，红外线反射回来被接收管接收，压降极小，LM393 比较器输出低电平，模块上的 LED2 指示灯会亮起。当接收管未接收到时，红外检测模块没有检测到障碍物，则接收头压降升高。当 IN+电压高于 IN−时，LM393 比较器输出为高电平，控制 LED2 熄灭。

3．LM393 比较器的基本特点

LM393 是高增益元器件，像大多数比较器一样，如果输出端到输入端有寄生电容而产生

耦合，则很容易产生振荡（输出的波形不能和预期吻合，出现瑕疵）。这种现象仅仅出现在当比较器改变状态时输出电压过渡的间隙，电源加旁路滤波在一定程度能够解决此问题，比较器的所有无用引脚必须接地，防止干扰由悬空引脚引入。

LM393 比较器确立了其静态电流和电源电压（2.0～30V）。通常，电源需要加旁路电容。差分输入电压可以大于 VCC，并不损坏元器件，保护部分必须能阻止输入电压向负端超过−0.3V。

4．LM393 比较器电路设计

根据电压比较器的基本原理，设计如图 6.36 所示的电路图。通过加入电源可输出反向方波。本电路图的具体设计原理，可以参考《模拟电子技术基础》一书，这里只是对输出的波形进行分析，给出了设计的最基本形式，用户可以根据学习情况，自行设计合理的电路。

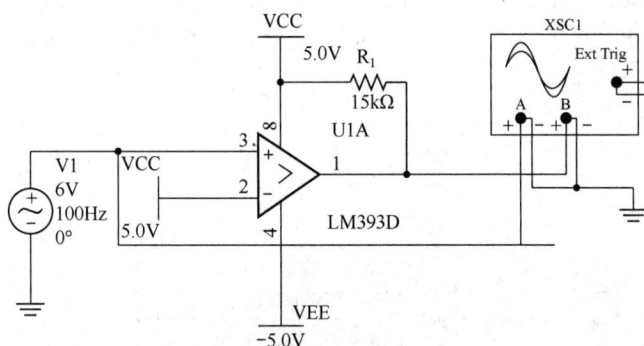

图 6.36　LM393 比较器 Multisim 电路设计

如图 6.37 所示，当输入的信号为正弦波时，由于有双电源，所以在 X 轴的下方输出了方波。如果采用单电源进行供电，那么在 X 轴下方不会有波形，读者可以自己测试。在使用时，应该明确示波器测量的是交变电流，故最后一栏应选择交流，这样就可以避免其中的直流分量。由于 LM393 比较器电路设计得相对简单，因此在输出端没有考虑振荡，仅用于验证 LM393 比较器确有电压比较器的功能。

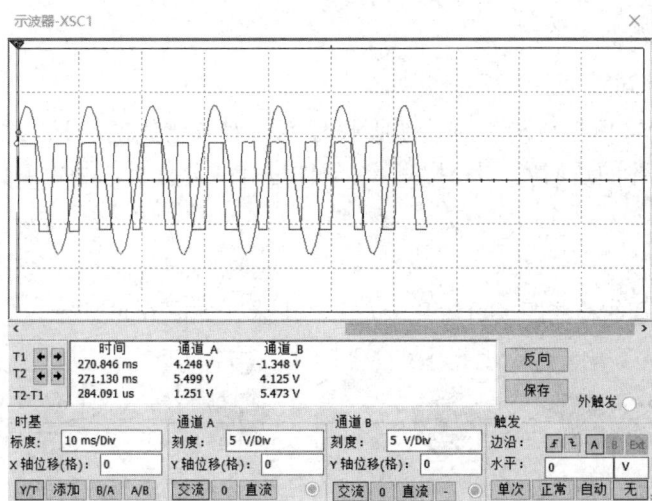

图 6.37　LM393 比较器输出波形图

6.5.2 红外对管

红外是红外线的简称，是一种电磁波，可以实现数据的无线传输。红外线自 1800 年被发现以来，得到了普遍应用，如红外线鼠标、红外线打印机、红外线键盘、红外线摄像头、红外线光波炉等。

红外线传输具有以下特征：是一种点对点的传输方式；无线；近距离；需要对准方向，且中间不能有障碍物，即不能穿墙而过。

如图 6.38 所示为红外线概述图。自然界中的一切物体，只要它的温度高于绝对零度（−273℃），就存在分子和原子的无规则运动，其表面就不断辐射红外线。可见光是指肉眼可见的光波域，从波长为 400nm 的紫光到波长为 700nm 的红光。红外线是一种电磁波，它的波长范围为 760nm～1mm，介于微波与可见光之间，比红光长的不可见光不为人眼所见。红外成像设备就是探测这种物体表面辐射的不为人眼所见的红外线的设备，反映物体表面的红外辐射场，即温度场。

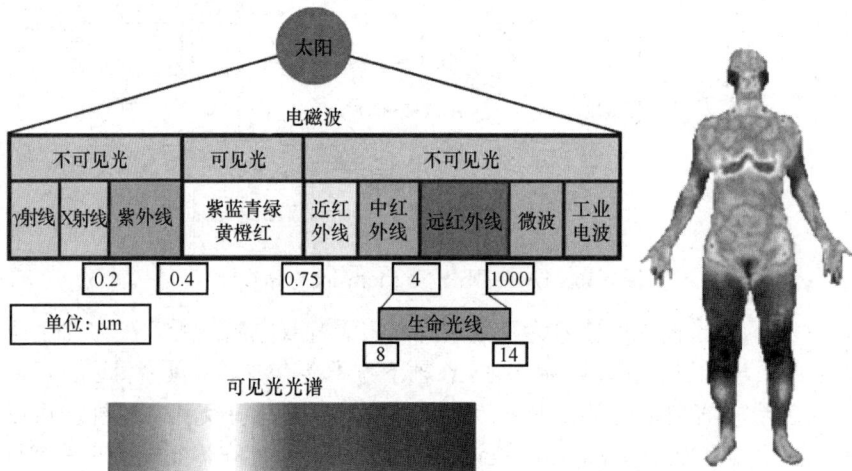

图 6.38　红外线概述图

红外对管分为如下 4 类。

1. 吸收式红外对管

吸收式红外对管根据被测物对光的吸收程度或对其谱线的选择来测定被测参数。例如，测量液体、气体的透明度、浑浊度，对气体进行成分分析，测定液体中某种物质的含量等，如图 6.39 所示。

2. 辐射式红外对管

辐射式红外对管的检测距离可达几米乃至几十米，如图 6.40 所示。

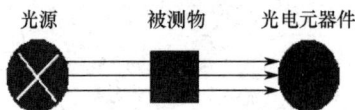

图 6.39　吸收式红外对管

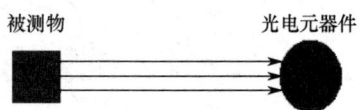

图 6.40　辐射式红外对管

3. 遮光式红外对管

遮光式红外对管，光源发出的光通量经被测物遮去一部分，使作用在光电元器件上的光通量减弱，减弱的程度与被测物在光学通路中的位置有关。利用这一原理可以测量长度、厚度、线位移、角位移、振动等，如图 6.41 所示。

4. 反射式红外对管

反射式红外对管是指被测物体把部分光通量反射到光电元器件上，根据反射的光通量测定被测物的表面状态和性质。例如，测量零件的表面粗糙度、表面缺陷、表面位移等，如图 6.42 所示。

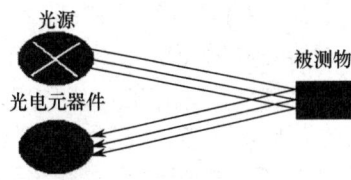

图 6.41　遮光式红外对管　　　　图 6.42　反射式红外对管

下面详细讲解一下反射式红外对管。反射式红外对管有 3 个引脚，分别是电源正极 VCC、负极 GND 及 I/O 接口，除此之外，还有红外线发射管和红外线接收管，如图 6.43 所示。

如图 6.44 所示为红外对管模块电路图。模块需要一个电源指示灯来判断电源是否接通，因此，LED_1 为电源指示灯。R_1 的作用是防止电流过大烧坏 LED_1，C_1 的作用是滤波。滑动变阻器 R_2 当作比较元器件，控制 LM393 比较器。IN– 端输入的电压，调节检测距离大小。R_3、R_4 的作用与 R_1 相似，R_4 还

图 6.43　反射式红外对管实物图

有分压的作用，C_2 的作用也是滤波。当接收管接收到红外线时压降极小，LM393 比较器输出低电平，LED_2 被点亮。当接收管接收不到红外线时，接收头压降升高，当 IN+端电压高于 IN–端时，LM393 比较器输出高电平，LED_2 熄灭。R_5 的作用与 R_1 相似。

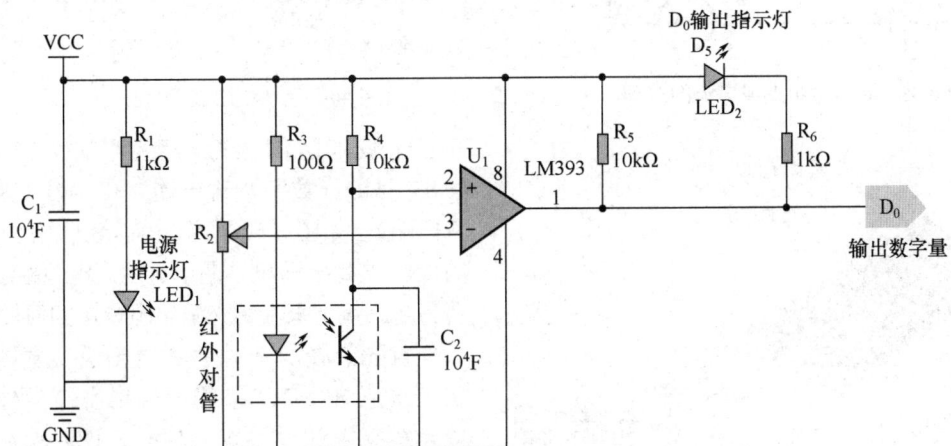

图 6.44　红外对管模块电路图

红外对管最常见的应用是用于遥控器，如机器人玩具遥控器、电视机遥控器、空调遥

控器等。红外线透过云雾能力比可见光强，在通信、探测、医疗、军事等方面有广泛的用途。在红外线区域中，对人体最有益的波段是 4～14μm，这在医术界被统称为"生育光线"，因为这个红外线波段对生命生长有促进作用，对活化细胞组织、血液循环有很好的作用，能够提高人的免疫力，加强人体的新陈代谢。

6.5.3 光敏电阻

光敏电阻是最常见的光敏传感器，利用光敏元器件将光信号转换为电信号，当光子冲击接合处时就会产生电流。光敏电阻主要应用于太阳能草坪灯、光控小夜灯、照相机、监控器、光控玩具、声光控开关、摄像头、防盗钱包、光控音乐盒、生日音乐蜡烛、音乐杯、人体感应灯、人体感应开关等电子产品光自动控制领域。

光敏传感器是利用光敏元器件将光信号转换为电信号的传感器。目前使用的光敏电阻是基于半导体光电效应工作的。光敏电阻是一个纯粹的电阻元器件，在使用时可以加直流电压，也可以加交流电压。光敏电阻的工作原理如下：光照时，电阻很小；无光照时，电阻很大。光照越强，电阻越小；光照停止电阻又恢复原值。光敏电阻形成电流的原理如图 6.45 所示。

光敏电阻温度特性是指在一定的光照下，光敏电阻的阻值、灵敏度或光电流受温度的影响。随着温度的升高，暗电阻和灵敏度都下降。显然，光敏电阻的温度系数越小越好，但不同材料的光敏电阻，温度系数是不同的。因此，使用光敏电阻时应考虑采用降温措施，改善光敏电阻的温度系数。光敏电阻温度特性如图 6.46 所示。

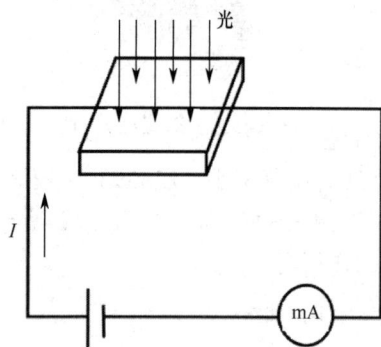

图 6.45 光敏电阻形成电流的原理

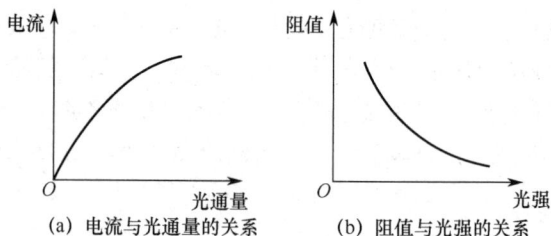

图 6.46 光敏电阻温度特性

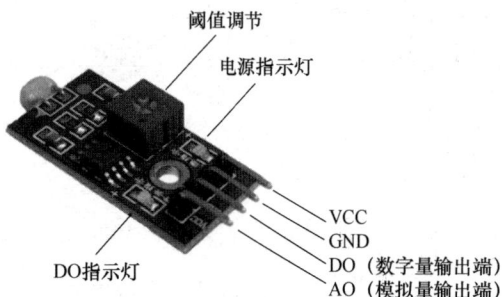

图 6.47 光敏电阻引脚分布

光敏电阻的 4 个接线引脚为 VCC、GND、DO（数字量输出端）和 AO（模拟量输出端），如图 6.47 所示。连接到单片机相应的 I/O 接口上即可，通电之后，电源指示灯就会亮起。接下来介绍光敏电阻模块如何使用。

首先，模块在外界环境光线亮度达不到设定阈值时，DO 端输出高电平；当外界环境光线亮度超过设定阈值时，DO 端输出低电平，DO 指示灯就会亮起，此处可进行阈值调节。其次，DO 端可以与单片机直接相连，通过单片机来检测电平高低，由此来检测外界环境光线亮度的改变。最后，将模拟量输出端 AO 和 A/D 转换模块相连，通过 A/D 转换，获得外界环境光线亮度更精准的数值。

6.5.4 CO 检测传感器

CO（一氧化碳）的毒性巨大，其相对分子质量为 28.01，沸点为-191.5℃，在水中的溶解度甚低，极难溶于水。如果人类不小心大量吸入 CO，CO 将会与血液中的血红蛋白相结合。在居家生活中需要使用一个快速而有效的传感器来检测可燃性气体，从而及时预防危险事件的发生。如图 6.48 所示，可燃气体检测传感器可以有效检测室内可燃气体的含量，当可燃气体的含量超过一定标准时，便可以通过传感器立刻检测出来，产生报警信号，以提示人们尽快进行补救措施。利用可燃气体检测传感器检测一氧化碳浓度成为可行方案。使用的可燃气体检测传感器为 CO 检测传感器。CO 检测传感器有 4 个引脚，分别是电源正极 VCC、电源负极 GND、数字量输出端 DD、模拟量输出端 AD。CO 检测传感器还有电源指示灯、数字量输出指示灯，并且具有灵敏度调节的功能。

图 6.48　可燃气体检测传感器

可燃气体检测传感器的主要组成部分为 MQ-2。MQ-2 是 MQ-X 型烟雾传感器的一种，是二氧化锡半导体气敏材料，当处于 200～300℃时，其电阻值增加，引起传感器发烫。烟雾浓度越大，MQ-X 型烟雾传感器的电阻值越小，利用这个特点来确定环境中是否含有天然气、液化石油气等烷类气体。

可燃气体检测传感器模块的电路图如图 6.49 所示。可燃气体检测传感器由 6 个引脚组成，使用时将引脚 1 和引脚 3 接电源，引脚 5 接地，引脚 4 和引脚 6 为输出电压，当烷类气体浓度上升时，引脚 4 和引脚 6 对地的压降会增大。

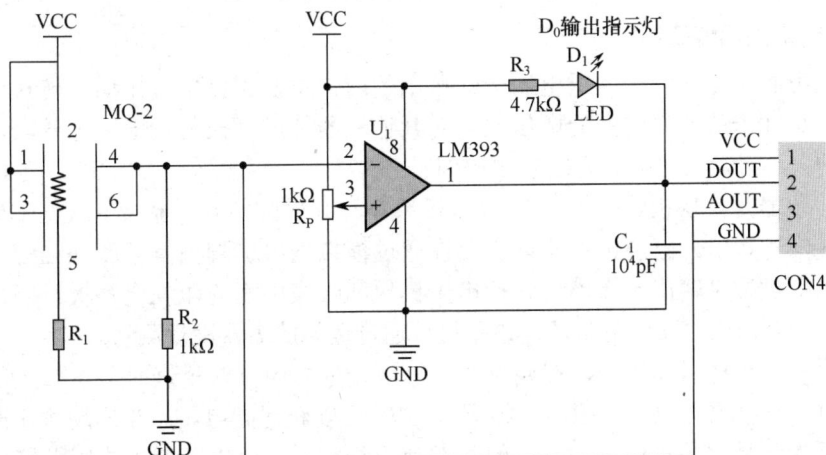

图 6.49　可燃气体检测传感器模块的电路图

此外，可燃气体检测传感器模块的主要组成部分是 LM393 比较器。LM393 比较器有 8 个引脚，除了引脚 8 VCC 和引脚 4 GND，还有两路一样的比较引脚。一路是引脚 3 INA+、引脚 2 INA-、引脚 1 OUTA；另一路是引脚 5 INB+、引脚 6 INB-、引脚 7 OUTB。

LED 灯采用灌入式连接法，把 LED 灯的正极经 4.7kΩ 电阻接电源，负极接 OUT 端口。当 OUT 端口为高电平时，灯灭；当 OUT 端口为低电平时，灯亮。把引脚 4、6 接 LM393 比较器的 INA−，INA+接 1kΩ 的滑动变阻器，滑动变阻器两端接 VCC 与 GND，这样便可调节滑动变阻器来控制 INA+对地的电势差，从而起到调节灵敏度的作用。为了保证 OUT 端口的输出稳定性，需要在输出与地之间接一个 10^4pF 的电容器，从而起到滤波作用，然后用一个 4 引脚插针将两部分连接起来。传感器模块有两路输出，AOUT 引脚输出的是 MQ-2 检测到一氧化碳浓度反映成电压变化的模拟信号，DOUT 引脚输出的是 MQ-2 模拟电压信号与阈值电压比较后输出的开关量。

6.5.5　雨滴传感器

雨滴传感器用于检测雨量，并利用控制器将检测到的信号进行变换，根据变换后的信号自动按雨量设定刮水器的间歇时间，以便随时控制其他外设。雨滴传感器如图 6.50 所示。

图 6.50　雨滴传感器

1．种类

雨滴传感器的种类有如下 3 种：

（1）根据雨滴冲击能量的变化进行检测；

（2）利用静电电容量变化进行检测；

（3）利用光亮变化进行检测。

2．光感式雨滴传感器

光感式雨滴传感器上共有 3 个光强传感器和 1 个发光二极管。这 3 个光强传感器分别为测量近光的环境光强传感器、测量前方光线（远光）的光强传感器、测量雨滴的光强传感器；1 个发光二极管配合测量雨滴密度。当没有雨滴时，发出的大部分光被反射回来；当雨滴较多时，被反射回来接收的光强减小，传感器输出发生变化。

3．压电式雨滴传感器

压电式雨滴传感器利用其压电振子的压电效应，将机械位移（振动）转换成电信号，然后根据雨滴冲击的能量转变的电压波形对其他元器件进行控制。根据电压波形的变化，可得雨量的大小，从而进行更为准确的控制。

雨滴传感器是一块板，上面以线形形式涂镍。其引脚 VCC 接高电平，GND 接低电平，DO 接信号输出。雨滴传感器模块允许通过模拟输出引脚测量湿度，当湿度超过阈值时，它可以提供数字输出。该模块包括电子模块和收集雨滴的印制电路板。当雨滴积聚在电路板上时，会形成并联电阻路径，该路径可通过运算放大器进行测量。

传感器是一个电阻偶极子，在潮湿时显示较小的电阻，在干燥时显示较大的电阻。当没有雨滴时，它会增大电阻，因此，根据 $U=IR$ 可以获得高电压。当出现雨滴时，它会降低电阻，因为水是电的导体，并且水的存在使镍线并联，所以降低了电阻并降低了其两端的电压降。

6.5.6　火焰检测器

任何物质的燃烧必然伴随着局部温度的升高，从而在其周围空间产生一定强度的电磁波辐射。物质燃烧过程中所产生的辐射光谱有其固有的特点，利用传感器来测量辐射信号，便可以探测到火焰的产生，这就是火焰检测器的基本原理。不同的物质燃烧时，发射出的红紫外光谱有所差别，从火焰光谱图中可以明显看出 3 个火焰辐射峰值。其中，一个是紫外线波段 0.28μm 以下部分，另两个分别是红外线波段 4.3μm 和 4.6μm 附近。在通常情况下，火焰检测波段的滤光片中心波长都在 4.3μm 和 4.4μm 附近，采用不同的带宽设计能够检测到碳氢化合物燃烧火焰中释放的 CO_2 和 CO 所辐射的 4.0～4.6μm 波长范围内的中红外波长红外信号。

利用火焰中释放红外线的特性，可以通过检测燃烧火焰放射的红外线强度和火焰频率来判别火焰是否存在，探头采用硫化铅光电二极管或硅光电二极管。

由于火焰的热辐射具有离散光谱的气体辐射和连续光谱的固体辐射，不同燃烧物的火焰辐射强度、波长分布有所差异，因此火焰传感器利用红外接收头来探测波长为 700～1000nm 的红外线，探测角度为 60°。当红外线波长在 880nm 附近时，其灵敏度最大。同时，远红外火焰探头将外界红外线的强弱变化转换为电流的变化，通过 A/D 转换器反映为 0～255 范围内数值的变化。火焰传感器模块的电路图如图 6.51 所示。模块电路也是由 LM393 比较器构建的，电路中包括电源处与输出端两个指示灯，电源处指示灯上电后亮起，可直观地判断是否接通电源；输出端指示灯一端接电源，另一端接 LM393 比较器的输出端，输出高电平时指示灯熄灭，反之则点亮。

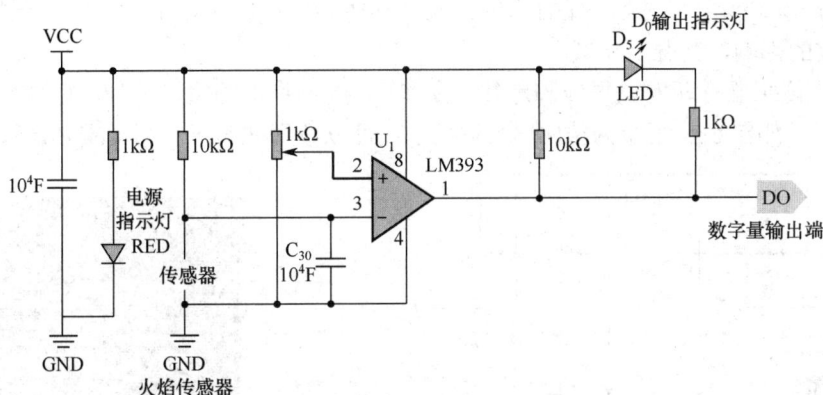

图 6.51　火焰传感器模块的电路图

根据电路结构可知，外界红外线越强，数值越小；外界红外线越弱，数值越大。电压值与阈值电压进行比较，决定 DO 的开关量是 0 还是 1。阈值电压取决于连接至 LM393 比较器的引脚 2 的滑动变阻器的电阻值，此滑动变阻器可将阈值电压在 0～5V（取决于输入电压）调节，决定 LM393 比较器输出端的开关量状态。如果想得到传感器测得的环境中红外线强度的原始模拟信号，可以在 LM393 比较器的引脚 3 接引线测得，也可以通过 ADC 芯片转换成数字量。

6.5.7　PM2.5 传感器

PM2.5 传感器又称粉尘传感器、灰尘传感器。PM2.5 传感器可以用来检测周围空气中的颗粒物浓度，即 PM2.5 的大小。PM2.5 传感器如图 6.52 所示。

下面介绍 PM2.5 传感器的检测原理。

图 6.52　PM2.5 传感器

1．浊度法

浊度法就是一边发射光线，另一边接收光线，空气越浑浊，光线损失掉的能量越大，由此来判定空气浊度。实际上，这种方法不能准确测量 PM2.5，如果光线的发射、接收部分被静电吸附的粉尘覆盖，则会导致测量不精准。这种方法制作出来的传感器只能定性测量，不能定量测量。

2．激光法

激光法就是激光散射，如果空气不流动，则这种方法无法测量到空气中的悬浮颗粒物。通过数学模型可以大致推算出经过传感器的气体粒子大小、空气流量等，经过复杂的数学算法，最终可以得到比较真实的 PM2.5。需要注意：这类激光散射传感器对静电吸附的灰尘免疫，应避免灰尘堵住传感器。

3．β 射线法

β 射线仪利用 β 射线衰减的原理，环境空气由采样泵吸入采样管，经过滤膜后排出，颗粒物沉淀在滤膜上，当 β 射线通过沉积着颗粒物的滤膜时，β 射线的能量衰减，通过对衰减量的测定便可计算出颗粒物的浓度。

PM2.5 传感器的工作原理是根据光散射原理，粒子和分子将在光的照射下散射光，同时吸收部分光的能量。一束平行的单色光入射到待测量的粒子场上时，将受到粒子周围的散射和吸收的影响，光强度衰减。

PM2.5 传感器有两对电平线和地线，引脚 3 接单片机的输入信号，引脚 4 接地，如图 6.53 所示。如图 6.54 所示为传感器数据显示，可以看到 PM2.5 传感器实时检测的内容。

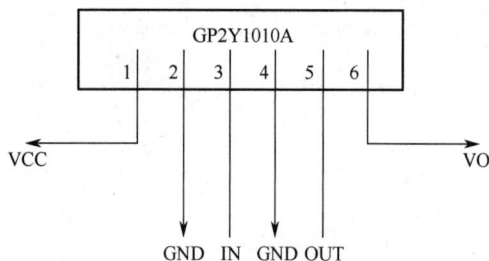

图 6.53 PM2.5 传感器引脚分布

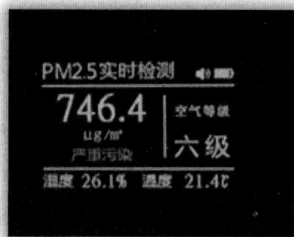

图 6.54 传感器数据显示

6.5.8 实例 70：红外对管检测黑线

红外对管驱动电路图如图 6.55 所示。

具体程序如下。

```c
#include <reg51.h>
#include "Driver/common.h"
sbit OUT = P1 ^ 4;      //光电对管
sbit LED = P1 ^ 5;
void main()
{
    uchar i;
    OUT = 0;
    if (OUT == 1)
```

```
        {
            LED = 1;
        }
        else
        {
            LED = 0;
        }
    }
}
```

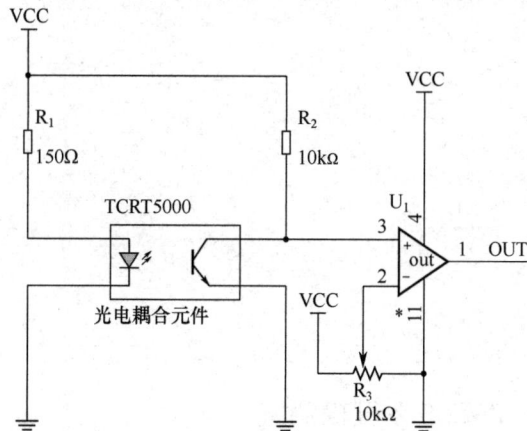

图 6.55　红外对管驱动电路图

6.5.9　实例 71：雨滴传感器观察雨量

具体程序如下：

```
#include <reg52.h>
#define uchar unsigned char
#define uint unsigned int
sbit key1 = P0 ^ 1;          //雨滴传感器数字输入口有雨为低电平
void Initial_com(void);
void Initial_com(void)       //串口初始化
{
    EA = 1;                  //开全局中断
    ES = 1;                  //允许串口中断
    ET1 = 1;                 //允许定时器 T1 中断
    TMOD = 0x20;             //定时器 T1，在方式 2 中断产生波特率
    PCON = 0x00;            //SMOD=0
    SCON = 0x50;            //方式 1 由定时器控制
    TH1 = 0xfd;             //波特率设置为 9600
    TL1 = 0xfd;
    TR1 = 1;                 //开定时器 T1 运行控制位
}
Void main()
{
    Initial_com();
```

```
    while (1)
    {
        if (key1 == 0)
        {
            delay();            //消抖动
            if (key1 == 0)      //确认触发
            {
                SBUF = 0X01;
                delay(200);
            }
        }
        if (RI)
        {
            date = SBUF;        //单片机接收
            SBUF = date;        //单片机发送
            RI = 0;
        }
    }
}
```

6.5.10 实例 72：PM2.5 浓度检测

具体程序如下：

```
#include <reg51.h>
#include "Driver/common.h"
#define uint unsigned int
#define uchar unsigned char
sbit PM_OUT = P2 ^ 2;          //PM2.5 输出
sbit PM_led = P2 ^ 3;          //PM2.5 脉冲
uchar PM_data = 0;             //PM2.5 传感器返回模拟值
void Com_Init()                //设置定时器工作方式
{
    TMOD &= 0x00;
    TMOD |= 0x01;              //定时器 T0 设置成方式 1
    TH0 = 0xff;                //定时常数 0.1ms, 晶振频率为 11.0592MHz
    TL0 = 0xa4;
    ET0 = 1;
    TR0 = 1;
    EA = 1;
}
//对 PM2.5 传感器进行初始化, 先将 PM2.5 传感器置 8s 低电平, 然后置 2s 高电平
void PM2_5_Init()              //初始化 PM2.5 传感器
{
    SCON = 0x50;
    PCON = 0x00;
    TMOD = 0x20;
    EA = 1;
    ES = 1;
    TL1 = 0xF4;
```

```
        TH1 = 0xF4;
        TR1 = 1;
        PM_led = 0;
        delay_ms(8);
        PM_led = 1;
        delay_ms(2);
}
void main()
{
    uchar GetData;
    PM2_5_Init();                               //初始化 PM2.5 传感器
    Com_Init();                                 //初始化定时器中断
    Uart_Init(9600, ENABLE);                    //设置串口波特率及触发方式
    while (1)
    {
        ES = 0;
        PM_led = 0;
        PM_data = get_ADC0832(SGL_nDIF);        //获取 PM2.5 传感器的 AD 值
        delay_ms(8);            //分离千位发送，x（对应数字）+ 0x30 为对应 ASCII 码表中
                                //x（数字）字符对应的值
        SendByte(PM_data / 1000 + 0x30);
        SendByte(PM_data % 1000 / 100 + 0x30);  //分离百位发送
        SendByte(PM_data % 100 / 10 + 0x30);    //分离十位发送
        SendByte(PM_data % 10 + 0x30);          //分离个位发送
        SendByte(0x0d);                         //回车
        SendByte(0x0a);                         //换行
        GetData = receive();                    //串口接收字符
        delay_ms(500);                          //延时检测
        if ((PM_data >= 127 && PM_data != 128))
        {
            PM_led = 1;                         //小灯开启
        }
        else
        {
            PM_led = 0;                         //小灯关闭
        }
    }
}
```

6.5.11　实例 73：火焰检测报警

具体程序如下：
```
#include <reg51.h>
#include "Driver/common.h"
#define uint unsigned int
#define uchar unsigned char
void main()
{
```

```
    while (1)
    {
      P2 = 0xff;                    //初始化 LED
      if (DO_OUT == 0)              //如果测量结果大于指定的阈值
      {
        delay(1000);                //延时 1s 后再检测测量结果，抗干扰
        if (DO_OUT == 0)            //如果测量结果大于指定的阈值
        {
            P2 = 0x00;              //LED 灯全亮
        }
      }
      delay(1000)                   //延时 1s，读者可根据需要更改延时时间
    }
}
```

6.6 温度传感器

6.6.1 温度传感器简介

温度传感器

温度传感器是指能感受温度并转换成可用输出信号的传感器。温度传感器可以用于测试及检测设备、汽车、自动控制、家电等。

本节以 DS18B20 模块为例来介绍温度传感器。DS18B20 模块包括 IC 测温元器件，能够利用各种物理性质随温度变化的规律，将温度转换为可用的输出信号。依靠 DS18B20 模块能够得到精确的模拟信号，通过单片机就可以得到准确的外界温度。温度传感器模块如图 6.56 所示。DS18B20 模块电路图如图 6.57 所示。

图 6.56 温度传感器模块

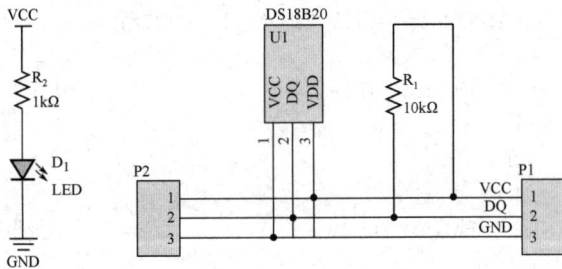

图 6.57 DS18B20 模块电路图

DS18B20 模块有 3 个外界引脚：第 1 个是 VCC，其外接 3.3～5V 电压；第 2 个是 GND，其外接电源负极；第 3 个是 DQ 引脚，是模拟数据输出接口。温度测量误差范围如下：在 −55～125℃ 范围内，温度测量误差为 ±2℃；在 −10～85℃ 范围内，温度测量误差为 0.5℃。

6.6.2 温度传感器的工作原理

DS18B20 模块采用单总线协议通信，内部共有 9 个字节暂存的单元。其中，字节 0～1 是温度存储器，用来存储转换好的温度；字节 2～3 用来设置最高报警温度和最低报警温度；字节 4 为配置寄存器，用来配置转换精度，让其工作在 9～12 位；字节 5～7 为保留

位；字节 8 为 CRC 校验位。

DS18B20 模块工作时温度系数晶振随温度变化其振荡率也开始改变，产生的信号作为计数器 2 的脉冲输入。计数器 1 和温度寄存器被预置在–55℃所对应的一个基数值。计数器 1 对低温度系数晶振产生的脉冲信号进行减法计数，当计数器 1 的预置值减到 0 时，温度寄存器的值将加 1，计数器 1 的预置将重新被装入，计数器 1 重新开始对低温度系数晶振产生的脉冲信号进行计数，如此循环，直到计数器 2 计数到 0 时，停止温度寄存器值的累加，此时温度寄存器中的数值即所测温度。

6.6.3 实例 74：温度传感器测温

温度传感器测温电路图如图 6.58 所示。

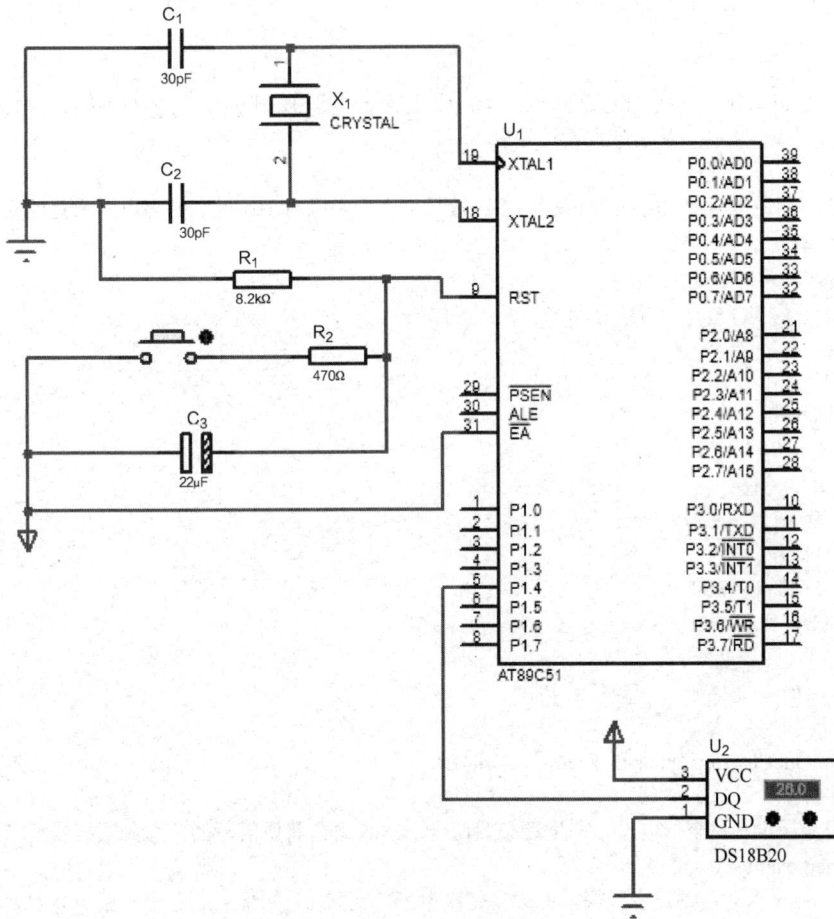

图 6.58 温度传感器测温电路图

具体程序如下：

```
#include "Driver/common.h"
#define uchar unsigned char
sbit DQ = P4 ^ 4;              //数据传输线接单片机的相应引脚
unsigned char tempL = 0;       //设置全局变量
unsigned char tempH = 0;
```

```
unsigned int sdata;                  //测量到温度的整数部分
bit fg = 1;                          //温度正负标志
void Init_DS18B20(void)
{
    unsigned char x = 0;
    DQ = 1;                          //DQ 先置高
    delay(8);                        //稍延时
    DQ = 0;                          //发送复位脉冲
    delay(80);                       //延时（>480μs）
    DQ = 1;                          //拉高数据线
    delay(5);                        //等待（15～60μs）
    x = DQ;          /*用 x 的值来判断初始化是否成功，如果 DS18B20 存在，则 x=0，否则 x=1*/
    delay(20);
}
//读 1 字节
ReadOneChar(void)       /*主机数据线先从高电平拉至低电平 1μs 以上，再使数据线升为高电平，
                          从而产生读信号*/

{
/*每个读周期最短的持续时间为 60μs，各个读周期之间必须有 1μs 以上的高电平恢复期*/
    unsigned char i = 0;
    unsigned char dat = 0;
    for (i = 8; i > 0; i--)          //1B 有 8 位
    {
        DQ = 1;
        delay(1);
        DQ = 0;
        dat >>= 1;
        DQ = 1;
        if (DQ)
            dat |= 0x80;
        delay(4);
    }
    return (dat);
}
void WriteOneChar(unsigned char dat)    //写 1B
{
/*数据线从高电平拉至低电平，产生写起始信号。15μs 之内将所需写的位送到数据线上*/
    unsigned char i = 0;
/*在 15～60μs 内对数据线进行采样；如果是高电平，就写 1；如果是低电平，就写 0*/
    for (i = 8; i > 0; i--)
    {
        DQ = 0;        /*在开始另一个写周期前必须有 1μs 以上的高电平恢复期 */
        DQ = dat & 0x01;
        delay(5);
        DQ = 1;
        dat >>= 1;
    }
```

```
        delay(4);
    }
    void ReadTemperature(void)                          //读温度值（低位放 tempL;高位放 tempH;）
    {
        Init_DS18B20();                                 //初始化
        WriteOneChar(0xcc);                             //跳过读序列号的操作
        WriteOneChar(0x44);                             //启动温度转换
        delay(125);                                     //转换需要一点时间，延时
        Init_DS18B20();                                 //初始化
        WriteOneChar(0xcc);                             //跳过读序列号的操作
        WriteOneChar(0xbe);                             //读温度寄存器（两个值为温度低位和高位）
        tempL = ReadOneChar();                          //读出温度的低位 LSB
        tempH = ReadOneChar();                          //读出温度的高位 MSB
        if (tempH > 0x7f)                               //最高位为 1 时温度是负
        {
            tempL =  ~tempL;                            //补码转换，取反加 1
            tempH =  ~tempH + 1;
            fg = 0;                                     //读取温度为负时 fg=0
        }
        sdata = tempL / 16 + tempH * 16;                //整数部分
        xiaoshu1 = (tempL & 0x0f) * 10 / 16;            //小数第一位
        xiaoshu2 = (tempL & 0x0f) * 100 / 16 % 10;      //小数第二位
        xiaoshu = xiaoshu1 * 10 + xiaoshu2;             //小数两位
    }
    Void main()                                         //显示函数
    {
        while (1)
        {
            ReadTemperature();
            Display(sdata);                             //显示温度
        }
    }
```

6.7 温湿度传感器

6.7.1 温湿度传感器简介

温湿度传感器

温湿度传感器通常以温湿度一体式的探头作为测量元器件，可以将温度量和湿度量转换成容易测量处理的电信号。本节主要介绍 DHT11 温湿度传感器模块。DHT11 包括一个电阻式感湿元器件和一个 NTC 测温元器件。利用湿（温）敏元器件的电气特性（如电阻值），根据随湿（温）度的变化而变化的原理进行湿（温）度测量。此元器件多用在智能大棚中，用于检测温湿度，也可置于地下，用于检测植物根部的水分、温度，也广泛应用于博物馆、精密仪器生产、实验室、医院、学校等对温湿度变化较为敏感行业中。DHT11 的湿度采集范围为 5%～95%，在环境温度为 25℃时，湿度采集精度是±5%；温度采集范围是−20～60℃，在环境温度为 25℃时，温度采集精度是±2℃。DHT11 的引脚如图 6.59 所示，

此模块只有 3 个引脚——VCC、DATA、GND，故硬件电路连接简单，但需要注意其供电电压为 3～5.5V，在供电时一定要注意电压范围。除此之外，传感器上电后，要等待 1s 以越过不稳定状态，在此期间无须发送任何指令。

此外，可以在电源引脚（VCC、GND）之间增加一个 100nF 的电容器，用以去耦滤波。去耦滤波电路图如图 6.60 所示。滤波是指将信号中特定波段的频率滤除，来抑制和防止干扰。观察滤波前后的波形，发现滤波后的波形是比较规则的。滤波前后对比如图 6.61 所示。

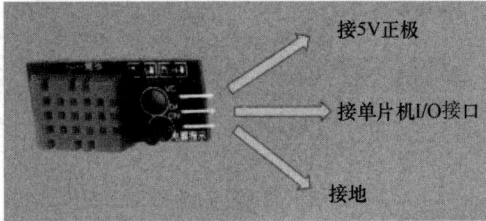

接5V正极

接单片机I/O接口

接地

VCC

GND

图 6.59　DHT11 的引脚　　　　图 6.60　去耦滤波电路图

DHT11 的通信方式为单总线通信。单总线即一根数据线，系统中的数据交换及控制均由单总线完成，如图 6.62 所示。

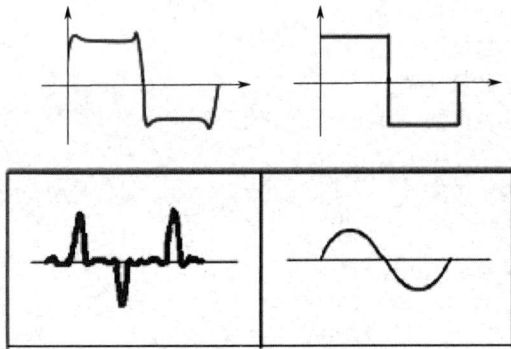

I/O接口　　I/O接口　　I/O接口

CPU　　主存　　I/O设备1　　I/O设备2　　I/O设备n

图 6.61　滤波前后对比　　　　图 6.62　单总线通信

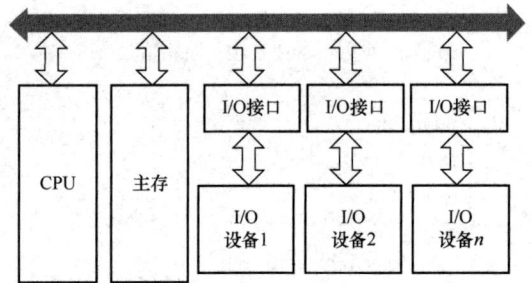

单总线通信的优点如下：单线制串行接口，能使系统集成变得简易快捷；体积小、功耗低，信号传输距离可达 20m 以上，可以说是各类应用甚至是最为苛刻的应用场合的最佳选择。

温湿度传感器的数据格式如图 6.63 所示。需要注意的是，温度、湿度小数部分默认为 0，即单片机采集的数据都是整数。校验位是 4 字节的数据相加，取结果的低 8 位数据作为校验位。

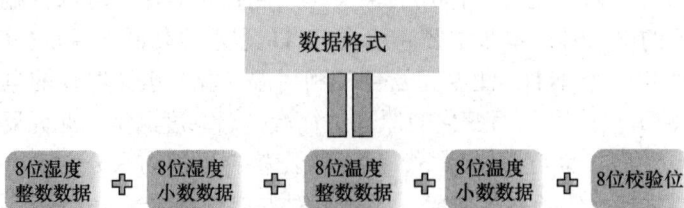

数据格式

8位湿度整数数据 ＋ 8位湿度小数数据 ＋ 8位温度整数数据 ＋ 8位温度小数数据 ＋ 8位校验位

图 6.63　温湿度传感器的数据格式

6.7.2 温湿度传感器工作时序

DHT11 时序图如图 6.64 所示。DHT11 采用单总线双向串行通信协议，每次采集都由单片机发起开始信号，DHT11 会向单片机发送响应并开始传输 40 位数据帧，高位在前，低位在后。

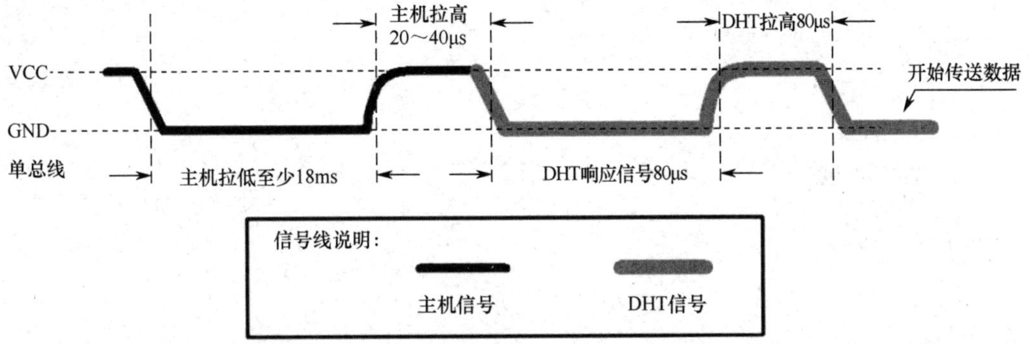

图 6.64 DHT11 时序图

单片机完成一次采集过程，大致分为 3 部分。第一部分是主机或单片机发送一个开始信号给 DHT11 传感器，主机先将 I/O 接口设置为输出，然后主机拉低总线，这个拉低总线的时间需要大于 18ms，在此处给出时间的范围，设置为输入并释放数据总线，等待从机（DHT11 模块）响应，此为主机开始的信号时序。第二部分是响应的时序图，如果传感器存在且正常，则收到主机的开始信号后拉低总线并以持续 80μs 的方式通知主机此时传感器正常，后拉高总线 80μs，通知主机准备接收，此为响应的时序；第三部分为 40 位数据，高位在前，低位在后，按照 0 和 1 的格式，一位一位地输出给主机。程序要区分数据 0 和数据 1 的格式，首先判断此时引脚的电平状态，如果是低电平，就一直循环等待，直到高电平出现，高电平出现后延时 40μs，并读取延时后的电平状态。如果此时是高电平，则数据为 1；否则，数据为 0。传输完 40 位数据后，传感器再次输出一个 50μs 的低电平，并将数据总线释放，此时采集过程结束。

6.7.3 实例 75：温湿度传感器检测显示

温湿度传感器检测电路图如图 6.65 所示。
具体程序如下：

```c
#include <reg51.h>
#include <intrins.h>
#include "LCD.h"
#define uchar unsigned char
#define uint unsigned int
sbit Data=P1^3;
uchar rec_dat[9];
sbit LCD_RS=P1^0;
sbit LCD_RW=P1^1;
sbit LCD_EN=P1^2;
void delay(uint n)
{ uint x,y;
```

```
        for(x=n;x>0;x--)
          for(y=110;y>0;y--);
    }
    void DHT11_delay_us(uchar n)
    {
       while(--n);
    }
    void DHT11_delay_ms(uint z)
    {
       uint i,j;
       for(i=z;i>0;i--)
          for(j=110;j>0;j--);
    }
    void DHT11_start()
    {
       Data=1;
       DHT11_delay_us(2);
       Data=0;
       DHT11_delay_ms(30);
       Data=1;
       DHT11_delay_us(30);
    }
    uchar DHT11_rec_byte()
    {
       uchar i,dat=0;
       for(i=0;i<8;i++)
       {
          while(!Data);
          DHT11_delay_us(8);
          dat<<=1;
          if(Data==1)
             dat+=1;
          while(Data);
       }
       return dat;
    }
    void DHT11_receive()
    {
       uchar R_H, R_L, T_H, T_L, RH, RL, TH, TL, revise;
       DHT11_start();
       if(Data==0)
       {
          while(Data==0);
          DHT11_delay_us(40);
          R_H=DHT11_rec_byte();
          R_L=DHT11_rec_byte();
          T_H=DHT11_rec_byte();
          T_L=DHT11_rec_byte();
```

```
        revise=DHT11_rec_byte();
        DHT11_delay_us(25);
        if((R_H+R_L+T_H+T_L)==revise)
          {
            RH=R_H;
            RL=R_L;
            TH=T_H;
            TL=T_L;
          }
        LCD_ShowNum(2,1,RH,2);
        LCD_ShowNum(2,6,TH,2);
    }
}
void main()
{
    uchar i;
    LCD_Init();
    LCD_ShowString(1,1,"H:");
    LCD_ShowString(1,6,"T:");
    while(1)
    {
        DHT11_delay_ms(100);
        DHT11_receive();
    }
}
```

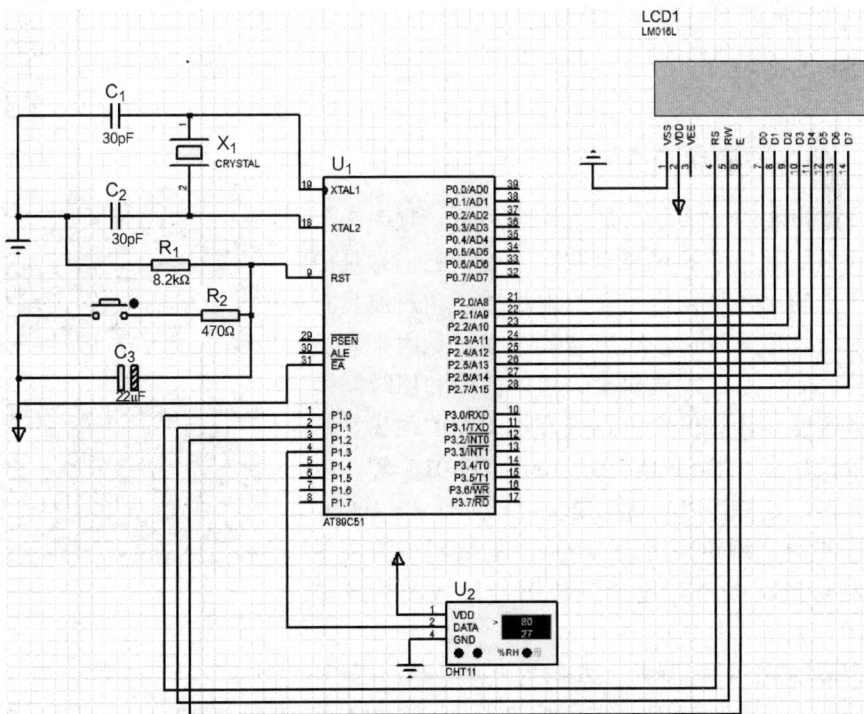

图 6.65 温湿度传感器检测电路图

温湿度传感器显示电路图如图 6.66 所示。

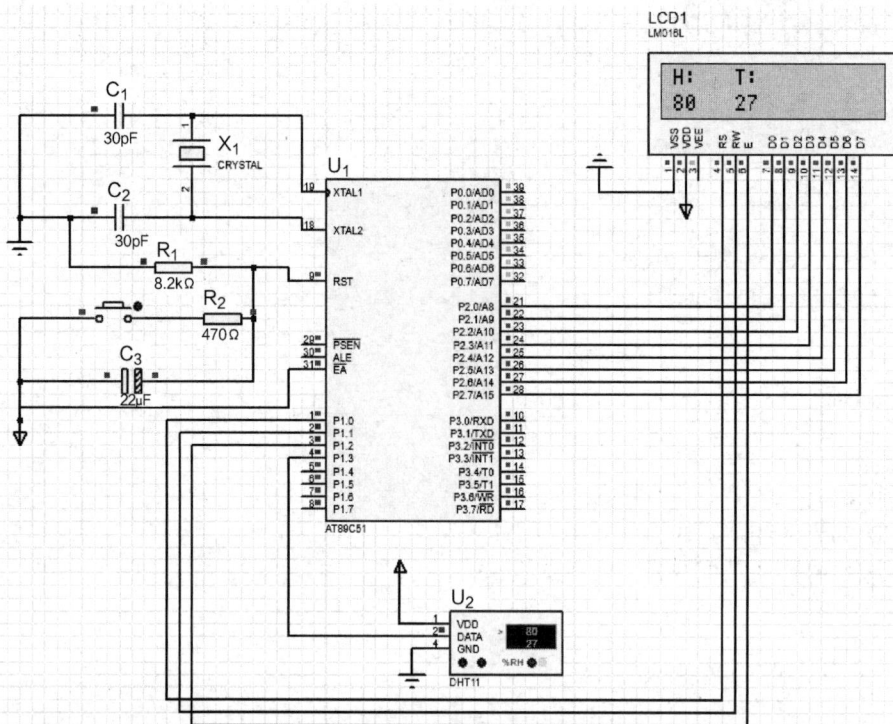

图 6.66　温湿度传感器显示电路图

6.8　超声波模块

6.8.1　超声波模块简介

超声波是声波的一部分，是人耳听不见、频率高于 20kHz 的声波。超声波和声波有共同之处，它们都是由物质振动产生的，并且只能在介质中传播。超声波具有较高的频率与较短的波长。超声波测距模块是用来测量距离的一种产品，通过发送和接收超声波，利用时间差和声音传播速度，计算出模块到前方障碍物的距离。常用的超声波模块有 HC-SR04、US-100、US-015 等。以 HC-SR04 为例，这种超声波测距模块可以进行 2～400cm 的非接触式测距，测距精度为 3mm，包括超声波发射器、接收器与控制电路。超声波传感器模块实物图如图 6.67 所示。

超声波模块共有 4 个引脚：1 引脚为电源引脚，用来外接 5V 的电压；2 引脚为 GND，外接地；Trig 引脚为触发信号输入（控制端）；Echo 引脚为回响信号输出（接收端）。

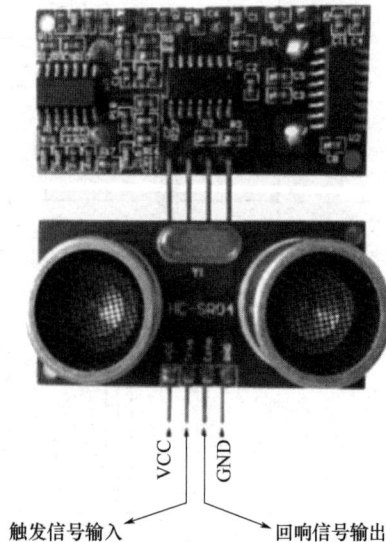

超声波模块

图 6.67　超声波传感器模块

超声波传感器模块电路图如图 6.68 所示。

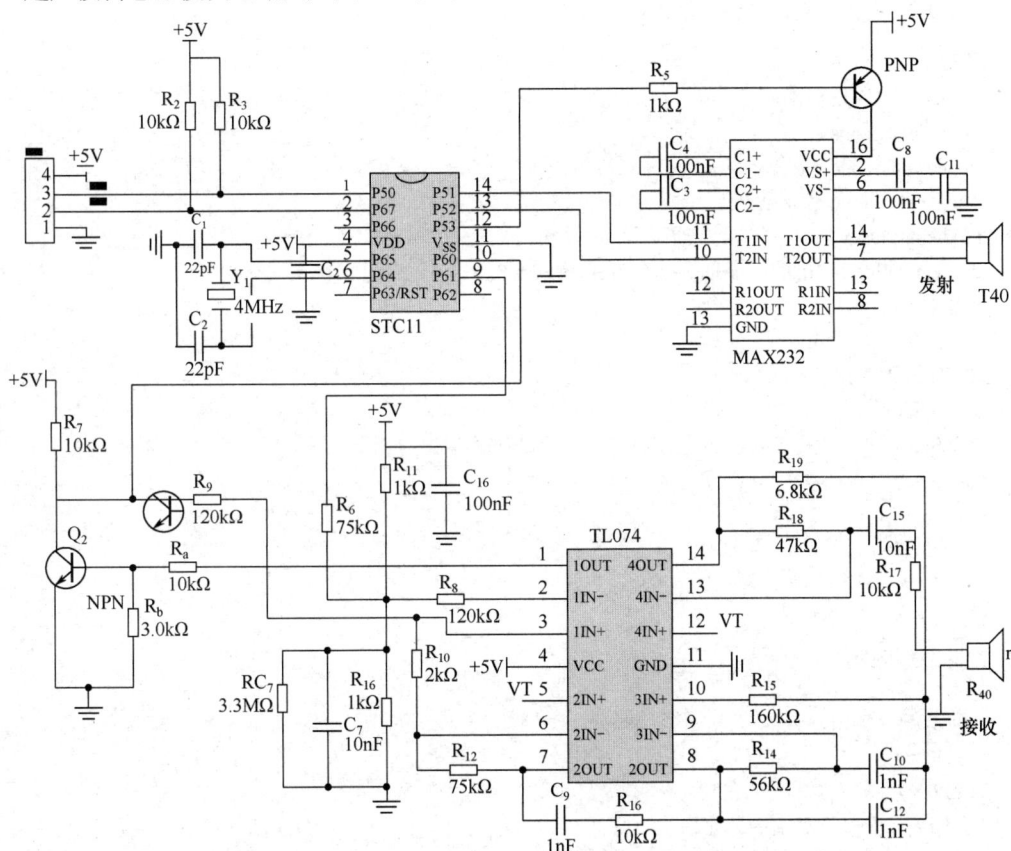

图 6.68　超声波传感器电路图

6.8.2　超声波模块的工作原理

超声波模块的工作原理如下：首先将两个引脚都拉低，然后 Trig 引脚发一个 10μs 以上的高电平，最后在接收口等待高电平输出。Echo 引脚被拉高的同时，超声波开始发射，Echo 引脚检测到反射回来的信号时就会被拉低，变为低电平后读定时器的值，即此次测距的时间，可据此算出距离。模块会自动发送 8 个 40kHz 的方波，自动检测是否有信号返回；当有信号返回时，通过 I/O 接口输出一个高电平，高电平持续的时间就是超声波从发射到返回的时间，测试距离= [高电平时间×声速（340m/s）] /2。超声波模块工作时序图如图 6.69 所示。

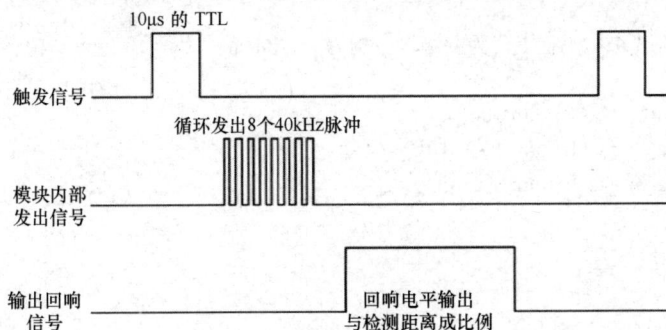

图 6.69　超声波模块工作时序图

6.8.3 实例 76：超声波测距

具体程序如下：

```c
#include <REGX52.H>
#include <intrins.h>
typedef unsigned int u16;
typedef unsigned char u8;
u8 DisplayData[3];
u8 code table[] = {0xC0, 0xF9, 0xA4, 0xB0, 0x99, 0x92, 0x82, 0xF8, 0x80, 0x90};
//TRIG 为控制端
sbit TRIG = P1 ^ 6;
//ECHO 为输出端
sbit ECHO = P1 ^ 7;
u8 flag = 0;        //标志定时器是否溢出，当为 0 时不溢出
void delay(u16 i)
{
    while (i--)
        ;
}
void init_time()
{
    TMOD = 0x01;
    TH0 = 0;
    TL0 = 0;
    TF0 = 0;        //溢出中断允许位
    ET0 = 1;        //开定时器零中断
    EA = 1;         //开全局中断
}
void display(int num)
{
    u8 i;
    if (num == -1) //超出范围显示 999
    {
        DisplayData[0] = table[9];
        DisplayData[1] = table[9];
        DisplayData[2] = table[9];
    }
    else        //显示在 3 个数码管上，因为测量范围为 0～400cm
    {
        DisplayData[0] = table[num/100];
        DisplayData[1] = table[num/10 % 10];
        DisplayData[2] = table[num % 10];
    }
    for (i = 0; i < 3; i++)
    {
        switch (i)
        {
```

```c
        case (0):
            P3 = 0X04;
            break;
        case (1):
            P3 = 0X08;
            break;
        case (2):
            P3 = 0X10;
            break;
        }
        P2 = DisplayData[i];
        delay(100);
        P2 = 0xFF;
    }
}

void delayed(unsigned int x)
{
    unsigned int i, j;
    for (i = x; i > 0; i--)
    {
        for (j = 113; j > 0; j--)
            ;
    }
}

void main()
{
    int x;
    u16 distance, out_TH0, out_TL0;
    TRIG = 0;            //先将控制端初始化为 0
    while (1)
    {
        /*超声波传感器的使用方法如下:
        控制口发射一个 10μs 以上的高电平, 在接收口等待高电平输出,
        一有输出就开计时器计时,
        当此控制口变为低电平时就可以读定时器的值*/
        init_time();                //初始化时间
        flag = 0;                   //置溢出标志位为 0
        TRIG = 1;
        delay(2);
        TRIG = 0;
        while (!ECHO)
            ;                       //等待高电平溢出
        TR0 = 1;                    //溢出后开启定时器
        while (ECHO)
            ;                       //等待高电平结束
```

```
            TR0 = 0;                        //关闭定时器
            out_TH0 = TH0;
            out_TL0 = TL0;
            out_TH0 <<= 8;
            distance = out_TH0 | out_TL0;   //合并为 16 位的值
            distance /= 58;                 //距离，单位为 cm
            if (flag == 1)                  //如果定时器溢出，则超出超声波测量范围
            {
                display(-1);
                flag = 0;
            }
            else
            {
                for (x = 5; x >= 0; x--)     //如此循环只是为了让超声波停留较长时间，以便于测量
                {
                    display(distance);
                }
            }
            delay(600);
        }
    }
    void timer0() interrupt 1
    {
        flag = 1;                           //溢出标志位 1
    }
```

超声波测距电路图如图 6.70 所示。

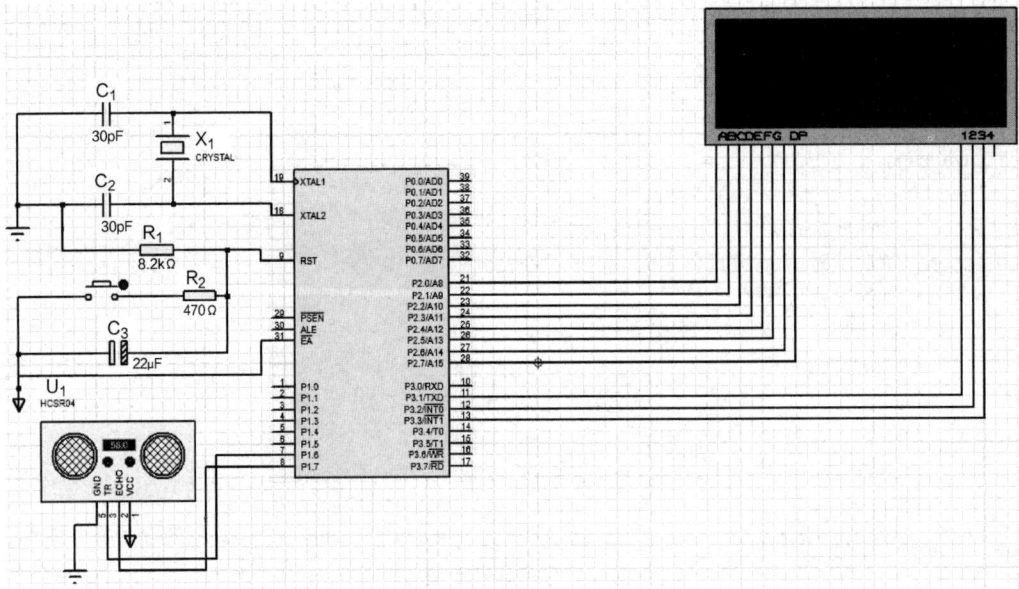

图 6.70　超声波测距电路图

6.9 触摸传感器模块

6.9.1 触摸传感器模块简介

触摸传感器模块

触摸传感器模块是一个基于触摸检测 IC 的电容式点动型触摸开关模块，可以感受是否有人触摸，从而输出一个数字信号。触摸传感器模块如图 6.71 所示。

可将触摸传感器模块安装在非金属材料（如塑料、玻璃）的表面。将薄纸片等非金属材料覆盖在模块的表面，即可做成隐藏在墙壁、桌面上等的开关。触摸传感器模块有 3 个引脚，分别为 VCC 引脚，外接 2～5.5V 电压；GND 引脚，外接地；SIG 引脚，接数字信号输出接口。

任何两个导电的物体之间都存在感应电容。一个按键，即一个焊盘与大地也可以构成一个感应电容。在周围环境不变的情况下，该感应电容的电容是固定不变的微小值。

图 6.71 触摸传感器模块

当手指靠近触摸按键时，手指与大地构成的感应电容并联焊盘与大地构成的感应电容，会使总感应电容增加。当模块接入电源时，初态为低电平，当用手触摸时，数字信号输出端（SIG）输出一个高电平；手放开又变成低电平，再次触摸又变成高电平，如此往复。触摸区域为类似指纹的图标的内部区域，正反面均可作为触摸面，可以用来代替传统的轻触开关。

6.9.2 实例 77：触摸开关

具体程序如下：

```
#include <reg52.h>                //头文件
#define uchar unsigned char      //宏定义无符号字符型
#define uint unsigned int        //宏定义无符号整型
sbit LED = P1 ^ 0;               //定义单片机 P1 端口的第一位（P1.0）为指示端
sbit DOUT = P2 ^ 0;              //定义单片机 P2 端口的第一位（P2.0）为传感器的输入端
void delay()                     //延时程序
{
  uchar m, n, s;
  for (m = 20; m > 0; m--)
      for (n = 20; n > 0; n--)
          for (s = 248; s > 0; s--)
              ;
}
void main()
{
  while (1)                      //无限循环
  {
      LED = 1;                   //熄灭 P1.0 指示端灯
      if (DOUT == 0)             //当用手触摸时，执行条件函数
      {
```

```
        delay();                    //延时抗干扰
        if (DOUT == 0)              //确定用手触摸时，执行条件函数
        {
            LED = 0;                //点亮 P1.0 指示端灯
        }
    }
}
}
```

6.10 点阵模块

6.10.1 点阵简介

点阵模块

点阵的全称为空间点阵。19 世纪出现了奥古斯特·布菲（Auguste Bravais）的空间点阵学说，这一学说能解释有理指数定律和晶面角守恒定律，但只是合理的猜想，其正确性到 1912 年才被马克斯·冯·劳厄等人的 X 射线衍射实验证实。人们把二极管按照点阵排列，就有了现在的点阵模块。

8×8 点阵由 64 个发光二极管组成。每个发光二极管放置在行线和列线的交叉点上，当对应的某一行置高电平，而某一列置低电平时，相应的二极管就会被点亮。通过编写程序可以控制指定位置二极管的点亮，从而显示出自己想要的效果。

如何找到矩阵的第一引脚？第一种方法是找有字的一面，字为正向时左边第 1 个引脚为 1，然后按逆时针排序到第 16 个引脚。第二种方法是找到中间有凸槽的一面，凸槽正对向下，左边第 1 个引脚为 1。

点阵的共阳、共阴一般指的是行共阳、行共阴。如图 6.72 所示为 8×8 点阵的内部结构图。R 代表行，C 代表列，当行接高电平且列接低电平时，整个点阵点亮，则点阵为行共阳；反之，点阵为行共阴。

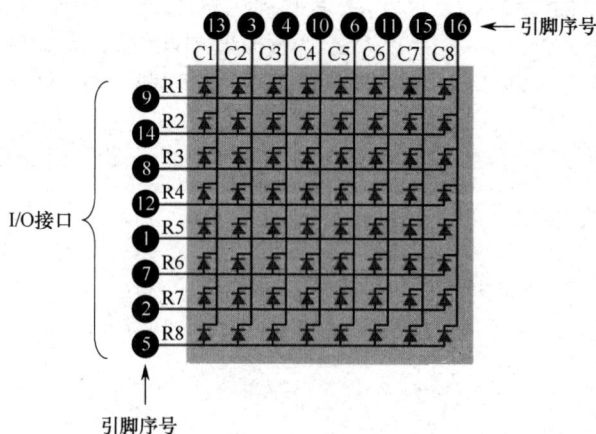

图 6.72 8×8 点阵的内部结构图

注意，引脚 1~8 和引脚 9~16 分别对应一行或一列是不正确的，而 Proteus 仿真中的 8×8 点阵就存在这样的错误，它的本意是方便连接。点阵的 R1 为第一行，对应点阵的引脚序号是 9。

如果要将第一个点点亮，则引脚 9 接高电平，引脚 13 接低电平；如果要将第一行点亮，则引脚 9 接高电平，而引脚 13、3、4、10、6、11、15、16 接低电平。

点阵模块没有单独的引脚 VCC、GND，16 个引脚全部接单片机的 I/O 接口。在连接时，最好将同行或同列连接至相同序号的 8 位 I/O 接口上，这样写程序时就会方便很多。

用 MAX7219 点阵模块可以实现 3 个 I/O 接口控制 8×8 点阵，用它代替 8×8 点阵，那么就空出了 13 个 I/O 接口，可以用来拓展更多的功能。VCC 接 5V，GND 接地，其余 3 个接 I/O 接口。

由于 8×8 点阵可以输出的东西太局限了，如字母和数字没有位置显示，因此需要在多出来的 I/O 接口上加一个数码管，用来显示当前关卡和得分，这样就更加接近实际的游戏机了。

6.10.2 MAX7219 点阵介绍

MAX7219 是美国 MAXIM 公司推出的多位 LED 显示驱动器，是一种集成化的串行输入/输出共阴极显示驱动器，其采用 3 线串行接口传送数据，可直接与单片机接口连接，用户能方便地修改其内部参数，以实现多位 LED 显示。MAX7219 内含硬件动态扫描电路、BCD 译码器、段驱动器和位驱动器。此外，其内部还含有 8×8 位静态 RAM，用于存放 8 个数字的显示数据。MAX7219 点阵如图 6.73 所示。

MAX7219 与 MCU 相连的引线有 3 条：DIN、CLK、LOAD/CS，采用 16 位数据串行移位接收方式。在 CLK 每个上升沿将一位数据移入 MAX7219 内部的移位寄存器，在每个下降沿将数据从 DOUT 端输出。在 16 位数据全部移入完毕后，在 LOAD 引脚信号上升沿将 16 位数据装入 MAX7219 内的相应位置，在 MAX7219 内部动态扫描显示控制电路作用下实现动态显示。

MAX7219 点阵的数据格式如下：16 位串行数据以高位在前的方式输入芯片内；D15~D12 为无效位；D11~D8 为地址位；确定要送入数据的寄存器地址为 D7~D0 数据位，即送入 MAX7219 内寄存器的数据。

I/O接口
GND
5V

图 6.73 MAX7219 点阵

对于 MAX7219，串行数据在 DIN 输入 16 位数据包，无论 LOAD/CS 端处于何种状态，在时钟的上升沿数据均移入内部 16 位移位寄存器。

LOAD/CS 端在第 16 个时钟的上升沿同时或之后，在下个时钟上升沿之前必须变为高电平，否则，数据将会丢失。在 DIN 端的数据传输到移位寄存器，在第 16.5 个时钟周期之后出现在 DOUT 端，在时钟的下降沿数据将被输出。

MAX7219 寄存器地址和功能如表 6.3 所示。

表 6.3 MAX7219 寄存器地址和功能

寄存器名	寄存器地址	详 细 功 能
REG1	01H	存储各 LED 的显示数据
REG2	02H	
REG3	03H	
REG4	04H	
REG5	05H	

（续表）

寄存器名	寄存器地址	详 细 功 能
REG6	06H	存储各 LED 的显示数据
REG7	07H	
REG8	08H	
译码方式	09H	8 位分别控制每个 LED 的译码方式，1 为 BCD 译码，0 为不译码
亮度设置	0AH	00H～0FH 的 16 个值设置 16 挡亮度，最低 1/32，最高 31/32
扫描界限	0BH	00H～07H 的 8 个值选择扫描 1～8 个 LED
停机模式	0CH	D0 为 0 时进入停机模式，显示 LED 熄灭寄存器内的数据不会消失
显示测试	0FH	D0 为 1 时为显示测试模式，将以最大亮度点亮所有 LED

6.10.3 实例 78：MAX7219 显示数字

具体程序如下：

```c
uchar code disp1[36][8] = {
    {0x3C, 0x42, 0x42, 0x42, 0x42, 0x42, 0x42, 0x3C},    //0
    {0x10, 0x18, 0x14, 0x10, 0x10, 0x10, 0x10, 0x10},    //1
    {0x7E, 0x2, 0x2, 0x7E, 0x40, 0x40, 0x40, 0x7E},    //2
    {0x3E, 0x2, 0x2, 0x3E, 0x2, 0x2, 0x3E, 0x0},    //3
    {0x8, 0x18, 0x28, 0x48, 0xFE, 0x8, 0x8, 0x8},    //4
    {0x3C, 0x20, 0x20, 0x3C, 0x4, 0x4, 0x3C, 0x0},    //5
    {0x3C, 0x20, 0x20, 0x3C, 0x24, 0x24, 0x3C, 0x0},    //6
    {0x3E, 0x22, 0x4, 0x8, 0x8, 0x8, 0x8, 0x8},    //7
    {0x0, 0x3E, 0x22, 0x22, 0x3E, 0x22, 0x22, 0x3E},    //8
    {0x3E, 0x22, 0x22, 0x3E, 0x2, 0x2, 0x2, 0x3E},    //9
};
void Init_MAX7219(void)
{
    Write_Max7219(0x09, 0x00);    //译码方式：BCD 码
    Write_Max7219(0x0a, 0x03);    //亮度
    Write_Max7219(0x0b, 0x07);    //扫描界限：8 个数码管显示
    Write_Max7219(0x0c, 0x01);    //掉电模式：0；普通模式：1
    Write_Max7219(0x0f, 0x00);    //显示测试：1；测试结束，正常显示：0
}
void main(void)
{
    uchar i, j;
    Delay_xms(50);
    Init_MAX7219();
    while (1)
    {
        for (j = 0; j < 36; j++)
        {
            for (i = 1; i < 9; i++)
                Write_Max7219(i, disp1[j][i - 1]);
            Delay_xms(1000);
        }
    }
}
```

6.11 OLED 显示屏

6.11.1 OLED 简介

OLED（Organic Light-Emitting Diode，有机发光二极管）又称有机电激光显示。OLED 显示屏分为两种：一种 OLED 显示屏使用的是 I^2C 总线协议；另一种 OLED 显示屏使用的是 SPI，即串行外设接口（一种高速的、全双工、同步的通信总线）。它们本质上没有什么区别，只是所使用的总线协议不一样。

6.11.2 OLED 显示屏原理

通常，在屏幕上所看到的图片是由一个一个像素点组成的，一个一个像素点又是由红、绿、蓝 3 个子像素组成的。3 个子像素通过调整各自不同的亮度，来混合出屏幕上看到的颜色。

偏光膜起到过滤的作用，它只留下特定方向上的光。理想中的偏光膜是，当光通过偏光膜时，只留下特定方向上的光，在此基础上加一个相同方向的偏光膜，因为方向一样，所以光依然可以通过，但是如果旋转第二张偏光膜，因为方向不一样，所以光就不能通过偏光膜，即呈现黑色。LCD 有两层不同方向的偏光膜，中间还有液晶层，液晶层的作用为改变特定方向的光，当对液晶层施加电压时，通过液晶层的光并不会受液晶层的影响，光无法通过第二层偏光膜，此子像素是不发光的，若另两个子像素也是如此，那么该像素就是黑色的。如果使像素点显示白色，只需要将红、绿、蓝 3 个子像素液晶层断电。断电后，液晶层的液晶分子会变成螺旋状排列，通过液晶层的光就会改变光的偏振方向，光将通过第二层偏光膜，从而显示出白色。LCD 之所以可以呈现出成千上万种颜色，就是通过控制电压来影响液晶分子的扭曲程度实现的，以此可以改变红、绿、蓝 3 个子像素的明暗度。

OLED 比 LCD 更简单，没有背光灯、液晶层。红、绿、蓝 3 个子像素成了许多自发光的小灯泡，要显示什么颜色，调整亮度即可。OLED 显示屏的厚度比 LCD 更薄。

OLED 在显示黑色时需要关闭小灯泡，而 LCD 在显示黑色时，光虽然不会通过第二层偏光膜，但即使遮住了大部分光，光依旧会从其他地方反射进来，故 LCD 在显示黑色时呈现会发光的灰黑色。

如图 6.74 所示为 LCD 与 OLED 对比图。

如图 6.75 所示为 OLED 引脚。OLED 显示屏的 4 个顶点分别为 VCC（电源正极）、GND（电源负极）、SCL（CLK 时钟信号）、SDA（MOSI 数据信号）。

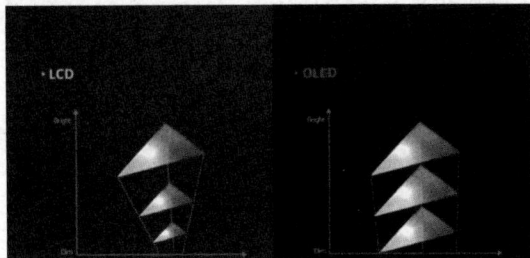

图 6.74　LCD 与 OLED 对比图　　　　　图 6.75　OLED 引脚

6.11.3 I²C 总线协议

OLED 显示器将用到 IIC（I²C）总线。I²C 总线由飞利浦公司在 20 世纪 80 年代推出，用于连接微控制器及其外围设备，属于半双工同步传输类总线，仅由两条线就能完成多机通信。I²C 总线占用引脚少、硬件实现简单、可扩展性强。I²C 数据传输速率有标准模式（100kbps）、快速模式（400kbps）和高速模式（3.4Mbps）。因其使用较为简便，近些年在微电子通信控制领域中被广泛应用。

I²C 总线是一种主从结构的串行通信总线，通过串行数据线（SDA）和串行时钟线（SCL）与并联到总线的元器件间进行双向传输。I²C 总线要求每个设备 SCL/SDA 线都是漏极开路模式，必须带上拉电阻才能正常工作。通过对每个元器件（拥有能够与总线兼容的标准接口）的唯一的地址进行识别，每个并联到总线的元器件都可作为发送器（发送数据到总线的元器件）和接收器（从总线接收数据的元器件），这取决于元器件的功能。例如，主机（启动数据传送并产生时钟信号的设备）A 寻址从机（被主机寻址的元器件）B，A 发送数据到 B，A 终止传输，这里的 A 就是发送器，B 为接收器。

I²C 总线有两条线，分别是串行数据线（SDA）和串行时钟线（SCL），两条线在连接到总线的元器件间传递信息。如图 6.76 所示为 I²C 总线时序图。

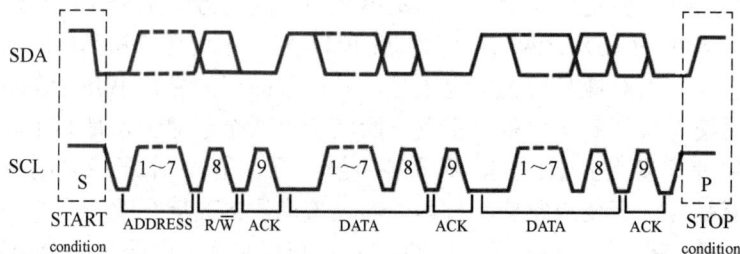

图 6.76 I²C 总线时序图

（1）总线空闲状态。当 I²C 总线的 SDA 和 SCL 两条信号线同时处于高电平时，规定为总线的空闲状态。此时各个元器件的输出级场效应管均处于截止状态，即释放总线，由两条信号线各自的上拉电阻把电平拉高。

（2）启动信号。在串行时钟线 SCL 保持高电平期间，串行数据线 SDA 上的电平被拉低（负跳变），定义为 I²C 总线的启动信号，它标志着一次数据传输开始。启动信号是一种电平跳变时序信号。启动信号由主控器主动建立，在建立该信号之前 I²C 总线必须处于空闲状态。

（3）停止信号。在串行时钟线 SCL 保持高电平期间，串行数据线 SDA 被释放，使得SDA 返回高电平（正跳变），称为 I²C 总线的停止信号，它标志着一次数据传输的终止。停止信号也是一种电平跳变时序信号，而不是一个电平信号。停止信号也是由主控器主动建立的，建立该信号之后，I²C 总线将返回空闲状态。

（4）数据传送 + 应答信号。I²C 总线所有数据都以 8 字节传送，发送器每发送 1 字节，就在时钟脉冲期间释放数据线，由接收器反馈一个应答信号。应答信号为低电平时，规定为有效应答位（ACK），表示接收器已经成功地接收该字节；应答信号为高电平，规定为非应答位（NACK），表示接收器接收该字节未成功。反馈有效应答位要求接收器在第 9 个时钟脉冲之前的低电平期间将 SDA 拉低，确保在该时钟的高电平期间为稳定的低电平。

若接收器为主控器，则收到最后 1 字节后，发送一个 NACK 信号，通知被控发送器结束数据发送，释放 SDA，以便主控接收器发送一个停止信号 P。

6.11.4　硬件 I²C 和模拟 I²C

如图 6.77 所示为 I²C 总线的硬件结构图，其中，SCL 是串行时钟线，SDA 是串行数据线。由于 SCL 与 SDA 为漏极开路结构，因此它们必须接上拉电阻，电阻值的大小通常为 1.8kΩ、4.7kΩ 和 10kΩ，但 1.8kΩ 性能最好。当 I²C 总线空闲时，两根线均为高电平，连到总线上任一元器件输出的低电平都将使总线的信号变低，即各元器件的 SDA 及 SCL 都是"与"关系。

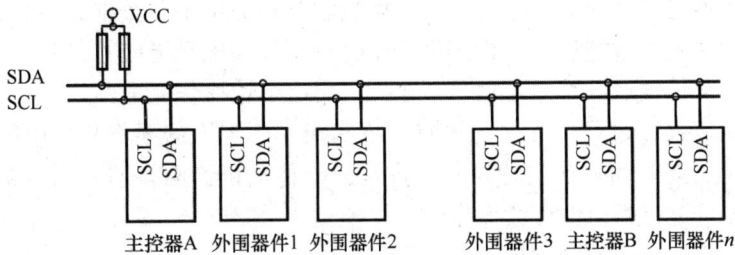

图 6.77　I²C 总线的硬件结构图

不管何种有线通信方式，都通过通信线传输高低电平信号实现。数据最小单位为 bit，1bit 能表示 0 或 1，高低电平代表这两种状态。高低电平不断变换，表示不断变化的 0 和 1，组成一连串数据。理论上，能产生高低电平信号，就能通信。单片机通过程序让 I/O 接口按照一定的规律输出高低电平，来实现通信。此通信方式称为软件模拟通信。

如何区分硬件 I²C 和模拟 I²C？可以看底层配置，若配置了 I/O 接口功能（I²C 功能），则为硬件 I²C，否则就是模拟 I²C。

另外，可以通过观察 I²C 写函数判断有无调用函数，或者是否给某个寄存器赋值。若有调用函数，则为硬件 I²C；否则，数据 1bit 循环发送到模拟 I²C。根据代码量判断，模拟 I²C 代码量比硬件 I²C 代码量要大。

主要对比：硬件 I²C 较复杂，模拟 I²C 流程更清楚；硬件 I²C 传输速度快，并可使用 DMA；模拟 I²C 可在任何引脚，而硬件 I²C 只能在固定引脚。

6.11.5　I²C 数据读/写操作

I²C 单字节写步骤如下：

（1）主机产生起始信号并发送到从机，将控制命令写入从机（7 位设备地址＋1 位读写控制命令），读写控制位设置为低电平，表示对从机进行写操作。

（2）从机接收到控制指令后，给主机一个应答信号 ACK，主机接收到应答信号 ACK 后开始写入寄存器地址，若寄存器地址为 16 位，则依次写入高 8 位，产生应答，再写入低 8 位，产生应答。若寄存器地址为 8 位，则直接从高位开始写入 8 位寄存器地址，产生应答。

（3）地址写入完成后，接收到从机应答信号，开始单字节数据的写入。

（4）单字节数据写入完成后，接收到从机应答信号，再向从机发送停止信号。至此，单字节数据写入完成。

注意：每写入 1 字节数据，从机都产生一个应答信号。

I²C 单字节读步骤如下：

（1）主机产生起始信号并发送到从机，将控制命令写入从机（7 位设备地址 + 1 位读写控制命令），读写控制位设置为低电平，表示对从机进行写操作。

（2）从机接收到控制指令后，给主机一个应答信号 ACK，主机接收到应答信号 ACK 后开始写入寄存器地址，若寄存器地址为 16 位，则依次写入高 8 位，产生应答，再写入低 8 位，产生应答。若寄存器地址为 8 位，则直接从高位开始写入 8 位寄存器地址，产生应答。

（3）地址写入完成后，接收到从机应答信号，主机再次向从机发送一个起始信号。

（4）主机向从机发送控制命令，读写控制位设置为高电平，表示对从机进行读操作。

（5）主机接收到从机的应答信号后，开始接收从机的单字节数据。

（6）主机接收完成数据后，主机产生一个时钟周期高电平无应答信号。

（7）主机向从机发送一个停止信号。至此，单字节读操作完成。

注意：随机读操作过程中需要先进行一次写操作，因为需要将从机中的地址指针指到想要读取的地址。此次写操作又称哑写、虚写。等待从机给应答信号后，指针指到想要读的地址，此时便可进行当前地址读操作。

随机读与当前地址读的区别如下。

随机读：随机读取从机某地址的数据。

当前地址读：在一次读或写操作后发起的读操作，I²C 设备在读写操作后，其内部的地址指针自动加 1。

6.11.6 OLED 工作指令

OLED 寄存器地址写入 1 字节数据的步骤如下：开启 I²C，发送 OLED 设备地址 + 读写控制。一般 OLED 地址为 0x78 或 0x7A。传入参数地址为寄存器参数，根据 OLED 手册，0x00 写入命令寄存器，0x40 写入数据寄存器。每次发送数据，I²C 都需要做出正确应答（0 为正确应答）。如果 OLED 设备未正确应答，则使用 goto 无条件转移语句，将 I²C 总线协议停止。OLED 工作指令设置如表 6.4 所示。

表 6.4 OLED 工作指令设置

序号	HEX	各 位 描 述								指 令	说 明
		D7	D6	D5	D4	D3	D2	D1	D0		
0	81	1	0	0	0	0	0	0	1	设置对比度	A 越大，屏幕越亮
	A[7:0]	A7	A6	A5	A4	A3	A2	A1	A0		A[7:0]: 0X00~0XFF
1	AE/AF	1	0	1	0	1	1	1	X0	设置显示开关	X0=0, 关闭显示 X0=1, 开启显示
2	8D	1	0	0	0	1	1	0	1	设置电荷泵	A2=0, 关闭电荷泵
	A[7:0]	*	*	0	1	0	A2	0	0		A2=1, 开启电荷泵
3	B0~B7	1	0	1	1	0	X2	X1	X0	设置页地址	X[2:0]: 0~7 对应页=0~7
4	00~0F	0	0	0	0	X3	X2	X1	X0	设置列地址	设置 8 位起始列地址的低 4 位
5	10~1F	0	0	0	1	X3	X2	X1	X0	设置列地址	设置 8 位起始列地址的高 4 位

6.11.7　实例 79：OLED 显示数字

具体程序如下：

```c
#include <REGx52.h>
#include "OLED_Font.h"

#define uint8_t unsigned char
#define uint8_t unsigned int
#define uint8_t unsigned long

sbit OLED_SCL = P2 ^ 0;          //SCL
sbit OLED_SDIN = P2 ^ 1;         //SDA

//开始
void IIC_Start()
{
    OLED_SCL = 1;
    OLED_SDIN = 1;
    OLED_SDIN = 0;
    OLED_SCL = 0;
}
//停止
void IIC_Stop()
{
    OLED_SCL = 1;
    OLED_SDIN = 0;
    OLED_SDIN = 1;
}
//ACK 响应
void IIC_Wait_Ack()
{
    OLED_SCL = 1;
    OLED_SCL = 0;
}

//发送 1 字节
void Write_IIC_Byte(uint8_t IIC_Byte)
{
    uint8_t i;
    uint8_t m, da;
    da = IIC_Byte;
    OLED_SCL = 0;
    for (i = 0; i < 8; i++)
    {
        m = da;
        m = m & 0x88;
        if (m == 0x80)
```

```
        {
            OLED_SDIN = 1;
        }
        else
            OLED_SDIN = 0;
        da = da << 1;
        OLED_SCL = 1;
        OLED_SCL = 0;
    }
}

//发送命令
void Write_IIC_Command(uint8_t IIC_Command)
{
    IIC_Start();
    Write_IIC_Byte(0x78);
    IIC_Wait_Ack();
    Write_IIC_Byte(0x00);
    IIC_Wait_Ack();
    Write_IIC_Byte(IIC_Command);
    IIC_Wait_Ack();
    IIC_Stop();
}

//发送数据
void Write_IIC_Date(uint8_t IIC_Data)
{
    IIC_Start();
    Write_IIC_Byte(0x78);
    IIC_Wait_Ack();
    Write_IIC_Byte(0x40);
    IIC_Wait_Ack();
    Write_IIC_Byte(IIC_Data);
    IIC_Wait_Ack();
    IIC_Stop();
}

//设置坐标
void OLED_Set_Pos(uint8_t Y, uint8_t X)
{
    Write_IIC_Command(0xB0 | Y);
    Write_IIC_Command(0x10 | ((X & 0xF0) >> 4));
    Write_IIC_Command(X & 0x0F);
}
//清屏
void OLED_Clear(void)
{
```

```c
    uint8_t i, j;
    for (i = 0; i < 8; i++)
    {
        OLED_Set_Pos(i, 0);
        for (j = 0; j < 128; j++)
        {
            Write_IIC_Data(0x00);
        }
    }
}


//OLED 显示数字
void OLED_ShowNum(uint8_t Line, uint8_t Column, uint32_Number, uint8_t Length)
{
    uint8_t i;
    for (i = 0; i < Length; i++)
    {
        OLED_ShowChar(Line, Column + i, Number / OLED_Pow(10, Length - i - 1) % 10 + '0');
    }
}
//OLED 显示数字（十进制，带符号数)
void OLED_ShowSignedNum(uint8_t Line, uint8_t Column, uint32_Number, uint8_t Length)
{
    uint8_t i;
    uint32_t Number1;
    if (Number >= 0)
    {
        OLED_ShowChar(Line, Column, '+');
        Number1 = Number;
    }
    else
    {
        OLED_ShowChar(Line, Column, '-');
        Number1 = -Number;
    }
    for (i = 0; i < Length; i++)
    {
        OLED_ShowChar(Line, Column + i + 1, Number1 / OLED_Pow(10, Length - i - 1) % 10 + '0');
    }
}


//OLED 显示数字（十六进制，正数）
void OLED_ShowHexNum(uint8_t Line, uint8_t Column, uint32_Number, uint8_t Length)
{
    uint8_t i, SingleNumber;
    for (i = 0; i < Length; i++)
    {
```

```
                SingleNumber = Number / OLED_Pow(16, Length - i - 1) % 16;
                if (SingleNumber < 10)
                {
                        OLED_ShowChar(Line, Column + i, SingleNumber + '0');
                }
                else
                {
                        OLED_ShowChar(Line, Column + i, SingleNumber - 10 + 'A');
                }
        }
}
//OLED 显示数字（二进制，正数)
void OLED_ShowBinNum(uint8_t Line, uint8_t Column, uint32_Number, uint8_t Length)
{
    uint8_t i;
}
```

6.11.8　实例 80：OLED 显示图片

具体程序如下：

```
/*********************************
 * oled.c 文件
 **********************************/
#include <reg52.h>
#include "iic.h"
#include "oled.h"

void Delay_1ms(unsigned int Del_1ms) //T = 1ms * Del_1ms
{
    unsigned char j;
    while (Del_1ms--)
    {
        for (j = 0; j < 123; j++)
            ;
    }
}

unsigned char code BMP1[] = //图片的模
    {
        ...}
/*********************************
 * 函 数 名：OLED_Init( )
 * 函数功能：OLED 初始化函数
 * 输    入：无
 * 输    出：无
 **********************************/
void
OLED_Init()
```

```
{
    Write_IIC_Command(0xAE); //display off
    Write_IIC_Command(0x20); //Set Memory Addressing Mode
    Write_IIC_Command(0x10); //00,Horizontal Addressing Mode;01,Vertical Addressing Mode;
                             //10,Page Addressing Mode (RESET);11,Invalid
    Write_IIC_Command(0xb0); //Set Page Start Address for Page Addressing Mode,0-7
    Write_IIC_Command(0xc8); //Set COM Output Scan Direction
    Write_IIC_Command(0x00); //---set low column address
    Write_IIC_Command(0x10); //---set high column address
    Write_IIC_Command(0x40); //--set start line address
    Write_IIC_Command(0x81); //--set contrast control register
    Write_IIC_Command(0xff); //亮度调节 0x00~0xff
    Write_IIC_Command(0xa1); //--set segment re-map 0 to 127
    Write_IIC_Command(0xa6); //--set normal display
    Write_IIC_Command(0xa8); //--set multiplex ratio(1 to 64)
    Write_IIC_Command(0x3F); //
    Write_IIC_Command(0xa4); //0xa4,Output follows RAM content;0xa5,Output ignores RAM content
    Write_IIC_Command(0xd3); //-set display offset
    Write_IIC_Command(0x00); //-not offset
    Write_IIC_Command(0xd5); //--set display clock divide ratio/oscillator frequency
    Write_IIC_Command(0xf0); //--set divide ratio
    Write_IIC_Command(0xd9); //--set pre-charge period
    Write_IIC_Command(0x22); //
    Write_IIC_Command(0xda); //--set com pins hardware configuration
    Write_IIC_Command(0x12);
    Write_IIC_Command(0xdb); //--set vcomh
    Write_IIC_Command(0x20); //0x20,0.77xVcc
    Write_IIC_Command(0x8d); //--set DC-DC enable
    Write_IIC_Command(0x14); //
    Write_IIC_Command(0xaf); //--turn on oled panel
}
/**********************************
 * 函 数 名：OLED_SetPos(unsigned char x, unsigned char y)
 * 函数功能：设置起始点坐标
 * 输    入：起始点坐标
 * 输    出：无
 **********************************/
void OLED_SetPos(unsigned char x, unsigned char y)
{
    Write_IIC_Command(0xb0 + x);
    Write_IIC_Command((y & 0x0f) | 0x00);            //LOW
    Write_IIC_Command(((y & 0xf0) >> 4) | 0x10);     //HIGH
}
/**********************************
 * 函 数 名：  OLED_DrawBMP()
 * 函数功能：  BMP 位图函数
 * 输    入：  x0,y0——起始点坐标（x0：0~127,y0：0~7）；
```

```
                      x1,y1——起点对角线（结束点）的坐标(x1：1～128, y1：1～8)
  *  输    出：无
  **********************************/
void OLED_DrawBMP(unsigned char x0, unsigned char y0,
                  unsigned char x1, unsigned char y1,
                  unsigned char BMP[])
{
    unsigned int j = 0;
    unsigned char x, y;
    if (y1 % 8 == 0)
        y = y1 / 8;
    else
        y = y1 / 8 + 1;
    for (y = y0; y < y1; y++)
    {
        //OLED_SetPos(x0,y);
        OLED_SetPos(y, x0);
        for (x = x0; x < x1; x++)
        {
            Write_IIC_Data(BMP[j++]);
        }
    }
}


/**********************************
  * iic.c 文件
  **********************************/
#include "iic.h"
#include "intrins.h"
/**********************************
  * 函 数 名：IIC_Start()
  * 函数功能：IIC 启动函数
  * 输    入：无
  * 输    出：无
  **********************************/
void IIC_Start()
{
    SCL = 1;
    SDA = 1;
    _nop_();
    SDA = 0;
    _nop_();
    SCL = 0;
}
/**********************************
  * 函 数 名：IIC_Stop()
  * 函数功能：IIC 停止函数
```

```
 * 输    入： 无
 * 输    出： 无
 ***********************************/
void IIC_Stop()
{
  SCL = 0;
  SDA = 0;
  _nop_();
  SCL = 1;
  SDA = 1;
  _nop_();
}
/***********************************
 * 函 数 名： Write_IIC_Byte(unsigned char IIC_Byte)
 * 函数功能：IIC 写入字节函数
 * 输    入： IIC_Byte
 * 输    出： 无
 ***********************************/
void Write_IIC_Byte(unsigned char IIC_Byte)
{
  unsigned char i;
  for (i = 0; i < 8; i++)
  {
      if (IIC_Byte & 0x80)
          SDA = 1;
      else
          SDA = 0;
      SCL = 1;
      _nop_();
      SCL = 0;
      _nop_();
      IIC_Byte <<= 1;
      _nop_();
  }
  SDA = 1;
  SCL = 1;
  _nop_();
  SCL = 0;
  _nop_();
}
/***********************************
 * 函 数 名： Write_IIC_Command(unsigned char IIC_Command)
 * 函数功能：IIC 写命令函数
 * 输    入： IIC_Command
 * 输    出： 无
 ***********************************/
void Write_IIC_Command(unsigned char IIC_Command)
```

```
{
    IIC_Start();
    Write_IIC_Byte(0x78);    //从属地址，SA0=0
    Write_IIC_Byte(0x00);    //写入命令
    Write_IIC_Byte(IIC_Command);
    IIC_Stop();
}
/**********************************
 * 函 数 名：Write_IIC_Data(unsigned char IIC_Data)
 * 函数功能：IIC 写数据函数
 * 输    入：IIC_Data
 * 输    出：无
 **********************************/
void Write_IIC_Data(unsigned char IIC_Data)
{
    IIC_Start();
    Write_IIC_Byte(0x78);
    Write_IIC_Byte(0x40);    //写入数据
    Write_IIC_Byte(IIC_Data);
    IIC_Stop();
}

void main(void)
{
    OLED_Init();
    Delay_1ms(5);
    while (1)
    {
        OLED_DrawBMP(0, 0, 128, 8, (unsigned char *)BMP1); //图片
        Delay_1ms(150);
        //Delay_1ms(200);
    }
}


/**********************************
 * oled.h 文件
 **********************************/
#ifndef __OLED_H
#define __OLED_H

#include "iic.h"

void OLED_Init();
void OLED_SetPos(unsigned char x, unsigned char y);
void OLED_DrawBMP(unsigned char x0, unsigned char y0,
                  unsigned char x1, unsigned char y1,
                  unsigned char BMP[]);
```

```
#endif

/**********************************
 * iic.h 文件
 **********************************/

#ifndef __IIC_H
#define __IIC_H

#include <reg52.h> //声明特殊功能寄存器

/************Pin Define************/
sbit SCL = P1 ^ 0;
sbit SDA = P1 ^ 1;

void IIC_Start();
void IIC_Stop();
void Write_IIC_Command(unsigned char IIC_Command);
void Write_IIC_Data(unsigned char IIC_Data);
void Write_IIC_Byte(unsigned char IIC_Byte);

#endif
```

6.12　LCD1602 液晶显示屏

6.12.1　液晶介绍

LCD1602 液晶显示屏

液晶（Liquid Crystal）是一种介于液态与结晶态之间的物质状态高分子材料。因具有特殊的物理、化学、光学特性，液晶被广泛使用，目前合成了 10000 多种液晶材料。液晶同时具有液态和固态的特殊光学特性，因此具有功耗低、驱动电压小、可靠度高、色彩丰富、显示内容多样、无闪烁、生产自动化程度高、成本低、对人体无危害、体积小、便携等优点，被广泛应用于终端显示装置上。

液晶受温度的影响很大，一般的通用型液晶的正常工作温度范围为 0～55℃。工业 LCD 液晶模块一般在-20～70℃内正常工作，超宽温工业液晶屏的工作温度可达到-35～85℃，个别液晶屏工作温度可达-40～85℃，但这种超宽温工业液晶屏的价格高出许多。

液晶显示器的主要原理是利用液晶的物理特性，通过电压对显示区域进行控制。电流刺激液晶分子产生点、线、面，配合背光灯管构成画面。液晶显示器具有厚度薄、适用于大规模集成电路直接驱动、易于实现全彩色显示等特点。生活中有很多液晶显示器的应用，如汽车表盘、大型 LCD 液晶显示屏。

液晶显示的分类方法有很多种，按其显示方式可分为段式、字符式、点阵式等。除黑白显示器，液晶显示器还有彩色显示器等。根据驱动方式来分，液晶显示可以分为静态驱动（Static）显示、单纯矩阵驱动（Simple Matrix）显示和主动矩阵驱动（Active Matrix）显示 3 种。LCD1602 液晶显示屏有两种显示方式，一种是在液晶显示屏任意位置显示字符，另一种是在液晶显示屏上滚动显示一串字符。如图 6.78 所示为 LCD 在汽车仪表盘中的应用。如图 6.79 所示为 LCD 液晶显示屏。

图 6.78 LCD 在汽车仪表盘中的应用

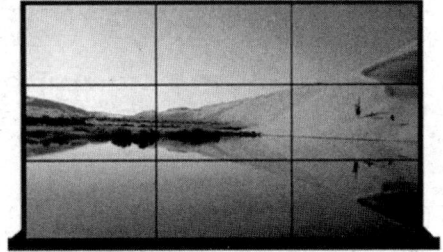

图 6.79 LCD 液晶显示屏

6.12.2 LCD1602 液晶显示屏原理

如图 6.80 所示为 LCD1602 液晶显示屏模块。下面介绍 LCD1602 液晶显示屏模块的引脚分配。带背光设置的 LCD1602 液晶显示屏有 16 个引脚。引脚 VSS 是电源地信号引脚。引脚 VDD 为电源信号引脚。引脚 VEE 为液晶对比度调节引脚，接 0～5V，用来调节液晶的显示对比度。RS 是寄存器选择引脚，当 RS=1 时为数据寄存器，当 RS=0 时为指令寄存器。RW 是读写选择引脚，当 RW=1 时，选择读操作，当 RW=0 时，选择写操作。E 引脚是读写操作选择引脚，在下降沿时，数据被写入 LCD1602 液晶显示屏，当 E=1 时，对 LCD1602 液晶显示屏进行读数据操作。D0～D7 是数据总线引脚。*LEDA 是背光电源引脚。*LEDK 是背光电源地引脚。

如图 6.81 所示为 RAM 地址映射图，可显示两行字符，每行有 16 个字符，不能显示汉字，内置 128 个字符的 ASCII 码库，只有并行接口，无串行接口。其第一行地址范围为 00H～0FH，第二行地址范围是 40H～4FH。当写到 10～27H 或 50～67H 时，必须通过移屏指令将它们移入可显示区域，方可正常显示。

图 6.80 LCD1602 液晶显示屏模块

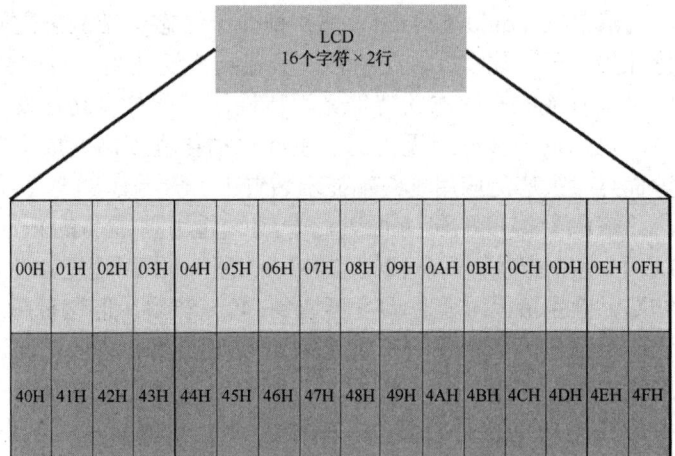

图 6.81 RAM 地址映射图

LCD 显示一个字符时较复杂，因为一个字符由 6×8 点阵或 8×8 点阵组成，既要找到和显示屏幕上某几个位置对应显示 RAM 区的 8 字节，还要使每字节的不同位为 "1"，其他的为 "0"。为 "1" 时点亮，为 "0" 时不点亮，这样就组成了某个字符。内带字符发生器的控制器显示字符则比较简单，可以让控制器工作在文本方式下，根据在 LCD 上开始显示的行列号及每行的列数找出显示 RAM 对应的地址，设立光标，在此送上该字符对应的代码即可。

6.12.3　LCD1602 液晶显示屏指令

LCD1602 液晶显示屏模块的读/写操作，以及屏幕和光标的操作都是通过指令来实现的。LCD1602 液晶显示屏模块内部控制器共有 10 条控制指令。

1．清屏操作

如表 6.5 所示为清屏操作，设定将 DDRAM 填满 20H 就空格，并且设定当 DDRAM 的地址计数器为 00H 时进行清屏显示操作。

表 6.5　清屏操作

指　　令	指 令 编 码									
	RS	R/W	D7	D6	D5	D4	D3	D2	D1	D0
清屏显示	L	L	L	L	L	L	L	L	L	H

2．光标复位

如表 6.6 所示为光标复位。设定 DDRAM 的地址计数器为 00H，将光标复位到开始的原点位置。

表 6.6　光标复位

指　　令	指 令 编 码									
	RS	R/W	D7	D6	D5	D4	D3	D2	D1	D0
清 屏 显 示	L	L	L	L	L	L	L	L	H	*

3．进入点设定

如表 6.7 所示为进入点设定，指定在数据读取和写入时，设定游标的移动方向及指定显示的移位。其中，I/D 表示写入新数据后光标的移动方向，高电平右移，低电平左移；S 表示写入新数据之后所显示的字符是否整体左移或右移一个字符，高电平表示有效，低电平表示无效。

表 6.7　进入点设定

指　　令	指 令 编 码									
	RS	R/W	D7	D6	D5	D4	D3	D2	D1	D0
清 屏 显 示	L	L	L	L	L	L	L	H	I/D	S

4．显示状态控制

如表 6.8 所示为显示状态控制。其中，D 表示控制整体的显示开关，高电平表示开显示屏，低电平表示关显示屏；C 表示控制光标的开和关，高电平表示有光标，低电平表示没有光标；B 表示光标位置是否允许闪烁，高电平表示允许闪烁，低电平表示不闪烁。

表 6.8　显示状态控制

指　　令	指 令 编 码									
	RS	R/W	D7	D6	D5	D4	D3	D2	D1	D0
清 屏 显 示	L	L	L	L	L	L	H	D	C	B

5．光标或显示移位控制

如表 6.9 所示为光标或显示移位控制。设定光标的移动和显示的移位控制位，这个指令不改变 DDRAM 的内容。其中，当 S/C=L，R/L=L 时，光标左移；当 S/C=L，R/L=H 时，光标右移；当 S/C=H，R/L=L 时，字符和光标都左移；当 S/C=H，R/L=H 时，字符和光标都右移。

表 6.9　光标或显示移位控制

指　令	指 令 编 码								
	RS	R/W	D7	D6	D5	D4	D3	D2	D1	D0
清屏显示	L	L	L	L	L	H	S/C	R/L	*	*

6．功能设定

如表 6.10 所示为功能设定。DL=H 代表数据长度为 8 位，DL=L 代表数据长度为 4 位。F=H 为扩充指令操作。F=L 为基本指令操作。当 N 为低电平时，只有一行可以显示；当 N 为高电平时，两行都可以显示。

表 6.10　功能设定

指　令	指 令 编 码								
	RS	R/W	D7	D6	D5	D4	D3	D2	D1	D0
清屏显示	L	L	L	L	H	DL	N	F	*	*

7．CGRAM 地址设置

如表 6.11 所示为 CGRAM 地址设置。设置 LCD1602 液晶显示屏的 CGRAM 可以设置存储自定义字符，共 6 位，可以表示 64 个地址，即 64B。一个 5×8 点阵字符共占用 8B，那么 64B 可以自定义 8 个字符显示。

表 6.11　CGRAM 地址设置

指　令	指 令 编 码								
	RS	R/W	D7	D6	D5	D4	D3	D2	D1	D0
清屏显示	L	L	L	H	AC5	AC4	AC3	AC2	AC1	AC0

8．DDRAM 地址设置

如表 6.12 所示为 DDRAM 地址设置。指定 DDRAM 地址，第一行为 80H～87H，第二行为 90H～97H。

表 6.12　DDRAM 地址设置

指　令	指 令 编 码								
	RS	R/W	D7	D6	D5	D4	D3	D2	D1	D0
清屏显示	L	L	H	L	AC5	AC4	AC3	AC2	AC1	AC0

9．读/写数据与指令

如表 6.13 所示为读/写数据与指令。

10．读忙信号和光标地址

如表 6.14 所示为读忙信号和光标地址。BF 为忙标志位，如果为高电平，表示忙，此时模块不能接收命令或数据；如果为低电平，表示不忙。

表 6.13　读/写数据与指令

指　　令	指 令 编 码								
	RS	R/W	D7	D6	D5	D4	D3	D2	D1	D0
读　状　态	L	H	D0～D7 的状态字							
读　数　据	H	H	D0～D7 读出的数据							
写　指　令	L	L	D0～D7 指令码							
写　数　据	H	L	D0～D7 写入的数据							

表 6.14　读忙信号和光标地址

指　　令	指 令 编 码								
	RS	R/W	D7	D6	D5	D4	D3	D2	D1	D0
清 屏 显 示	L	H	BF	AC 内容						

如图 6.82 所示为写操作时序图。时间轴由左往右，当写命令字节时，RS 变为低电平，R/W 也变为低电平。需要注意的是，RS 的状态先变化完成。此时，DB0～DB7 上的数据进入有效阶段，接着使能引脚 E 上有一个整脉冲的跳变，之后需要维持时间最小值 $t_{PW} = 400ns$ 的 E 脉冲宽度。然后 E 引脚负跳变，RS 电平变化，R/W 电平变化。这就是一个完整的 LCD1602 液晶显示屏写操作时序。当进行写数据时，RS 为高电平，其他步骤基本一致。

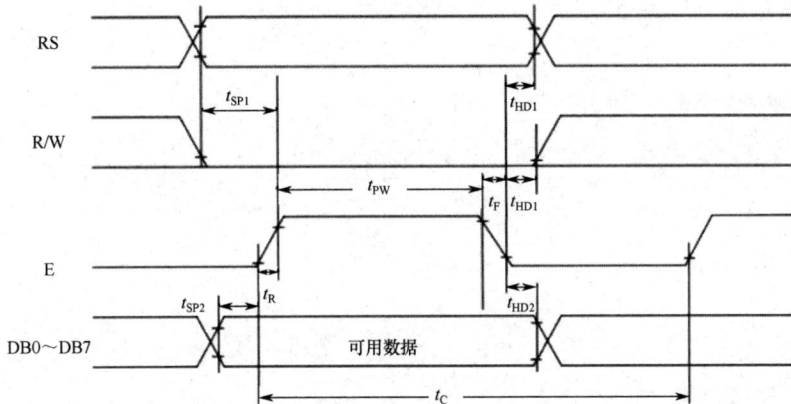

图 6.82　写操作时序图

读操作时序图和写操作时序图的差别为在使能引脚 E 上的跳变之后进行操作。读操作时序图如图 6.83 所示。

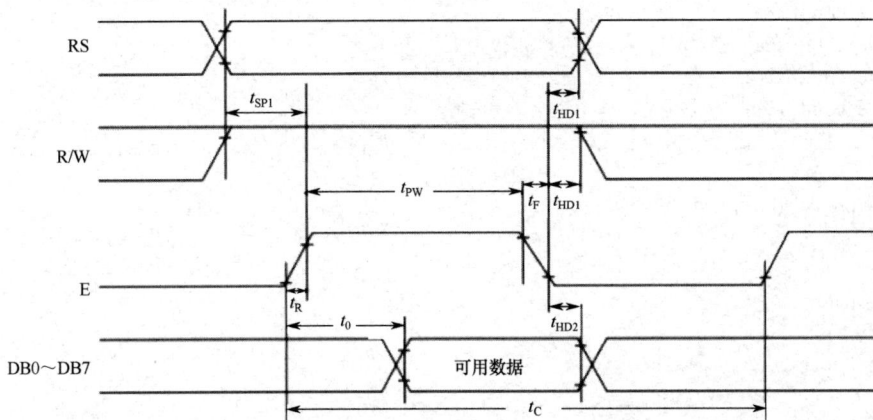

图 6.83　读操作时序图

6.12.4　实例 81：LCD1602 液晶显示屏显示字符

具体程序如下：

```c
#include <REGx52.h>
unsigned char code table[] = "xuesheng";
unsigned char code table1[] = "123456789";
unsigned char code table2[] = "xuahao:";
unsigned char code table3[] = "987654321";

sbit rs = P1 ^ 1;
sbit rw = P1 ^ 2;
sbit en = P1 ^ 3;
#define LCD_DataPort P2
void delay(unsigned int n)
{
    unsigned int i, j;
    for (i = 0; i < n; i++)
        for (j = 0; j < 120; j++)
            ;
}

void write_com(unsigned char com)
{
    rs = 0;    //写指令
    P2 = com;
    delay(5);
    //高脉冲瞬间读入
    en = 1;
    en = 0;
}

void init()
{
    rw = 0;
    en = 0;
    //使能端为 0，写指令
    write_com(0x38);    //设置显示方式
    write_com(0x0c);    //开显示，包括光标和闪烁
    write_com(0x06);    //写一个字符后，地址指针自动加 1
    write_com(0x01);    //显示清零，数据指针清零
}

void write_data(unsigned char date)
{
    rs = 1;
    P2 = date;
    delay(5);
    en = 1;
    en = 0;
}
```

```
void main()
{
    while (1)
    {
        unsigned char num = 0;
        init();
        write_com(0x80);
        for (num = 0; num < 9; num++)
        {
            write_data(table[num]);
            delay(5);
        }
        write_com(0x80 + 0x40);
        for (num = 0; num < 10; num++)
        {
            write_data(table1[num]);
            delay(5);
        }
        write_com(0x80);
        for (num = 0; num < 8; num++)
        {
            write_data(table2[num]);
            delay(5);
        }
        delay(2000);
    }
}
```

LCD1602 液晶显示屏显示字符电路图如图 6.84 所示。

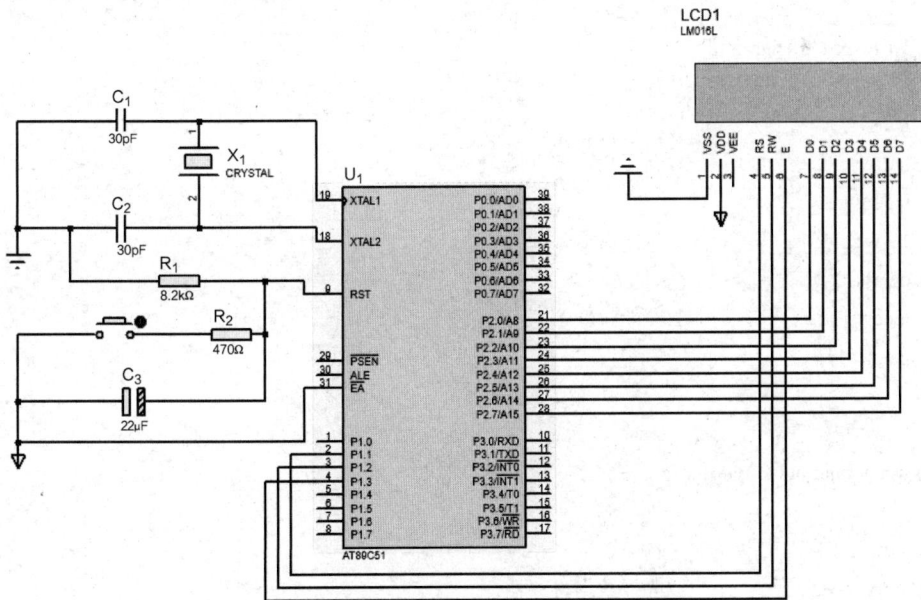

图 6.84 LCD1602 液晶显示屏显示字符电路图

6.12.5　实例 82：LCD1602 液晶显示屏显示汉字

具体程序如下：

```c
#include "reg52.h"
#define uchar unsigned char
#define uint unsigned int
sbit lcdrs = P1 ^ 1;
sbit lcdrw = P1 ^ 2;
sbit lcden = P1 ^ 3;
uchar code table[] = {
    0x00, 0x00, 0x00, 0x1F, 0x00, 0x00, 0x00, 0x00, //一
    0x00, 0x00, 0x0E, 0x00, 0x1F, 0x00, 0x00, 0x00, //二
    0x00, 0x1F, 0x00, 0x0E, 0x00, 0x1F, 0x00, 0x00, //三
    0x02, 0x04, 0x0F, 0x12, 0x0F, 0x0A, 0x1F, 0x02, //年
    0x0F, 0x09, 0x0F, 0x09, 0x0F, 0x09, 0x09, 0x11, //月
    0x1F, 0x11, 0x11, 0x1F, 0x11, 0x11, 0x1F, 0x00, //日
};
uchar code table1[] = {0x00, 0x01, 0x02, 0x03, 0x04, 0x05, 0x06, 0x07}; //自定义字符数据地址

void delay(uchar z)
{
    uint x, y;
    for(x=z;x>0;x--
            for(y=122;y>0;y--);
}

void write_cmd(uchar cmd)
{
    lcdrs = 0;
    lcdrw = 0;            //选择指令寄存器
    lcden = 1;
    P2 = cmd;             //写了命令
    delay(5);
    lcden = 0;            //使能拉低
    lcden = 1;
}

void write_date(uchar date)
{
    lcdrs = 1;
    lcdrw = 0;            //选择数据寄存器
    lcden = 1;
```

```
        P2 = date;              //写了命令
        delay(5);
        lcden = 0;              //使能拉低
        lcden = 1;
}

void init_lcd1602()
{
        write_cmd(0x01);        //清屏
        write_cmd(0x38);        //功能设置
        write_cmd(0x0c);        //显示设置
        write_cmd(0x06);        //输入方式从左到右
        delay(1);
}

void main()
{
        uchar i;
        init_lcd1602();
        delay(1);
        while (1)
        {
                write_cmd(0x40);   //开始写入要显示的自定义字符、汉字代码
                for (i = 0; i < 64; i++)
                {
                        write_date(table[i]);
                        delay(5);
                }
                write_cmd(0x80);        //从第一行第一列开始显示
                for (i = 0; i < 8; i++)     //显示自定义字符
                {
                        write_date(table1[i]);
                        delay(5);
                }
                for (i = 0; i < 12; i++)
                {
                        write_date(table2[i]);
                        delay(5);
                }
        }
}
```

LCD1602 液晶显示屏显示汉字电路图如图 6.85 所示。

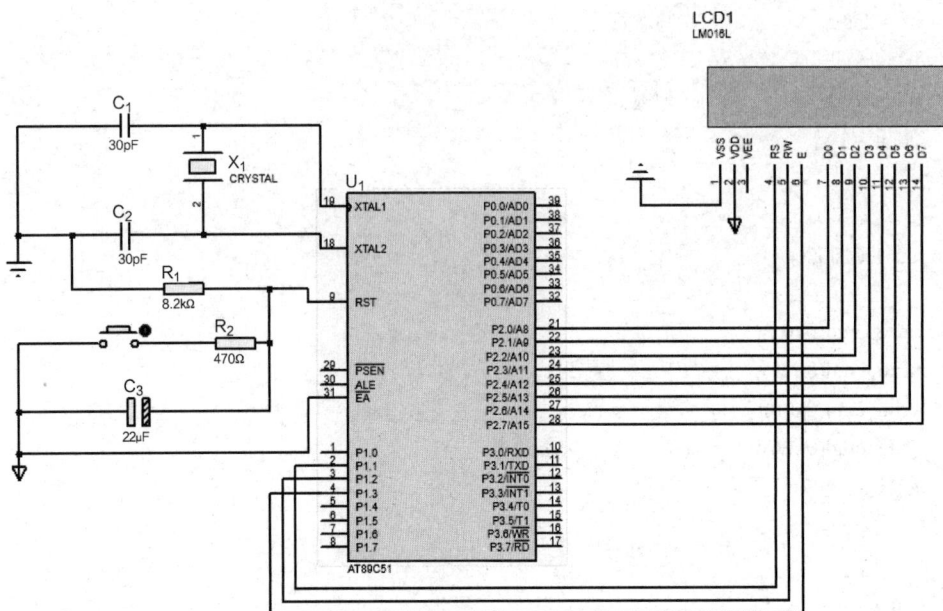

图 6.85　LCD1602 液晶显示屏显示汉字电路图

6.13　直流电机

6.13.1　电机的种类

1．普通电机

普通电机如图 6.86 所示。日常生活中使用的一般都为直流有刷电机。这种电机具有转速过快、扭力过小的特点。普通电机只有两个引脚，用电池的正极、负极接上两个引脚电机就会旋转，电池的正极、负极反接后电机的转动方向会反转。

2．步进电机

步进电机是将电脉冲信号转变为角位移或线位移的开环控制元器件，是一种感应电机，如图 6.87 所示。

3．伺服电机

伺服电机是在伺服系统中控制机械元器件运转的发动机，是一种辅助马达间接变速装置，如图 6.88 所示。

伺服电机一般指电机系统，它包含电机、传感器和控制器。与步进电机原理结构不同的是，伺服电机把控制电路放到了电机之外，因此电机部分就是标准的直流电机或交流感应电机。

图 6.86　普通电机　　　图 6.87　步进电机

4．舵机

舵机是伺服电机在航模、小型机器人等领域常用的一个特殊版本，如图 6.89 所示。一般来说，舵机具有轻量、小型、简化、廉价，并附带减速机构的特点。舵机通常用来帮助工作设备改变行进方向。舵机主要由外壳、电路板、驱动电机、减速器、位置检测元器件构成。

图 6.88　伺服电机

图 6.89　舵机

6.13.2　电机的结构

直流电机由定子和转子两大部分组成。定子部分由主磁极、换向极、电刷装置、机座、端盖和轴承等组成。定子的作用是产生主磁场及在机械上支撑电机。转子（电枢）部分由电枢铁芯、电枢、换向器等组成。转子（电枢）的作用是完成机电能量转换。

1．主磁极

主磁极的作用是产生气隙磁场。主磁极由主磁极铁芯和励磁绕组两部分组成，给励磁绕组通入电流就产生主磁场。磁极下面扩大的部分称为极靴，其作用是使通过空气中的磁通分布更合适，并使励磁绕组能牢固地固定在铁芯上。磁极是磁路的一部分，采用 1.0～1.5mm 的钢片叠压制成。励磁绕组用绝缘铜线绕成。

2．换向极

换向极用来改善电枢电流的换向性能。换向极由铁芯和绕组构成，用螺杆固定在定子的两个主磁极中间。

3．电刷装置

电刷装置包括电刷和电刷座，它们固定在定子上。电刷与换向器保持滑动接触，以便将电枢绕组和外电流接通。

4．机座

一方面，机座用来固定主磁极、换向极和端盖等，并作为整个电机的支架，用地脚螺钉将电机固定；另一方面，机座是电机磁路的一部分。

5．电枢铁芯

电枢铁芯的作用是嵌放电枢绕组和颠末磁通，以减小在工作时电枢铁芯中发作的涡流损耗和磁滞损耗。

6．电枢

电枢的作用是与磁场相互作用，将电能转换为机械能。电枢绕组由许多线圈或玻璃丝包扁钢铜线或强度漆包线构成。

7．换向器

换向器又称整流子。在直流电机中，换向器的作用是将电刷上的直流电源的电流转换成电枢绕组内的交流电流，使电磁转矩的倾向稳定不变。在直流电机中，换向器将电枢绕组交流电动势转换为电刷端上输出的直流电动势。

8. 转轴

转轴起转子旋转的支撑作用，需要有一定的机械强度和刚度，一般采用圆钢加工而成。

6.13.3 脉宽调制

PWM（Pulse Width Modulation，脉宽调制）技术通过对一系列脉冲信号的宽度进行调制，来等效地获得所需要的波形（含形状和幅度）。PWM 技术在逆变电路中应用较广。PWM 技术在逆变电路中有广泛的应用，这确定了其在电力电子技术中的重要地位。

如图 6.90 所示为 PWM 占空比，即按一定的频率不断输出高电平、低电平，同时可在一个周期内调整高电平的持续时间（占空比）。

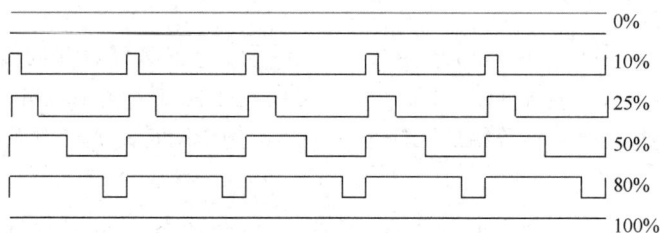

图 6.90　PWM 占空比

6.13.4 电机的工作原理

电机的工作原理如图 6.91 所示。在直流电机中，定子部分有一对直流励磁的静止主磁极 N、S，在转子部分上装设电枢铁芯。定子与转子之间有气隙。电流通过转子上的线圈产生安培力，当转子上的线圈与磁场平行时，再继续转，产生的磁场方向将改变。因此，此时转子末端的电刷与转换片交替接触，从而线圈上的电流方向也改变，产生的洛伦兹力方向不变，电机能保持一个方向转动。

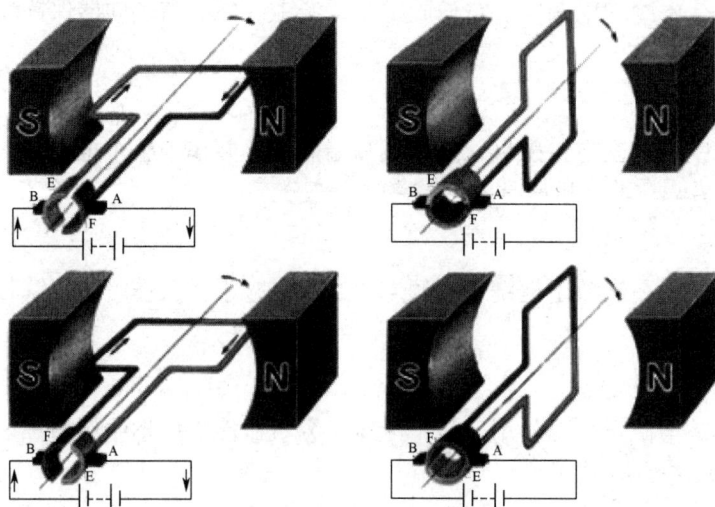

图 6.91　电机的工作原理

6.13.5　电机驱动 L298N

对于单片机来说，其自身驱动能力较弱，无法带动大电流，而电机驱动往往需要较高的电流。因此，一般采用 L298N 模块驱动电机，如图 6.92 所示。L298N 是意法半导体集团旗下品牌产品，是一款输出电流大、功率高的双路全桥式电机驱动芯片。其输出电流为 2A，最高电流为 4A，最高工作电压为 50V，可驱动感性负载，如大功率直流电机、步进电机、电磁阀等。L298N 通过控制主控芯片上的 I/O 接口，直接通过电源来调节输出电压，即可实现电机的正转、反转、停止。

图 6.92　电机驱动 L298N

如表 6.15 所示为电机转动编码状态。

表 6.15　电机转动编码状态

左 电 机		右 电 机		左 电 机	右 电 机	电机运行状态
IN1	IN2	IN3	IN4			
1	0	1	0	正转	正转	前行
1	0	0	1	正转	反转	左转
1	0	1	1	正转	停	以左电机为中心原地左转
0	1	1	0	反转	正转	右转
1	1	1	0	停	正转	以右电机为中心原地右转
0	1	0	1	反转	反转	后退

6.13.6　实例 83：电机变速

具体程序如下：

```
#include <REGx52.h>
#define uchar unsigned char
#define uint unsigned int
sbit K5 = P1 ^ 4;
sbit K6 = P1 ^ 5;
sbit PWM1 = P1 ^ 0;
sbit PWM2 = P1 ^ 1;
uchar ZKB1, ZKB2;
void delaynms(uint aa)
{
  uchar bb;
  while (aa--)
  {
     for (bb = 0; bb115; bb++)       //1ms 基准延时程序
     {
        ;
```

```c
        }
    }
}
void delay500us(void)
{
    int j;
    for (j = 0; j57; j++)
    {
        ;
    }
}

void main(void)
{
    TR0 = 0;                            //关闭定时器 0
    TMOD = 0x01;                        //定时器 0，工作方式 1
    TH0 = (65526 - 100) / 256;
    TL0 = (65526 - 100) % 256;          //100μs 即 0.01ms 中断一次
    EA = 1;                             //开全局中断
    ET0 = 1;                            //开定时器 0 中断
    TR0 = 1;                            //启动定时器
    ZKB1 = 50;                          //占空比初值设定
    ZKB2 = 50;                          //占空比初值设定
    while (1)
    {
        if (!K5)
        {
            delaynms(15);               //消抖
            if (!K5)                    //确定按键按下
            {
                ZKB1++;                 //增加 ZKB1
                ZKB2 = 100 - ZKB1;      //相应地，ZKB2 就减少
            }
        }
        if (!K6)
        {
            delaynms(15);               //消抖
            if (!K6)                    //确定按键按下
            {
                ZKB1--;                 //减少 ZKB1
                ZKB2 = 100 - ZKB1;      //相应地，ZKB2 增加
            }
        }
        if (ZKB199)
            ZKB1 = 1;
        if (ZKB11)
            ZKB1 = 99;
```

```
    }
}
void time0(void) interrupt 1
{
    static uchar N = 0;
    TH0 = (65526 - 100) / 256;
    TL0 = (65526 - 100) % 256;
    N++;
    if (N100)
        N = 0;
    if (N = ZKB1)
        PWM1 = 0;
    else
        PWM1 = 1;
    if (N = ZKB2)
        PWM2 = 0;
    else
        PWM2 = 1;
}
```

电机变速电路图如图 6.93 所示。

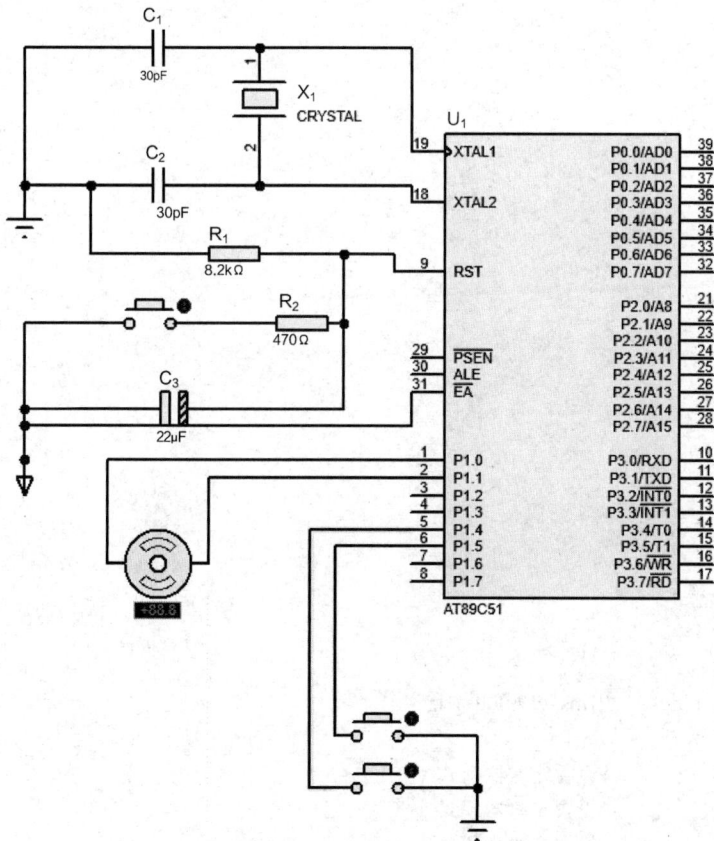

图 6.93　电机变速电路图

6.13.7　实例 84：电机转向变换

具体程序如下：

```c
#include <REGx52.h>
unsigned char Counter, Compare;
unsigned char KeyNum;
sbit Motor = P1 ^ 2;
sbit Motor1 = P1 ^ 3;
void delay(unsigned int n)
{
    unsigned int i, j;
    for (i = 0; i < n; i++)
        for (j = 0; j < 120; j++)
            ;
}
unsigned char MatrixKey()
{
    //P2=0xFF;
    //P2_2=0;

    if (P2_0 == 0)
    {
        delay(20);
        while (P2_0 == 0)
            ;
        delay(20);
        KeyNum = 1;
    }
    if (P2_3 == 0)
    {
        delay(20);
        while (P2_3 == 0)
            ;
        delay(20);
        KeyNum = 2;
    }
    return KeyNum;
}

void Timer_Init(void)       //1ms@12.000MHz
{
    TMOD &= 0xF0;           //设置定时器模式
    TMOD |= 0x01;           //设置定时器模式
    TL0 = 0x9c;             //设置定时初值
    TH0 = 0xFC;             //设置定时初值
```

```
        TF0 = 0;                        //清除 TF0 标志
        TR0 = 1;                        //定时器 0 开始计时
        ET0 = 1;
        EA = 1;
        PT0 = 0;
}


void main()
{
    Timer_Init();
    while (1)
    {
        MatrixKey();
        if (KeyNum)
        {
            {
                if (KeyNum == 1)
                    Compare = 50;
            }
            {
                if (KeyNum == 2)
                    Compare = 100;
            }
        }
    }
}

void Timer0_Routine() interrupt 1      //中断函数
{

    TL0 = 0x9C;                         //设置定时初值
    TH0 = 0xFC;                         //设置定时初值
    Counter++;
    Counter %= 100;                     //到 100 时置零
    if (Counter < Compare)
    {
        Motor = 0;
        Motor1 = 1;
    }
    else
    {
        Motor = 1;
        Motor1 = 0;
    }
}
```

电机转向电路图如图 6.94 所示。

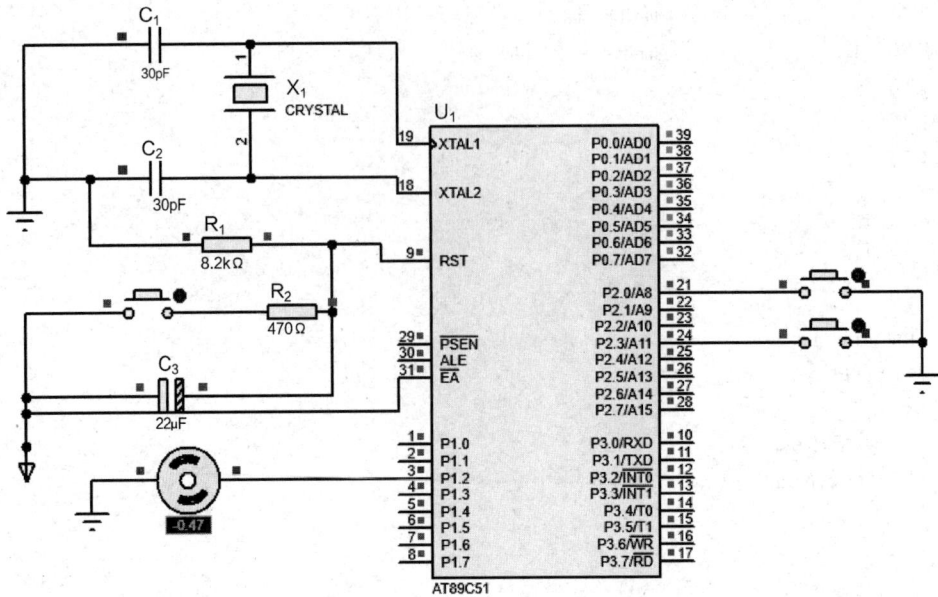

图 6.94　电机转向电路图

6.14　步进电机

6.14.1　步进电机的工作原理

步进电机

步进电机接收的是电脉冲信号，根据脉冲数量转过相应步距角。动的角度就是步距角，是步进电机的固有属性。市面上最常用的是两相步进电机，200 步为一转，即每步的步距角是 1.8°（360°÷200 = 1.8°）。两相步进电机驱动器以发脉冲方式驱动，1 个脉冲周期步进电机步进 1 个步距角，因此，电机一转需 200 个脉冲周期。

在应用中，如果传动精度达不到要求，需要更高精度的步距角，则必须用电机控制的驱动器来实现，因此，驱动器在步距角 1.8°中再细分步距角精度，细分 100 之后，其精度提高为每个脉冲步距角为 0.018°，一转需要 20000 个脉冲（0.018°×20000=360°），其细分越大，步距角精度越高。一般来说，细分越大，控制系统要求越高，转动速度越慢，不利于提高运行效率。

步进电机接收脉冲后转动，但不能保证一定可以转到位。例如，脉冲频率过高或者负载较大，就会造成失步，也就是没转到位。因此，使用步进电机的场合，要么不需要位置反馈，要么加入位置反馈元器件，如霍尔元器件等。

6.14.2　步进电机的特点

在步进电机的选用上必须注意以下几点。

（1）步级角：步进电机的分辨率（1 脉冲波的移动量）。步进电机的步级角就是依电机旋转一圈（360°）而分割成多少来决定的。

（2）转动速度：脉冲波输入速度（pulse/s），根据电机的转矩而变化。

（3）转矩：选择步进电机时，需要以有负荷时的最大转矩的 1.5～2 倍来决定。

（4）负荷性惯量：依据使用场合计算负荷性惯量，再根据步进电机规格表，选择容许负荷性惯量大于计算值的 1.3 倍以上。

（5）驱动器：连接控制器或直接接收外部信号，进而控制步进电机动作。驱动器将直接影响步进电机的性能表现。

（6）搭配减速机：使用减速机型步进电机可达到减速、高转矩、高分辨率、降低施加于电机轴的负荷性惯量、改善启动与停止时的阻尼特性，进而降低运转的振动。

6.14.3　步进电机驱动

与电机驱动相同，步进电机驱动同样是为电机提供充足功率。步进电机驱动可以选用专用的电机驱动模块，如 L298N、FT5754 等。这类驱动模块接口简单、操作方便，既可驱动步进电机，也可驱动直流电机。除此之外，还可利用三极管搭建驱动电路，不过这样会非常麻烦，可靠性也会降低。因此，在此选用 ULN2003 达林顿驱动来驱动直流减速步进电机 28BYJ-48，如图 6.95 所示。

如图 6.96 所示，ULN2003 由 8 个 NPN 达林顿晶体管连接成阵列，非常适合逻辑接口电平数字电路（如 TTL、CMOS 或 PMOS 上，或者 NMOS）和较高的电流/电压，如电灯、电磁阀、继电器、打印锤或其他类似的负载。

PIN CONNECTIONS

图 6.95　步进电机驱动

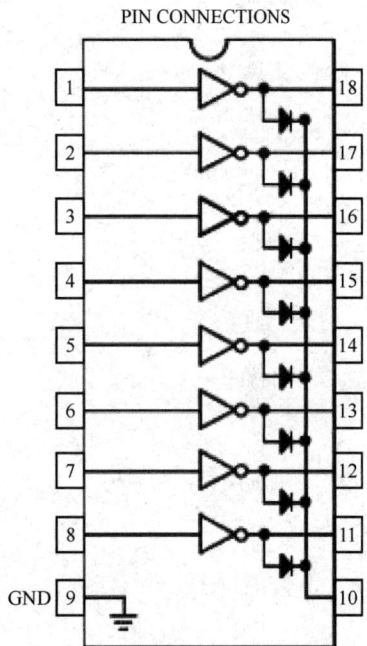

图 6.96　ULN2003 封装和内部结构

ULN2003 的每对达林顿晶体管都串联一个 2.7kΩ 的基极电阻，在 5V 的工作电压下能与 TTL 和 CMOS 电路直接相连，可以直接处理原先需要标准逻辑缓冲器来处理的数据。

ULN2003 工作电压高，工作电流大，灌电流可达 500mA，并且能够在关态时承受 50V 的电压，输出还可以在高负载电流并行运行。

ULN2003 采用 DIP-18 或 SOP-18 塑料封装。

下面介绍 ULN2003 的各个引脚。引脚 1：CPU 脉冲输入端，端口对应一个信号输出端。引脚 2、3、4、5、6、7：CPU 脉冲输入端。引脚 8：外接地。引脚 9：内部 7 个续流二极管负极的公共端，各二极管的正极分别接各达林顿晶体管的集电极；用于感性负载时，该引脚接负载电源正极，实现续流作用；该引脚接地时，实际就是达林顿晶体管的集电极对地接通。引脚 10：脉冲信号输出端，对应引脚 7 信号输入端。引脚 11：脉冲信号输出端，对应引脚 6 信号输入端。引脚 12：脉冲信号输出端，对应引脚 5 信号输入端。引脚 13：脉冲信号输出端，对应引脚 4 信号输入端。

6.14.4　实例 85：步进电机的应用

要想使步进电机以单四拍正转，可使单片机的 P1.0～P1.4 引脚产生一个类似于流水灯一样的信号，具体程序如下：

```
#include <reg52.h>
sbit A = P1 ^ 0;              //定义 A 为 P1.0 引脚
sbit B = P1 ^ 1;              //定义 B 为 P1.1 引脚
sbit C = P1 ^ 2;              //定义 C 为 P1.2 引脚
sbit D = P1 ^ 3;             //定义 D 为 P1.3 引脚
void delay(unsigned char s)   //延时函数，作为各引脚变换的时间间隔
{
    unsigned char a;          //通过改变实参 s，可得出延迟时间
    for (; s > 0; s--)        //s*10s（晶振频率为 11.059MHz）
        for (a = 3; a > 0; a--)
            ;                 //大家有兴趣可以算一下这个值
}
void main(void)
{
    A = 0;
    B = 0;
    C = 0;
    D = 0;                    //使每个端口置 0
    while (1)
    {
        A = 1;                //绕组 A 通电
        delay(1);             //延时 10s
        A = 0;                //绕组 A 断电
        B = 1;                //绕组 B 通电
        delay(1);
        B = 0;                //绕组 B 断电
        C = 1;                //绕组 C 通电
        delay(1);
        C = 0;                //绕组 C 断电
        D = 1;                //绕组 D 通电
        delay(1);
        D = 0;                //绕组 D 断电
    }
}
```

步进电机控制效果图如图 6.97 所示。

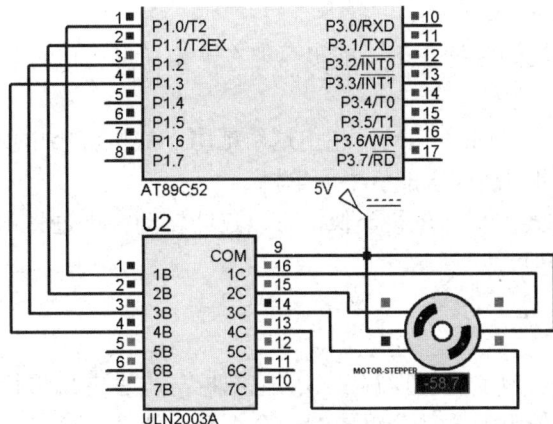

图 6.97 步进电机控制效果图

6.15 舵机

6.15.1 舵机简介

舵机是一种位置（角度）伺服的驱动器，最早用于航模，相当于廉价版的伺服电机，但它仅保留了位置环，适用于那些需要角度不断变化并可以保持的控制系统，如机器人关节等。

舵机实物图如图 6.98 所示，包括电机、减速齿轮组、电位器和控制电路。电位器用于位置反馈，会将其旋转后产生的电阻变化信号发送回控制电路，从而监控当前轴角度。控制电路用来驱动电机，以及接收 PWM 信号和电位器反馈信号。减速齿轮组用来放大电机的扭矩。齿轮有塑料齿轮、混合材料齿轮和金属齿轮。

图 6.98 舵机实物图

舵机的引脚接线与所有执行器一样，都有电源线和地线，还有一根信号线。电源线是红色的，地线是棕色的，信号线是橙色的。

舵机是一种带有输出轴的装置。当向舵机发送一个控制信号时，输出轴就可以转到特定的位置。只要控制信号持续不变，结构就会保持输出轴的角度位置不改变。如果控制信号发生变化，输出轴的位置也会相应发生变化。

1. 数字舵机和模拟舵机

数字舵机和模拟舵机的机械结构是完全相同的，其最大的区别体现在控制电路上，数字舵机的伺服控制器采用了数字电路，而模拟舵机的控制器采用的是模拟电路。

需要不停地给模拟舵机发送 PWM 信号，才能让它保持在规定的位置，或者让它按照某个速度转动。数字舵机则只需要发送一次 PWM 信号就能保持在规定的某个位置。

数字舵机以高得多的频率向电机发送动力脉冲，相对于传统舵机的频率 50Hz，数字舵机的频率为 300Hz，因此反应速度更快。

2．180°舵机和 360°舵机

舵机与普通直流电机的区别在于，舵机只能在一定角度范围内转动。通常，舵机都有最大旋转角度（数字舵机除外）。

180°舵机只能在 0°～180°运动，超出这个范围，舵机就会出现超量程的故障，轻则齿轮打坏，重则烧坏舵机电路或者舵机中的电机。

360°舵机转动的方式和普通电机类似，可以连续转动，不过只可控制它转动的方向和速度，不能调节转动的角度。

6.15.2　舵机的结构

根据舵机的特点，也为了便于理解，不妨把舵机与步进电机进行比较。首先，舵机不是一个单独的电机，而是由多个部分组成的一个组合元器件。常见舵机的基本部件有直流电机、控制电路、减速齿轮组、反馈电位器。因此，可以将舵机理解为一个装有特殊配件的直流电机，而这个装有特殊配件的直流电机在配件与 PWM 信号的控制下，可以做到旋转固定的角度。舵机的本质是直流电机。

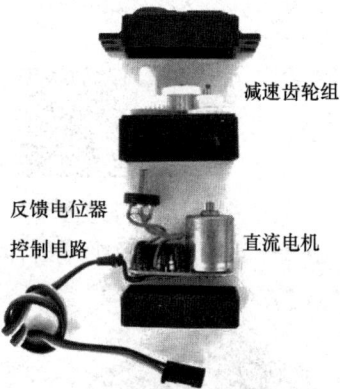

图 6.99　舵机的内部结构

舵机的内部结构如图 6.99 所示，信号输入到控制电路板，控制直流电机，进而驱动减速齿轮组，输出到转轴上，反馈电位器是连接在电路中的。需要注意的是，反馈电位器的转轴与输出轴是同轴的，电机转动，就会带动反馈电位器转动，从而改变控制电路板的控制参数。

舵机的工作过程是一个闭环控制的过程，其过程如下：PWM 信号→控制电路→直流电机→减速齿轮组→反馈电位器→控制电路。

下面介绍舵机如何将 PWM 这类离散信号转换为连续转动的连续变化，并控制角度。以实际舵机为例，FATABA-S3003 电机的内部电路图如图 6.100 所示。

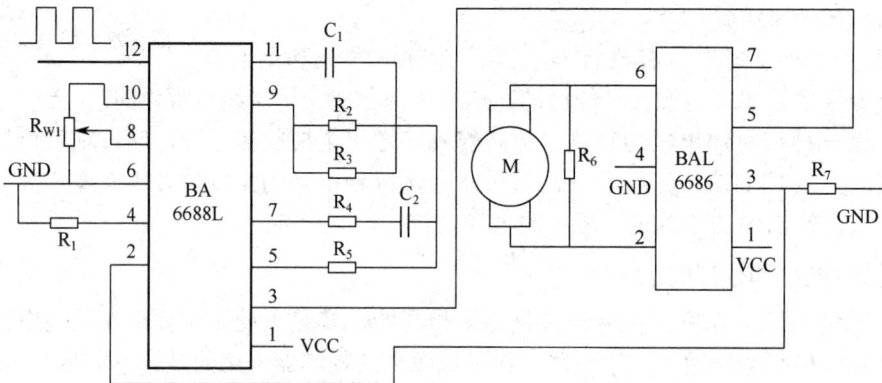

图 6.100　FATABA-S3003 电机的内部电路图

PWM 信号由接收通道进入信号解调电路 BA6688L 的 12 引脚进行解调，获得一个直流偏置电压。该直流偏置电压与电位器的电压比较，获得电压差由芯片 BA6688L 的 3 引脚输出。该输出送入电机驱动集成电路 BA6686，以驱动电机正反转。当电机转速一定时，通过

级联减速齿轮组带动电位器 R_{W1} 旋转，直到电压差为 0，电机停止转动。舵机的控制信号是 PWM 信号，BA6688L 通过 PWM 信号的占空比来处理获得偏置电压。

6.15.3　20ms 脉宽调制

输入信号脉冲宽度周期为 20ms，当高电平为 0.5ms 时，转动角度为逆时针的 90°，以此类推分别是逆时针的 45°、0°，顺时针的 45°、90°。

由于计算机只能输出 0 和 1 两种逻辑情况，所以采用此形式来模拟输出。例如，想输出 0.5，可使计算机在一个周期内，一半时间输出高电平 1，一半时间输出低电平 0，则平均之后就是 0.5。这就是等效电压的概念。

当单片机输出一个 PWM 信号时，舵机就会根据信号转动指定角度或者以指定速度旋转。通常，舵机需要一个 20ms 左右的脉冲信号，该脉冲信号中高电平部分为 0.5～2.5ms。当脉冲信号中高电平部分为 1.5ms 时，舵机将转动至 90° 或静止不动；当脉冲信号中高电平部分大于 1.5ms 时，舵机转向 180° 方向或者正转；当脉冲信号中高电平部分小于 1.5ms 时，舵机转向 0° 方向或者反转。舵机转向示意图如图 6.101 所示。

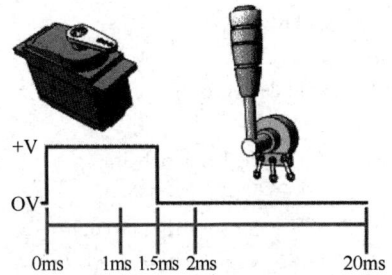

图 6.101　舵机转向示意图

6.15.4　实例 86：舵机应用

舵机应用仿真图如图 6.102 所示。

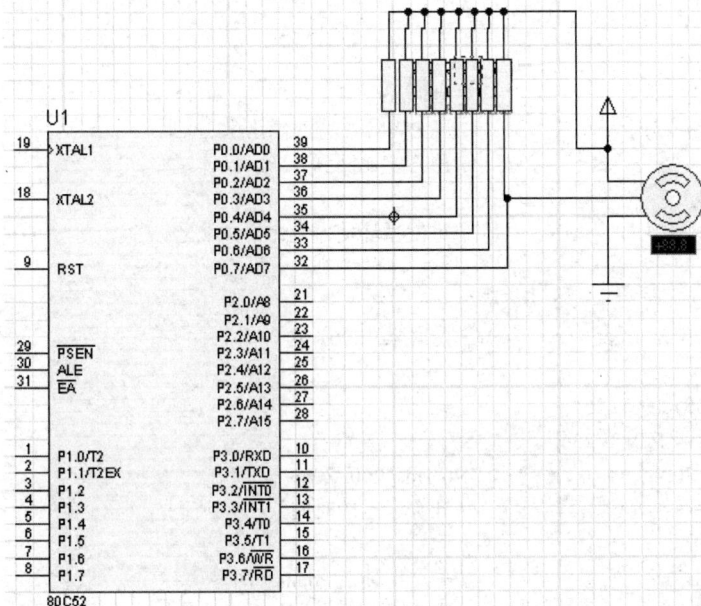

图 6.102　舵机应用仿真图

具体程序如下：

```
#include "reg52.h"
#include " intrins.h "
sbit PWM = P0 ^ 7;                    //舵机信号端口
```

```
unsigned char counter = 0;                //控制 PWM 的全局变量
unsigned char reg = 5                     //控制角度变化的全局变量
void
InitialTimer(void)
{
    EA = 1;                               //开全局中断
    ET0 = 1;                              //允许定时器/计数器 1 中断
    TMOD = 0x01;                          //定时器/计数器 1 在方式 1 下工作
    TH0 = (65535 - 100) / 256;            //装填数值为 0.1ms
    TL0 = (65535 - 100) % 256;
    TR0 = 1;                              //启动定时器/计数器 1 中断
}
void delay(void)                          //延时大约 1s
{
    unsigned char a, b, c;
    for (c = 46; c > 0; c--)
        for (b = 152; b > 0; b--)
            for (a = 70; a > 0; a--)
                ;
    _nop_();
}
void main()
{
    InitialTimer(void)                    //中断寄存器初始化
        while (1)
    {
        delay();                          //延时 1s 左右
        if (reg >= 25)                    //当 PWM 占空比高于 12.5%时
            reg = 5;                      //使占空比回到 2.5%
        else
            reg += 5;                     //每次循环使占空比提高 2.5%
    }
}
void Timer(void) interrupt 0              //定时器中断函数
{
    TH0 = (65535 - 100) / 256;
    TL0 = (65535 - 100) % 256;
    if (counter < 200)                    //0.1ms*200=20ms
        counter++;                        //计算经过的时间
    else
        counter = 0                       //一个周期后 counter 清零
        if (counter <= reg)               //由 reg 控制占空比
            PWM = 1;                      //在(0.1*reg)ms 内 PWM 为高电平
    else
        PWM = 0;                          //其他时间为低电平
}
```

第 7 章 万物互联

7.1 什么是物联网

7.1.1 物联网的由来

什么是物联网

物联网的实践可以追溯到 1990 年施乐公司的网络可乐贩售机。20 世纪 80 年代,卡内基美隆大学的一群程序设计师希望每次下楼买可乐时总能买到冰的可乐,因此他们把可乐贩售机接上网络,并编写程序监视可乐贩售机内的可乐数量和冰冻情况。

物联网的浪潮已经风靡全球,物联网的灵感来自一支口红。1999 年,凯文·艾希顿发现明明库存充盈的口红,在货架上却总处于长期断货状态,于是凯文·艾希顿在口红内放置传感芯片,通过店铺内的无线网络,实时获取口红存货情况,这样店家就能快速知道何时需要补货。

早在 1995 年,比尔·盖茨在他的《未来之路》一书中就提到了物联网,但可惜的是,当时受限于无线网络、硬件及传感设备的发展,其并未引起世人的重视。幸运的是,受口红事件的启发,1999 年,凯文·艾希顿教授再次提出了物联网的概念,该概念不仅受到互联网行业的关注,还受到工业界的重视。物联网的发展劲头十分强势,但距其提出到现在也不过 20 多年。

7.1.2 物联网简介

物联网就是一个基于互联网、传统电信网等信息承载体,让所有能够被独立寻址的普通物理对象形成的互联互通的网络。物联网是新一代信息技术的重要组成部分。在 IT 行业,物联网又被称为泛互联,意指物物相连、万物万联,由此"物联网就是物物相连的互联网"。这有两层意思:第一,物联网的核心和基础仍然是互联网,是在互联网基础上延伸和扩展的网络;第二,其用户端延伸和扩展到了任何物品与物品之间进行信息交换和通信。物联网的发展大体可以分为 3 个阶段,萌芽期是互联网阶段,生长期是初级物联网阶段,成熟期就是终极物联网阶段。下面通过一个简单的例子来解释一下。

第一个阶段是互联网阶段。例如,夏天天气太热了,从外面回到家中想一进门就吹到冷气。在互联网时代,需要通过互联网来进行信息传输,如发微信,再配合人为的强干预才能满足一进门就能吹到冷气的愿望。

随着物联网的发展,现在人们已经能实现用智能手机上的 App 对家里的智能家居远程操作。例如,你在外面感觉很热,在快到家的时候,可以通过手机给计算机或者其他智能电器发送开机指令,计算机或者其他智能电器就会执行指令,只需要人们进行弱干预,这就是初级物联网阶段,即智能阶段。

人们最终追求的是终极物联网阶段,即智能手机或者其他智能设备通过互联网得知今天的天气情况,自动给家中的计算机或者智能家居发送开机指令,然后计算机或者智能家居就能根据指令完成操作，整个过程完全是自动化的、智能化的，不需要人为干预，即自治阶段，达到万物互联的效果，如图 7.1 所示。

图 7.1　万物互联

7.1.3　物联网的实现与应用

要想实现终极物联网，还需要两个很重要的前提。第一个前提就是要拥有健全的互联网体系。因为物联网的核心部分仍然是互联网。互联网通过对大数据进行云计算，实现硬件的智能化操作。如果没有互联网的运算支撑，物联网只是一个遥控器。第二个前提就是要拥有可靠的信息交换渠道，信息传送不准确，也难以达到想要的效果。

不过要想有可靠的信息交换渠道，就必须实现物物相连。实现物物相连就需要进行信息交换和通信。现在进行信息交换和通信的主流是射频识别技术（RFID），这项技术经常用于门禁卡这样的短距离通信。在 RFID 系统中，像平时收听调频广播一样，射频标签与读/写器也要调制到相同的频率才能工作。只是现在的频率特性还不足以应对远距离传输。

虽然物联网现在还没有发展到终极物联网时代，但是物联网在生活中已经有了极为广泛的应用。例如，城市安防，天网工程的摄像头监控让犯罪者无处可逃；；现在发展的热火朝天的智能家居，逐步使家具变得智能化和自动化；无人驾驶，现在人们越来越重视交通安全，无人驾驶的研究也有了一定的进展，相信物联网的加入一定会让无人驾驶的发展更加融入生活。目前，物联网的应用已扩展到生活的各个方面，如常见的智能农业、智能物流、智能医疗等，并且随着软硬件技术的发展，物联网在这些方面必将大显身手。

前面所做的大部分创意创新实践作品都属于智能家居的一部分，但它们都只是让自己变得智能，还没有组网形成一个完整的系统，即没有整合成一个集成的智能家居系统。智能家居系统是指以住宅为平台，利用综合布线技术、网络通信技术、安全防范技术、自动控制技术、音视频技术将家居生活有关的设施集成，构建高效的住宅设施与家庭日程事务的管理系统，提升家居安全性、便利性、舒适性、艺术性，并实现环保节能的居住环境。

如果把小夜灯、百叶窗、家庭安防、煤气火灾报警等都联网整体控制，就会组成一个智能家居系统，如图 7.2 所示。此外，物联网还能应用于智慧农业，如图 7.3 所示。

图 7.2 智能家居系统

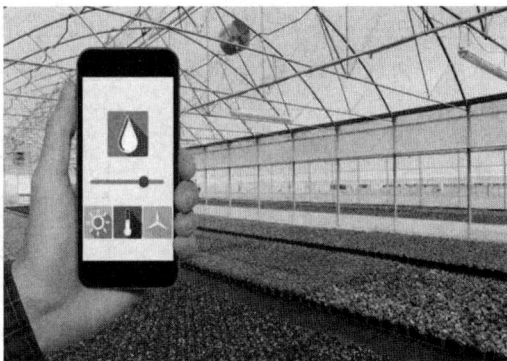

图 7.3 物联网应用于智慧农业

7.2 物联网知识储备

7.2.1 网络的概念

计算机网络是由若干节点和连接这些节点的链路构成的，表示诸多对象及其相互联系，如图 7.4 所示。计算机网络组成的相关概念如下。

物联网知识储备

（1）节点（Node）：是指一台计算机或其他设备与一个有独立地址和具有传送或接收数据功能的网络相连。节点可以是工作站、客户、网络用户或个人计算机，还可以是服务器、打印机和其他与网络连接的设备。

（2）服务器主机（Server）：以网络联机的方向来说，提供数据以响应用户的主机就可以被称为一台服务器。

（3）工作站（Workstation）或客户端（Client）：任何可以在计算机网络中输入的设备都可以是工作站。若以联机发起的方向来说，主动发起联机请求数据的，就可以被称为客户端。

图 7.4 计算机网络

（4）网络接口：网络接口是利用软件设计出来的。一张网卡可以搭配一个以上的网络接口。每台主机内部都拥有一个内部的网络接口，那就是 loopback 这个循环测试接口。

（5）网络形态或拓扑：各个节点在网络上的连接方式，一般指的是物理连接方式，如星形网络等。

（6）网关或通信闸：具有两个以上的网络接口，可以连接两个以上不同网段的设备。例如，IP 分享器就是一个常见的网关设备。

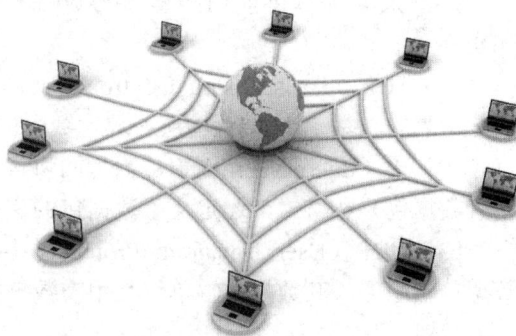

7.2.2 协议和协议的分层

如图 7.5 所示为计算机网络体系结构。通俗来讲，协议就是计算机与计算机之间通过网络通信时事先达成的一种"约定"。这些"约定"明确规定了所交换数据及相关的同步问题。这些为进行网络中的数据交换而建立的规则标准或约定被称为网络协议，简称协议。

两台计算机必须支持相同的协议，并遵循相同协议进行处理，才能实现相互通信。互联网中常用的协议有 HTTP、TCP、IP 等。

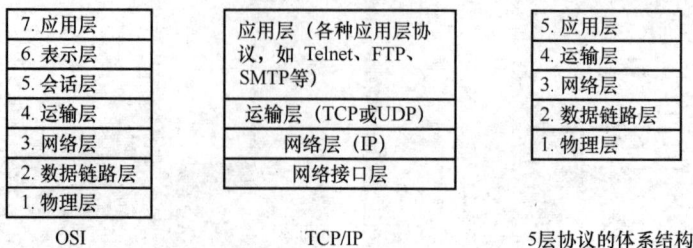

7. 应用层	应用层（各种应用层协议，如 Telnet、FTP、SMTP等）	5. 应用层
6. 表示层		4. 运输层
5. 会话层		3. 网络层
4. 运输层	运输层（TCP或UDP）	2. 数据链路层
3. 网络层	网络层（IP）	1. 物理层
2. 数据链路层	网络接口层	
1. 物理层		
OSI	TCP/IP	5层协议的体系结构

图 7.5　计算机网络体系结构

网络协议通常分不同层次进行开发，每层分别负责不同的通信功能。OSI 的体系结构包括物理层、数据链路层、网络层、运输层、会话层、表示层、应用层。此协议理论完整但较为复杂。此外，TCP/IP 体系结构得到了广泛的应用。TCP/IP 是一个 4 层的体系结构，由应用层（各种应用层协议，如 Telnet、FTP、SMTP 等）、运输层（TCP 或 UDP）、网络层（IP）和网络接口层组成。但从实质上来说，只有最上面的应用层、运输层、网络层。为了方便介绍，综合 OSI 和 TCP/IP 的优点，设计一种 5 层协议的体系结构（物理层、数据链路层、网络层、运输层、应用层）。

接下来的项目可能用到链接协议的设置，下面介绍 3 个常用的协议：TCP、IP、UDP。

（1）TCP（Transmission Control Protocol，传输控制协议）是一种面向连接的、端对端的、可靠的、基于 IP 的运输层协议。数据的传输单位为报文段。

（2）IP（Internet Protocol，因特网协议）位于网络层。IP 规定了数据传输时的基本单元（数据包）和格式，还定义了数据包的递交办法和路由选择。

（3）UDP（User Datagram Protocol，用户数据报协议）提供无连接的、尽最大努力的数据传输服务，其数据传输单位是用户数据报。

7.3　物联网相关电子元器件

物联网相关电子元器件

7.3.1　蓝牙

蓝牙（Bluetooth）无线通信技术是一种短距离的无线通信技术，如图 7.6 所示为蓝牙标志。蓝牙属于无线个人局域网，最早是为了取代移动电话、手机、个人计算机等数字设备的有线电缆。蓝牙工作在 2.4GHz 的 ISM 频段，具有很好的适用性。蓝牙支持异步数据信道、三路语音信道，以及异步数据和同步语音同时传输的信道，可以同时传输语音和数据。蓝牙在连接时分为主设备和从设备，主动发起连接请求的设备为主设备，等待响应的设备为从设备。

图 7.6　蓝牙标志

蓝牙具有很好的抗干扰能力，功耗小，并且一般蓝牙模块的体积小，方便嵌入各类移动设备中。但蓝牙的传输距离有限、传输速率相对其他无线通信方式较慢、不同的设备之间的协议无法兼容，并且需要实时监测本地的数据记录，用来保证数据传输不会中断。

现在蓝牙已经发展到第五代。BT 1.1 是最早的版本，通信质量容易受干扰。BT 1.2 相比 BT 1.1 多了抗干扰调频功能。BT 2.0 的数据传输速率提升到 1.8～2.1Mbps，支持双工模式。BT 2.1 将待机时间延长到原来的 2 倍以上。BT 3.0 进一步提升数据传输速率到 24Mbps，可用于大文件的传输。BT 4.0 降低了功耗，加强不同设备的兼容性，降低了延迟，扩大覆盖范围到 100m，开始被手机、平板电脑使用。BT 4.1 增强了抗干扰能力，提升了连接速度，提高了连接稳定性。BT 4.2 提升了传输速度，提高了数据包容量，加强了隐私保护程度，实现了 IPv6 和 6LoWPAN 接入互联网的功能。BT 5.0 的传输速度提升了 2 倍，连接距离增加了 4 倍，优化了 IoT 底层功能。另外，BT 5.0 在低功耗模式下有更快、更远的传输能力，传输速率和有效传输距离都大大提高了，由此蓝牙开启了"物联网"时代的大门。

7.3.2　实例 87：单片机与手机通信

通过 51 单片机控制蓝牙模块 HC-06 与手机通信，通过手机发送控制代码 1 和 0，控制 LED 灯的亮和灭，当 51 单片机接收到手机发送的控制代码后，回复"Receive successfully!"，将 51 单片机串口和蓝牙模块的波特率设置为 9600Hz。单片机与手机通信接线如图 7.7 所示，蓝牙模块的 VCC 和 GND 接 51 单片机开发板的 5V 电源和 GND，TXD 和 RXD 分别接 51 单片机的 P3.0（RXD）、P3.0（TXD），注意交叉连接。当手机连接到 HC-06 蓝牙模块后，模块上的小灯停止闪烁即连接成功。

如图 7.8 所示为手机发送控制代码"1"的效果，收到 51 单片机的回复"Receive successfully!"。开发板上的实验效果如图 7.9 所示，LED 灯被点亮。

图 7.7　单片机与手机通信接线

图 7.8　手机发送控制代码

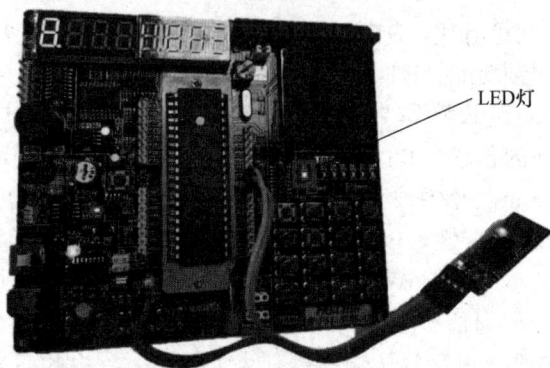

LED灯

图 7.9　实验效果

控制程序如下：

```c
#include "reg52.h"
#include "intrins.h"

sfr AUXR = 0x8E;
sbit D5 = P2 ^ 0;
char cmd;

void UartInit(void)                 //9600bps@11.0592MHz
{
    AUXR = 0x01;
    SCON = 0x50;                    //配置串口工作方式 1
    TMOD &= 0xF0;
    TMOD |= 0x20;                   //定时器工作方式 1 为 8 位自动重装

    TH1 = 0xFD;
    TL1 = 0xFD;                     //波特率为 9600Hz
    TR1 = 1;                        //启动定时器

    EA = 1;                         //开启全局中断
    ES = 1;                         //开启串口中断
}

void sendByte(char data_msg)
{
    SBUF = data_msg;
    while (!TI)
        ;
    TI = 0;
}

void sendString(char *str)
{
    while (*str != '\0')
    {
```

```
            sendByte(*str);
            str++;
        }
    }

    void main()
    {
        D5 = 1;
        //配置 C51 串口的通信方式
        UartInit();
        while (1)
        {
            ;
        }
    }

    void Uart_Handler() interrupt 4
    {
        if (RI)                        //中断处理函数中，对于接收中断的响应
        {
            RI = 0;                    //清除接收中断标志位
            cmd = SBUF;
            if (cmd == 1)
            {
                D5 = 0;                //点亮 D5
                sendString("Receive successfully!\r\n");
            }
            if (cmd == 0)
            {
                D5 = 1;                //熄灭 D5
                sendString("Receive successfully!\r\n");
            }
        }
        if (TI)
            ;
    }
```

7.3.3　实例 88：单片机双机的通信

通过两个 51 单片机连接两个 HC-06 蓝牙模块进行双机通信，两个蓝牙模块的 TXD 和 RXD 分别接单片机的 P3.0（RXD）、P3.1（TXD），将一个蓝牙模块设置成主机（左侧开发板），设置方法如下：使用 USB 转 TTL 将蓝牙模块连接到 PC 的 USB，然后通过串口调试助手发送 "AT+ROLE=M" 控制指令。设置完成后 HC-06 蓝牙模块主机会主动连接从机，只需要保持主机和从机使用一个波特率，并且主机没有连接过其他蓝牙模块（若连接过其他蓝牙模块，则需要清除记忆），如图 7.10 所示。按键使用的是 51 单片机的 P3.2 引脚，使用外部中断控制，低电平有效。

创意创新实践：
电子设计与单片机应用 100 例

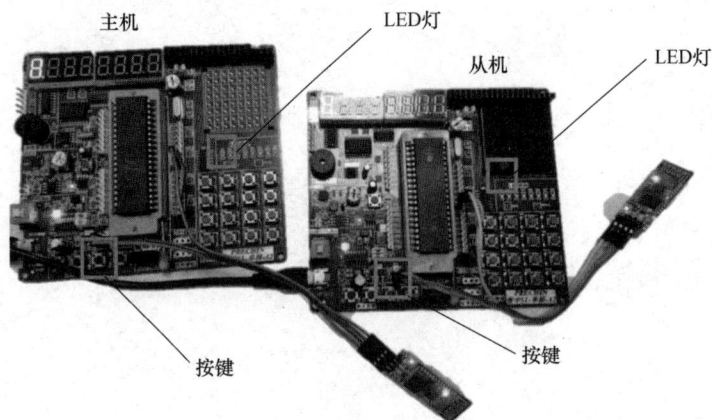

图 7.10 蓝牙双机通信

实验效果如下：按左侧开发板按键控制右侧 LED 灯的亮灭，按右侧开发板按键控制左侧 LED 灯的亮灭。按下主机按键，从机的 LED 灯被点亮；按下从机按键，主机的 LED 灯被点亮。

由于主机和从机的程序控制是一样的，所以，主机和从机使用了同一段代码，代码如下。

```c
#include "reg52.h"
#include "intrins.h"

sfr AUXR = 0x8E;
sbit D5 = P2 ^ 0;
sbit k3 = P3 ^ 2;
char cmd;
int num = 0;
void UartInit(void)              //9600bps@11.0592MHz
{
  AUXR = 0x01;
  SCON = 0x50;                   //配置串口工作方式 1
  TMOD &= 0xF0;
  TMOD |= 0x20;                  //定时器 1 工作方式为 8 位自动重装

  TH1 = 0xFD;
  TL1 = 0xFD;                    //波特率为 9600Hz
  TR1 = 1;                       //启动定时器

  EA = 1;                        //开启全局中断
  ES = 1;                        //开启串口中断
}

void delay(int i)               //延时
{
  while (i--)
```

· 270 ·

```
        ;
    }

    void sendByte(char data_msg)
    {
        SBUF = data_msg;
        while (!TI)
            ;
        TI = 0;
    }

    void sendString(char *str)
    {
        while (*str != '\0')
        {
            sendByte(*str);
            str++;
        }
    }

    void Int0Init()                      //外部中断初始化
    {
        IT0 = 1;                         //下降沿触发
        EX0 = 1;                         //打开 INT0 的中断允许
        EA = 1;                          //打开全局中断
    }

    void Int0() interrupt 0              //外部中断 0 服务程序
    {
        delay(1000);                     //延时消抖
        num++;
        if ((k3 == 0) && (num == 1))
        {
            sendString("O");
        }
        if ((k3 == 0) && (num != 1))
        {
            sendString("C");
            num = 0;
        }
    }

    void main()
    {
        D5 = 1;
        //配置 51 单片机串口的通信方式
```

```
    UartInit();
    Int0Init();
    while (1)
    {
        ;
    }
}

void Uart_Handler() interrupt 4
{
    if (RI)                              //中断处理函数中，对于接收中断的响应
    {
        RI = 0;                          //清除接收中断标志位
        cmd = SBUF;
        if (cmd == 0x4F)
        {
            D5 = 0;                      //点亮 D5
        }
        if (cmd == 0x43)
        {
            D5 = 1;                      //熄灭 D5
        }
    }
    if (TI)
        ;
}
```

7.3.4　ESP8266

WiFi 常用的模块是 ESP8266，如图 7.11 所示。WiFi 是基于 IEEE 802.11 标准协议开发的一种技术，属于短程无线通信技术，是由一个 AP 和无线卡组成的无线网络。WiFi 可以在信号弱和被干扰的情况下进行自动带宽调整来有效地保证网络的稳定性和可靠性。WiFi 开发所需要的技术较为简单，因此制造商转向这个领域较为简便。WiFi 可用于平板电脑、智能手机等便携式设备，连接十分方便。WiFi 的"流动性"强，可以在几乎任何地方访问因特网，并且允许通过一个网络连接多台设备，但 WiFi 的安全性较差，容易被窃取数据。

数据的接收端
数据的发送端
连接负极
连接正极

图 7.11　ESP8266 模块

下面介绍常用 WiFi 模块 ESP8266 的引脚连接。Rx 连接数据的接收端，Tx 连接数据的发送端，负号连接负极，正号连接正极。虽然 ESP8266 有很多种，但是对于初学者来说，只需要其有 RXD、TXD、VCC、GND 4 个引脚即可。VCC 连接正极（有些是 3.3V，有些是 5V），GND 连接负极，RXD 是数据的接收端（连接 51 单片机或者 USB 转 TTL 的 TXD），TXD 是数据的发送端（连接 51 单片机或者 USB 转 TTL 的 RXD）。需要注意两点：①ESP8266 的 RXD（数据的接收端）需要连接 USB 转 TTL 的 TXD，TXD（数据的发送端）需要连接 USB 转 TTL 的 RXD，这是基本的接线要求；②关于 VCC 的选取，在 USB 转 TTL 上有 3.3V 和 5V 两个引脚可以作为 VCC，一般选取 5V 作为 VCC。如果选取 3.3V，可能会因为供电不足而导致不断重启，从而不停复位。

ESP8266 支持 STA、AP、STA+AP 共 3 种模式。

（1）STA 模式：ESP8266 模块通过路由器连接网络、手机或者计算机实现设备的远程控制。

（2）AP 模式：ESP8266 模块作为热点，手机或者计算机连接 WiFi 与该模块通信，实现局域网的无线控制。

（3）STA+AP 模式：前面两种模式共存，既可以通过路由器连接互联网，也可以作为 WiFi 热点，使其他设备连接到 ESP8266 模块，实现广域网与局域网的无缝切换。

7.3.5 GPS

GPS（Global Positioning System，全球定位系统）起始于 1958 年美国军方的一个项目。GPS 的定位原理是测量出已知位置的卫星到用户接收机之间的距离，综合多颗卫星的数据就可计算出接收机的具体位置。GPS 的空间部分由 24 颗卫星组成，包括 21 颗工作卫星和 3 颗备用卫星，位于地表 20200km 的上空，运行周期为 12h。地面控制站负责收集由卫星传回的信息，并计算卫星星历、相对距离、大气校正等数据。用户设备即 GPS 信号接收机，其主要功能是捕获到按一定卫星截止角所选择的待测卫星，并跟踪这些卫星的运行。

GPS 主要实现的功能是导航、测量、授时。其主要优点包括：全球全天候定位，定位精度高，定位时间短，测站间无须通视，仪器操作简便，可提供全球统一的三维地心坐标，应用广泛。GPS 的应用基于两个基本服务，一个是空间位置服务，另一个是时间服务。

空间位置服务包括定位、导航和测量。定位方面有汽车防盗、地面车辆跟踪和紧急求生。导航方面有船舶远洋导航、智能交通或汽车自主导航。测量方面主要用于时间、速度测量和大地测绘。例如，在水下地形测量等方面，一方面是系统同步，如 CDMA 通信系统和电力系统；另一方面是授时，包括准确时间的授入、准确频率的授出。

GPS 还有一种应用是语音彩信 GPS 定位器，内置全球地图数据，无须后台支持，结合 GPS、嵌入式语音播报技术等，直接回复终端中文地址和经纬度信息，还能通过彩信返回定位器所在位置地图及中文地址和经纬度，包括语音回报中的地址功能。

我国的北斗卫星导航系统，如图 7.12 所示。北斗卫星导航系统是由中国自主研发的全球卫星导航系统，也是全球第四个成熟的卫星导航系统。北斗卫星导航系统的覆盖范围不断扩大，2011 年实现了对东南亚全覆盖。2018 年 12 月 27 日，中国卫星导航系统管理办公室主任、北斗卫星导航系统新闻发言人宣布：北斗三号基本系统完成建设，开始提供全球服务。这标志着北斗卫星导航系统服务范围由区域扩展为全球，北斗卫星导航系统正式迈入全球时代。

图 7.12　北斗卫星导航系统

7.3.6　实例 89：GPS 模块发送信息

系统主要包括电源模块、主控模块（51 单片机）、显示模块（LCD12864 液晶显示屏）、GPS 模块。GPS 模块负责接收卫星信息，主控模块负责读取 GPS 模块数据并处理，显示模块主要负责将 GPS 模块接收到的数据显示出来，供用户实时观看。系统结构框图如图 7.13 所示。

51 单片机外接 GPS 模块和 LCD12864 液晶显示屏，如图 7.14 所示。

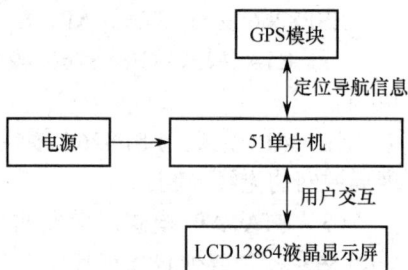

图 7.13　系统结构框图

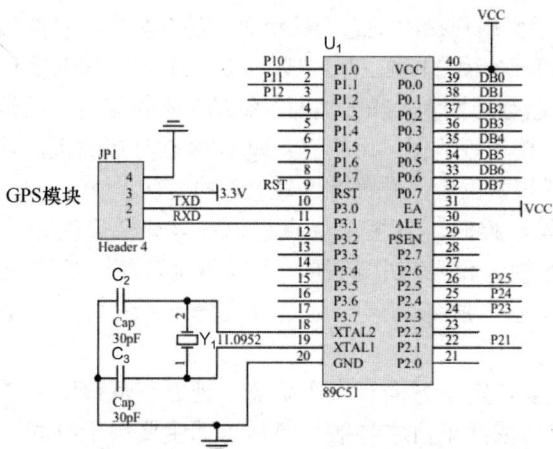

图 7.14　系统原理图

GPS 模块部分程序如下：

```
int GPS_RMC_Parse(char *line, GPS_INFO *GPS)
{
    uchar ch, status, tmp;
    float lati_cent_tmp, lati_second_tmp;
    float long_cent_tmp, long_second_tmp;
    float speed_tmp;
    char *buf = line;
    ch = buf[5];
    status = buf[GetComma(2, buf)];
```

```
    if (ch == 'C')          //如果第 5 个字符是 C，($GPRMC)
    {
        if (status == 'A')    //如果数据有效，则分析
        {
            GPS->NS = buf[GetComma(4, buf)];
            GPS->EW = buf[GetComma(6, buf)];

            GPS->latitude = Get_Double_Number(&buf[GetComma(3, buf)]);
            GPS->longitude = Get_Double_Number(&buf[GetComma(5, buf)]);

            GPS->latitude_Degree = (int)GPS->latitude / 100;        //分离纬度
            lati_cent_tmp = (GPS->latitude - GPS->latitude_Degree * 100);
            GPS->latitude_Cent = (int)lati_cent_tmp;
            lati_second_tmp = (lati_cent_tmp - GPS->latitude_Cent) * 60;
            GPS->latitude_Second = (int)lati_second_tmp;

            GPS->longitude_Degree = (int)GPS->longitude / 100;   //分离经度
            long_cent_tmp = (GPS->longitude - GPS->longitude_Degree * 100);
            GPS->longitude_Cent = (int)long_cent_tmp;
            long_second_tmp = (long_cent_tmp - GPS->longitude_Cent) * 60;
            GPS->longitude_Second = (int)long_second_tmp;

            speed_tmp = Get_Float_Number(&buf[GetComma(7, buf)]);      //速度（单位：海里/时）
            GPS->speed = speed_tmp * 1.85;                             //1 海里=1.85km
            GPS->direction = Get_Float_Number(&buf[GetComma(8, buf)]); //角度

            GPS->D.hour = (buf[7] - '0') * 10 + (buf[8] - '0');        //时间
            GPS->D.minute = (buf[9] - '0') * 10 + (buf[10] - '0');
            GPS->D.second = (buf[11] - '0') * 10 + (buf[12] - '0');
            tmp = GetComma(9, buf);
            GPS->D.day = (buf[tmp + 0] - '0') * 10 + (buf[tmp + 1] - '0');   //日期
            GPS->D.month = (buf[tmp + 2] - '0') * 10 + (buf[tmp + 3] - '0');
            GPS->D.year = (buf[tmp + 4] - '0') * 10 + (buf[tmp + 5] - '0') + 2000;
            UTC2BTC(&GPS->D);
            return 1;
        }
    }
    return 0;
}
```

7.3.7 RFID

RFID（Radio Frequency Identification，射频识别技术）用于实现读/写器与标签之间非接触式的数据通信，从而达到识别目标的目的，如图 7.15 所示。

生活中可以见到很多 RFID 的应用场景，如门禁系统、食品安全溯源。完整的 RFID 系统由读/写器、电子标签和数据管理系统 3 部分组成。读/写器是将标签中的信息读出或将标签所需要存储的信息写入的装置。电子标签由收发天线、AC-DC 电路、解调电路、逻辑控制电路、存储器和调制电路组成。

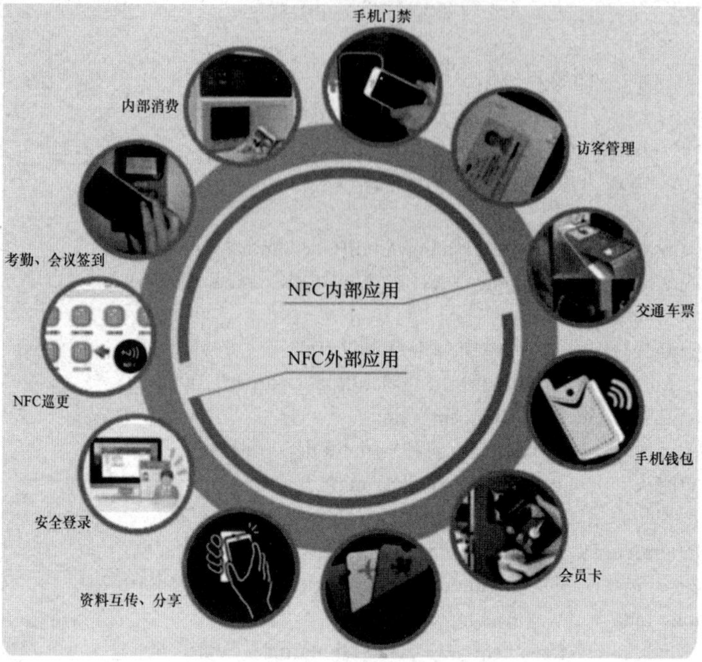

图 7.15 RFID 应用场景

RFID 依据其标签的供电方式可分为如下 3 类：无源 RFID、有源 RFID 和半有源 RFID。在 3 类 RFID 中，无源 RFID 的出现时间最早，技术最成熟，应用也最广泛。其典型应用有公交卡、二代身份证、食堂的餐卡。有源 RFID 的兴起时间不长，但也在各个领域有了应用，尤其是在高速公路电子不停车收费系统中发挥着不可或缺的作用。有源 RFID 通过外接电源供电，主动向射频识别读/写器发送信号。它的体积相对较大，可以传输较长距离的信号，传输速度也较快，这就使它能在高性能、大范围的射频识别应用场景中得到应用。无源 RFID 自身不供电，但是有效识别距离太短。半有源 RFID 就是有源 RFID 和无源 RFID 妥协的产物。半有源 RFID 又称低频激活触发技术，在通常的情况下，它处于休眠状态，仅对标签中保持数据的部分进行供电，因此耗电量较小，可维持时间较长。

RFID 具有适用性广泛、高效性、独一性、简易性等特点。适用性广泛是指 RFID 技术依靠电磁波，并不需要连接双方在物理上接触，这就使它能够避开一些障碍。高效性是指 RFID 系统的读/写速度极快。独一性是指每个 RFID 标签都是独一无二的，通过 RFID 标签与产品的一一对应关系，可以很清楚地跟踪每件产品的后续流通情况，这在生活中是很常见的。简易性是指 RFID 标签结构简单，识别速率高，所需读取设备简单。

RFID 的优点是可以实时更新资料库，存储的信息量很大，使用的寿命极长；缺点是这些技术成熟度还不够，成本较高，安全性不够强，技术标准仍不统一。

RFID 在日常生活中的应用很多，如上下班打卡、地铁站的进出、快递物流仓储、身份的识别防伪、资产管理、食品溯源等。

7.3.8 实例 90：智能门禁

RFID 以 MFRC522 射频识别模块为核心，通过 STC89C51 设计系统的外围硬件电路，实现对射频卡的控制及与 51 单片机之间的通信。整体电路主要由 51 单片机最小系统、

LCD12864 液晶显示屏、RFID 无线模块、5V 转 3.3V 稳压电路、蜂鸣器模块组成。

智能门禁原理图如图 7.16 所示。

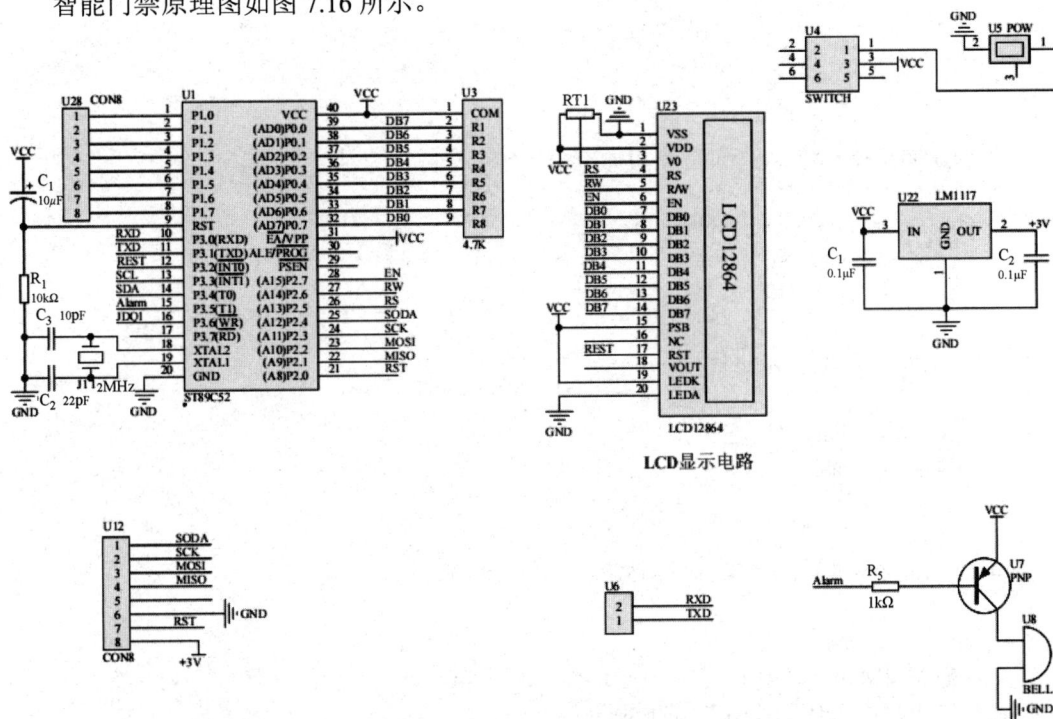

图 7.16　智能门禁原理图

（1）LCD 初始化，代码如下：

```
void lcd_init()
{

    LCD_PSB = 1;
    write_cmd(0x36);
    delay(5);
    write_cmd(0x30);    //基本指令操作
    delay(5);
    write_cmd(0x0C);
    delay(5);
    write_cmd(0x01);    //清除 LCD 的显示内容
    delay(5);
}
```

（2）修改密码，代码如下：

```
case 3:
display(1, 0, 4);    //密码设置
display2(3, 0, table, 8);
key_count = 0;
while (1)
{
    key_value = key_scan();
```

```
            if (key_value == 12)
            {
              states--;
              return;
            }

            if (key_value >= 0 && key_value <= 9)        //有按键输入
            {
              table[key_count++] = key_value + '0';
              display2(3, 0, table, 8);
            }

            if (key_value == 11)        //退格
            {
              table[--key_count] = '-';
              display2(3, 0, table, 8);
            }

            if (key_count == 8 && key_value == 15)        //按下确定键
            {
              for (i = 0; i < 8; i++)
                KEY_BUF[i] = table[i];
                EEPROM_WRITE(7, KEY_BUF, 8);

              break;
            }
        }

break;
```

（3）匹配密码，代码如下：

```
case 1:
display(1, 0, 2);        //密码输入
display2(3, 0, table, 8);
key_count = 0;
while (1)
{
  key_value = key_scan();
  if (key_value == 12)
  {
    states--;
    return;
  }

  if (key_value == 13)
  {
    states++;
    return;
```

```
        }

        if (key_value >= 0 && key_value <= 9)          //有按键输入
        {
            table[key_count++] = key_value + '0';
            display2(3, 0, table, 8);
        }

        if (key_value == 11)                           //退格
        {
            table[--key_count] = '-';
            display2(3, 0, table, 8);
        }

        if (key_count == 8)
        {
            if (table[0] == KEY_BUF[0] &&
                table[1] == KEY_BUF[1] &&
                table[2] == KEY_BUF[2] &&
                table[3] == KEY_BUF[3] &&
                table[4] == KEY_BUF[4] &&
                table[5] == KEY_BUF[5] &&
                table[6] == KEY_BUF[6] &&
                table[7] == KEY_BUF[7])                 //密码正确
            {
                bPass = 1;
                relay_ON();                             //灯开关
                display(2, 0, 5);
                relay_OFF();
                break;
            }
            else                                        //密码错误
            {
                relay_OFF();
                beep1();
                bWarn = 1;
                display(2, 0, 6);
                break;
            }
        }
    }
break;
```

（4）主程序，代码如下：

```
void main(void)                    //主函数
{
```

```
        INT8U key;

        Delay_ms(50);              //让硬件稳定
        init_all();                //执行初始化函数
        relay_OFF();               //关继电器
        LED_BLINK_1();             //LED test
        beep1();                   //beep test
        display(0, 0, 0);          //显示初始化

        while (1)
        {
          key = key_scan();        //按键操作
          if (key == 12)
            if (states > 0)
              states--;
            else
              states = 0;          //上一功能

          if (key == 13)
            if (++states > 3)
              states = 3;          //下一功能
          ctrl_process();          //进入 RC522 操作
        }
      }
```

7.3.9　物联网平台

物联网平台是物联网生态系统的关键组成部分。

物联网平台的概念与互联网的概念相似。物联网平台是一个基于互联网、传统电信网等的信息承载体，它将所有能够被独立寻址的普通物理对象互联互通形成网络。物联网平台又被称为"万物归一"，这个名称是指互联网集中体现在一个平台。物联网平台在现代生活中已经得到了广泛应用，网络的交织发展及数据传输、数字化技术的飞速发展促使物联网平台在全球应用广泛。

目前，物联网平台大体分为 5 种类型。第一种类型为以提供云服务为主的应用开发平台，主要提供设备与数据接入、存储和展现服务，如中国移动的 OneNet、阿里云等。第二种类型为专注在特定产业应用的物联网平台，这种物联网平台提供包括应用软件、基础架构、业务流程等完整服务；部分平台会专注在特定产业的垂直应用，如智能家居、智慧城市、智能农业等领域。第三种类型为提供连接性管理的物联网平台，主要针对终端（SIM 卡）的通信通道提供连接性管理、诊断及终端管理方面的功能，如中琛源股份的中景元物联云平台。第四种类型为以大数据分析和机器学习为主的物联网平台。第五种类型为以提供接入智能装置为主的应用开发平台。如图 7.17 所示为 TLINK 物联网平台。

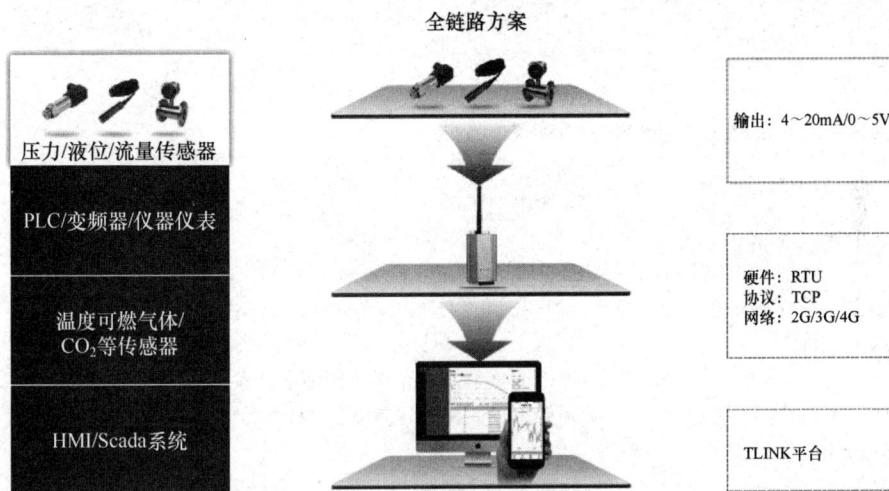

图 7.17　TLINK 物联网平台

7.3.10　实例 91：ESP8266 传输数据

```
#include <reg51.h>
#define uint unsigned int
#define uchar unsigned char
sbit led1 = P2 ^ 0;
sbit led2 = P2 ^ 1;
sbit led3 = P2 ^ 2;
uchar Recive_table[15];
uint i;
void delay_ms(uint ms)
{
    uchar i, j;
    for (i = ms; i > 0; i--)
        for (j = 120; j > 0; j--)
```

```
        ;
    }
    void delay_us(uchar us)
    {
        while (us--)
            ;
    }
    void Usart_Init()                   //初始化 51 单片机
    {
        SCON = 0x50;                    //串口中断方式 1，且启动串口接收
        TMOD = 0x20;                    //计数器 1 工作方式 2，自动重装载
        TH1 = 0xfd;                     //设置波特率与 ESP8266 一致
        TL1 = TH1;
        PCON = 0;                       //波特率不加倍
        TR1 = 1;                        //启动计数器
        EA = 1;                         //开全局中断
    }

    void SENT_At(uchar *At_Comd)        //指针指向 At 指令
    {
        ES = 0;                         //关闭串口中断
        while (*At_Comd != '\0')
        {
            SBUF = *At_Comd;
            while (!TI)
                ;                       //等待该字节发送完毕，硬件自动置 1
            TI = 0;                     //硬件置 1 后，软件置 0，这样才能进行下一次数据传送
            delay_us(5);
            At_Comd++;                  //指向下一个字节
        }
    }
    void WIFI_Init()                    //通过单片机配置 At 指令
    {
        SENT_At("AT+CIPMUX=1\r\n");             //多连接模式
        delay_ms(1000);
        led1 = 0;                               //发送成功后亮灯
        SENT_At("AT+CIPSERVER=1,8080\r\n");     //设置端口号
        delay_ms(1000);
        led2 = 0; //设置成功后亮 2 号灯
        ES = 1;
    }

    void main()
    {
        Usart_Init();
        WIFI_Init();
```

```
    while (1)
        ;
}

void Uart() interrupt 4                              //中断程序
{
    if (RI == 1) //接收一帧完成后硬件置 1
    {
        RI = 0;                                      //软件置 0，防止下次未接收完成就执行程序
        Recive_table[i] = SBUF;                      //将接收的数据存入数组
        if (Recive_table[0] == '+')
            i++;
        else
            i = 0;
        if (i >= 10)
        {
            if ((Recive_table[0] == '+') && (Recive_table[1] == 'I') &&
                (Recive_table[2] == 'P') && (Recive_table[3] == 'D'))
            {
                if (Recive_table[9] == '1')          //输入 1 亮灯
                    led3 = 0;
                if (Recive_table[9] == '0')          //输入 0 关灯
                    led3 = 1;
            }
            i = 0;                                   //如果不清零，就无法达到变化
        }
    }
    else
        TI = 0;
}
```

运行程序，发现 LED1 灯和 LED2 灯亮，说明设置成功，如图 7.18 所示。

图 7.18   ESP8266 设置成功

发送界面如图 7.19 所示。连接调试助手，输入端口号和 IP 地址，如图 7.20 所示。

图 7.19　发送界面

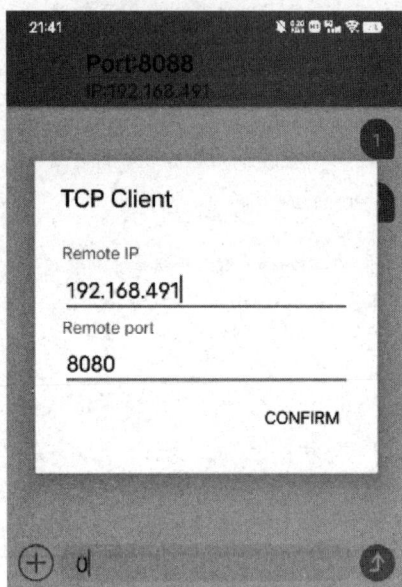

图 7.20　输入端口号和 IP 地址

分别发送指令 1 和 0，如图 7.21 和图 7.22 所示。结果发现，发送指令 1 时，LED3 灯亮起，如图 7.23 所示；发送指令 0 时，LED3 灯熄灭，如图 7.24 所示。

图 7.21　发送指令 1

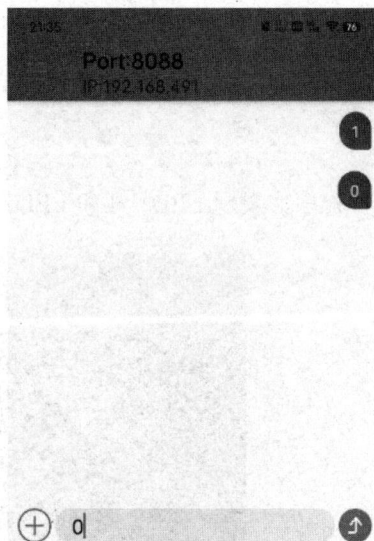

图 7.22　发送指令 0

图 7.23　LED3 灯亮起

图 7.24　LED3 灯熄灭

第8章　电子设计与制作综合实训

电子设计与单片机应用

8.1　实例 92：人体感应节能灯

8.1.1　人体感应节能灯相关知识

人体感应节能灯是一款利用红外线、热释电原理感应人体活动信息的产品。当人或有温度的物体进入模块感应范围时，感应模块就会输出一个高电平脉冲信号或高电平延时信号，输出的感应脉冲或延时信号可以直接驱动 LED 指示灯或 LED 照明灯，人离开后可自动延时关闭。

人体感应节能灯相关知识

8.1.2　知识储备与构思

1. 传感器

传感器是一种检测装置，如图 8.1 所示，其能感受到被测量的信息，并将测量信息按照一定的规律转换成可用的信号，以满足信息的传输、处理、存储、显示、记录和控制等要求。通常，传感器由敏感元器件和转换元器件组成。

知识储备与构思

人类在获取外界信息时，仅靠人类自身的感觉器官，在研究自然现象、自然规律，以及在生产活动中应用是远远不够的。为了解决此问题，传感器应运而生，因此可以说传感器是人类五官的延长。

传感器已应用到工业生产、宇宙开发、海洋探测、环境保护、资源调查、医学诊断、生物工程及文物保护等极其广泛的领域，如图 8.2 所示。从茫茫的太空到浩瀚的海洋，以至各种复杂的工程系统，几乎每个现代化项目都离不开各种各样的传感器。传感器的存在和发展，让物体有了触觉、味觉和嗅觉等，让物体慢慢变得活了起来。通常，根据传感器的基本感知功能，传感器可分为热敏传感器、光敏传感器、气敏传感器、力敏传感器、磁敏传感器、湿敏传感器、声敏传感器、放射线敏感传感器、色敏传感器和味敏传感器 10 类。

图 8.1　传感器

全新领域　健康照顾　国防安全

时尚生活

传感器

节能应用

生产现代化　智能

图 8.2　传感器的应用

2. 思维导图的绘制

根据"人体感应节能灯"主题，首先通过头脑风暴写出自己独特的想法，并把自己的想法通过创意进行分类，将最有意义、最可行的想法挑选出来。

进一步分析挑选出来的想法，如哪些想法属于一类、需要什么步骤完成、在设计过程中需要什么材料，把想到的内容梳理出来，构建自己的思维导图，如图 8.3 所示。

图 8.3　人体感应节能灯思维导图

8.1.3　人体热释电模块

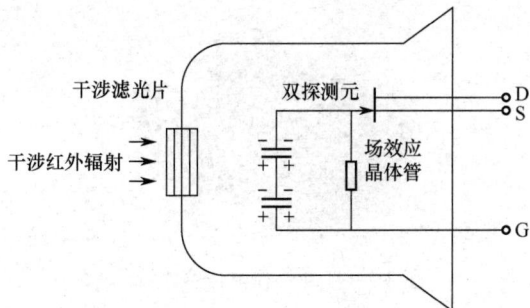

如何让普通的指示灯感受到人的到来或离开？这需要传感器来感知，通过感知数据让指示灯做出相应的改变。红外热释电传感器是基于红外线技术的自动控制产品，当人进入开关范围时，传感器探测到人体红外光谱的变化，开关自动接通负载，人不离开并且在活动，开关持续导通；人离开后，开关延时自动关闭负载，做到人到灯亮、人走灯熄，安全节能。

人体热释电模块

红外热释电传感器是对温度敏感的传感器。红外热释电传感器引入了场效应管，其目的在于完成阻抗变换。由于热释电探测元输出的是电荷信号，并不能直接使用，因而需要用电阻将其转换为电压形式，故引入 N 沟道结型场效应晶体管，并连接成共漏极形式完成阻抗变换，如图 8.4 所示。

红外热释电传感器由传感探测元、干涉滤光片和场效应晶体管匹配器 3 部分组成，如图 8.5 所示。在设计时应将高热电材料制成一定厚度的薄片，并在其两面镀上金属电极，然后加电对其进行极化，这样便制成了热释电探测元。

图 8.4　热释电探测元　　图 8.5　热释电传感器

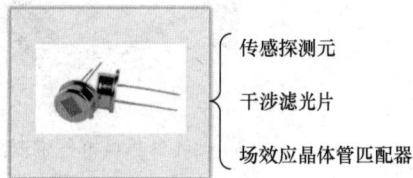

实验证明，传感器不加光学透镜（也称菲涅尔透镜），其探测距离小于 2m，加上光学

透镜后，其探测距离可增加到 10m 左右，因此这里需要加上菲涅尔透镜。菲涅尔透镜利用透镜的特殊光学原理，在探测器前方产生一个交替变化的"盲区"和"高灵敏区"，以提高它的探测接收灵敏度。当有人从透镜前走过时，人体发出的红外线就不断地交替从"盲区"进入"高灵敏区"，使接收到的红外信号以忽强忽弱的脉冲形式输入，从而强化其能量幅度。菲涅尔透镜如图 8.6 所示。

红外热释电传感器的原理是热释电效应，当环境温度变化时，由于热释电效应在两个电极上会产生电荷，即在两个电极之间产生微弱的电压，因此热释电效应所产生的电荷会被空气中的离子结合而消失，即当环境温度稳定不变时传感器无输出。当人体进入检测区时，因为人体温度与环境温度有差别，若人体进入检测区后不动，则温度没有变化，传感器也没有输出，所以，这种传感器也被称为人体运动传感器。热释电效应形成原理如图 8.7 所示。

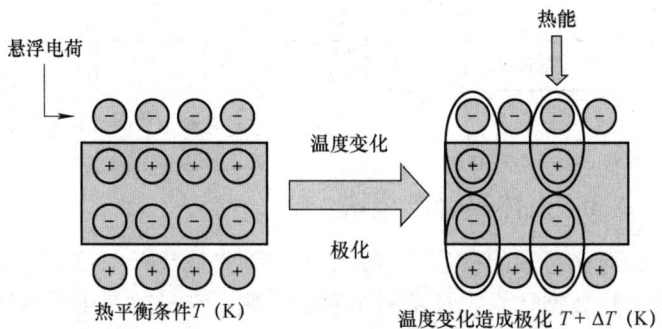

图 8.6　菲涅尔透镜　　　　图 8.7　热释电效应形成原理

红外热释电传感器正面图和背面图分别如图 8.8 和图 8.9 所示，主要是由一种高热电系数的材料，如锆钛酸铅系陶瓷、钽酸锂、硫酸三甘钛等制成尺寸为 2mm×1mm 的探测元器件。在每个传感器内装入探测元器件，并将探测元器件以反极性串联，以抑制由于自身温度升高而产生的干扰。探测元器件将探测并接收到的红外辐射转变成微弱的电压信号，并经安装在探头内的场效应晶体管放大后向外输出。为了提高传感器的探测灵敏度以增大探测距离，一般在传感器的前方装设一个菲涅尔透镜。该透镜用透明塑料制成，将透镜的上、下两部分各分成若干等份，制成一种具有特殊光学系统的透镜，并和放大电路相配合，可将信号放大 70dB 以上，因此可以探测出 20m 范围内人的行动。

图 8.8　红外热释电传感器正面图　　　　图 8.9　红外热释电传感器背面

红外热释电传感器具有两种触发方式，可跳线选择。一种为不可重复触发方式，即感应输出高电平后，延迟时间段一结束，输出将自动从高电平变成低电平，如图 8.10 所示。另一种为可重复触发方式，即感应输出高电平后，在延迟时间段内，如果有人体在其感应范围内活动，则其输出将一直保持高电平，直到人离开后才延时，将高电平变为低电平。红外热释电传感器还有两个电位器：延时调节电位器用来调节触发后的延时；灵敏度调节电位器用来调节感应范围。

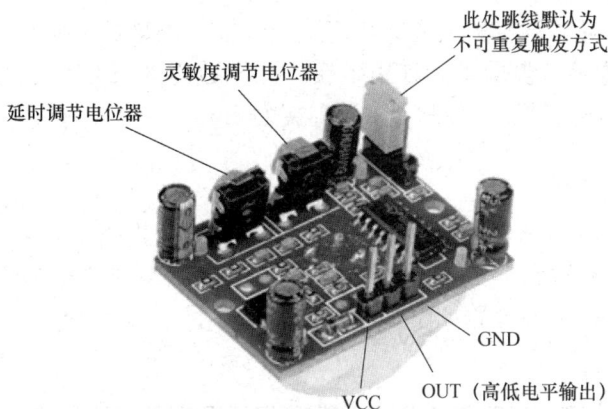

图 8.10 不可重复触发方式红外热释电传感器

红外热释电传感器将两个极性相反、特性一致的探测元串联在一起，目的是消除因环境和自身变化引起的干扰。利用两个极性相反、大小相等的干扰信号在内部相互抵消的原理，使传感器得到补偿。对于辐射至传感器的红外辐射，红外热释电传感器通过安装在传感器前面的菲涅尔透镜将其聚焦后加至两个探测元上，从而使传感器输出电压信号。制造红外热释电探测元的高热电系数的材料是一种广谱材料，其探测波长为 0.2～20μm。为了对某一波长范围的红外辐射有较高的灵敏度，该传感器在窗口上加装了一块干涉滤波片。这种干涉滤波片除了允许某些波长范围的红外辐射通过，还能将灯光、阳光和其他红外辐射拒之门外。

红外热释电传感器对人体的敏感程度还与人的运动方向有关。红外热释电传感器对于径向移动反应不敏感，而对于横切方向（与半径垂直的方向）移动比较敏感。在现场选择合适的安装位置是避免红外探头误报、获得最佳探测灵敏度极为重要的一环。

1. 优缺点

1）优点

（1）本身不发射任何类型的辐射，元器件功耗很小。

（2）隐蔽性好，价格低廉。

2）缺点

（1）容易受各种热源、光源干扰。

（2）被动红外穿透力差，人体的红外辐射容易被遮挡，不易被探头接收。

2. 抗干扰性能

当环境温度和人体温度接近时，探测灵敏度将明显下降，有时还会短时失灵。

（1）防小动物干扰：传感器安装在推荐的使用高度，对探测范围内地面上的小动物一般不产生报警。

（2）抗电磁干扰：传感器的抗电磁波干扰性能符合 GB 10408 中 4.6.1 的要求，一般手机电磁干扰不会引起误报。

（3）抗灯光干扰：传感器在正常探测灵敏度范围内，受 3m 外 H4 卤素灯透过玻璃照射，不产生报警。

3. 注意事项

传感器应避开日光、汽车头灯、白炽灯直接照射，不能对准热源（如暖气片、加热器）或空调，以避免环境温度较大的变化而造成误报。传感器必须安装牢固，避免因风吹晃动而造成误报。传感器表面不允许用手摸。光学透镜外表面要定期用湿软布或棉花擦净，避免尘土影响探测灵敏度。传感器安装高度为 2m。

8.1.4　Proteus 仿真

人体感应节能灯的仿真电路包括最小系统电路、开关电路、按键和 LED 灯。通过开关来模拟光敏电阻和热释电传感器，通过 LED 灯的亮灭来显示整个系统的工作。Proteus 仿真电路如图 8.11 所示。

实战演练

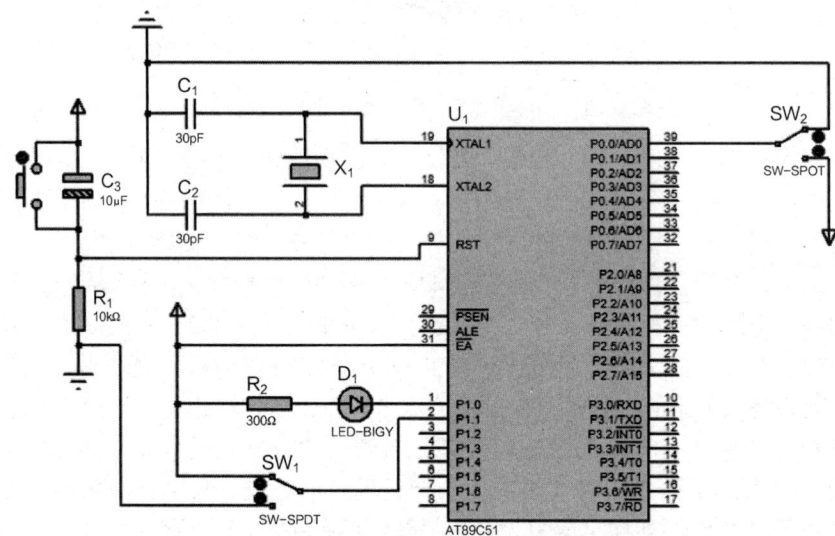

图 8.11　Proteus 仿真电路

8.1.5　程序设计

本节学习人体感应节能灯的程序设计。如图 8.12 所示，开始后对定时器 0 初始化，若判断灯不亮，延时消抖之后，如果天黑且有人，灯亮且定时器开始计数，如果是别的情况，灯就不亮。

以下具体程序中，将介绍中断控制方式、定时器中断和传感器控制灯光的应用。首先，在初始化阶段，选择适当的中断方式，并设置定时器初值，使系统准备好接收中断信号。然后，在中断函数中编写计数逻辑，如让一个变量递增。这样，每当定时器中断发生时，这个变量就会增加，实现定时操作。接下来，在主程序中引入中断功能并定义灯光状态为关闭。在主程序的循环

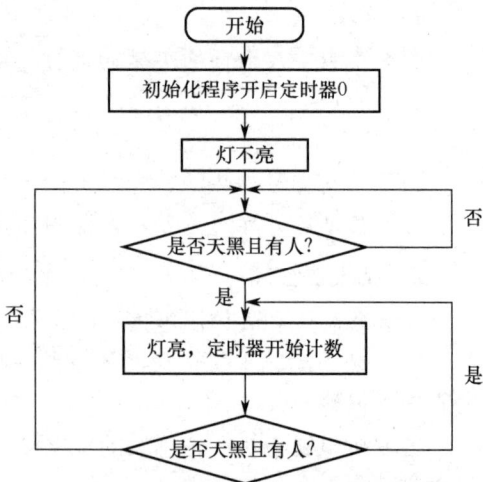

图 8.12　程序流程图

之外，定义与传感器相关的引脚，并根据项目需求编写具体的控制逻辑。例如，当环境处于黑暗且有人的情况下（两个传感器都输出高电平），灯才会亮起。在点亮灯之前，需要进行延时和消抖操作，以提高系统稳定性。

对 LED 灯进行计数，以控制其亮灭状态。为了实现这一功能，首先初始化了一个变量 num，并在定时器中断函数中使其递增。当 num 的值达到 100 时，关闭定时器，将 LED 灯熄灭，并将 num 变量清零。这样，LED 灯就会在计数达到一定阈值后自动熄灭，部分程序如图 8.13 所示。

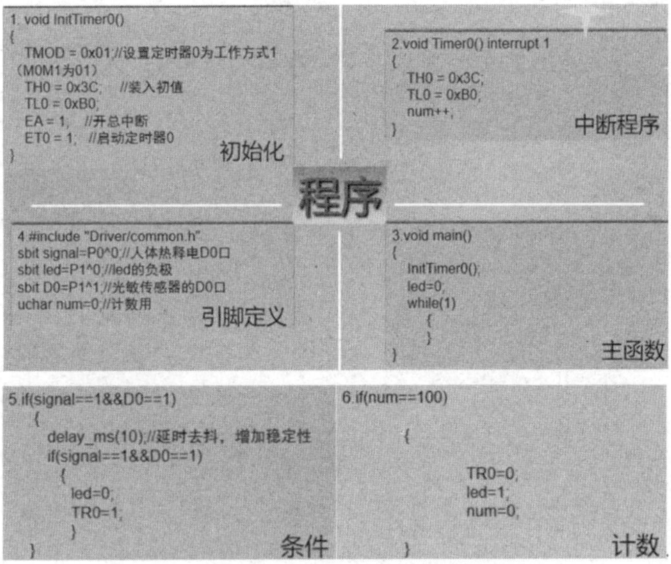

图 8.13　部分程序

学习部分程序后，下面把各个部分的程序综合，使程序之间相互关联，构成一个完整的系统。具体程序如下：

```c
#include "Driver/common.h"
sbit signal=P0 ^ 0;                    //人体热释电传感器 D0 端口
sbit led=P1 ^ 0;                       //灯负极
sbit D0=P1 ^ 1;                        //光敏模块 D0 端口
uchar num=0;                           //定时器计数
is_Param Jump_Params;
//----------------------------------------
// @brief       参数初始化
// @param       void
// @return      void
// @since       v2.0
// Sample usage:        paramsInit();
//----------------------------------------
void InitTimer0()
{
  TMOD = 0x01;                         //定时器 0 工作方式 1
  TH0 = 0x3C;                          //装入初值
  TL0 = 0xB0;
```

```
    EA = 1;                       //开全局中断
    ET0 = 1;                      //开定时器中断
}
void Timer0() interrupt 1
{
    TH0 = 0x3C;                   //重装初值
    TL0 = 0xB0;
    num++;
}
void main()
{
    InitTimer0();                 //中断初始化
    while(1)
    {
        if(signal==1&&D0==1)      //检测到天黑且有人
        {
            delay_ms(10);         //消抖
            if(signal==1&&D0==1)
            {
                led=0;            //灯亮
                TR0=1;            //定时器开
            }
        }
        if(num>1)                 //当计数到 100 时
        {
            TR0=0;                //定时器关
            led=1;                //灯灭
            num=0;                //定时器计数清零
        }
    }
}
```

8.1.6 实物制作与电路连接

下面进行本次设计的实物制作，如图 8.14 所示，将相关元器件根据需要连接起来，完成作品的最后制作环节。

图 8.14　人体感应节能灯实物图

在此项目中，需要准备如下电子元器件和材料。

（1）最小系统板：用于搭建整个电路系统的基础板。

（2）光敏传感器：用于探测周围环境的光照强度。

（3）红外热释电传感器：用于探测人体的红外辐射，实现人体探测功能。

（4）LED 灯：用于演示效果。

（5）杜邦线：用于连接各个元器件和系统板之间的电路。

将光敏传感器和红外热释电传感器连接到最小系统板上，并使用杜邦线将它们与最小系统板上的相应接口连接起来。LED 灯也需要连接到最小系统板上，可以使用 MOS 管或继电器来控制 LED 灯的亮灭状态。接线的方式可以参考之前的程序中设置的接口，通常只需要几根简单的线就可以完成连接。

当人体遮挡在红外热释电传感器前时，传感器处于激发状态，LED 灯亮起。同时，光敏传感器的两个 LED 灯也会亮起，说明此时环境光照强度较强。如果遮挡光敏传感器，则红外热释电传感器仍然处于触发状态，LED 灯继续保持亮着。只有在不遮挡光敏传感器的情况下，LED 灯才会熄灭。

这个项目的接线相对简单，但其可以作为一个基础框架，用于构建更复杂的智能控制系统；可以根据需要扩展该系统，添加更多的传感器、执行器，或者设计更复杂的控制逻辑，以实现更多功能。这种灵活性使得其在各种智能化场景下具有广泛的应用前景。

8.2 实例 93：烹饪助手

8.2.1 知识储备与构思

在当今社会，科技的快速发展为烹饪领域带来了前所未有的便捷。电饼铛、电烤箱、高压锅、电饭锅等智能厨房设备的出现，使得烹饪不再是一项烦琐的任务。只需要将事先准备好的食材放入设备内，设置适当的参

知识储备与构思

数，这些智能设备就能独立完成烹饪过程。然而，尽管其提供了很大的方便，但功能仍然相对单一。如果希望实现人机结合的智能烹饪，就需要深入研究这些设备的定时特性，设计一款独特的烹饪助手，使得烹饪过程更加高效、便利。

接下来介绍一款创新的烹饪助手。为了满足现代生活的需求，这款烹饪助手被设计得便携小巧，并且不占用多余空间。下面对烹饪助手的模块进行简单介绍。

在制作烹饪助手时，使用 STC89C51 系列单片机作为核心控制器，利用数码管进行时间显示，利用按键进行定时设置、启动、暂停和清零操作，同时使用蜂鸣器进行提醒。以下是烹饪助手的 3 个功能区所对应的硬件部分。

（1）定时器模块：使用 STC89C51 系列单片机内部自带的定时器定时。通过编程，将定时器配置为所需的定时周期，控制烹饪时间的计数。

（2）按键模块：使用外部按键连接到 STC89C51 系列单片机的 GPIO 引脚，通过编程实现按键的检测和处理。通常，按键模块包括启动/暂停键、清零键等，用户通过按下不同的按键来实现相应的功能。

（3）数码管：使用数码管来显示烹饪的定时。将数码管连接到 STC89C51 系列单片机的 GPIO 引脚上，通过编程将计时数值转换为数码管的显示格式，实现时间的动态显示。

（4）蜂鸣器：使用蜂鸣器进行提醒。当定时器计时结束或者用户设定的时间到达时，通过编程控制蜂鸣器的工作，发出声音来提醒用户。

通过以上硬件模块的组合，结合 STC89C51 系列单片机的编程，可以实现烹饪小助手的基本功能。在程序设计中，需要考虑定时器的配置、按键的检测和处理、数码管的动态显示及蜂鸣器的控制，以确保小助手能够准确地进行定时提醒和用户交互。这样，烹饪小助手就可以在保持简单小巧的同时，实现高效、便利的烹饪辅助功能。烹饪助手思维导图如图 8.15 所示。

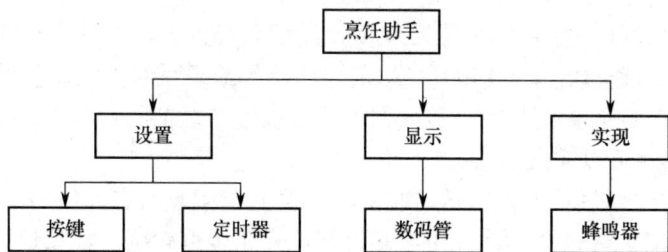

图 8.15　烹饪助手思维导图

定时器结构如图 8.16 所示。以定时器 0 工作方式 1 为例,一次计数过程是 50ms,即 1s 需要 20 次计数,可以在中断中设置一个变量 m,每进一次中断 m 便加 1,当 m 增加到 20 时即为 1s,如果要判断 1min,就另设置一个变量 n,判断 n 是否等于 1200。如果 n 等于 1200,则数码管最低位减 1,n 变为 0,循环进行,当数码管全部值都为 0 时,蜂鸣器响。

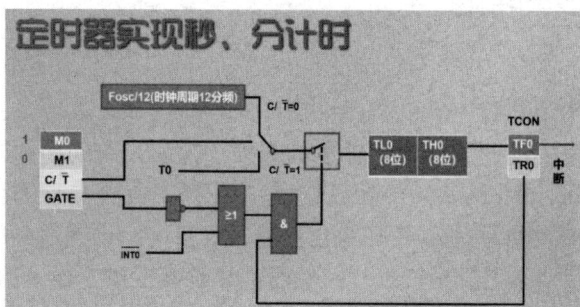

图 8.16　定时器结构

按键可以实现的功能如图 8.17 所示。第一个按键实现加 1 功能,即增加 1min,如果需要快速加时间,可以一直长按按键。第二个按键实现减 1 功能。第三个按键是当时间设置好后按下即开始计时。第四个按键有两个功能:其一是暂停,当有其他事情发生时可以按下暂停,然后处理完事情回来按第三个按键开始;其二是连续按两次第四个键,时间就会清零。

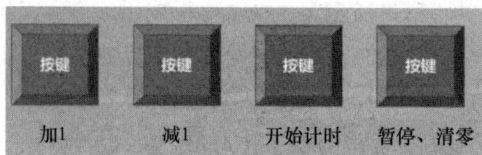

图 8.17　按键可以实现的功能

数码管的显示前面的章节已经介绍过,这里数码管以分钟计时,并且逢 10 进 1。例如,数码管显示 1 2 3 4,指的就是 1234 分钟。

蜂鸣器提醒功能的实现,使用了无源蜂鸣器。为了使蜂鸣器发声,必须通过单片机的定时器来生成 PWM 波形,以便产生音频信号。首先,需要配置单片机的定时器,以便周期性地改变单片机的 I/O 接口状态,生成高电平和低电平,从而形成 PWM 波形。这种脉冲宽度调制的信号可以精确控制蜂鸣器的振荡频率,从而产生不同音调的声音。

在电路连接方面,将蜂鸣器的正极连接到 VCC(5V)电源,负极连接到一个三极管的发射极 E。通过引脚控制，三极管的基极 B 经过限流电阻器 R_1 与单片机相连。当单片机引脚输出高电平时，三极管 T_1 截止，电流无法通过蜂鸣器线圈，从而使蜂鸣器不发声。反之，当引脚输出低电平时，三极管导通，形成蜂鸣器的电流回路，使其发声。

通过编程，可以控制单片机引脚的电平状态，进而控制蜂鸣器的发声和关闭。调整引脚输出的 PWM 波形的频率，可以改变蜂鸣器的音调，产生不同的音色。此外，通过改变引脚输出电平的高低电平占空比，可以控制蜂鸣器的音量。这些参数的调整可以通过编程实验来验证，以确保蜂鸣器的声音效果符合预期。

8.2.2　Proteus 仿真

首先，绘制 51 单片机最小系统的基本电路图。随后，放置 74HC573 芯片，将其 LE（Latch Enable）和 OE（Output Enable）引脚分别连接到高电平和地。使用总线将 P1 端口和 74HC573 的 D0～D7 端口相连，并添加相应的引脚标号。在单片机的 P0 端口和 74HC573 的 D0～D7 端口做了相似的标志，确保正确连接。

接下来，使用 74LS138 译码器，将 E1 引脚连接到高电平，将 E2、E3 引脚接地。在输入端附近添加了网络标号，并将其与单片机的 P2.0～P2.2 引脚相连接。将数码管的位选端通过 74LS138 译码器的输出引脚连接，未使用的输出引脚连接到高电平。74HC573 的输出端通过总线连接到数码管的段选端。在数码管的输入端和 74LS138 译码器的输出端进行了相应的标号，确保正确连接。为了连接 P0 端口，还添加了上拉电阻。

然后，摆放 4 个按键，一端连接到网络标号，另一端接地；找到蜂鸣器，并添加三极管和电阻器，电阻器的电阻值选择为 1kΩ，将其命名为 P2.3。最后，在 P3.7 引脚接一个 LED 灯，灯的另一端连接到高电平。烹饪助手 Proteus 仿真图如图 8.18 所示。

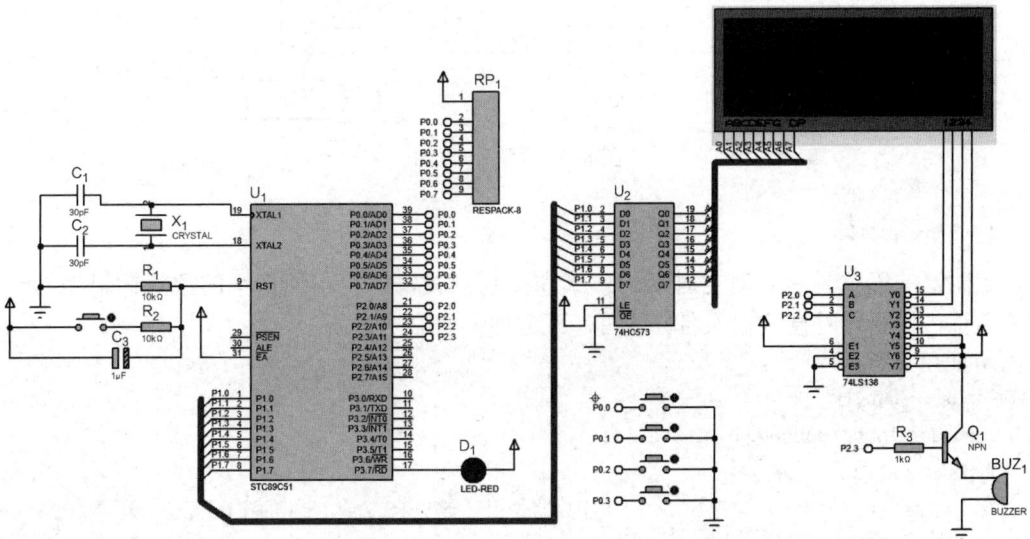

图 8.18　烹饪助手 Proteus 仿真图

8.2.3　程序设计

整个程序主要分为 3 个关键部分：显示部分、判断部分和计时部分。显示部分，直接调用了底层库中的数码管显示函数。计时部分，利用了定时器。判断部分，调用了在本部分定义的判断函数。除了判断函数，程序还包括一个初始化函数，其主要功能是对 PWM 波形和定时器进行初始化。在主函数中，首先调用初始化函数，然后进入一个无限循环，在循环中调用判断函数和显示函数。

在判断函数 kit_keyscan( )中，主要针对 4 个按键进行逻辑判断。首先是加按键，当检测到加按键被按下时，程序会继续检测该按键是否持续按下。如果是持续按下状态，会进入一个自动加的语句，对计数变量 n 进行加 1 操作，直到按键释放；同时，时间变量 Time_a 也会加 1。如果加按键被判断为长按，则不改变 f1 的值。在长按的情况下，Time_a 会持续累加，并在结束时将 f1 设置为 0，以避免在停止按键时多加一次 1。减按键的逻辑类似，但对 Time_a 进行减操作。当检测到清零按键被按下时，Time_a 会被清零。当开始按键被按下时，会启动定时器 1，进入倒计时的死循环，显示剩余时间，并且可以检测清零按键，不会检测加按键和减按键。在倒计时过程中，如果按下清零按键，两个定时器会被关闭，并且跳出循环。程序流程图如图 8.19 所示。

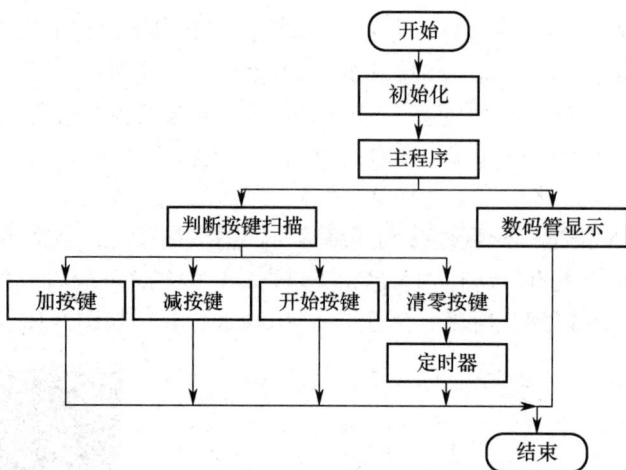

图 8.19　程序流程图

1. Tim.h 文件

定时器的库文件包含对定时器的模式和类别的枚举，将不便记忆的数据标记为易于理解的名称，初始化时直接输入名称即可，既方便又有利于理解。

```
#ifndef __Tim_H
#define __Tim_H
#include "Driver / common.h"
Typedef enum {
    Ind = 0x00 << 3,              //计数器是否计数与 P3.2 或 P3.3 的电压状态无关
    Inf1 = 0x01 << 3,             //P3.2 为高电平时 T0 计数，P3.3 为高电平时 T1 计数
    Timer_Mode0 = 0x00 << 2,      //定时模式
    Timer_Mode1 = 0x01 << 2,      //计数模式
    Working_Mode0 = 0x00 << 0,    //13 位定时器/计数器
    Working_Mode1 = 0x00 << 0,    //16 位定时器/计数器
    Working_Mode2 = 0x00 << 0,    //8 位自动重装定时器/计数器
```

```
        Working_Mode3 = 0x00 << 0,        //T0 分成两个独立 8 位定时器/计数器；T1 此方式停止计数
        Int_On = 1,                       //中断打开
        Int_Off = 0,                      //中断关闭
} tim_ccfg;
Typedef enum {
        Tim0,
        Tim1,
} Tim_n

void Tim_Init(Tim_n tim_n, uint time, uint cfg, tim_cfg int_x);
void Tim_Stop(Tim_n tim_n);
#endif
```

2．Tim.c 文件

在初始化函数中，需要传入两个参数：tim_n 和 time。其中，tim_n 用于选择定时器，time 用于设置定时器的初始值。在工作方式 1 下，初始值的计算可以参考：

$$\text{time} = 65535 - (f * t) / 12$$

式中，f 为晶振频率（Hz），t 为需要的定时（s）。

```
void Tim_Init(Tim_n tim_n, uint time, uint cfg, tim_cfg int_x)
{
        switch (tim_n)    //在初始化中使用开关语句对定时器的类别进行选择
        {
        case Tim0:
                TMOD |= cfg;
                TH0 = time / 256;
                TL0 = time % 256;
                TR0 = 1;
                if (int_x == Int_On)
                        ET0 = 1;
                else
                        ET0 = 0;
                break;
        case Tim1:
                TMOD |= cfg << 4;
                TH1 = time / 256;
                TL1 = time % 256;
                TR1 = 1;
                if (int_x == Int_On)
                        ET1 = 1;
                else
                        ET1 = 0;
                break;
        }
}
```

3. isr.c 文件

程序中，设置了一个 50ms 的定时。每次定时器计数结束时，对 kit_num 变量进行加 1 操作。当 kit_num 计数到 9 时，表示已经过了 0.5s，然后对另一个变量进行加 1 操作。当 kit_num1 累加到 120 时，正好用时 1min，此时将设置的时间变量减 1。当时间变量减为 0 时，关闭定时器。同时，开启 PWM 波形输出，使蜂鸣器报警，提醒烹饪倒计时结束。

```c
void Tim1_Handler() interrupt 3 //定时器 1
{
    TH1 = 19456 / 256;
    TL1 = 19456 % 256; //重新填入初值
    kit_num++;
    if (kit_num >= 9)
    {
        kit_num = 0;
        led = ~led;
        kit_num1++;
        if (kit_num1 >= 120)
        {
            Time_a--;
            kit_num1 = 0;
            if (Time_a == 0)
            {
                Tim_Start(Tim0);
                Tim_Stop(Tim1);
            }
        }
    }
}

void PWM_OUT() interrupt 1
{
    if (PWM_Flag)
    {
        TH0 = PWM_T0_H;
        TL0 = PWM_T0_L;
        PWM = 1;
        PWM_Flag = 0;
    }
    else
    {
        TH0 = PWM_T1_H;
        TL0 = PWM_T1_L;
        PWM = 0;
        PWM_Flag = 1;
    }
} //PWM 中断程序
```

4．程序

```
#include "Driver / common.h"
sbit UP = P0 ^ 0;
sbit DOMM = P0 ^ 1;
sbit START = P0 ^ 2;
sbit CLEAR1 = P0 ^ 3;
uint n = 0, f1 = 1;
int Time_a = 0;
uint kit_flag = 0;
void kit_keyscan();
void kit_init();
void main()
{
    kit_init();
    while (1)
    {
        kit_keyscan();
        DisplayData(Time_a);
    }
}
void kit_init()
{
    Tim_Init(Tim1, 19456, Ind | Timer_Mode0 | Working_Mode1, Int_On);
    Tim_Init(Tim0, 40000, Ind | Timer_Mode0 | Working_Mode1, Int_On);
    PWM_Init(50, 40);
    Tim_Stop(Tim0);
    EA = 1;
}.
void kit_keyscan()
{
    if (~UP)
    {
        while (~UP)
        {
            DisplayData(Time_a);
            n++;
            if (n > 400)
            {
                n = 0;
                while (~UP)
                {
                    DisplayData(Time_a);
                    n++;
                    if (n > 123)
                    {
                        n = 0;
                        Time_a++;
```

```
                        if (Time_a > 9999)
                            Time_a = 9999;
                    }
                }
                fl = 0;
            }
        }
    n = 0;
    if (fl)
        Time_a++;
    else
        fl = 1;
    if (Time_a > 9999)
        Time_a = 9999;
}
if (~DOWM)
{
    while (~DOWM)
    {
        DisplayData(Time_a);
        n++;
        if (n > 400)
        {
            n = 0;
            while (~DOWM)
            {
                DisplayData(Time_a);
                n++;
                if (n > 123)
                {
                    n = 0;
                    Time_a--;
                    if (Time_a < 0)
                        Time_a = 0;
                }
            }
            fl = 0;
        }
    }
    n = 0;
    if (fl)
        Time_a--;
    else
        fl = 1;
    if (Time_a < 0)
        Time_a = 0;
}
```

```
    if (~CLEAR1)
        Time_a = 0;
    if (~START)
    {
        Tim_Start(Tim1);
        while (1)
        {
            if (~CLEAR1)
            {
                while (~CLEAR1)
                    DisplayData(Time_a);
                Tim_Stop(Tim1);
                Tim_Stop(Tim0);
                break;
            }
            DisplayData(Time_a);
        }
    }
}
```

8.2.4 实物制作与电路连接

烹饪助手的实物连接如图 8.20 所示，需要使用以下元器件：51 单片机最小系统、共阴极数码管、74HC573 芯片、74LS138 译码器、无源蜂鸣器、4 个按键、LED 灯及若干杜邦线。实物连接具体步骤如下。

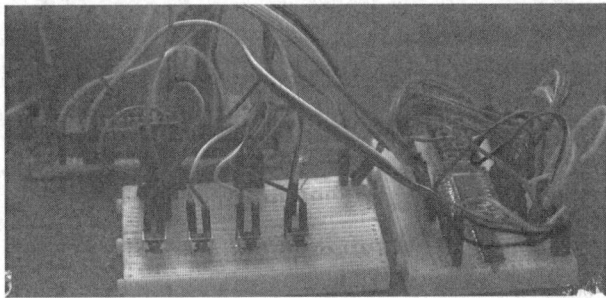

图 8.20　烹饪助手的实物连接

（1）连接电源和地线：将面板的电源和地线连接到 51 单片机最小系统的对应电源和地线上，确保电路的供电和接地正常。

（2）连接按键：4 个按键的一端接单片机的信号口，另一端接地，用于接收用户的操作输入。

（3）连接 LED 灯：将 LED 灯的正极连接到电源，负极连接到单片机的信号口，用于显示某种状态或指示操作结果。

（4）连接蜂鸣器：使用无源蜂鸣器，将蜂鸣器的电源和地线连接，控制引脚接到单片机的 P2.3 引脚上。这个部分用于发出警示音。

（5）连接 74LS138 译码器：将 74LS138 译码器的电源和地线连接好后，将其输入端接到单片机的信号口，用于控制多路信号输出。

（6）连接74HC573芯片：将74HC573芯片的8个输入端连接到单片机的P1端口，用于控制输出。同时，连接数码管的段选引脚，以便显示相应的数字。

8.3 实例94：微信跳一跳物理助手

8.3.1 微信跳一跳简介

微信跳一跳是一款曾经风靡全国的微信小游戏，以其轻松愉悦的游戏氛围及简单的操作被人们所喜爱。其中还有许多隐藏的小彩蛋，例如，停留在某些盒子上等待一段时间就会加额外的分数。长按屏幕让小人蓄力跳跃，进行游玩。按照小人跳跃盒子的数量，以及特殊盒子加分项计算得分。为了提高自己的得分，本项目将做一款相关游戏辅助装置。

微信跳一跳简介

8.3.2 知识储备与构思

在微信跳一跳物理助手设计中，采用了STC89C52系列单片机，结合各种外设，实现了功能的综合应用。首先，使用4×4矩阵键盘进行用户输入跳跃距离的操作。通过矩阵键盘，用户可以方便地输入数字，并可编码为字符或其他含义。接着，采用4位数码管来显示用户输入的跳跃距离，提供直观的信息

知识储备与构思

展示。为了模拟手指点击屏幕的动作，设计了继电器系统，包括继电器和两片铜箔。手机金属外壳与显示屏形成回路时，触发屏幕的点击效果。继电器控制铜箔片连接的手机外壳与显示屏导通，实现跳跃棋子的蓄力动作。当蓄力结束时，继电器切断连接，启动跳跃。为了处理输入错误，引入了按键清零功能，通过外部中断资源实现清零操作的高响应性。系统还使用了片选芯片、导线、51单片机和若干按键等元器件，确保系统的稳定运行。

进一步分析挑选出来的想法，如哪些想法属于一类、需要什么步骤完成、在设计过程中需要什么样的材料，把想到的内容梳理出来，构建自己的思维导图，如图8.21所示。

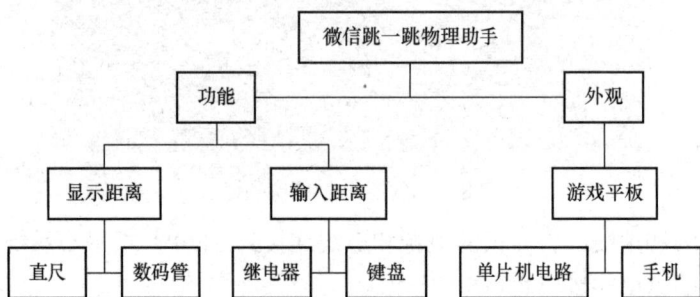

图8.21 思维导图

8.3.3 Proteus仿真

微信跳一跳物理助手的仿真电路包括51单片机最小系统电路、数码管显示电路、矩阵键盘电路，以及控制启动和清除的两个独立按键。矩阵键盘用于输入需要跳跃的距离，并在数码管上显示。这样，在模拟实物中测量好距离

实战演练

后，用户可以通过键盘手动输入跳跃的距离，从而实现准确的跳跃。整个仿真电路通过51单片机最小系统电路提供基本的计算和控制功能，借助数码管显示电路和矩阵键盘电

路实现用户交互，同时使用启动和清除按键进行操作控制，使用户可以方便地模拟跳一跳游戏中的操作过程。

1. 数码管显示电路

在仿真设计中，采用四位一体的共阴极数码管来显示距离信息。由于使用的元器件较多，所以选择总线的连接方式。数码管显示模块连接到单片机的 P1 端口。由于单片机的 I/O 接口数量有限，而 8 位数码管占用的 I/O 接口较多，因此引入 74HC573 锁存器和 74LS138 译码器。这些元器件的引脚通过总线相互连接，确保信号传输的稳定性。

在连接设计中，考虑到单片机的 I/O 接口驱动能力较弱，而锁存器的输出电流较大，具有较好的驱动能力，因此，锁存器能够有效地驱动数码管显示模块，保证显示效果的稳定和清晰。

2. 矩阵键盘电路

仿真中采用 4×4 矩阵键盘进行距离输入。矩阵键盘的排列方式类似于矩阵布局，连接到单片机的 P0 端口。P0 端口内部没有上拉电阻，为开漏极输出，需要外部电路提供电源。在通常情况下，在普通 I/O 接口应用中，P0 端口需要加入上拉电阻。

连接时，将上拉电阻的 1 引脚接高电平，P0.0～P0.7 引脚接上拉电阻的引脚 2～9。然后将 P0 端口连接到键盘的行和列上，并在程序中进行相应的配置。

3. 独立按键

在微信跳一跳物理助手中，用到启动键和清除键。根据程序设计，将启动键接在 P2.0 引脚，用于启动继电器；将清除键接在 P3.2 引脚，用于清除矩阵键盘的数据。

最终连接形成的仿真电路如图 8.22 所示。

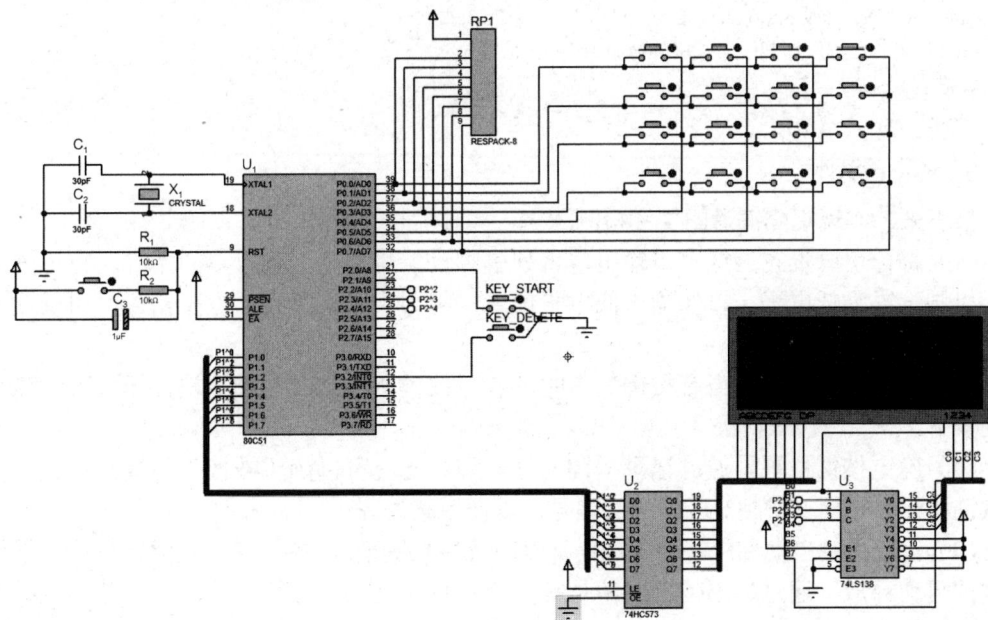

图 8.22　Proteus 仿真电路

8.3.4　程序设计

在 8.3.3 节设计好电路的基础上，本节具体学习微信跳一跳物理助手的程序如何设计。

程序设计流程图如图 8.23 所示。

1. H 文件与 C 文件设计规则

实现函数需要从 H 文件开始进行编写，在一般情况下，为防止重复定义的情况出现，通常使用以下形式来定义 H 文件：

```
#ifndef 函数名
#define 函数名
需要声明和定义的内容
#endif
```

C 文件只需要引入函数所用到的相关变量与函数的 H 文件即可，例如，#include "Driver/Key.h"的含义就是引入 Driver 文件夹下 Key.h 文件所定义与声明的变量与函数。但是，当程序变多时就会出现 H 文件引入过多而导致程序冗长和常用头文件需要反复引用的问题，因此，把程序的头文件引入另一个 H 文件并命名为 common.h，编写其他程序时只需要声明 #include "Driver/common.h"即可。

2. Key.h 文件

构思矩阵键盘的 H 文件，将其命名为 Key.h，键盘为 4×4 矩阵键盘，需要 8 个输入/输出引脚，定义 P0 端口的 8 个引脚分别为输入/输出的行与列，且定义键盘扫描的程序。考虑到键盘线反转方法读取键盘信息，将要写的键盘检测程序命名为 keyscan，所以 H 文件中的内容如下：

```
#ifndef __KEY_H
#define __KEY_H
#include "Driver/common.h"
#define GPIO_SEG1 P0        //矩阵键盘
void keyscan();
#endif
```

3. Key.c 文件

接下来，实现矩阵键盘的按键检测逻辑，具体实现步骤如下。

（1）将行引脚设置为低电平输出，将列引脚设置为高电平输入。初始时，将矩阵键盘的行引脚设置为低电平，以便输出低电平信号；将列引脚设置为高电平输入，用于读取按键的状态。

（2）检测按键按下。当有按键按下时，按下按键所在的行引脚会被拉低，表示该行有按键按下。

（3）确定按键位置。通过记录按键的行号和列号，可以确定被按下的按键位置。将按下按键的行列坐标映射到对应的按键编号，以便后续处理。

（4）设置按键自动释放。为了避免长时间等待按键松开占用 CPU 资源，程序中设置了按键的自动释放。通过标志位来判断是第一次按下还是第二次按下，以便处理十位数字和个位数字的输入。

（5）存储按键编号。将按键编号存储在变量 order 中，用于后续操作。

在微信跳一跳物理助手的设计中，需要实现两次按键输入，分别表示十位数字和个位数字。为了避免长时间等待按键松开占用 CPU 资源，引入了按键自动释放机制。将按键标

图 8.23 程序设计流程图

（流程图内容：开始 → 初始化函数 → 主程序 → 中断初始化 → 键盘扫描 → 数码管显示 → 按键启动 → 继电器 → 结束）

志位计数及按键按下的高位与低位放置在结构体中，结构体定义如下：

```
typedef struct
{
    float m;
    float n;
    float L;
    uint T;                 //跳一跳延时
    uchar num;              //按键按下次数记录
}is_Param;
```

Key.c 文件具体程序如下：

```
#include "Driver/Key.h"
uchar number[16] =
    {1, 2, 3, 'A',
     4, 5, 6, 'B',
     7, 8, 9, 'C',
     '*', 0, '#', 'D'};
void keyscan()    //按键扫描函数
{
    uint a = 0;
    uchar order = 0, KeyValue = 0;
    GPIO_SEG1 = 0x0f;
    if (GPIO_SEG1 != 0x0f)
    {
        delay_ms(10);
        if (GPIO_SEG1 != 0x0f)
        {
            GPIO_SEG1 = 0x0f;
            switch (GPIO_SEG1)
            {
            case (0x07):
                order = 0;
                break;
            case (0x0b):
                order = 1;
                break;
            case (0x0d):
                order = 2;
                break;
            case (0x0e):
                order = 3;
                break;
            }
            GPIO_SEG1 = 0xf0;
            switch (GPIO_SEG1)
            {
            case (0x70):
                order = order;
```

```
                    break;
                case (0xb0):
                    order = order + 4;
                    break;
                case (0xd0):
                    order = order + 8;
                    break;
                case (0xe0):
                    order = order + 12;
                    break;
                }
                while (a < 500 && (GPIO_SEG1 != 0xf0))        //0.5s 后自动释放按键
                {
                    delay_ms(1);
                    a++;
                }
                KeyValue = number[order];
                Jump_Params.num++;
                if (Jump_Params.num == 1)
                {
                    Jump_Params.L = KeyValue * 10.0;        //第一次按下取得的值作为十位数字
                }
                if (Jump_Params.num == 2)
                {
                    Jump_Params.L = Jump_Params.L + KeyValue * 1.0;   //第二次按下
                    Jump_Params.num = 0;                    //清零计数标志
                }
            }
        }
    }
}
```

4. Display.h 文件

数码管的 H 文件定义成 Display.h。数码管段选 8 位（不含小数点），8 位数码管的每一位都需要一个 I/O 接口控制。4 位数码管段选 4 位，一个数码管需要 12 个引脚控制其状态。数码管显示程序要显示一个非个位的数字，需要有拆分的程序，即选择一个函数拆分数字，然后将拆分的数字传入数码管显示函数。Display.h 文件中的程序如下：

```
#ifndef __Display_H
#define __Display_H
#include "Driver/common.h"
extern uchar code smgduan[10];
void DisplayData(uint c);
void DigDisplay(uchar digit);
#endif
```

5. Display.c 文件

Display.c 文件编写数码管显示程序，将数码管显示函数命名为 DigDisplay(uchar digit)，其中，变量 digit 控制点亮数码管的个数，例如，数据位为 "21"，则数码管后两位

显示 "21" 即可，前两位熄灭。控制数码管有 4 种状态：显示 1 位、显示 2 位、显示 3 位、显示 4 位。其中，LsC、LsB、LsA 分别代表从高到低 3 位 74LS138 译码器的控制端。例如，LsC、LsB、LsA 分别为 011，表示选通 D3 输出低电平、数码管为共阳极、最后一位选通显示。利用 for 循环，将其显示循环 4 - digit 次，显示内容在之前存放好的 dig[ ]数组中；然后段选清零消隐。DigDisplay(uchar digit)函数如下：

```
void DigDisplay(uchar digit) //数码管显示函数
{
    uchar i;
    for (i = digit; i <= 3; i++)
    {
        switch (i)
        {
        case 0:
            LsC = 0;
            LsB = 0;
            LsA = 0;
            break;
        case 1:
            LsC = 0;
            LsB = 0;
            LsA = 1;
            break;
        case 2:
            LsC = 0;
            LsB = 1;
            LsA = 0;
            break;
        case 3:
            LsC = 0;
            LsB = 1;
            LsA = 1;
            break;
        }
        P1 = dig[i];
        delay_ms(1);
        P1 = 0x00;        //数码管消隐
    }
}
```

在 Display.c 文件中，将数据拆分计算位数的函数命名为 DisplayData(uint c)，利用 C 语言中乘除取余的技巧提取出数据的千、百、十、个位，存入 dig[ ]数组中。循环检测第 i 位为 0 且第 i + 1 位不为 0 的位置，将 4 - i 记为位数并跳出循环。为对应 74LS138 译码器编码，采用加法直接传入，即 i + 1。处理数据函数如下：

```
void DisplayData(uint c) //数据拆分函数
{
    uint n = 0;
    uint i = 0;
```

```
            dig[0] = smgduan[c / 1000];
            dig[1] = smgduan[(c - (c / 1000) * 1000) / 100];
            dig[2] = smgduan[(c % 100) / 10];
            dig[3] = smgduan[c % 10];
            //判断位数
            for (i = 0; i < 3; i++)
            {
                n = 3;
                if (dig[i] == 0x3f && dig[i + 1] != 0x3f)
                {
                    n = i + 1;
                    break;
                }
            }
            switch (n)
            {
                case 0:
                    DigDisplay(0);
                    break;
                case 1:
                    DigDisplay(1);
                    break;
                case 2:
                    DigDisplay(2);
                    break;
                case 3:
                    DigDisplay(3);
                    break;
                default:
                    break;
            }
}
```

6．RelayControl.h 文件

设置继电器控制与确认输入按键，RelayControl.h 文件包含相关定义，将启动按键设置成 P2.0 控制，将继电器设置成 P2.1 控制。继电器函数为 Relay( )，程序如下：

```
#ifndef __RleayControl_H
#define __RleayControl_H
#include "Driver/common.h"
sbit K1=P2^0;              //按下启动
sbit RELAY=P2^1;           //继电器
void Relay( );
#endif
```

7．RelayControl.c 文件

Relay()函数确认按键按下与按键松开，继电器导通，延时一段时间（下面讲解）后关断。函数代码如下：

```
include "Driver/RelayControl.h" void Relay( )        //继电器控制函数
{
    if (K1 == 0)
    {
        delay_ms(10);
        if (K1 == 0)                     //按键消抖
        {
            RELAY = 0;
            delay_ms(Jump_Params.T);     //延迟时间 T 已由距离函数算出
            RELAY = 1;
            while (!K1)
                ;                        //等待按键释放
            Jump_Params.num = 0;
            Jump_Params.L = 0;
        }
    }
    else
    {
        RELAY = 1;
    }
}
```

8．Delay.h 文件与 Delay.c 文件

延时函数提供了 3 种延时，分别是毫秒级别的 delay_ms(unsigned int n)、10μs 的延时函数 Delay10us( )、毫秒级的自主适应时钟函数 atuo_delay_ms(uint ms)。Delay.h 文件如下：

```
#include "Driver/delay.h"
void delay_ms(unsigned int n)
{
    unsigned int i = 0, j = 0;
    for (i = 0; i < n; i++)
        for (j = 0; j < 123; j++)
            ;
}
void atuo_delay_ms(uint ms) //uint 等价于 unsigned int
{
    uint i;
    do
    {
        i = MAIN_Fosc/9600;
        while (--i)
            ;                //96T per loop
    } while (--ms);          //--ms   ms=ms-1
}
void Delay10us()
{
    _nop_();
    _nop_();
```

```
    _nop_();
    _nop_();
    _nop_();
    _nop_();
}
```

9. 清除与中断

考虑到可能输入错误的情况，于是设置了外部中断。外部中断需要配置中断初始化与开启当前所用的外部中断 0，当按键按下时，中断触发，输入的距离和次数信息清零。中断初始化函数 H 文件如下：

```
#ifndef __EXTI_H
#define __EXTI_H
#include "Driver/common.h"
sbit Kt = P3 ^ 2;           //清屏按键，按错后再按一次
typedef enum
{
    Init0 = 0x01 << 0,      //IE 寄存器：外部中断 0 允许位置 1
    Init1 = 0x01 << 2,      //IE 寄存器：外部中断 1 允许位置 1
    Low_Level = 0x00,       //TCON 寄存器：低电平触发中断
    Trig_Fall = 0x01        //TCON 寄存器：下降沿触发中断
} EXTI_cfg;
void EXTI_Init(EXTI_cfg Int_n, EXTI_cfg Trig_mode);
#endif
```

中断初始化函数如下，变量 Int_n 与 Trig_mode 分别为传入的中断号与中断触发模式。

```
void EXTI_Init(EXTI_cfg Int_n, EXTI_cfg Trig_mode)
{
    switch (Int_n)
    {
    case Init0:
        IE = Int_n;
        switch (Trig_mode)
        {
        case Low_Level:
            TCON |= Low_Level;      //触发方式（低电平触发）
            break;
        case Trig_Fall:
            TCON |= Trig_Fall;      //触发方式（下降沿触发）
            break;
        default:
            break;
        }
        break;
    case Init1:
        IE = Int_n;
        switch (Trig_mode)
        {
        case Low_Level:
```

```
                    TCON |= Low_Level << 2;   //触发方式（低电平触发）
                    break;
              case Trig_Fall:
                    TCON |= Trig_Fall << 2;      //触发方式（下降沿触发）
                    break;
              default:
                    break;
          }
          break;
    default:
          break;
    }
    EA = 1;
}
```

中断初始化后发生中断事件，需要执行输入清零命令。清除中断请求标志位，函数如下。

```
void IRQ0_Handler() interrupt 0
{
    //清除中断请求标志位的第一种方法，这里使用第一种方法
    //TCON &= 0xfd;
    //清除中断请求标志位的第二种方法
    IE0 = 0;
    delay_ms(10);
    if (Kt == 0)
    {
        Jump_Params.L = 0;
        Jump_Params.num = 0;
    }
}
```

10. main.c 文件

main.c 文件主要是程序的整合，包括上述函数的头文件与相关调用，还有相关延时的计算。延时计算方式如下：

```
Jump_Params.T=Jump_Params.m*Jump_Params.L+Jump_Params.n
```

上述结构体变量通过矩阵键盘输入获得并显示。计算好时间后，继电器开启相应的时间。main.c 文件内容如下：

```
#include "Driver/common.h"
is_Param Jump_Params;
#include "Driver/common.h"
is_Param Jump_Params;
void paramsInit()
{
    Jump_Params.T = 0;
    Jump_Params.L = 0;
    Jump_Params.m = 22.26;
    Jump_Params.n = 56.44;
    Jump_Params.num = 0;
}
```

```
void main()
{
  paramsInit();
  EXTI_Init(Init0, Trig_Fall);                //外部中断 0，下降沿触发
  while (1)
  {
      keyscan();
      //计算时间
      Jump_Params.T = Jump_Params.m * Jump_Params.L + Jump_Params.n;
      DisplayData(Jump_Params.L);        //数码管显示函数
      Relay();
  }
}
```

8.3.5 实物制作与电路连接

微信跳一跳实物制作图如图 8.24 所示。

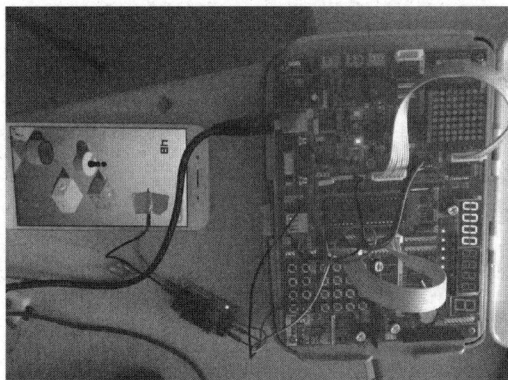

图 8.24 微信跳一跳实物制作图

8.4 实例 95：防盗报警设计

8.4.1 防盗报警需求

传统的防盗报警产品主要应用在工程项目领域，作用是入侵报警，其需要复杂的布线，安装较为烦琐，在实际运行过程中，需要耗费较大的人力和物力。随着科技的发展，智能化的防盗措施越来越普及，各种报警器层出不穷。例如，振动报警器经常用于车辆和家庭防盗，红外线检测经常用于工厂、社区防盗等，实现了智能化无人防盗报警。

防盗报警需求

8.4.2 知识储备与构思

红外防盗和激光防盗的原理基本一致。本实例为激光对射防盗报警器，它更加稳定、安全，并且功耗低、易于小型化、抗干扰能力强。分析激光对射防盗报警器的设计想法，需要什么步骤完成，在设计过程中需要什么材料，构建激光对射防盗报警器的思维导图，如图 8.25 所示。

知识储备与构思

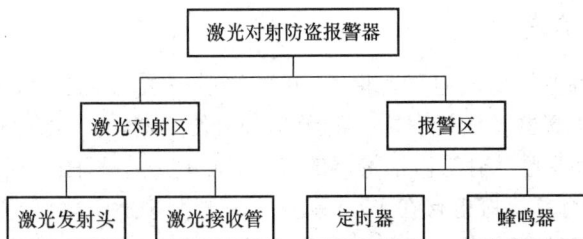

图 8.25　激光对射防盗报警器思维导图

8.4.3　激光传感器

激光被誉为"最快的刀""最准的尺""最亮的光"，是一种原子受激辐射的光，主要特点就是能量大。与红外线相比，激光具有更强的穿透力，而且由于能量传递衰减较弱，传输距离也比红外线远很多。

激光对射探测器是对射式激光入侵探测器的简称。激光对射探测器由收、发两部分组成。激光发射机主要由激光器发射器、激光器调整机构、稳压恒流驱动电路、调制及智能控制电路组成。激光接收机主要由激光接收器、激光信号解调识别电路、智能控制及信号输出电路组成。由激光发射机向安装在几米甚至几千米远的激光接收机发射激光线，其射束有单光束、双光束和多光束。

激光对射探测器的工作原理为：激光接收器收到的激光射束为正常状态，当发生入侵时，激光发射器发出的射束被遮挡，即当光电管接收不到激光时，激光接收器发出报警信号，从而输出相应的报警电信号，并经整形放大后输出开关量报警信号。该报警信号可被报警控制器接收，并联动执行机构启动其他报警设备，如声光报警器、模拟电子地图、电视监控系统、照明系统等。

激光探测技术的应用十分广泛，如激光干涉测长、激光测距、激光测振、激光测速、激光散斑测量、激光准直、激光全息、激光扫描、激光跟踪、激光光谱分析等，这都显示了激光测量的巨大优越性。激光测量是一种非接触式测量，不影响被测物体的运动，精度高、测量范围大、测量时间短，具有很高的空间分辨率。激光雷达也是激光测量的重要应用。在时下热门的自动驾驶技术中，激光雷达扮演了非常重要的角色。由此可见，激光测量是大有可为的。

8.4.4　激光对射传感器

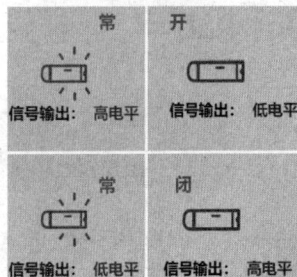

对射式是指发射端发出激光，接收端接收激光。当有物体经过时，光线被切断，便输出信号。激光对射传感器分为两部分：激光发射头和激光接收管。激光发射头的红线接 5V 电源，黑线接地。激光接收管有 3 个引脚，当正面放置时，从左到右的引脚分别为负极、信号线、正极，正极接 5V 电源。

使用激光接收管时需要注意其是常开还是常闭，这两种情况是相反的。在常开情况下，当有激光照射时，输出高电平；当没有激光照射时，输出低电平。在常闭情况下，当有激光照射时，输出低电平；当没有激光照射时，输出高电平，如图 8.26 所示。

激光对射传感器

图 8.26　激光接收管信号图

8.4.5 Proteus 仿真

激光对射防盗报警器的仿真电路包括 51 单片机最小系统电路、蜂鸣器报警电路、激光对射系统电路。由于仿真器件中没有需要的激光对射传感器，因此在这里用按键代替。

如图 8.27 所示为激光对射防盗报警器的 Proteus 电路仿真图。根据程序设计，将按键接在 P2.0 引脚，同时将复位按键接在 P2.2 引脚，另一端接地。找到有源蜂鸣器，将它默认的 12V 电压改为 1.6V 电压，将两个端口一端接 P2.1 引脚，另一端接高电平。然后烧入程序，按下激光按键，表示激光对射防盗报警器发出的激光被阻隔，蜂鸣器发出声响报警，只有按下复位按键，报警才会停止。

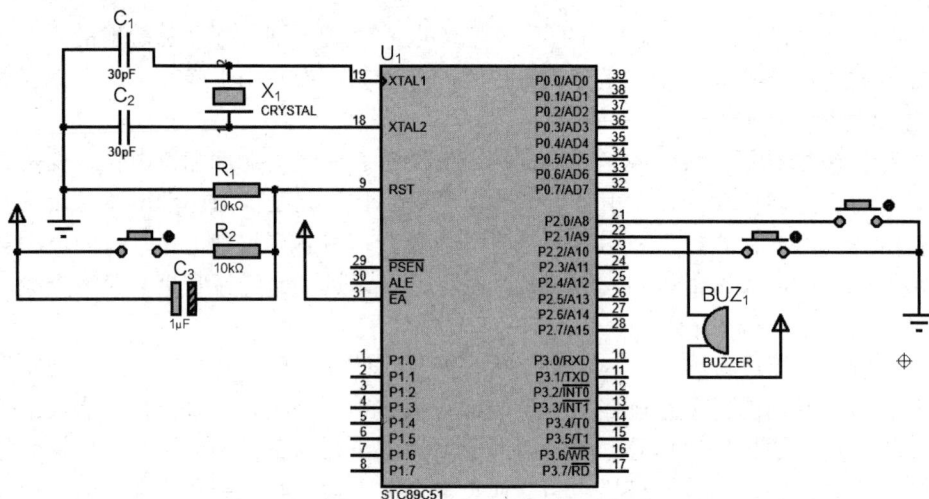

图 8.27　激光对射防盗报警器的 Proteus 电路仿真图

8.4.6 程序设计

本节学习激光对射防盗报警器的程序设计。首先，定义各个元器件的引脚。

```
sbit LD=P2^0;        //激光接收头，有光路接收时为低电平，无光路接收时为高电平
sbit BUZZER=P2^1;    //有源蜂鸣器，高电平蜂鸣
sbit Reset=P2^2;     //复位按键，按下后拉低引脚电平，用于报警后恢复初始状态
```

实战演练

用到的元器件为激光对射传感器、有源蜂鸣器和按键。将激光对射传感器的激光接收头信号线定义为 LD，接 P2.0 引脚；BUZZER 为蜂鸣器，信号端接 P2.1 引脚；Reset 定义为复位按键，接 P2.2 引脚。主函数如下：

```
void main()
{
    while (1)
    {
        if (LD)                    //无光路接收，说明有遮挡物
        {
            BUZZER = 1;            //开有源蜂鸣器
        }
        if (Reset == 0)            //按键按下消抖
        {
            delay_ms(2);
```

```
        if (Reset == 0)
        {
             BUZZER = 0;        //关有源蜂鸣器
             while (!Reset)
                 ;
        }
    }
  }
}
```

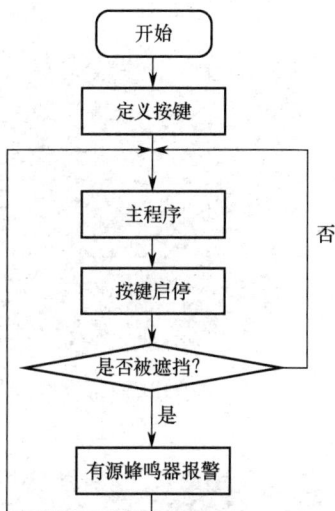

图 8.28　程序设计流程图

　　主程序中包含对激光对射传感器和有源蜂鸣器的控制，在 if 语句中使用 LD 实时监测光路是否被遮挡，若被遮挡，则有源蜂鸣器为高电平，防盗系统启动，控制有源蜂鸣器报警。复位键按下，有源蜂鸣器关闭。程序中涉及常用的按键消抖相关知识在前面章节已详细介绍，在此不再赘述。此程序设计流程图如图 8.28 所示。

　　最终具体程序如下：

```
#include "Driver/common.h"
sbit LD = P2 ^ 0;
sbit BUZZER = P2 ^ 1;
sbit Reset = P2 ^ 2;
void main()
{
  while (1)
  {
      if (LD)                    //无光路接收，说明有遮挡物
      {
          BUZZER = 1;            //开有源蜂鸣器
      }
      if (Reset == 0)            //按键按下，消抖
      {
          delay_ms(2);
          if (Reset == 0)
          {
              BUZZER = 0;        //关有源蜂鸣器
              while (!Reset)
                  ;
          }
      }
  }
}
```

8.4.7　实物制作与电路连接

　　需要准备的元器件有 51 单片机最小系统板、面板、镜片（为了形成多路光源反射）、激光对射传感器、有源蜂鸣器、按键及杜邦线若干，如图 8.29 所示。

　　面板的电源和地线连接 51 单片机的电源和地线。由 Proteus 仿真图可知，按键一端接

地，另一端接 51 单片机的 P2.0 引脚和 P2.2 引脚，如图 8.30 所示。

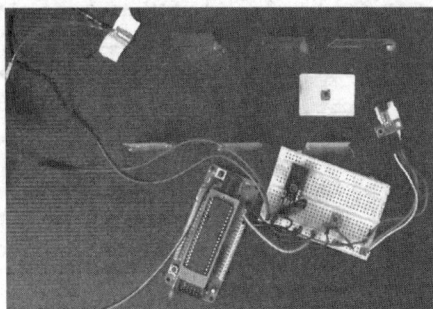

图 8.29　实物制作图

图 8.30　按键连接图

图 8.31　有源蜂鸣器连接图

如图 8.31 所示，有源蜂鸣器的电源和地线连接面板的电源和地线，有源蜂鸣器的信号线连接 51 单片机的 P2.1 引脚。

激光对射传感器包括激光发射头和激光接收管。先放置激光接收管，如图 8.32 所示。激光接收管有 3 个端口，中间的端口接信号线，连接 51 单片机的 P2.0 引脚。

激光发射头有两个引脚，如图 8.33 所示，分别是电源和地线，连接面板的电源和地线即可。

图 8.32　激光接收管连接图

图 8.33　激光发射头连接图

连线完成后检测激光对射防盗报警器的功能。调整激光发射头的位置，使激光经过反射后照射到激光接收管，如图 8.34 所示。

整体的实物制作完成后，使用镊子从光路间经过，进行测试。如图 8.35 所示，触发电路报警，报警器工作。按下面板上的按键，关闭有源蜂鸣器。

图 8.34　激光发射头位置调整图

图 8.35　实物测试

如图 8.36 所示为最终的完整实物图。

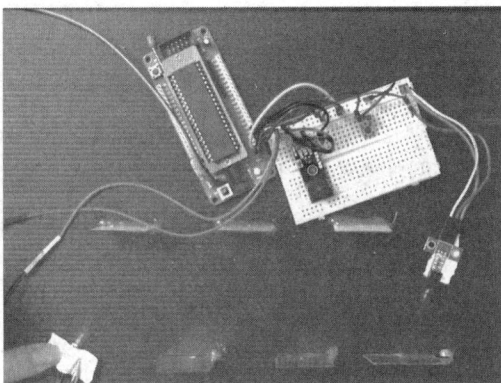

图 8.36 完整实物图

8.5 实例 96：贪吃蛇游戏设计

8.5.1 贪吃蛇游戏简介

本实例制作经典的贪吃蛇游戏。1997 年，诺基亚工程师为诺基亚 贪吃蛇游戏简介
N6610 型号手机写了一款贪吃蛇程序，并直接命名为 Snake，翻译成中文为贪吃蛇，所以"贪吃蛇"这个名字实际上是由诺基亚赋予的。经典的贪吃蛇游戏，玩法简单，内容较少，上下左右控制蛇的方向，吃到食物后蛇身增长，蛇身越长，得分越高。

近几年，创新玩法的贪吃蛇游戏增加了许多元素，如吃到食物会附加其他效果，蛇的方向也从上下左右变成了 360° 行走，游戏玩法更多样，内容更丰富，吸引了很多玩家。对于编程和硬件的学习者来说，贪吃蛇游戏是练习编程和搭建硬件的经典项目。

8.5.2 知识储备与构思

根据"贪吃蛇"主题，在头脑风暴之后进一步分析挑选的想法，如完成 的步骤、在设计过程中需要的材料，对内容进行梳理，构建思维导图。

知识储备与构思

Mini 贪吃蛇的大体功能如下：用按键上下左右控制蛇的方向，寻找食物。每吃一口，蛇身就增加一定的长度，而且蛇体越长难度越大，同时避免碰墙并且不能咬到蛇身，到达一定长度后将过关。过关后，蛇的运动速度加快，运动难度逐步增加，周而往复。贪吃蛇设计思维导图如图 8.37 所示。

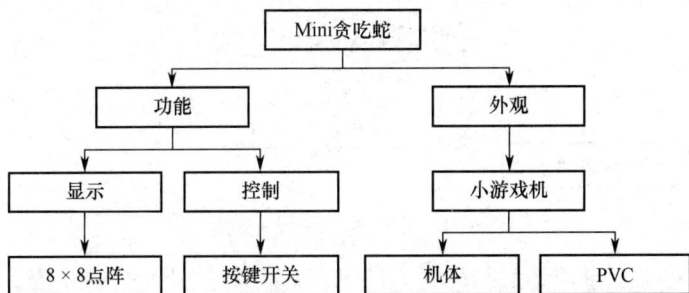

图 8.37 贪吃蛇设计思维导图

8.5.3　数组应用

游戏中的地图、蛇的位置和食物位置用二维数组表示。数组是一组有数据的集合。其中，各数据的排列有一定的规律，下标代表数据在数组中的序号。用一个数组名和下标来唯一地确定数组中的元素。数组中的每个元素都属于同一个数据类型，不能把不同类型的数据放在同一个数组中。

数组应用

要使用数组，必须定义数组，涉及数组的数据组成、数组类型、数组元素数量。例如，int s[5]表示定义了一个整型数组，数组名为 s，包含 5 个整型元素。

在定义数组时，需要指定数组中元素的个数，方括号中的常量表达式表示元素的个数。例如，s[5]表示数组中有 5 个元素，下标从 0 开始，数组中的元素为 s[0]、s[1]、s[2]、s[3]、s[4]。注意，s[5]元素并不存在。

8.5.4　算法设计

贪吃蛇游戏的具体玩法，需要在硬件方面通过按键控制蛇的行进方向，并在有限的活动范围内控制蛇寻找食物。贪吃蛇吃到食物，蛇身加长，蛇行进的速度也将加快。若在游戏的关卡循环方面不加限制，贪吃蛇就会无限增大下去，这在现实生活中是不可以接受的。贪吃蛇算法设计流程图如图 8.38 所示。

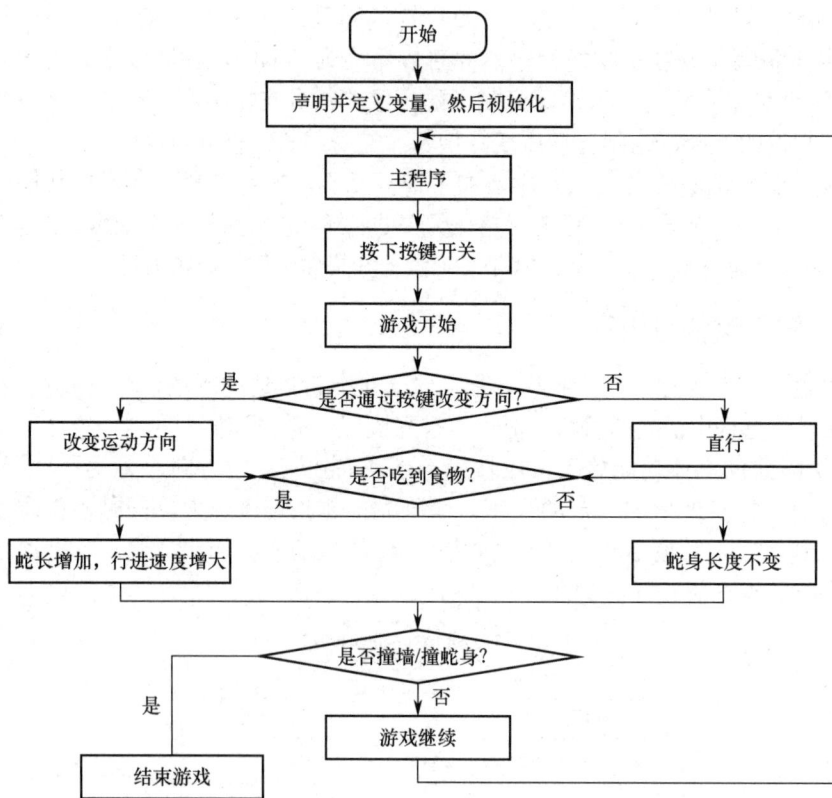

图 8.38　贪吃蛇算法设计流程图

首先声明并定义变量，然后初始化。进入主程序，蛇处于待机状态，玩家按下按键开关后，游戏开始，之后不断检测是否通过按键改变方向，如果是，则贪吃蛇改变运动方向，如果否，则贪吃蛇保持直行。同时，检测蛇头是否吃到食物，若蛇头吃到食物，则蛇身加长，行进速度也增大；若蛇头没有吃到食物，则蛇身不变。正常游戏的前提是不被淘汰，当控制的贪吃蛇碰到墙或者碰到自己的身体时，则会被淘汰，游戏就会结束，重新回到待机状态，等待玩家发送指令再开始。

用一个 8 个单元数组来模拟点阵屏上的显示情况，第 i 个单元代表第 i 行的显示状况，每个元素使用一个 16 进制数来赋值给 P0 端口，实现点阵屏每一行的显示。蛇的身体用结构体来表示，结构体变量包含行走方向，以及每个身体节点的横坐标 x[ ] 和纵坐标 y[ ]。

食物通过伪随机产生函数 rand() 随机生成一个 0～64 的数，对应 8×8 数组点阵上的每个点，判断该点是否可以产生食物，然后在该点生成食物。在吃食物的过程中，如果蛇头坐标与食物坐标重合，则食物消失，蛇长度加 1。蛇在移动时，每次移动先从蛇尾开始，令它保存上一点的坐标信息，这个过程在循环中完成，然后根据方向改变蛇头的坐标。

在每次移动后，判断是否撞墙（横坐标和纵坐标是否小于 0 或者大于 7），以及是否与身体碰撞（蛇头和身体坐标是否重合）。如果判断蛇发生碰撞，则将蛇的生命值置为 0，在程序中判断，然后宣布游戏结束。选择 4 个矩阵按键控制方向（上、下、左、右），然后按下按键改变蛇的方向信息，用数码管显示当前的得分。用 51 单片机的定时器功能计时，每经过固定的时间就移动一次。

8.5.5 Proteus 仿真

单片机的 P1 端口分别连接点阵的左侧引脚，P2 端口分别连接点阵的右侧引脚，4 个独立按键控制上、下、左、右引脚，分别连接 P3.1～P3.4 引脚，如图 8.39 所示。

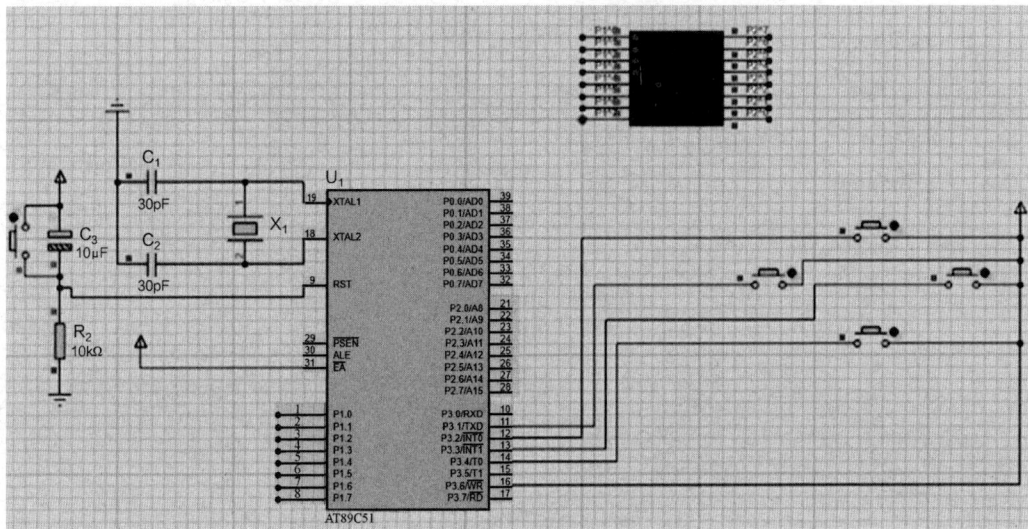

图 8.39　贪吃蛇 Proteus 仿真图

8.5.6 程序设计

首先定义几个宏定义，定义蛇的最大长度、显示延时、蛇的速度控制。本程序中将蛇的最大长度设置为 5，将显示延时设置为 50s，将蛇的行进速度设置为 71，给定方向使能 I/O 接口为 P3^6。设置控制蛇方向的上、下、左、右

实战演练

按键，分别定义它们的 I/O 接口；定义两个数组来存储行列坐标；定义 4 个变量用来表示延时、当前蛇的长度、需要用到的循环变量和当前蛇的速度。最后定义 addx 和 addy 两个变量来表示在 x 轴和 y 轴方向位移的偏移量。

具体程序如下：

```
#include <reg51.h>
#define uchar unsigned char
#define SNAKE 5          //蛇的最大长度
#define TIME 50          //显示延时
#define SPEED 71         //速度控制
sbit keyenable = P3 ^ 6; //方向使能
sbit up = P3 ^ 3;        //方向上
sbit down = P3 ^ 1;      //方向下
sbit right = P3 ^ 2;     //方向右
sbit left = P3 ^ 4;      //方向左
uchar x[SNAKE + 1];
uchar y[SNAKE + 1];
uchar time, n, i, e;     //延时、当前蛇长、通用循环变量、当前行进速度
char addx, addy;         //位移偏移量
```

延时函数具体程序如下：

```
/*********************
延时程序
*********************/
void delay(char MS)
{
    char us, usn;
    while (MS != 0)
    {
        usn = 0;
        while (usn != 0)
        {
            us = 0xff;
            while (us != 0)
            {
                us--;
            };
            usn--;
        }
        MS--;
    }
}
```

碰撞判断函数：此函数用来判断蛇在前进过程中是否发生碰撞，使用一个 if 判断语句判断所存在的蛇头 x 轴和 y 轴的值是否大于 7，如果大于 7，则判断为撞墙。for 循环函数用来判断蛇头是否与蛇身发生碰撞。循环中 n 是蛇的长度。如果发生碰撞，返回 k 的值为 1。

具体程序如下：

```
/************************************
判断碰撞
```

```
******************************************/
bit knock()
{
    bit k;
    k = 0;
    if (x[1] > 7 || y[1] > 7)
    {
        k = 1;
    } //撞墙
    for (i = 2; i < n; i++)
    {
        if ((x[1] == x[i]) & (y[1] == y[i]))
        {
            k = 1;
        }
    } //撞自己
    return k;
}
```

上、下、左、右键位处理函数：用来判断上、下、左、右按键是否按下。当按键按下时（以左键按下为例），使 y 方向位移偏移清零，之后判断 x 方向的位移偏移状态。若 x 方向的位移偏移状态向右，则判断当前状态不可进行左转。因此，在此状态下按下左键，蛇的状态依然向右移动。其他 3 个按键的功能也是如此。分别判断向右、向下、向上时的矛盾按键，使贪吃蛇保持原来的方向运动。

具体程序如下：

```
/*****************
上、下、左、右键位处理函数
*****************/
void turnkey()    //interrupt 0 using 2
{                 //up=1;
    if (keyenable)
    {
        if (left)
        {
            addy = 0;
            if (addx != 1)
                addx = -1;
            else
                addx = 1;
        }
        if (right)
        {
            addy = 0;
            if (addx != -1)
                addx = 1;
            else
                addx = -1;
```

```
        }
        if (up)
        {
            addx = 0;
            if (addy != -1)
                addy = 1;
            else
                addy = -1;
        }
        if (down)
        {
            addx = 0;
            if (addy != 1)
                addy = -1;
            else
                addy = 1;
        }
    }
}
```

乘方程序：乘方程序函数根据不同的 temp 返回其平方后的值，具体程序如下：

```
/*****************
乘方程序
*****************/
uchar mux(uchar temp)
{
    if(temp==7)    return 128;
    if(temp==6)    return 64;
    if(temp==5)    return 32;
    if(temp==4)    return 16;
    if(temp==3)    return 8;
    if(temp==2)    return 4;
    if(temp==1)    return 2;
    if(temp==0)    return 1;
    return 0;
}
```

显示函数：函数被调用时进入一个 while 循环，之后接 for 循环。当 i=0 时，点阵从蛇头开始依次向后显示。此函数调用前文讲解的 mux(uchar temp) 函数，进入 for 循环后按键按下，将 mux(x[i]) 转换为二进制，赋给列坐标（P2）。如果无按键按下，则 x[0] = 4，y[0] = 4。P1 = 255 − mux(y[i]) 代表 255 − y[i] 的值赋给行坐标。例如，当 x[i] = 4 时，返回值为十进制的 16。然后将所对应的二进制 0001 0000 赋给 P2，P1 对应的二进制的值为 1111 1111 − 0001 000 = 1110。之后调用上、下、左、右按键处理函数。turnkey()用来判断是否有矛盾的按键按下，例如，蛇向右方前进时按下左键，蛇的前进方向依旧向右。然后执行一个延时函数 delay(TIME)，使蛇在移动过程中闪烁。最后，使 P2 = 0x00、P1 = 0xff，关掉所有点阵。

具体程序如下：

```
/****************
显示函数
****************/
void timer0(uchar k)
{
    while (k--)
    {
        for (i = 0; i < SNAKE + 1; i++)
        {
            P2 = mux(x[i]);
            P1 = 255 - mux(y[i]);
            turnkey();          //上、下、左、右键位处理
            delay(TIME);        //显示延时
            P2 = 0x00;
            P1 = 0xff;
        }
    }
}
```

主函数：首先，给变量 e 一个初始速度。对 P0、P1、P2、P3 赋值，并对点阵进行初始化操作。进入第一个 while 循环语句，其中，两个 for 循环的作用是进行初始化，把其他蛇身放在 8×8 点阵之外。x[0]和 y[0]为初始化第一个食物的坐标，n=3 为给定蛇的初始长度，蛇的实际长度为 n-1。这里设置蛇的初始长度为 2。x[1]=1 和 y[1]=0 为蛇头的初始坐标，x[2]=1 和 y[2]=0 为蛇身的坐标，addx=0、addy=0 代表将 x 轴、y 轴的初始偏移量（向哪个方向移动）设置为 0。之后进入另一个 while 子循环。此循环的主要作用如下：检测按键，控制游戏开始，如果按键按下，程序将跳出这个 while 子循环。如果按键没有按下，将一直执行 timer0(1)函数。跳出此循环之后，进入下一个 while 子循环，执行一个点阵显示函数 timer0(e)。上面已经介绍过此函数的作用，此处不再赘述。首先解释最后两行程序，当没有按键按下时，蛇身和蛇头直线移动。继续解释 if 判断语句的内容，调用碰撞判断函数来判断蛇是否和墙或自身碰撞，如果发生碰撞，则游戏结束。判断蛇头是否吃到食物，当吃到食物时，n 加 1，即蛇长度加 1。接下来用判断语句判断蛇的长度是否达到所设置的最大长度，如果达到所设置的最大长度，将蛇长度初始化为初始蛇长，并且蛇的移动速度将会加快，相当于进入了下一关卡；如果没有达到最大长度，则继续刷新食物的位置。

具体程序如下：

```
/****************
主程序
****************/
void main(void)
{
    e = SPEED;
    P0 = 0x00;                  //点阵初始化
    P1 = 0xff;
    P2 = 0x00;
    P3 = 0x00;
    while (1)
```

```
    {
        for (i = 3; i < SNAKE + 1; i++)
            x[i] = 100;            //初始化，把其他蛇身放到点阵之外
        for (i = 3; i < SNAKE + 1; i++)
            y[i] = 100;
        x[0] = 4;
        y[0] = 4;                  //食物位置
        n = 3;                     //蛇长为 n-1
        x[1] = 1;
        y[1] = 0;                  //蛇头位置
        x[2] = 1;
        y[2] = 0;                  //蛇身
        addx = 0;
        addy = 0;                  //位移偏移
        while (1)
        {
            if (keyenable)
                break;
            timer0(1);
        }                          //检测按键，游戏开始
        while (1)
        {
            timer0(e);             //点阵显示函数
            if (knock())
            {
                e = SPEED;
                break;
            }                                                  //判断碰撞
            if ((x[0] == x[1] + addx) & (y[0] == y[1] + addy))   //判断蛇头吃东西
            {
                n++;            //蛇长+1
                if (n == SNAKE + 1)
                {
                    n = 3;
                    e = e - 10;  //蛇吃到食物
                    for (i = 3; i < SNAKE + 1; i++)
                        x[i] = 100;                          //其他蛇身放到点阵
                    for (i = 3; i < SNAKE + 1; i++)
                        y[i] = 100;
                }
                x[0] = x[n - 3]; //刷新食物的位置
                y[0] = y[n - 3];
            }
            for (i = n - 1; i > 1; i--)
            {
                x[i] = x[i - 1];
                y[i] = y[i - 1];
            }                      //蛇身移动
```

```
            x[1] = x[2] + addx;
            y[1] = y[2] + addy;     //蛇头移动
        }
    }
}
```

8.6 实例 97：温湿度计

在日常生活中，人们早晨醒来都会关注当天的天气、温度高低、是否下雨，从而选择适合的衣物。对于大多数人来说会关注周围环境的温度，如家里或办公场所的温度变化，当室内外温差较大时，若存在一个温度计能时刻检测环境的温度，将带来极大的便利。

温度和湿度是感觉周围环境最常见、最重要的两个物理量，当处于不同的温度和湿度时，人的身体会给出不同的反应。人体的正常温度是 36.5℃，人体皮肤的表面温度是 33.5℃，当环境温度超过舒适温度上限 24℃时，人们便会感到热。当环境温度低于舒适温度下限 18℃时，人们就会感到冷。

人体最适宜的空气相对湿度为 40%～50%，在此湿度范围内空气中细菌寿命最短，人体皮肤会感到舒适，呼吸均匀正常。

8.6.1 知识储备与构思

通过头脑风暴找到可行的方案，画出思维导图，如图 8.40 所示。这里分为两部分，一部分是功能实现，另一部分是外观方面。功能实现方面有温度和湿度的感知及数据的显示，用温湿度传感器和 LCD1602 液晶显示屏来实现。外观方面为具体的实物连接。

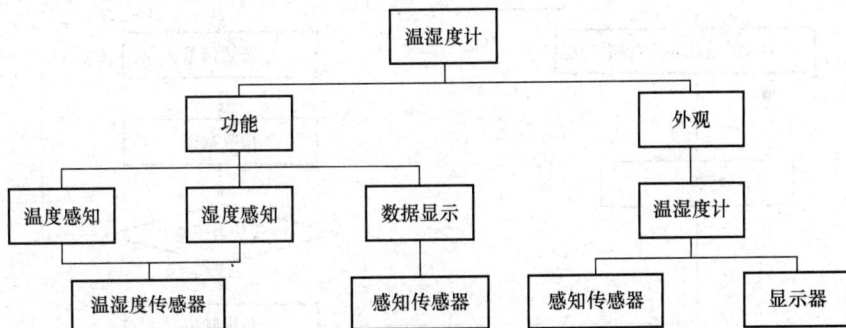

图 8.40 温湿度计思维导图

8.6.2 Proteus 仿真

温湿度计仿真图如图 8.41 所示。下面对项目中所用到的元器件及其具体仿真原理图的连线进行讲解。首先绘制好 51 单片机最小系统电路。接下来主要对温湿度传感器 DHT11 及 LCD1602 液晶显示屏的连接进行介绍。

将温湿度传感器的 VDD 接高电平，GND 接地，根据程序设计，DATA 接单片机的 P1.5 引脚，同时需要外接一个 4.7kΩ 或 5kΩ 的上拉电阻。之后进行 LCD1602 液晶显示屏的连接，首先 VSS 和 VEE 接地（1 引脚和 3 引脚），2 引脚 VDD 接高电平。根据程序中的定义，将 LCD1602 液晶显示屏的 D0～D7 端口接单片机的 P2.0～P2.7 引脚，RS 数据命令选择端接单片机的 P3.6 引脚，RW 读写选择端接 P3.5 引脚，E 使能信号接 P3.7 引脚。

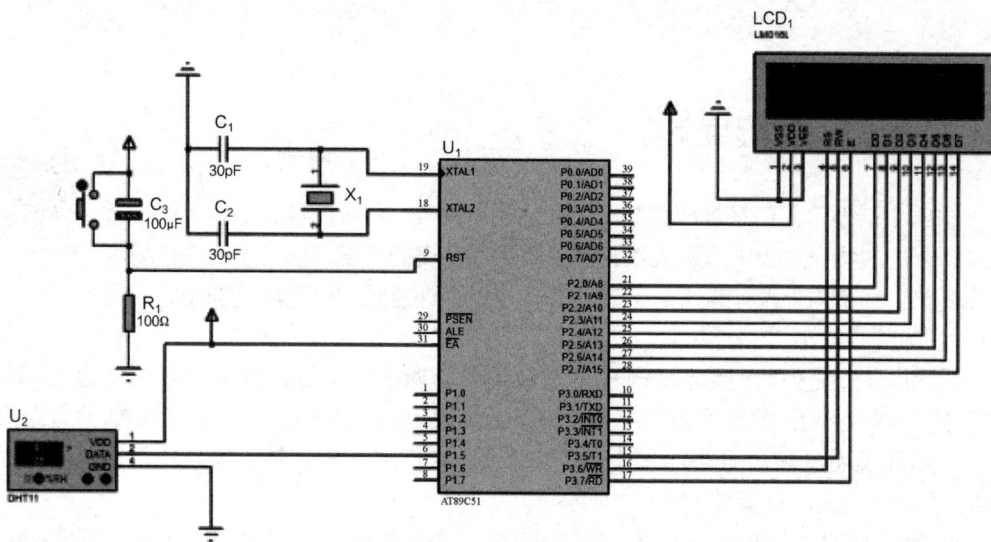

图 8.41 温湿度计仿真图

8.6.3 程序设计

程序设计流程图如图 8.42 所示。

实战演练

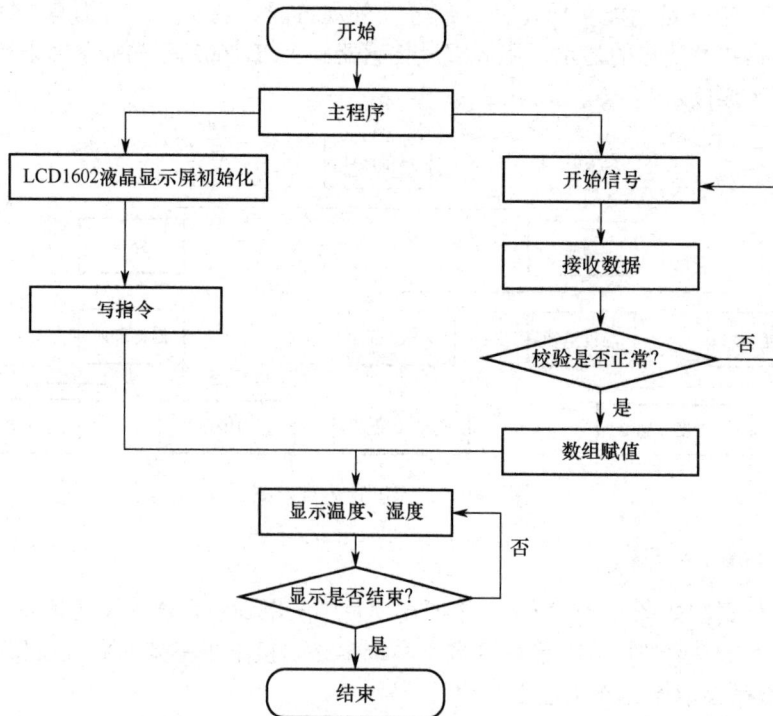

图 8.42 程序设计流程图

下面将对程序及程序的调用进行讲解。

1．DHT11.h 文件

DHT11.h 定义数据线所用的 I/O 接口，声明 3 个数组用来显示一些信息，声明一个数组用来显示接收数据，并声明 DHT11 模块在使用过程中所要使用的一些函数，如 μs 延时、ms 延时、DHT11 模块开始信号、数据校验赋值、DHT11 模块接收到的数据存放等。

具体程序如下：

```
#ifndef __DHT11_H
#define __DHT11_H
#include "Driver/common.h"
sbit Data=P1^5;                //定义数据线为 P1^5
extern uchar rec_dat[9];       //用于显示接收到的数据数组
extern uchar code table[];     //用于显示一些用到的字符信息
extern uchar code table1[];
extern uchar code table2[];
void DHT11_delay_us();         //μs 延时
void DHT11_delay_ms(uint z);   //ms 延时
void DHT11_start();            //DHT11 模块开始信号
uchar DHT11_rec_byte();        //数据校验赋值
void DHT11_receive();         //DHT11 模块接收到的数据存放
#endif
```

2．DHT11.c 文件

DHT11.c 文件主要用来编写一些函数。这里主要介绍延时函数、初始化函数、接收数据函数等。首先介绍 void DHT11_start()函数。在函数开始时，需要主机拉低总线，拉低总线的时间需要大于 18ms，在程序中设置为 20ms；之后总线被拉高，主机延时 40μs；然后主机设为输入，判断从机的响应信号，等待从机（DHT11 模块）响应，此为主机开始的信号时序。

具体程序如下：

```
//@brief           DHT11 模块开始信号
//@param    baud: void
//          sta: void
//@return    void
//@SINCE     V2.0
//@sample usage:   DHT11_start();
void DHT11_start()
{
  Data = 0;
  DHT11_delay_ms(20);   //延时 18ms 以上
  Data = 1;
  DHT11_delay_us();
  DHT11_delay_us();
  DHT11_delay_us();
  DHT11_delay_us();
  Data = 1;             //主机设为输入，判断从机响应信号
}
```

DHT11 温湿度传感器将采集的数据存储起来，并接收 1 字节函数，使用循环从高到低接收 8 位数据。等待 50μs 低电平，延时 60μs，若为高，则数据为 1；否则，数据为 0。开始移位，对 8 位数据进行接收，若数据为 0，则直接移位数据；若数据为 1，则使 dat 加 1，接收数据 1 并等待数据线拉低。

具体程序如下：

```
//@brief          DHT11 模块的接收数据
//@param   baud: uchar
//         sta:  uchar
//@return     void
//@SINCE     V2.0
//@sample usage:     DHT11_rec_byte();
uchar DHT11_rec_byte()          //接收 1 字节
{
    uchar i, dat = 0;
    for (i = 0; i < 8; i++)          //从高到低依次接收 8 位数据
    {
        while (!Data)
            ;                       //等待 50μs 低电平过去
        DHT11_delay_us();
        DHT11_delay_us();
        DHT11_delay_us();           //延时 60μs，如果还为高，则数据为 1，否则为 0
        dat <<= 1;                  //移位，使正确接收 8 位数据，当数据为 0 时直接移位
        if (Data == 1)
        {                           //当数据为 1 时，使 dat 加 1 来接收数据
            dat += 1;
            while (Data);
        }                           //等待数据线拉低
    }
    return dat;
}
```

数据校验赋值函数接收 40 位数据，从前到后分别为湿度高 8 位、湿度低 8 位、温度高 8 位、温度低 8 位和校正位。根据校正位判断数据基本无误，将采集的数据存放在变量中，并对数据进行处理，方便显示。

具体程序如下：

```
@brief 数据校验赋值
//@param   baud: void
//         sta:  void
//@return     void
//@SINCE     V2.0
//@sample usage:     DHT11_receive();
void
DHT11_receive()                              //接收 40 位数据
{
uchar R_H, R_L, T_H, T_L, RH, RL, TH, TL, revise;
DHT11_start();
if (Data == 0)
```

```
{
    while (Data == 0)
        ;
    while (Data == 1)
        ;
    R_H = DHT11_rec_byte();              //接收湿度高 8 位
    R_L = DHT11_rec_byte();              //接收湿度低 8 位
    T_H = DHT11_rec_byte();              //接收温度高 8 位
    T_L = DHT11_rec_byte();              //接收温度低 8 位
    revise = DHT11_rec_byte();           //接收校正位
    if ((R_H + R_L + T_H + T_L) == revise)   //校正
    {
        RH = R_H;
        RL = R_L;
        TH = T_H;
        TL = T_L;
    }
    /*数据处理,方便显示 */
    rec_dat[0] = '0' + (RH / 10);
    rec_dat[1] = '0' + (RH % 10);
    rec_dat[2] = 'R';
    rec_dat[3] = 'H';
    rec_dat[4] = ' ';
    rec_dat[5] = ' ';
    rec_dat[6] = '0' + (TH / 10);
    rec_dat[7] = '0' + (TH % 10);
    rec_dat[8] = 'C';
}
}
```

除了基本的延时函数,还用到了延时 20μs 的函数。

具体程序如下:

```
@brief              延时
//@param   baud: void
//         sta:    void
//@return   void
//@SINCE    V2.0
//@sample usage:  delay_20us();
void delay_20us()            //@12.000MHz
{
    unsigned char i;
    i = 25;
    while (--i);
}
```

3. LCD1602.h 文件

LCD1602.h 文件中包含 LCD 初始化指令集、常用指令集,以及定义数据命令选择端、读/写选择端、使能端,并且存放 LCD 初始化、写数据、写命令、坐标设置、自定义字符等函数的声明。函数具体的使用将会在.c 文件中进行详细讲解。

具体程序如下：

```c
#ifndef __LCD1602_H
#define __LCD1602_H
#include "Driver/common.h"
typedef enum                          //初始化指令集
{
    Cur_NShl = 0x00 << 1 | 0x04,      //写入新数据后光标左移
    Cur_NShr = 0x01 << 1 | 0x04,      //写入新数据后光标右移
    Lcd_NFixed = 0x00 << 0,           //写入新数据后显示屏不移动
    Lcd_NChg = 0x01 << 0,             //写入新数据后显示屏整体右移 1 个字符
                                      //以上为一整体，将需要的功能用或（|）来连接
                                      //例如，Cur_Shl|Lcd_Fixed 将此指令写入，可实现写入新数据后
                                      //光标左移且显示屏不移动，以下相同
    Lcd_Off = 0x00 << 2 | 0x08,       //关闭显示功能
    Lcd_On = 0x01 << 2 | 0x08,        //开启显示功能
    Cur_Off = 0x00 << 1,              //关闭光标
    Cur_On = 0x01 << 1,               //开启光标
    Cur_Blink = 0x00 << 0,            //光标闪烁
    Cur_EB = 0x01 << 0,               //光标常亮
    DB_Num4 = 0x00 << 4 | 0x20,       //数据总线为 4 位
    DB_Num8 = 0x01 << 4 | 0x20,       //数据总线为 8 位
    Display1 = 0x00 << 3,             //一行显示
    Display2 = 0x01 << 3,             //两行显示
    Dot_5_7 = 0x00 << 2,              //每字符占 5*7 像素点
    Dot_5_10 = 0x01 << 2,             //每字符占 5*10 像素点
} Lcd_cfg;
typedef enum                          //常用指令集
{
    Clear = 0x01,                     //清屏，直接写入
    Cur_Rst = 0x02,                   //光标归位，直接写入
    Cur_Shl = 0x00 << 2 | 0x10,       //仅光标左移 1 格，直接写入
    Cur_Shr = 0x01 << 2 | 0x10,       //仅光标右移 1 格，直接写入
    Lcd_Shl = 0x03 << 2 | 0x10,       //字符与光标左移 1 格，直接写入
    Lcd_Shr = 0x04 << 2 | 0x10,       //字符与光标右移 1 格，直接写入
} Lcd_isir;
sbit RS = P3 ^ 6;                     //数据命令选择端
sbit RW = P3 ^ 5;                     //读/写选择端
sbit E = P3 ^ 7;                      //使能端
                                      //数据端口连接 P2，可随意更改，但同时要将 LCD1602.c 中的 P2
                                      //作为更改后的端口
extern uchar sheng[8];
                                      //所使用函数的声明
void Lcd_Init();
void Lcd_WriterCom(uchar com);
void Lcd_WriterData(uchar dat);
uchar Lcd_ReadBusy();
```

```
void Lcd_Set_Pos(uint x, uint y);
void Lcd_UD(uint n, uchar *pbuf);
void Lcd_Dispaly_UD(uint n);
#endif
```

4. LCD1602.c 文件

LCD1602.c 文件存放与 LCD1602 液晶显示屏有关的函数，如初始化函数、写出指令函数、写入数据函数等。

读忙函数的作用为判断 LCD1602 液晶显示屏是否处于忙碌状态。其一般不需要用户进行调用，将在其他函数中进行内部调用。

具体程序如下：

```
// @brief    判断 LCD1602 液晶显示屏是否处于忙碌状态
// @param    void
// @return   uchar
// @since    v2.0
// Sample usage:     内部调用，用户无须调用
uchar Lcd_ReadBusy()
{
    uchar test;
    RS = 0;
    RW = 1; //读忙操作
    delay_ms(1);
    P2 = 1;
    delay_ms(1);
    E = 1;
    delay_ms(1);
    test = P2;
    delay_ms(1);
    E = 0;
    return (test & 0x80);
}
```

前文中.h 文件定义了数据命令选择端、读/写选择端和使能端的 I/O 接口。

```
sbit RS=P3^6;        //数据命令选择端
sbit RW=P3^5;        //读/写选择端
sbit E=P3^7;         //使能端
```

写出指令函数首先进行读忙操作，判断 LCD1602 液晶显示屏是否处于忙碌状态。根据 LCD1602 液晶显示屏指令部分将 RS 和 RW 置于低电平状态，使 LCD1602 液晶显示屏写指令。同样，将 RS 置于高电平，将 RW 置于低电平来写数据。之后将要写入的指令 com 或者数据 dat 写入。LCD1602 液晶显示屏的工作时序将使能端 E 引脚拉高，维持一个最小值 t_{PW} = 400ns 的 E 脉冲宽度，之后 E 引脚负跳变。

具体程序如下：

```
// @brief    写出指令函数
// @param    com: 要写入的指令
// @return   void
// @since    v2.0
// Sample usage:        Lcd_WriterCom(0x38);
void Lcd_WriterCom(uchar com)
```

```
    {
        while (Lcd_ReadBusy())
            ;
        RS = 0; //命令
        RW = 0; //写操作
        delay_ms(1);
        P2 = com;
        delay_ms(1);
        E = 1;
        delay_ms(1);
        E = 0;
        delay_ms(1);
    }
// @brief    写入数据函数
// @param    dat:  要写入的数据
// @return   void
// @since    v2.0
// Sample usage:    Lcd_WriterData(0x38);
void Lcd_WriterData(uchar dat)
    {
        while (Lcd_ReadBusy())
            ;
        RS = 1;    //数据
        RW = 0;    //写操作
        delay_ms(1);
        P2 = dat;
        delay_ms(1);
        E = 1;
        delay_ms(1);
        E = 0;
        delay_ms(1);
    }
```

LCD1602 液晶显示屏的初始化函数对 LCD1602 液晶显示屏进行一些写操作。LCD1602 液晶显示屏初始化内容主要包括显示模式设置、显示开关光标、光标设置指令、清屏指令等。

Lcd_WriterCom(0x38)表示设置 16×2 显示、5×7 点阵、8 位数据接口。常用的一些命令地址存放在 .h 文件中，上文已进行讲解，需要时可进行修改。Lcd_WriterCom(DB_Num8 | Display2 | Dot_5_7)函数为写出指令函数，函数中分别设置"数据总线 8 位""两行显示""每字符占 5*7 像素点"。Lcd_WriterCom(Lcd_On | Cur_Off | Cur_Blink)函数中分别设置"开启显示功能""关闭光标""光标闪烁"。Lcd_WriterCom(Cur_NShr | Lcd_NFixed)函数中分别设置"写入新数据后光标右移""写入新数据后显示屏不移动"。Lcd_WriterCom(Clear)的命令为清屏，直接写入。至此，LCD1602 液晶显示屏的初始化函数编写完成。当有特殊要求时，可以根据.h 文件中的介绍给予相应的命令。

具体程序如下：

```
// @brief    LCD1602 液晶显示屏初始化
// @param    void
```

```
// @return    void
// @since     v2.0
// Sample usage:          Lcd_Init();
void Lcd_Init()
{
  //复位过程
  delay_ms(15);
  Lcd_WriterCom(0x38);
  delay_ms(5);
  Lcd_WriterCom(0x38);
  delay_ms(5);
  Lcd_WriterCom(0x38);
//常用配置，如需更改，具体在 LCD1602.h
  Lcd_WriterCom(DB_Num8 | Display2 | Dot_5_7);
  Lcd_WriterCom(Lcd_On | Cur_Off | Cur_Blink);
  Lcd_WriterCom(Cur_NShr | Lcd_NFixed);
  Lcd_WriterCom(Clear);
}
```

最后是主函数程序。首先调用初始化函数进行 LCD1602 液晶显示屏的初始化操作。在 while 循环中接收 DHT11 模块的 40 位数据。调用写出指令函数，使 LCD1602 液晶显示屏从第一行第一个位置开始显示。通过 for 循环将 10 个数组中的数据写入 LCD1602 液晶显示屏中。根据不同的温度让显示屏显示不同的语句。当温度小于 18℃时，将之前写在 DHT11.c 文件中的 table[ ]数组写入 LCD1602 液晶显示屏中，显示 "A little cold"。当温度大于 17℃且小于 25℃时，将 table1[ ]数组通过写入数据函数让 LCD1602 液晶显示屏显示 "Comfortable"。同理，当温度大于 24℃时，显示 "A little hot"。以上 3 种情况下的语句将显示在 LCD1602 液晶显示屏的第二行。

具体程序如下：

```
#include "Driver/common.h"
is_Param Jump_Params;
//------------------------------------------------------------------------
// @brief    参数初始化
// @param    void
// @return   void
// @since    v2.0
// Sample usage:          paramsInit();
//------------------------------------------------------------------------
void main()
{
  uchar i;
  Lcd_Init();
  DHT11_delay_ms(15);              //LCD1602 液晶显示屏初始化
  while (1)
  {
      DHT11_receive();
      Lcd_WriterCom(0x80);         //从 LCD1602 液晶显示屏第一行第一个位置开始显示
      for (i = 0; i < 16; i++)
```

```
        Lcd_WriterData(rec_dat[i]);
    if ((rec_dat[6] < 49) || (rec_dat[6] == 49 && rec_dat[7] < 56))        //当温度小于 18℃时
    {
        Lcd_WriterCom(0x80 + 0x40);    //从 LCD1602 液晶显示屏第一行第二个位置开始显示
        for (i = 0; i < 16; i++)
            Lcd_WriterData(table[i]);
    }
    if ((rec_dat[6] == 49 && rec_dat[7] > 55) || (rec_dat[6] == 50 && rec_dat[7] < 53))
                                //当温度大于 17℃且小于 25℃时
    {
        Lcd_WriterCom(0x80 + 0x40);    //从 LCD1602 液晶显示屏第一行第二个位置开始显示
        for (i = 0; i < 16; i++)
            Lcd_WriterData(table1[i]);
    }
    if ((rec_dat[6] > 50) || (rec_dat[6] == 50 && rec_dat[7] > 52))        //当温度大于 24℃时
    {
        Lcd_WriterCom(0x80 + 0x40); //从 LCD1602 液晶显示屏第一行第二个位置开始显示
        for (i = 0; i < 16; i++)
            Lcd_WriterData(table2[i]);
    }
    DHT11_delay_ms(1500);           //显示数据
    }
}
```

8.6.4 实物制作与电路连接

温湿度计实物图如图 8.43 所示，相关元器件根据需要进行一一连接。本次设计的温湿度计的电路图在前面已介绍，具体的线路连接可参照前文电路图。需要用到 51 单片机最小系统板、LCD1602 液晶显示屏及 DHT11 温湿度计。功能为显示当前的温度和湿度，并且对当前的环境舒适度进行判断。上电开机后可以看到湿度是 58RH，温度是 23℃，此时的环境状态对人们来说为舒适。

打开装置后，温湿度传感器采集周围的环境数据，显示在 LCD1602 液晶屏上。如图 8.44 所示为显示"Comfortable"字样。

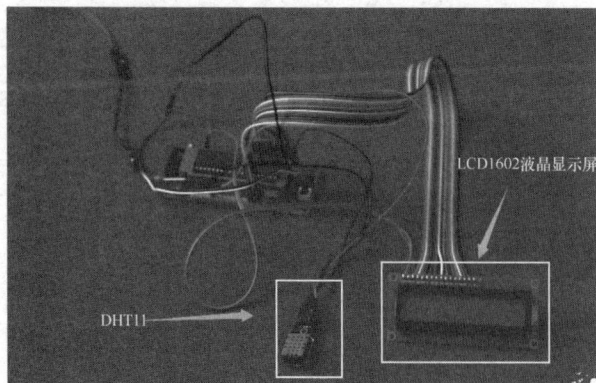

图 8.43 温湿度计实物图

图 8.44 温湿度计显示

8.7 实例 98：化妆镜

8.7.1 镜子的光学原理

镜子可分为平面镜、曲面镜两类。平面镜常被人们用来整理仪容。曲面镜又有凹面镜、凸面镜之分，主要用作化妆镜、家具配件、建筑装饰件、光学仪器部件，以及太阳灶、车灯与探照灯的反射镜、反射望远镜、汽车后视镜等。在科学方面，镜子也常被使用在望远镜、镭射、工业器械等仪器上，以及具有规则反射性能的表面抛光金属器件和镀金属反射膜的玻璃或金属制品，常镶以金属、塑料或木制的边框。

平面镜成像原理遵从光反射定律，即反射光线与入射光线、法线在同一平面上；反射光线和入射光线分居在法线两侧；反射角等于入射角。其可归纳为："三线共面，两线分居，两角相等，光路可逆"。如图 8.45 所示，灰色的 B 线相当于入射光线，黑色的 A 线相当于反射光线，C 处为假想的像，由此就实现了对镜子的成像。平面反射镜对实物成虚像，对虚物成实像。平面反射镜是唯一不破坏光束单心性的光学元器件，其能形成完善的像。

图 8.45 平面镜成像原理图

8.7.2 知识储备与构思

魔法化妆镜的思维导图主要分为外观和功能两部分。功能部分主要包括按键检测和智能识别。通过检测按键按下次序，依次在 OLED 屏幕上显示当前化妆步骤。利用红外对管和温湿度传感器完成智能识别功能。红外对管检测人是否存在；温湿度传感器检测空气中的温度和湿度，并将值返回给 OLED 显示屏。外观要做成具有魔法的化妆镜，用到的材料是塑料中空板和定制的镜面。

根据魔法化妆镜主题，先写出自己的想法，并把自己的想法通过创意分类表进行分类，将最有意义、最可行的想法挑选出来。

进一步分析挑选出来的想法，如哪些想法属于一类、需要什么步骤完成、在设计过程中需要什么材料，把想到的内容梳理出来，构建思维导图，如图 8.46 所示。

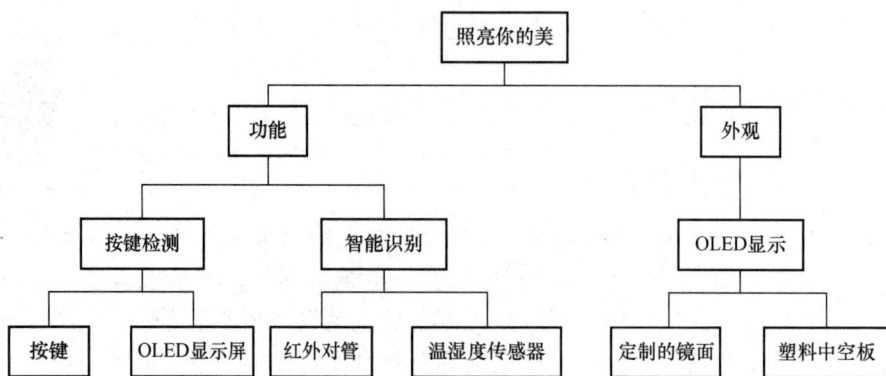

图 8.46　魔法化妆镜思维导图

8.7.3　程序设计

本节综合设计魔法化妆镜，完成程序编写、电路设计及实物制作。

程序主要分为 9 个部分，分别为启动总线函数、结束总线函数、字节数据
发送函数、字节数据接收函数、应答函数、向无子地址器材发送字节数据函数、
向有子地址器材发送字节数据函数、从无子地址器材接收字节数据函数、从有子地址器材接收
字节数据函数。如图 8.47 所示为魔法化妆镜的程序设计流程图。

实战演练

1. DHT11.h 文件

程序中设置了一个 DHT11 函数。DHT11 函数是一个温湿度的接
收函数，接收温湿度传感器传来的 8 位数据，并处理为最终要显示
的数据。因为需要的脉冲信号比较多，所以使用 define 定义函数比
较方便。DHT11.h 程序如下：

```
#ifndef __DHT11_H
#define __DHT11_H
#include "Driver/common.h"
sbit Data=P1^5;              //定义数据线
extern uchar rec_dat[9];     //用于显示的接收数据数组
extern uchar code table[];
void DHT11_delay_us();
void DHT11_delay_ms(uint z);
void DHT11_start();
uchar DHT11_rec_byte();
void DHT11_receive();
#endif
```

图 8.47　魔法化妆镜的
程序设计流程图

2. Delay.h 文件

程序中用到的延时函数头文件如下：

```
#ifndef __Delay_H
#define __Delay_H
#include "Driver/common.h"
#define MAIN_Fosc    11059200UL
void delay_ms(uint n);
void atuo_delay_ms(uint ms);
```

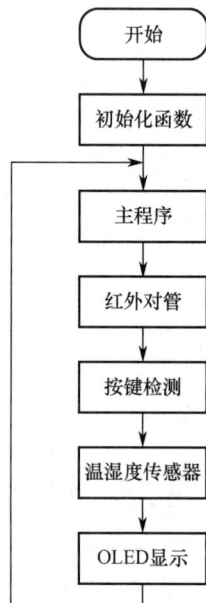

```
    void Delay10us();
#endif
```

MAIN_Fosc　11059200UL 定义主时钟频率，其中，UL 是不能省略的，代表长整型。

3．Delay.c 文件

精确延时程序的.c 文件示例程序如下：

```
#include "Driver/delay.h"
void delay_ms(unsigned int n)
{
    unsigned int i = 0, j = 0;
    for (i = 0; i < n; i++)
        for (j = 0; j < 125; j++)
            ;
}
void atuo_delay_ms(uint ms)             //uint 等价于 unsigned int
{
    uint i;
    do
    {
        i = MAIN_Fosc / 9600;
        while (--i)
            ;                           //96T per loop
    } while (--ms);                     //--ms ms=ms-1
}
void Delay10us()
{
    _nop_();
    _nop_();
    _nop_();
    _nop_();
    _nop_();
    _nop_();
}
```

4．IIC.h 文件

I^2C 串行总线用于连接微控制器及外围设备。I^2C 串行总线的两条线分别是串行数据线
（SDA）和串行时钟线（SCL）。SDA 定义为 P1.1 引脚，SCL 定义为 P1.0 引脚，两条线在
连接到总线的元器件间传递信息。

```
#ifndef __IIC_H
#define __IIC_H
#include "Driver/common.h"
sbit SCL = P1 ^ 0;
sbit SDA = P1 ^ 1;
extern bit ack;
#define SCLK_Clr() SCL = 0
#define SCLK_Set() SCL = 1
#define SDA_Clr() SDA = 0
```

```
#define SDA_Set() SDA = 1
void IIC_Start();
void IIC_Stop();
void Send_IIC_Data(uchar IIC_Data);
bit Send_IIC_Byte(uchar IIC_ADDR, uchar IIC_BYTE);
bit Send_IIC_Byte_SUB(uchar IIC_ADDR, uchar IIC_SUB, uchar IIC_BYTE);
bit Rcv_IIC_Byte(uchar IIC_ADDR, uchar *d);
bit Rcv_IIC_Byte_SUB(uchar IIC_ADDR, uchar IIC_SUB, uchar *d);
uchar Rcv_IIC_Data();
void IIC_Wait_Ack(bit a);
#endif
```

5. IIC.c 文件

I^2C 串行总线用来连接 OLED 显示器。I^2C 程序的.c 文件包含启动总线函数、结束总线函数、字节数据发送函数和字节数据接收函数等子函数。启动总线函数中定义 SDA=1、SCL=1，两条信号线同时处于高电平，规定为总线的空闲状态。延时几微秒（μs）后定义 SDA=0，在 SCL 保持高电平期间，SDA 上的电平被拉低，定义为 I^2C 串行总线的启动信号，它标志着一次数据传输的开始。示例程序如下：

```
#include "Driver/IIC.h"
bit ack;
//--------------------------------------------------------------
// @brief     启动总线函数
// @param     void
// @return    void
// @since     v2.0
// Sample usage:        内部调用，用户无须调用
//--------------------------------------------------------------
void IIC_Start()
{
  SDA_Set();
  _nop_();
  SCLK_Set();
  _nop_();
  _nop_();
  _nop_();
  _nop_();
  _nop_();
  SDA_Clr();
  _nop_();
  _nop_();
  _nop_();
  _nop_();
  _nop_();
  SCLK_Clr();
  _nop_();
  _nop_();
}
```

```
//--------------------------------------------------------------------
// @brief      结束总线函数
// @param      void
// @return     void
// @since      v2.0
// Sample usage:            内部调用，用户无须调用
//--------------------------------------------------------------------
void IIC_Stop()
{
    SDA_Clr();
    _nop_();
    SCLK_Set();
    _nop_();
    _nop_();
    _nop_();
    _nop_();
    _nop_();
    SDA_Set();
    _nop_();
    _nop_();
    _nop_();
    _nop_();
    _nop_();
}
//--------------------------------------------------------------------
// @brief      字节数据发送函数
// @param      ack=1，发送正常；ack=0，发送出错
// @param      IIC_Data   需要发送的数据
// @return     void
// @since      v2.0
// Sample usage:            内部调用，用户无须调用
//--------------------------------------------------------------------
void Send_IIC_Data(uchar IIC_Data)
{
    uchar BitCnt;
    for (BitCnt = 0; BitCnt < 8; BitCnt++)
    {
        if ((IIC_Data << BitCnt) & 0x80)
            SDA_Set();
        else
            SDA_Clr();
        _nop_();
        SCLK_Set();
        _nop_();
        _nop_();
        _nop_();
        _nop_();
```

```
            _nop_();
            SCLK_Clr();
        }
        _nop_();
        _nop_();
        SDA_Set();
        _nop_();
        _nop_();
        SCLK_Set();
        _nop_();
        _nop_();
        _nop_();
        if (SDA == 1)
            ack = 0;
        else
            ack = 1;
        SCLK_Clr();
        _nop_();
        _nop_();
    }
//-----------------------------------------------------------------
// @brief    字节数据接收函数
// @param    void
// @return   uchar
// @since    v2.0
// Sample usage:          内部调用，用户无须调用
// 注意：调用完需要使用应答函数
//-----------------------------------------------------------------
uchar Rcv_IIC_Data()
{
    uchar retc;
    uchar BitCnt;
    retc = 0;
    SDA_Set();
    for (BitCnt = 0; BitCnt < 8; BitCnt++)
    {
        _nop_();
        SCLK_Clr();
        _nop_();
        _nop_();
        _nop_();
        _nop_();
        _nop_();
        SCLK_Set();
        _nop_();
        _nop_();
        retc = retc << 1;
```

```
        if (SDA == 1)
            retc = retc + 1;
        _nop_();
        _nop_();
    }
    SCLK_Clr();
    _nop_();
    _nop_();
    return (retc);
}
//------------------------------------------------------------------
// @brief    应答函数
// @param    a=1, 发送完成, a=0, 未发送完
// @return   void
// @since    v2.0
// Sample usage:          内部调用, 用户无须调用
//------------------------------------------------------------------
void IIC_Wait_Ack(bit a)
{
    if (a == 0)
        SDA = 0;
    else
        SDA = 1;
    _nop_();
    _nop_();
    _nop_();
    SCLK_Set();
    _nop_();
    _nop_();
    _nop_();
    _nop_();
    _nop_();
    SCLK_Clr();
    _nop_();
    _nop_();
}
//------------------------------------------------------------------
// @brief    向无子地址器材发送字节数据函数
// @param    IIC_ADDR   从器材写入地址
// @param    IIC_BYTE   需要发送的数据
// @return   bit
// @since    v2.0
// Sample usage:          Send_IIC_Byte_SUB(0x78,0x01);
//------------------------------------------------------------------
bit Send_IIC_Byte(uchar IIC_ADDR, uchar IIC_BYTE)
{
    IIC_Start();
```

```
        Send_IIC_Data(IIC_ADDR);
    if (ack == 0)
        return (0);
    Send_IIC_Data(IIC_BYTE);
    if (ack == 0)
        return (0);
    IIC_Stop();
    return (1);
}
//------------------------------------------------------------
// @brief    向有子地址器材发送字节数据函数
// @param   IIC_ADDR     从器材写入地址
// @param   IIC_SUB      子地址
// @param   IIC_BYTE     需要发送的数据
// @return   bit
// @since    v2.0
// Sample usage:          Send_IIC_Byte_SUB(0x78,0x00,0x01);
//------------------------------------------------------------
bit Send_IIC_Byte_SUB(uchar IIC_ADDR, uchar IIC_SUB, uchar IIC_BYTE)
{
    IIC_Start();
    Send_IIC_Data(IIC_ADDR);
    if (ack == 0)
        return (0);
    Send_IIC_Data(IIC_SUB);
    if (ack == 0)
        return (0);
    Send_IIC_Data(IIC_BYTE);
    if (ack == 0)
        return (0);
    IIC_Stop();
    return (1);
}
//------------------------------------------------------------
// @brief    从无子地址器材接收字节数据函数
// @param   IIC_ADDR     从器材写入地址
// @param   *d              接收数据地址
// @return   bit
// @since    v2.0
// Sample usage:          Rcv_IIC_Byte(0x78,&Data);
// 注意：调用前必须总线已结束
//------------------------------------------------------------
bit Rcv_IIC_Byte(uchar IIC_ADDR, uchar *d)
{
    IIC_Start();
    Send_IIC_Data(IIC_ADDR + 1);
    if (ack == 0)
```

```
         return (0);
      *d = Rcv_IIC_Data();
      IIC_Wait_Ack(1);
      IIC_Stop();
      return (1);
}
//-------------------------------------------------------------------
// @brief    从有子地址器材接收字节数据函数
// @param    IIC_ADDR      从器材写入地址
// @param    IIC_SUB       子地址
// @param    *d            接收数据地址
// @return   bit
// @since    v2.0
// Sample usage:          Send_IIC_Byte(0xA0,0x01,&Data);
//-------------------------------------------------------------------
bit Rcv_IIC_Byte_SUB(uchar IIC_ADDR, uchar IIC_SUB, uchar *d)
{
      IIC_Start();
      Send_IIC_Data(IIC_ADDR);
      if (ack == 0)
            return (0);
      Send_IIC_Data(IIC_SUB);
      if (ack == 0)
            return (0);
      IIC_Start();
      Send_IIC_Data(IIC_ADDR + 1);
      if (ack == 0)
            return (0);
      *d = Rcv_IIC_Data();
      IIC_Wait_Ack(1);
      IIC_Stop();
      return (1);
}
```

6. oled.h 文件

程序中定义的 OUT 是红外对管的输出端，当检测到有物体靠近时，就会输出高电平，然后控制 OLED 显示器，并在 OLED 显示器上显示。程序中还定义了两个按键，用来控制 OLED 显示器，切换化妆步骤。oled.h 头文件的程序如下：

```
#include "Driver/oled.h"
#include "Driver/oledfont.h"
uint oled_ack = 1;
uchar a;
//-------------------------------------------------------------------
// @brief    oled 初始化函数
// @param    void
// @return   void
// @since    v2.0
```

```
// Sample usage:          Oled_Init();
//---------------------------------------------------------------
void Oled_Init()
{
  a = Send_IIC_Byte_SUB(0x78, 0x00, 0xAE);
  //if(a==0)   {oled_ack=0;      return;}
  a = Send_IIC_Byte_SUB(0x78, 0x00, 0x00);
  //if(a==0)   {oled_ack=0;      return;}
  a = Send_IIC_Byte_SUB(0x78, 0x00, 0x10);
  // if(a==0)   {oled_ack=0;      return;}
  a = Send_IIC_Byte_SUB(0x78, 0x00, 0x40);
  // if(a==0)   {oled_ack=0;      return;}
  a = Send_IIC_Byte_SUB(0x78, 0x00, 0xB0);
  //   if(a==0)   {oled_ack=0;      return;}
  a = Send_IIC_Byte_SUB(0x78, 0x00, 0x81);
  // if(a==0)   {oled_ack=0;      return;}
  a = Send_IIC_Byte_SUB(0x78, 0x00, 0xFF);
  // if(a==0)   {oled_ack=0;      return;}
  a = Send_IIC_Byte_SUB(0x78, 0x00, 0xA1);
  // if(a==0)   {oled_ack=0;      return;}
  a = Send_IIC_Byte_SUB(0x78, 0x00, 0xA6);
  // if(a==0)   {oled_ack=0;      return;}
  a = Send_IIC_Byte_SUB(0x78, 0x00, 0xA8);
  // if(a==0)   {oled_ack=0;      return;}
  a = Send_IIC_Byte_SUB(0x78, 0x00, 0x3F);
  // if(a==0)   {oled_ack=0;      return;};
  a = Send_IIC_Byte_SUB(0x78, 0x00, 0xC8);
  // if(a==0)   {oled_ack=0;      return;}
  a = Send_IIC_Byte_SUB(0x78, 0x00, 0xD3);
  //if(a==0)   {oled_ack=0;      return;}
  a = Send_IIC_Byte_SUB(0x78, 0x00, 0xD5);
  //if(a==0)   {oled_ack=0;      return;}
  a = Send_IIC_Byte_SUB(0x78, 0x00, 0x80);
  //if(a==0)   {oled_ack=0;      return;}
  a = Send_IIC_Byte_SUB(0x78, 0x00, 0xD8);
  // if(a==0)   {oled_ack=0;      return;}
  a = Send_IIC_Byte_SUB(0x78, 0x00, 0x05);
  // if(a==0)   {oled_ack=0;      return;}
  a = Send_IIC_Byte_SUB(0x78, 0x00, 0xD9);
  // if(a==0)   {oled_ack=0;      return;}
  a = Send_IIC_Byte_SUB(0x78, 0x00, 0xF1);
  //   if(a==0)   {oled_ack=0;      return;}
  a = Send_IIC_Byte_SUB(0x78, 0x00, 0xDA);
  // if(a==0)   {oled_ack=0;      return;}
  a = Send_IIC_Byte_SUB(0x78, 0x00, 0x12);
  //   if(a==0)   {oled_ack=0;      return;}
```

```
    a = Send_IIC_Byte_SUB(0x78, 0x00, 0xDB);
    // if(a==0)   {oled_ack=0;       return;}
    a = Send_IIC_Byte_SUB(0x78, 0x00, 0x30);
    // if(a==0)   {oled_ack=0;       return;}
    a = Send_IIC_Byte_SUB(0x78, 0x00, 0x8D);
    // if(a==0)   {oled_ack=0;       return;}
    a = Send_IIC_Byte_SUB(0x78, 0x00, 0x14);
    // if(a==0)   {oled_ack=0;       return;}
    a = Send_IIC_Byte_SUB(0x78, 0x00, 0xAF);
    // if(a==0)   {oled_ack=0;       return;}
}


//-------------------------------------------------------------------
// @brief       oled 全亮函数
// @param       dat：
// @return      void
// @since       v2.0
// Sample usage:                 Oled_Full(0xff);
//-------------------------------------------------------------------
void Oled_Full(uchar dat)
{
    uchar m, n;
    for (m = 0; m < 8; m++)
    {
        a = Send_IIC_Byte_SUB(0x78, 0x00, 0xb0 + m);
        if (a == 0)
        {
            oled_ack = 0;
            return;
        }
        a = Send_IIC_Byte_SUB(0x78, 0x00, 0x00);
        if (a == 0)
        {
            oled_ack = 0;
            return;
        }
        a = Send_IIC_Byte_SUB(0x78, 0x00, 0x10);
        if (a == 0)
        {
            oled_ack = 0;
            return;
        }
        for (n = 0; n < 128; n++)
        {
            a = Send_IIC_Byte_SUB(0x78, 0x40, dat);
            if (a == 0)
```

```
                {
                    oled_ack = 0;
                    return;
                }
            }
        }
    }
//-------------------------------------------------------------
// @brief      oled 设置坐标函数
// @param      x:        x 轴坐标
// @param      y:        y 轴坐标
// @return     void
// @since      v2.0
// Sample usage:           Oled_Set_Pos(0,0);
//-------------------------------------------------------------
void Oled_Set_Pos(uchar x, uchar y)
{
    a = Send_IIC_Byte_SUB(0x78, 0x00, 0xb0 + y);
    //if(a==0)   {oled_ack=0;       return;}
    a = Send_IIC_Byte_SUB(0x78, 0x00, ((x & 0xf0) >> 4) | 0x10);
    //if(a==0)   {oled_ack=0;       return;}
    a = Send_IIC_Byte_SUB(0x78, 0x00, (x & 0x0f));
    //if(a==0)   {oled_ack=0;       return;}
}


//-------------------------------------------------------------
// @brief      oled 开启显示函数
// @param      void
// @return     void
// @since      v2.0
// Sample usage:           Oled_displayOn();
//-------------------------------------------------------------
void Oled_displayOn()
{
    a = Send_IIC_Byte_SUB(0x78, 0x00, 0X8D);
    if (a == 0)
    {
        oled_ack = 0;
        return;
    }
    a = Send_IIC_Byte_SUB(0x78, 0x00, 0X14);
    if (a == 0)
    {
        oled_ack = 0;
        return;
    }
    a = Send_IIC_Byte_SUB(0x78, 0x00, 0XAF);
```

```
        if (a == 0)
        {
            oled_ack = 0;
            return;
        }
}

//------------------------------------------------------------
// @brief     oled 关闭显示函数
// @param     void
// @return    void
// @since     v2.0
// Sample usage:          Oled_displayOff();
//------------------------------------------------------------
void Oled_displayOff()
{
    a = Send_IIC_Byte_SUB(0x78, 0x00, 0X8D);
    if (a == 0)
    {
        oled_ack = 0;
        return;
    }
    a = Send_IIC_Byte_SUB(0x78, 0x00, 0X10);
    if (a == 0)
    {
        oled_ack = 0;
        return;
    }
    a = Send_IIC_Byte_SUB(0x78, 0x00, 0XAE);
    if (a == 0)
    {
        oled_ack = 0;
        return;
    }
}
//------------------------------------------------------------
// @brief     oled 清屏函数
// @param     void
// @return    void
// @since     v2.0
// Sample usage:          Oled_clear();
//------------------------------------------------------------
void Oled_clear()
{
    Oled_Full(0);
}
//------------------------------------------------------------
```

```
// @brief      oled 显示字符函数
// @param   x:              x 轴坐标
// @param   y:              y 轴坐标
// @param   chr:         需要显示的字符
// @param   Char_Size:  字符的大小范围（16/12）
// @return    void
// @since     v2.0
// Sample usage:          Oled_ShowChar(0,0,'T',16);
//-------------------------------------------------------------
void Oled_ShowChar(uchar x, uchar y, uchar chr, uchar Char_Size)
{
    uchar c = 0, i = 0;
    c = chr - ' '; //得到偏移后的值
    if (x > 128 - 1)
    {
        x = 0;
        y = y + 2;
    }
    if (Char_Size == 16)
    {
        Oled_Set_Pos(x, y);
        for (i = 0; i < 8; i++)
            a = Send_IIC_Byte_SUB(0x78, 0x40, F8X16[c * 16 + i]);
        //if(a==0)  {oled_ack=0;      return;}
        Oled_Set_Pos(x, y + 1);
        for (i = 0; i < 8; i++)
            a = Send_IIC_Byte_SUB(0x78, 0x40, F8X16[c * 16 + i + 8]);
        //if(a==0)  {oled_ack=0;      return;}
    }
    else
    {
        Oled_Set_Pos(x, y);
        for (i = 0; i < 6; i++)
            a = Send_IIC_Byte_SUB(0x78, 0x40, F6x8[c][i]);
        //if(a==0)  {oled_ack=0;      return;}
    }
}
//-------------------------------------------------------------
// @brief      oled 显示字符串函数
// @param   x:              x 轴坐标
// @param   y:              y 轴坐标
// @param   *chr:        需要显示的字符串
// @param   Char_Size:  字符串的大小范围（16/12）
// @return    void
// @since     v2.0
// Sample usage:          Oled_ShowString(0,0,"TT",16);
//-------------------------------------------------------------
```

```
void Oled_ShowString(uchar x, uchar y, uchar *chr, uchar Char_Size)
{
    uchar j = 0;
    while (chr[j] != '\0')
    {
        Oled_ShowChar(x, y, chr[j], Char_Size);
        x += 8;
        if (x > 120)
        {
            x = 0;
            y += 2;
        }
        j++;
    }
}
```

将程序流程图中的各模块程序进行综合，使程序之间相互关联，构成魔法化妆镜的一个完整系统。在编写程序之前，需要先声明、定义变量，并进行初始化，然后编写主程序，具体程序如下：

```
#include "Driver/common.h"
sbit OUT = P1 ^ 4;       //光电
sbit key1 = P1 ^ 2;      //按键 1
sbit key2 = P1 ^ 3;      //按键 2
int n = 0;
sbit Data = P1 ^ 5;      //定义数据线温度
uchar rec_dat[11];
void DHT11_delay_us()
{
    uchar i;
    i--;
    i--;
    i--;
    i--;
    i--;
    i--;
}
void DHT11_start()
{
    Data = 0;
    delay_ms(20);        //延时 18ms 以上
    Data = 1;
    DHT11_delay_us();
    DHT11_delay_us();
    DHT11_delay_us();
    DHT11_delay_us();
    DHT11_delay_us();
    Data = 1;
}
```

```
    uchar DHT11_rec_byte()        //接收 1 字节
    {
        uchar i, dat = 0;
        for (i = 0; i < 8; i++)       //从高到低依次接收 8 位数据
        {
            while (!Data)
                ;                     //等待 50μs 低电平过去
            DHT11_delay_us();
            DHT11_delay_us();
            DHT11_delay_us();         //延时 60μs，如果还为高电平，则数据为 1，否则数据为 0
            dat <<= 1;                //移位使正确接收 8 位数据，当数据为 0 时直接移位
            if (Data == 1)
            {                         //当数据为 1 时，使 dat 加 1 来接收数据
                dat += 1;
                while (Data)
                    ;
            }                         //等待数据线拉低
        }
        return dat;
    }
    void DHT11_receive()          //接收 40 位数据
    {
        uchar R_H, R_L, T_H, T_L, RH, RL, TH, TL, revise;
        DHT11_start();
        if (Data == 0)
        {
            while (Data == 0)
                ;
            while (Data == 1)
                ;
            R_H = DHT11_rec_byte();               //接收湿度高 8 位
            R_L = DHT11_rec_byte();               //接收湿度低 8 位
            T_H = DHT11_rec_byte();               //接收温度高 8 位
            T_L = DHT11_rec_byte();               //接收温度低 8 位
            revise = DHT11_rec_byte();            //接收校正位
            if ((R_H + R_L + T_H + T_L) == revise)  //校正
            {
                RH = R_H;
                RL = R_L;
                TH = T_H;
                TL = T_L;
            }
            /*数据处理，方便显示*/
            rec_dat[0] = 'T';
            rec_dat[1] = 'e';
            rec_dat[2] = 'm';
            rec_dat[3] = '0' + (RH / 10);
```

```c
            rec_dat[4] = '0' + (RH % 10);
            rec_dat[5] = ' ';
            rec_dat[6] = 'H';
            rec_dat[7] = 'u';
            rec_dat[8] = 'm';
            rec_dat[9] = '0' + (TH / 10);
            rec_dat[10] = '0' + (TH % 10);
    }
}
void main()
{
    uchar i;
    Oled_Init();
    Oled_displayOn();
    Oled_clear();
    OUT = 0;
    key1 = 1;
    key2 = 1;
    delay_ms(15);
    while (1)
    {
        if (OUT)
        {
            DHT11_receive();
            for (i = 0; i < 11; i++)
                Oled_ShowChar(i * 8, 0, rec_dat[i], 16);
            if (key1 == 0)
            {
                n++;
                if (n > 5)
                {
                    n = 1;
                }
            }
            else if (key2 == 0)
            {
                n--;
                if (n < 0)
                {
                    n = 5;
                }
            }
            switch (n)
            {
            case 1:
                Oled_ShowString(0, 2, "Step 1:Wash face", 16);
                break;
```

```
            case 2:
                Oled_ShowString(0, 2, "Step 2:Apply toner", 16);
                break;
            case 3:
                Oled_ShowString(0, 2, "Step 3:Apply sunscreen", 16);
                break;
            case 4:
                Oled_ShowString(0, 2, "Step 4:Apply isolation cream", 16);
                break;
            case 5:
                Oled_ShowString(0, 2, "Step 5:Smearing Lotion", 16);
                break;
            }
            key1 = 1;
            key2 = 1;
        }
        else
            Oled_clear();
    }
}
```

8.7.4 实物制作与电路连接

本节将元器件进行连接，完成魔法化妆镜的实物制作。首先，需要利用单片机系统，使用的主要芯片是 STC89C51RC-DIP。其次，回顾一下所用到的元器件，包括：控制器——按键，显示器——OLED 显示屏，执行器——红外对管和温湿度传感器。实现的功能有如下 3 个：①可以通过红外对管检测人体是否靠近；②可以将化妆步骤显示在 OLED 显示屏上，利用按键控制上下翻页；③可以在 OLED 显示屏上显示当天的环境温湿度，进而决定今天化什么样的妆、穿什么衣服。

用到的是茶黑色的透明镜片，底部用塑料中空板黏合固定，如图 8.48 所示。用一块 OLED 显示屏贴合在背面，用两个按键控制，还用到 51 单片机最小系统板，OLED 连接图如图 8.49 所示。

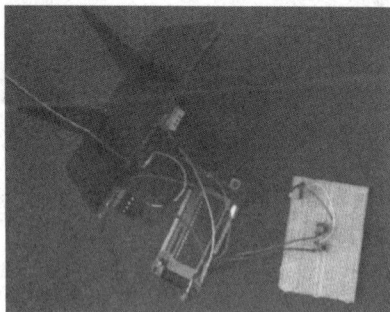

图 8.48 镜片实物图

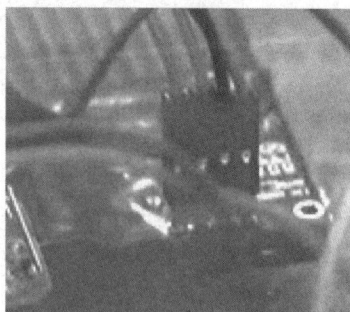

图 8.49 OLED 连接图

关于传感器，用到的是 DHT11 温湿度传感器和红外对管将塑料中空板和透明镜片用胶枪黏合在一起，同时需要将温湿度传感器黏合在塑料中空板后方，如图 8.50 所示。

红外对管黏贴如图 8.51 所示，一定要让它的发送接收口露在外面，这样才可以检测是否有物体靠近，在靠近镜子时镜子才会显示当前的温湿度及化妆步骤。

图 8.50 传感器黏合

图 8.51 红外对管黏贴

如图 8.52 所示为两个按键，与 51 单片机最小系统板连接在一起，分别连接到 P1.2 引脚和 P1.3 引脚，用于切换化妆步骤。

如图 8.53 所示，可以看到 OLED 的 SDA、SCL 两条线连接单片机的 P1.0 引脚和 P1.1 引脚。

图 8.52 按键连接图

图 8.53 OLED 引脚连接图

红外对管用橘黄色的线连接单片机的 P1.4 引脚，如图 8.54 所示。

DHT11 温湿度传感器用黄色的线连接到单片机的 P1.5 引脚，如图 8.55 所示。

图 8.54 红外对管连接图

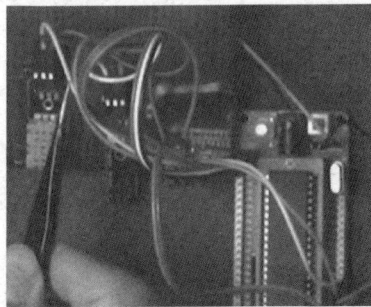

图 8.55 DHT11 温湿度传感器连接图

这样，整个电路的连接就完成了，实物就制作好了。烧录程序后，用手遮挡红外对管模拟有物体靠近，OLED 显示如图 8.56 所示，当按下按键时，化妆步骤就会产生变化。

至此，就完成了魔法化妆镜项目的制作，如图 8.57 所示为最终的完整实物图。

图 8.56　实物展示图

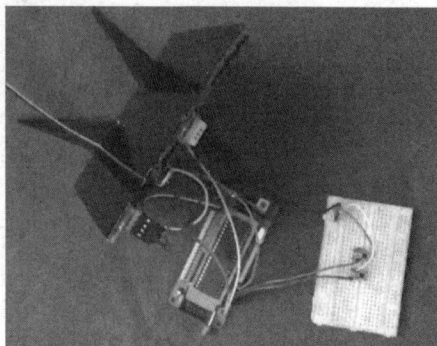

图 8.57　完整实物图

8.8　实例 99：聪明的百叶窗

8.8.1　聪明的百叶窗相关知识

聪明的百叶窗相关知识

伴随着科技的迅速发展，人们的生活水平不断提高，居住的房子也趋向智能化。本节介绍智能家居的发展，学习百叶窗如何实现智能工作。

百叶窗看似简单，其实内部结构很复杂。生活中常见的百叶窗有两种形式：手动百叶窗和电动百叶窗。百叶窗结构如图 8.58 所示。

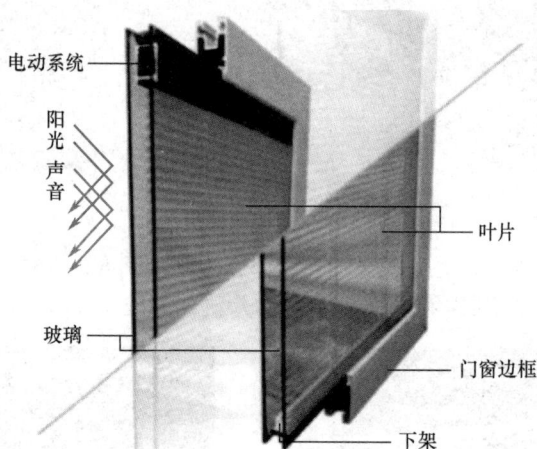

图 8.58　百叶窗结构

手动百叶窗使用手动旋钮或推杆电机带动内部连接杆移动，实现叶片翻转功能，叶片具有 0°～105° 的翻转角度，可随意调节。当叶片角度为 90° 时，可获得最大的通风效果；当叶片完全闭合时，可阻挡暴雨和灰尘的侵袭。百叶窗的工作原理如图 8.59 所示。

电动百叶窗经常用于办公大楼、会议室、家庭住宅等场所，因其简洁方便而深受欢迎。电动百叶窗通过使用直流电机带动叶片升降代替传统百叶帘的手拉式传动，具有突破性的创新，在操作过程中更加简便和随心所欲。电动百叶窗帘可以有效地阻隔紫外线及阳光直射，防止温室效应的产生，因而有利于整个楼宇的保温隔热，更加节能。

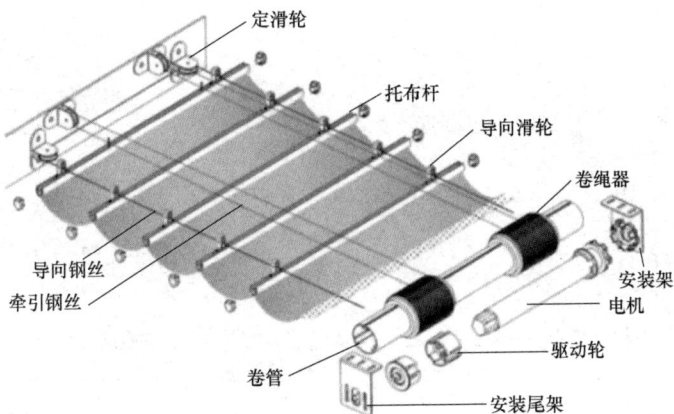

图 8.59　百叶窗的工作原理

8.8.2　知识储备与构思

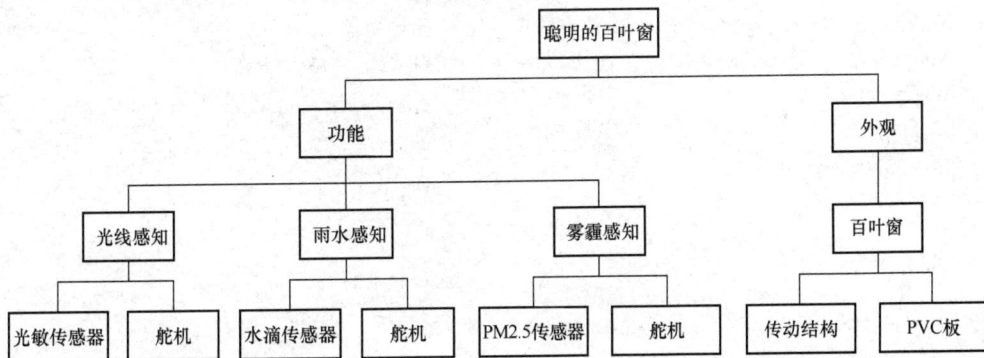

根据"聪明的百叶窗"主题，首先通过头脑风暴写出自己独特的想法，并通过创意分类表将最有意义、最可行的想法挑选出来。

进一步分析挑选出来的想法，如哪些想法属于一类、需要什么步骤、在设计过程中需要什么材料，把想到的内容梳理出来，构建自己的思维导图。

如图 8.60 所示为"聪明的百叶窗"思维导图，分为外观和功能两部分。"聪明的百叶窗"的功能可以分成 3 个部分：①光线感知，光线感知下面是光敏传感器和舵机，意思是用光敏传感器控制舵机的转动角度；②雨水感知，用水滴传感器控制舵机的转动角度；③雾霾感知，用 PM2.5 传感器控制舵机的转动角度。"聪明的百叶窗"的外观部分要做成百叶窗的形状，用到的材料是 PVC 板，还要设置传动结构。

图 8.60　"聪明的百叶窗"思维导图

8.8.3　程序设计

本节学习"聪明的百叶窗"程序设计。把传感器和外接电路部分都做好后，下面看一下它的程序设计流程图，如图 8.61 所示。

接下来具体介绍用到的一些子函数和主函数程序。

1. PWM.h 文件

PWM.h 文件用来定义接下来所用的 I/O 接口和全局变量，代码如下：

```
#ifndef __Pwm_H
#define __Pwm_H
#include "Driver/common.h"
sbit PWM = P2 ^ 4;        //PWM 输出设置
extern uint PWM_Flag;
extern uint PWM_T0_H;
extern uint PWM_T0_L;
extern uint PWM_T1_H;
extern uint PWM_T1_L;
void PWM_Init(uint duty, uint fr);
#endif
```

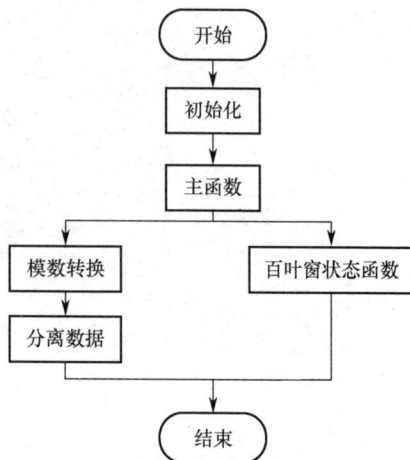

图 8.61　程序设计流程图

2. TIM.h 文件

TIM.h 文件用来声明变量及定时和计数模式，定义工作方式和定时器/计数器模式，定义开关中断，代码如下：

```
#ifndef __Tim_H
#define __Tim_H
#include "Driver/common.h"
typedef enum
{
    Ind = 0x00 << 3,            //计数器是否计数与 P3.2 或 P3.3 的电平状态无关
    Infl = 0x01 << 3,           //P3.2 为高电平时 T0 计数，P3.3 为高电平时 T1 计数
    Timer_Mode0 = 0x00 << 2,    //定时模式
    Timer_Mode1 = 0x01 << 2,    //计数模式
    Working_Mode0 = 0x00 << 0,  //13 位定时器/计数器
    Working_Mode1 = 0x01 << 0,  //16 位定时器/计数器
    Working_Mode2 = 0x02 << 0,  //8 位自动重装定时器/计数器
    Working_Mode3 = 0x03 << 0,  //T0 分成两个独立的 8 位定时器/计数器；T1 停止以此方式计数
    Int_On = 1,                 //中断打开
    Int_Off = 0,                //中断关闭
} tim_cfg;
typedef enum
{
    Tim0,
    Tim1,
} Tim_n;
void Tim_Init(Tim_n tim_n, uint time, uint cfg, tim_cfg int_x);
void Tim_Stop(Tim_n tim_n);
void Tim_Start(Tim_n tim_n);
#endif
```

3. PWM.c 文件

PWM.c 文件主要用来编写 PWM 初始函数，以方便调用。这里主要介绍所使用的初始函数，以及占空比和频率的定义。首先对 PWM 相关标志位进行了定义，然后定义了两个浮点型变量——duty（占空比）和 fr（频率），它们的数值 0～100 和 1～100 分别对应 0～100%的占空比和 100Hz～10kHz 的频率。如下程序所示，PWM_Init(50,10)就相当于产生一

个占空比为 50%、频率为 1kHz 的 PWM 波形。在调用函数前需要首先对定时器初始化，PWM 需要占用一个定时器。

```
#include "Driver/PWM.h"
uint PWM_Flag = 0; //PWM 输出标志
uint PWM_T0_H;
uint PWM_T0_L;
uint PWM_T1_H;
uint PWM_T1_L;
void PWM_Init(float duty, float fr)
{
    if (duty > 100)
        duty = 100;
    else if (duty < 0)
        duty = 0;
    if (fr > 100)
        fr = 100;
    else if (fr < 1)
        fr = 1;
    PWM_T0_H = (65536 - duty * 100 / fr) / 256;
    PWM_T0_L = (uint)(65536 - duty * 100 / fr) % 256;
    PWM_T1_H = (65536 - (100 - duty) * 100 / fr) / 256;
    PWM_T1_L = (uint)(65536 - (100 - duty) * 100 / fr) % 256;
}
```

4．TIM.c 文件

TIM.c 文件主要用来编写 TIM 初始函数，方便调用。这里主要介绍所使用的初始函数及定时器的相关定义。因为 PWM 需要单独占用一个定时器，所以这里用到了两个定时器：Tim0 和 Tim1，简称 T0 和 T1。定义 cfg 用来进行模式选择，定义 time 用来表示 THX 和 TLX 的初值，time = 65536 − (f*t)/12，f 为晶振频率（Hz），t 为需要定时的时间（s）。通过 int_x 的状态来判断是否打开中断。

```
#include "Driver/Tim.h"
void Tim_Init(Tim_n tim_n, uint time, uint cfg, tim_cfg int_x)
{
    switch (tim_n)
    {
    case Tim0:
        TMOD |= cfg;
        TH0 = time / 256;
        TL0 = time % 256;
        TR0 = 1;
        if (int_x == Int_On)
            ET0 = 1;
        else
            ET0 = 0;
        break;
```

```
    case Tim1:
        TMOD |= cfg << 4;
        TH1 = time / 256;
        TL1 = time % 256;
        TR1 = 1;
        if (int_x == Int_On)
            ET1 = 1;
        else
            ET1 = 0;
        break;
    }
}
```

Tim_Stop()定时器关闭：

```
void Tim_Stop(Tim_n tim_n)
{
  switch (tim_n)
  {
  case Tim0:
        TR0 = 0;
        break;
  case Tim1:
        TR1 = 0;
        break;
  }
}
```

Tim_Start()定时器开启：

```
void Tim_Start(Tim_n tim_n)
{
  switch (tim_n)
  {
  case Tim0:
        TR0 = 1;
        break;
  case Tim1:
        TR1 = 1;
        break;
  }
}
```

5. 主程序 main.c 文件

主程序首先对传感器引脚进行了定义。光敏传感器通过 P2.0 引脚读高低电平来检测信号，雨滴传感器的 P2.1 引脚检测到有雨滴则为低电平，P2.2、P2.3 引脚分别为 PM2.5 传感器的输出、脉冲引脚，定义了 PM2.5 传感器经过 ADC0832 模数转换返回值，以及舵机的周期计数、打角计数。

```
#include "Driver/common.h"
#define uint unsigned int
```

```
#define uchar unsigned char
sbit light_OUT = P2 ^ 0;          //光敏传感器
sbit Rain_OUT = P2 ^ 1;           //雨滴传感器数字输出，有雨为低电平
sbit PM_OUT = P2 ^ 2;             //PM2.5 传感器输出
sbit PM_led = P2 ^ 3;             //PM2.5 传感器脉冲
uchar PM_data = 0;                //PM2.5 传感器返回模拟值
uchar count = 0;                  //舵机周期计数
uchar SEV_conut = 0;              //舵机打角计数
uchar sum;
```

这部分是对定时器进行初始化，设置定时器的工作方式和定时常数。

```
void Com_Init()                   //设置定时器的工作方式
{
    TMOD &= 0x00;
    TMOD |= 0x01;                 //将定时器 T0 设置为工作方式 1
    TH0 = 0xff;                   //定时常数为 0.1ms，晶振频率为 11.0592MHz
    TL0 = 0xa4;
    ET0 = 1;
    TR0 = 1;
    EA = 1;
}
```

这部分对 PM2.5 传感器进行初始化，先将 PM2.5 传感器置 8s 低电平，然后置 2s 高
电平。

```
void PM2_5_Init()                 //初始化 PM2.5 传感器
{
    SCON = 0x50;
    PCON = 0x00; TMOD = 0x20;
    EA = 1;
    ES = 1;
    TL1 = 0xF4;
    TH1 = 0xF4;
    TR1 = 1;
    PM_led = 0;
    delay_ms(8);
    PM_led = 1;
    delay_ms(2);
}
```

在这部分主函数里，首先对要用到的各个变量进行初始化调用，并且将雨滴传感器和
光敏传感器引脚置为高电平。在 while 循环中获取 ADC0832 的模数转换返回值，进行一次
模数转换，通过串口将 PM2.5 传感器的值进行分离，然后发送出去。最后进行判断，如果
雨滴传感器、光敏传感器或 PM2.5 传感器的阈值符合条件，在这 3 种情况下都会关闭百叶
窗；否则，就打开百叶窗。

```
void main()
{
    uchar GetData;
    Rain_OUT = 1;                 //初始化雨滴传感器，输出引脚为高电平
    light_OUT = 1;                //初始化光敏传感器，输出引脚为高电平
```

```
    PM2_5_Init();                    //初始化 PM2.5 传感器
    Com_Init();                      //初始化定时器中断
    Uart_Init(9600, ENABLE);         //设置串口波特率及触发方式
    while (1)
    {
        ES = 0;
        PM_led = 0;
        PM_data = get_ADC0832(SGL_nDIF);           //获取 PM2.5 传感器的模数转换返回值
        PM_led = 1;
        delay_ms(2);
        SendByte(PM_data / 1000 + 0x30);
        //分离千位发送，x（对应数字）+ 0x30 为对应 ASCII 码表中 x（数字）字符对应的值
        SendByte(PM_data % 1000 / 100 + 0x30);     //分离百位发送
        SendByte(PM_data % 100 / 10 + 0x30);       //分离十位发送
        SendByte(PM_data % 10 + 0x30);             //分离个位发送
        SendByte(0x0d);                            //回车
        SendByte(0x0a);                            //换行
        GetData = receive();                       //串口接收字符
        delay_ms(500);                             //延时检测
        if (Rain_OUT == 0 || light_OUT == 0 || (PM_data >= 127 && PM_data != 128))
        {
            SEV_conut = 5;                         //关闭百叶窗
        }
        else
        {
            SEV_conut = 10;                        //打开百叶窗
        }
    }
}
```

8.8.4 实物制作与电路连接

如图 8.62 所示的百叶窗是一个简约风格的木质百叶窗，它是横向开合的。如图 8.63 所示的百叶窗是一个纯白色简约的百叶窗，它是竖向开合的。

图 8.62　横向开合百叶窗

图 8.63　竖向开合百叶窗

百叶窗主要有 3 个功能：一是检测当前的 PM2.5 来确定是否开关窗；二是用水滴传感器检测，当有水滴落下时电阻片的电阻值会发生相应的变化，通过转换得到其数字量进行检测；三是对数字量进行判断，当光照较强时，百叶窗会自动关闭。百叶窗的关闭是由舵机控制的，当舵机的舵臂摇摆时，就可以进行关窗或开窗操作。

给设备上电后，用浸满水的卫生纸触碰水滴传感器，会发现窗户关闭，拿开卫生纸后窗户打开，以此来模拟下雨时窗户的自动关闭，以及不下雨时窗户的自动打开。用手机打光模拟强光照射，照射光敏传感器，此时窗户关闭，拿开手机后窗户打开。这样"聪明的百叶窗"实物就制作成功了，如图 8.64 所示。

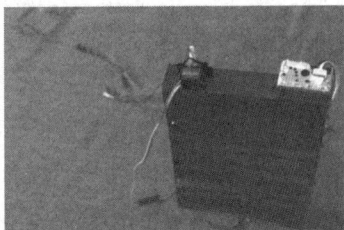

图 8.64 "聪明的百叶窗"实物图

8.9 实例 100：家庭安全助手

8.9.1 安全意识

天然气、煤气的普及，在方便人们生活的同时带来了一系列安全问题。煤气泄漏是目前在家庭中最容易发生火灾的原因之一。本实例针对这一安全问题制作一款火灾发生或煤气泄漏的报警装置。

安全意识

8.9.2 知识储备与构思

为尽可能地排除火灾隐患，以及在发生火灾时提醒人们撤离疏散，本小节制作火灾报警系统，系统的主要功能是当空气中一氧化碳浓度超标或者检测到火焰时，立刻报警并疏散人群。首先，该系统要能够检测一氧化碳及火焰，可以使用可燃气体传感器模块及火焰传感器实现这一检测目标；然后，该系统应具备报警功能，可用蜂鸣器进行报警，这一功能可以不使用单片机控制即可完成。

知识储备与构思

除此基本功能外，还应考虑如何将两个传感器检测到的最原始的浓度转换成电压信号，以及将此信号转换成数字信号。本实验还对模拟量转换成数字量与串口通信进行探索，以可燃气体传感器的模拟信号为例，外扩 ADC 芯片将模拟信号转换成数字信号并将其发送至串口观察。

如图 8.65 所示为家庭安全助手思维导图。需要实现两个基本功能：①火警警报；②煤气泄漏警报。家庭安全助手需要两个传感器，即火焰传感器和可燃气体传感器，以及一个执行器，即报警所用的蜂鸣器。

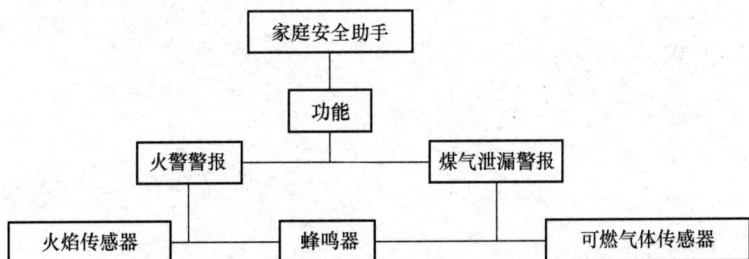

图 8.65 家庭安全助手思维导图

8.9.3　程序设计

由于未使用 51 单片机，所以没有使用 Proteus 软件进行仿真设计。家庭安全助手的基础功能是当传感器检测到煤气泄漏或者火焰时报警，因此，其可以直接连接传感器电路，简单便捷；其拓展功能是将可燃气体传感器模块采集到的模拟量通过 ADC 转换成数字量，并显示在计算机串口上。

实战演练

1. ADC0832.h 文件

本章节是拓展任务的程序设计与实现，首先定义 ADC0832 的引脚。

```
sbit CS = P3 ^ 4;          //CS 片选使能端接 P3.4
sbit DI = P1 ^ 1;          //DI 数据输入端，选择通道控制
sbit DO = P1 ^ 1;          //DO 数据输出端接 P1.1
sbit CLK = P1 ^ 0;         //CLK 时钟脉冲接 P1.0
```

由于 DO 数据输出端与 DI 数据输入端在通信时并未同时使用，并且与单片机的接口是双向的，所以在资源紧张时可以并联在一根数据线上使用。另外，家庭安全助手需要的脉冲信号比较多，因此事先使用 define 定义函数，用起来方便。

```
#define pulse0832() _nop_(); _nop_(); CLK=1; _nop_(); _nop_(); CLK=0
```

目的是把模拟电压转换成 8 位二进制数并返回，因此定义函数如下：

```
uchar get_ADC0832(ADC_Cfg sta);
```

ADC0832.h 程序如下：

```
#ifndef __ADC0832_H
#define __ADC0832_H
#include "Driver/common.h"
sbit CS = P3 ^ 4;          //片选使能端
sbit DI = P1 ^ 1;          //选择通道控制（SIG/DIF 和 ODD/EVEN）
sbit DO = P1 ^ 1;          //数据输出端
sbit CLK = P1 ^ 0;         //时钟脉冲
#define pulse0832()     \
  _nop_();              \
  _nop_();              \
  CLK = 1;             \
  _nop_();              \
  _nop_();              \
  CLK = 0
typedef enum
{
  nSGL_nDIF = 0x00,
  nSGL_DIF = 0x01,
  SGL_nDIF = 0x02,
  SGL_DIF = 0x03
} ADC_Cfg;
uchar get_ADC0832(ADC_Cfg sta);
#endif
```

2. ADC0832.c 文件

第一步写出用哪种方式控制 ADC0832，片选拉低。给 3 个脉冲：第一个脉冲设置起始

位 DI=(channel >> 1) & 0x1，DI 置高电平；第二个脉冲 DI=channel & 0x1，选择 DI 的双通道单极性输入；第三个脉冲 DI=1，选择通道 1（CH1），然后读 8 位数据，for 循环 8 次，ch1 左移，从低到高读入 ADC0832，如果是 0，则只需要移位，如果是 1，则 ch 为最低位或 1，即 ch |= 0x01。

MSB FIRST 输出的最后一位与 LSB FIRST 输出的第一位在同一个时钟下降沿之后，故此处先执行读取，给一个脉冲 pulse，如果不考虑这个，则读出的数据会少一位，读数就是错误的。然后，ADC0832 把读到的数据由高到低传递给 51 单片机最小系统板，如果是 0，则只需要左移 1 位，如果是 1，则 ch1 为最高位或 1，即 ch1|=0x80，转换完成后 CS=1，即取消片选，一个转换周期结束，返回检测数值。ADC0832.c 文件程序如下：

```c
#include "Driver/ADC0832.h"
uchar get_ADC0832(ADC_Cfg sta)

{
  uchar i = 0, ch = 0, ch1 = 0, channel = 0; switch (sta)        //选择工作方式
  {
  case nSGL_nDIF:
      channel = 0;
      break;
  case nSGL_DIF:
      channel = 1;
      break;
  case SGL_nDIF:
      channel = 2;
      break;
  case SGL_DIF:
      channel = 3;
      break;
  default:
      break;
  }
  CS = 0;                          //片选，DO 为高阻态
  DI = 1;
  //此处暂停 T-SetUp: 250ns （由 pulse0832 完成）
  pulse0832();                     //第一个脉冲，起始位，DI 置高
  DI = (channel >> 1) & 0x1;
  pulse0832();                     //第二个脉冲，DI=1，表示双通道单极性输入
  DI = channel & 0x1;
  pulse0832();                     //第三个脉冲，DI=1，表示选择通道 1（CH1）
  DI = 1;
  //MSB FIRST DATA
  for (i = 0; i < 8; ++i)
  {
      pulse0832();
      ch <<= 1;
      if (DO == 1)
```

```
            ch |= 0x01;                //ch 与 0x01 按位或
    }
    for (i = 0; i < 8; ++i)
    {
        ch1 >>= 1;
        if (DO == 1)
            ch1 |= 0x80;
        pulse0832();
    }
    CS = 1;                            //取消片选，一个转换周期结束
    return (ch == ch1);
ch:
    0;                                 //返回转换结果
}
```

3. uart.h 文件

串口的 uart.h 文件主要声明了所收发字符的函数。uart.h 文件程序如下：

```
#ifndef __uart_H
#define __uart_H
#include "common.h"
typedef enum
{
    DISABLE = 0,
    ENABLE = !DISABLE
} FunctionalState;
void Uart_Init(uint baud, FunctionalState sta);
void SendByte(uchar sbyte);
void SendString(uchar *pstr);
uchar receive();
#endif
```

4. uart.c 文件

下面是串口通信部分的程序。void Uart_Init()为串口初始化函数，串口通信应先设置波特率，在一般情况下，将波特率设置成 9600Hz 即可，因此，波特率 = (2 的 SMOD 次方/32)×晶振频率/[12×(256−TH1)]。在一般情况下，可以查表来确定初值。通过查表得知波特率为 9600Hz 的初值为 0xfa。TMOD |= 0x20 是指设置波特率发生器为定时器 2，采用 8 位自动重装模式；PCON |= 0x80，设置波特率加倍。

```
void Uart_Init()
{
    TMOD |= 0x20;      //设置波特率发生器为定时器2，采用8位自动重装模式
    PCON |= 0x80;      //设置波特率加倍
    TH1 = 0xFA;
    TL1 = 0xFA;
}
```

TMOD 是定时器，计数器模式控制寄存器 PCON 为电源管理寄存器。下一步就是启动 T1，设置串口工作方式，允许串口接收数据，开全局中断，允许串口中断；然后设置

TR1=1 启动 T1，SCON |= 0x50 设置串口工作方式 1，允许串口接收数据，设置 EA=1 开全局中断，设置 ES=sta 给出使能信号。

设置好之后，开始发送字符。发送字符函数为 void SendByte(uchar sbyte)；把接收到的数据赋值给 SBUF 寄存器，等待发送完成后发送标志位 TI 清零。

```
void SendByte(uchar sbyte)
{
  SBUF = sbyte;        //发送数据
  while (!TI)
    ;                  //等待发送完成
  TI = 0;              //清零发送标志位
}
```

发送字符串是通过调用发送字符函数实现的，通过判断是否是结束标志'/0'来结束调用。

```
void SendString(uchar *pstr)   //定义指针
{
  while (*pstr != '\0')        //字符串是否发送完
  {
      SendByte(*pstr);         //发送字符串数据
      pstr++;                  //指向下一个字符
  }
}
```

另外，接收函数为 uchar receive( )。由于需要返回值，所以将该函数定义成 uchar 型，在使用时定义一个变量，把返回值赋值给这个变量。首先定义一个变量 dat，当 RI 为 1 时其用来接收 SBUF 寄存器的数值；然后 RI 清零；最后返回 dat。

```
uchar receive()
{
  uchar dat;
  dat = 0;
  if (RI == 1)
  {
      dat = SBUF;
      RI = 0;                  //清除终端标志位
  }
  return dat;
}
```

根据上述内容完善 uart.c，利用 switch 语句将 uart 初始化改造成可传入波特率与控制使能的函数，再将接收上位机传入信息函数补充完整。如果单个字符发送不方便，则可利用指针发送字节串。只要指针指向内容不是'\0'，发送内容位就结束，指针指向下一地址，否则，跳出发送。综上所述，uart.c 文件代码如下：

```
#include "Driver/uart.h"
//--------------------------------------------------------------------
// @brief   串口初始化
// @param   baud: 仅支持常用串口波特率，即 300Hz、600Hz、1200Hz、1800Hz、2400Hz、3600Hz、
//          4800Hz、7200Hz、9600Hz、14400Hz、19200Hz、28800Hz

//          sta：是否使能发送接收完成中断
```

```
//                  ENABLE    使能
//                  DISABLE   失能
//
// @return   void
// @since    v2.0
// Sample usage:        Uart_Init(9600, ENABLE);     //波特率为 9600Hz，使能发送接收完成中断
//----------------------------------------------------------------
void Uart_Init(uint baud, FunctionalState sta)
{
    TMOD |= 0x20;
    PCON |= 0x80;
    switch (baud)
    {
    case 300:
        TH1 = 0x40;
        TL1 = 0x40;
        break;
    case 600:
        TH1 = 0xA0;
        TL1 = 0xA0;
        break;
    case 1200:
        TH1 = 0xD0;
        TL1 = 0xD0;
        break;
    case 1800:
        TH1 = 0xE0;
        TL1 = 0xE0;
        break;
    case 2400:
        TH1 = 0xE8;
        TL1 = 0xE8;
        break;
    case 3600:
        TH1 = 0xF0;
        TL1 = 0xF0;
        break;
    case 4800:
        TH1 = 0xF4;
        TL1 = 0xF4;
        break;
    case 7200:
        TH1 = 0xF8;
        TL1 = 0xF8;
        break;
    case 9600:
```

```
            TH1 = 0xFA;
            TL1 = 0xFA;
            break;
        case 14400:
            TH1 = 0xFC;
            TL1 = 0xFC;
            break;
        case 19200:
            TH1 = 0xFD;
            TL1 = 0xFD;
            break;
        case 28800:
            TH1 = 0xFE;
            TL1 = 0xFE;
            break;
        default:
            break;
        }
        TR1 = 1;                        //启动 T1
        SCON |= 0x50;                   //串口工作方式 1，允许串口接收数据
        EA = 1;
        ES = sta;
}
//----------------------------------------------------------------
// @brief     串口发送一个字符
// @param     sbyte:   uchar 类型字符
// @return    void
// @since     v2.0
// Sample usage:      SendByte('a');        //串口发送字符 a
//----------------------------------------------------------------
void SendByte(uchar sbyte)
{
    SBUF = sbyte;                       //发送数据
    while (!TI)
        ;                              //等待发送完成
    TI = 0;                            //清零发送标志位
}
```

在 C 语言中，字符串实际上是使用 null 字符'\0'终止的一维字符数组。因此，一个以 null 结尾的字符串，包含了组成字符串的字符。

下面的声明和初始化创建了一个"Hello"字符串。由于在数组的末尾存储了空字符，所以字符数组的大小比"Hello"的字符数多一个。

```
char greeting[6] = {'H', 'e', 'l', 'l', 'o', '\0'};
char greeting[] = "Hello";
//----------------------------------------------------------------
// @brief     串口发送一个字符串
// @param     pstr:     uchar *类型指针
```

```
// @return    void
// @since     v2.0
// Sample usage:   SendString("DeepBlue"); //串口发送字符串"DeepBlue"
//------------------------------------------------------------
void SendString(uchar *pstr)          //定义指针
{
   while (*pstr != '\0')              //字符串是否发送完
   {
       SendByte(*pstr);              //发送字符串数据
       pstr++;                      //指向下一个字符
   }
}
//------------------------------------------------------------
// @brief     串口接收一个字符
// @param     none
// @return    void
// @since     v2.0
// Sample usage:   GetData=receive(); //串口接收一个字符
//------------------------------------------------------------
uchar receive()
{
   uchar dat;
   dat = 0;
   if (RI == 1)
   {
       dat = SBUF;
       RI = 0;                       //清除终端标志位
   }
   return dat;
}
```

5．main.c 文件

综上所述，拓展功能最终主函数程序如下：

```
#include "Driver/common.h"
//==========主函数==============
int main(void)
{
   uchar ch1;
   uchar GetData;
   Uart_Init(9600, ENABLE);          //设置串口波特率及触发方式
   while (1)                         //无限循环
   {
       ES = 0;
       ch1 = get_ADC0832(SGL_nDIF);
       //SGL nDIF   对应 SGL/DIF=1，ODD/EVEN=0，只对 CH0 进行单通道转换
       //分离千位发送，x（对应数字）+ 0x30 为 ASCII 码表中 x（数字）字符对应的值
SendByte(ch1 / 1000 + 0x30);
```

```
        SendByte(ch1 % 1000 / 100 + 0x30);      //分离百位发送
        SendByte(ch1 % 100 / 10 + 0x30);        //分离十位发送
        SendByte(ch1 % 10 + 0x30);              //分离个位发送
        SendByte(0x0d);                         //回车
        SendByte(0x0a);                         //换行
        GetData = receive();                    //串口接收字符
        delay_ms(1000);                         //避免显示太快看不清
    }
}
```

8.9.4　实物制作与电路连接

将电源正极、负极用导线分别接在火焰传感器与可燃气体传感器的 VCC、GND 引脚上。电源正极与有源蜂鸣器的正极引脚相连接，有源蜂鸣器的负极引脚与火焰传感器和可燃气体传感器的 DO 引脚相连接。调节火焰传感器和可燃气体传感器上的电位器到适当位置，测试发现，每当检测到有火焰或一氧化碳时，蜂鸣器即报警。家庭安全助手实物连接图如图 8.66 所示。

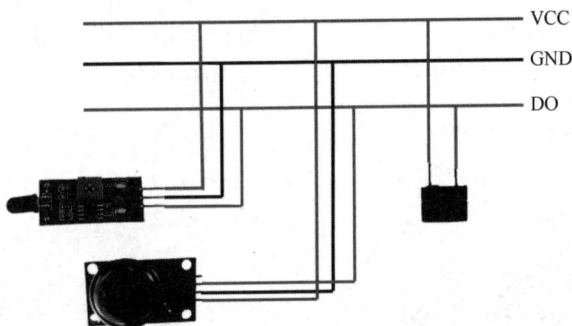

图 8.66　家庭安全助手实物连接图

8.10　实例 101：避障小车

8.10.1　无人驾驶

无人驾驶汽车（Self Driving Car）也称为无人车、自动驾驶汽车，如图 8.67 所示，指车辆能够依据自身对周围环境条件的感知、理解，自行进行运动控制，且能达到人类驾驶员的驾驶水平。无人驾驶汽车可以导航到目的地，自动避开障碍物，并且在没有任何人为干预的情况下停车。

随着社会经济的不断发展，出行作为与人们生活息息相关的日常活动，出行方式的安全便利已经引起了社会广泛的关注，社会上对智能驾驶的研究逐渐深入。目前，大多数对智能驾驶技术的研究是通过车辆搭载先进的传感器、控制器、执行器、通信模块等设备来协助驾驶员对车辆的操控。

图 8.67　无人驾驶汽车

目前，无人驾驶汽车中主流的"眼睛"大致有 4 种，分别是毫米波雷达、激光雷达、超声波雷达、摄像头。受应用的限制，除了最基本、最简单、最便宜的超声波雷达，毫米波雷达、激光雷达、摄像头分别有不同的特点。

8.10.2　知识储备及构思

循迹小车主要由车模、控制模块（单片机电路）、红外光电循迹传感器模块、避障模块、电源模块、电机驱动模块（H 桥驱动模块）及直流电机组成，如图 8.68 所示。采用 STC89C52 单片机为主控芯片来分析各个传感器收集的信号并对环境进行判断，从而完成一系列的动作。寻迹功能主要使用红外传感器检测黑线，达到寻迹的效果。本制作采用 4 对红外收发管来组成寻迹部分，红外传感器分散在车模前，呈一定角度，更方便采集信息。当前方有障碍物时，使用避障模块来达到避障功能。这里采用超声波传感器来完成这项功能。电源模块的作用是为单片机和电机及各个传感器供电。电机驱动模块主要是由电机及其驱动组成的，提供小车运动的动力。

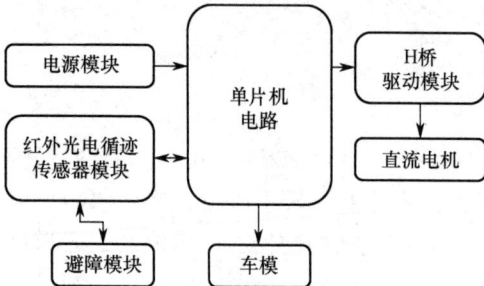

图 8.68　循迹小车组成图

8.10.3　程序设计

```c
#include <reg52.h>
typedef unsigned int u16;
typedef unsigned char u8;
sbit ENA = P2 ^ 0;    //右电机使能
sbit IN1 = P2 ^ 1;    //为 0 侧右轮反转
sbit IN2 = P2 ^ 2;    //为 0 侧右轮正转
sbit IN3 = P2 ^ 3;    //为 0 侧左轮正转
sbit IN4 = P2 ^ 4;    //为 0 侧左轮反转
sbit ENB = P2 ^ 5;    //左电机使能
sbit left1 = P1 ^ 3;
sbit left2 = P1 ^ 2;
sbit right1 = P1 ^ 1;
sbit right2 = P1 ^ 0;
u8 PWMCnt1 = 0;
u8 PWMCnt2 = 0;
u8 cntPWM1 = 0;
u8 cntPWM2 = 0;
void Timer0Init();
void XunJi();
void Timer0Init()
{
    TH0 = 0xFF;
    TL0 = 0xA3;
    TMOD &= 0xF0;
    TMOD |= 0x01;
    EA = 1;
```

```
    ET0 = 1;
    TR0 = 1;
}

void TurnRight1( )       //右转
{
    IN1 = 0;             //右轮反转
    IN2 = 1;
    IN3 = 0;             //左轮正转
    IN4 = 1;
    cntPWM1 = 70;
    cntPWM2 = 55;
}

void TurnRight2( )       //右转
{
    IN1 = 0;             //右轮反转
    IN2 = 1;
    IN3 = 0;             //左轮正转
    IN4 = 1;
    cntPWM1 = 50;
    cntPWM2 = 40;
}

void TurnLeft1( )        //左转
{
    IN1 = 1;
    IN2 = 0;             //右轮正转

    IN3 = 1;
    IN4 = 0;             //左轮反转
    cntPWM1 = 55;
    cntPWM2 = 70;
}

void TurnLeft2( )        //左转
{
    IN1 = 1;
    IN2 = 0;             //右轮正转

    IN3 = 1;
    IN4 = 0;             //左轮反转
    cntPWM1 = 40;
    cntPWM2 = 50;
}

void Forward( )          //前进函数
{
    IN1 = 1;
```

```
      IN2 = 0;           //右轮正转
      IN3 = 0;           //左轮正转
      IN4 = 1;
      cntPWM1 = 40;
      cntPWM2 = 40;
    }
    void Backward( )      //后退函数
    {
      IN1 = 0;           //右轮反转
      IN2 = 1;
      IN3 = 1;           //左轮反转
      IN4 = 0;
      cntPWM1 = 30;
      cntPWM2 = 30;
    }
    void Stop( )          //停止函数
    {
      IN1 = 0;
      IN2 = 0;
      IN3 = 0;
      IN4 = 0;
    }

    void xunji( )
    {
      unsigned char flag = 0;
      if ((left1 == 0) && (left2 == 0) && (right1 == 0) && (right2 == 0)) //0 0 0 0
        flag = 0;
      if ((left1 == 0) && (left2 == 0) && (right1 == 0) && (right2 == 1)) //0 0 0 1
        flag = 1;
      if ((left1 == 0) && (left2 == 0) && (right1 == 1) && (right2 == 0)) //0 0 1 0
        flag = 0;
      if ((left1 == 0) && (left2 == 0) && (right1 == 1) && (right2 == 1)) //0 0 1 1
        flag = 1;
      if ((left1 == 0) && (left2 == 1) && (right1 == 0) && (right2 == 0)) //0 1 0 0
        flag = 0;
      if ((left1 == 0) && (left2 == 1) && (right1 == 0) && (right2 == 1)) //0 1 0 1
        flag = 4;
      if ((left1 == 0) && (left2 == 1) && (right1 == 1) && (right2 == 0)) //0 1 1 0
        flag = 0;
      if ((left1 == 0) && (left2 == 1) && (right1 == 1) && (right2 == 1)) //0 1 1 1
        flag = 1;
      if ((left1 == 1) && (left2 == 0) && (right1 == 0) && (right2 == 0)) //1 0 0 0
        flag = 3;
      if ((left1 == 1) && (left2 == 0) && (right1 == 0) && (right2 == 1)) //1 0 0 1
        flag = 0;
      if ((left1 == 1) && (left2 == 0) && (right1 == 1) && (right2 == 0)) //1 0 1 0
        flag = 2;
      if ((left1 == 1) && (left2 == 0) && (right1 == 1) && (right2 == 1)) //1 0 1 1
```

```
    flag = 0;
  if ((left1 == 1) && (left2 == 1) && (right1 == 0) && (right2 == 0)) //1 1 0 0
    flag = 3;
  if ((left1 == 1) && (left2 == 1) && (right1 == 0) && (right2 == 1)) //1 1 0 1
    flag = 0;
  if ((left1 == 1) && (left2 == 1) && (right1 == 1) && (right2 == 0)) //1 1 1 0
    flag = 3;
  if ((left1 == 1) && (left2 == 1) && (right1 == 1) && (right2 == 1)) //1 1 1 1
    flag = 5;

  switch (flag)
  {
  case 0:
    Forward( );
    break;
  case 1:
    TurnRight1( );
    break;
  case 2:
    TurnRight2( );
    break;
  case 3:
    TurnLeft1( );
    break;
  case 4:
    TurnLeft2( );
    break;
  default:
    Stop( );
    break;
  }
}

void InterruptTime0( ) interrupt 1
{
  PWMCnt1++;
  PWMCnt2++;
  if (PWMCnt1 >= 200)
  {
    PWMCnt1 = 0;
  }
  if (PWMCnt1 <= cntPWM1)
  {
    ENA = 1;
  }
  else
  {
    ENA = 0;
  }
```

```
        if (PWMCnt2 >= 200)
        {
            PWMCnt2 = 0;
        }
        if (PWMCnt2 <= cntPWM2)
        {
            ENB = 1;
        }
        else
        {
            ENB = 0;
        }
        TH0 = (65536 - 50) / 256;
        TL0 = (65536 - 50) % 256;
    }

    void main( )
    {
        Timer0Init( );
        while (1)
        {
            xunji( );
        }
    }
```

8.10.4　实物制作与电路连接

首先绘制 51 单片机最小系统，如图 8.69 所示。

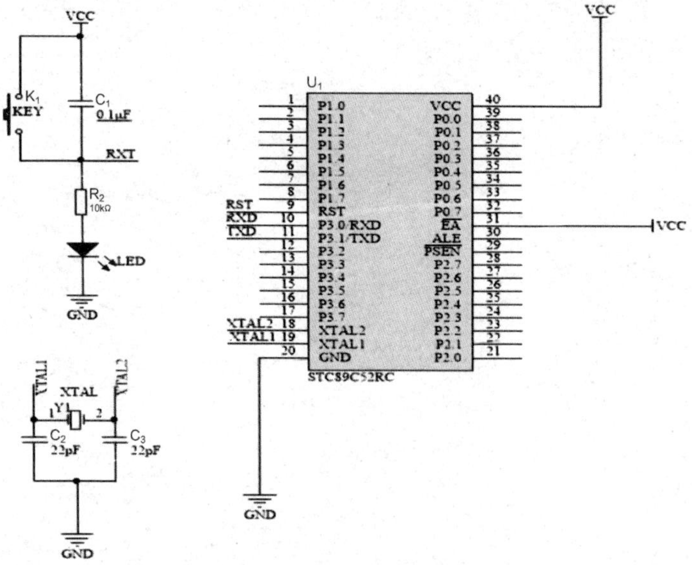

图 8.69　51 单片机最小系统

1．驱动电路

驱动电路图如图 8.70 所示。

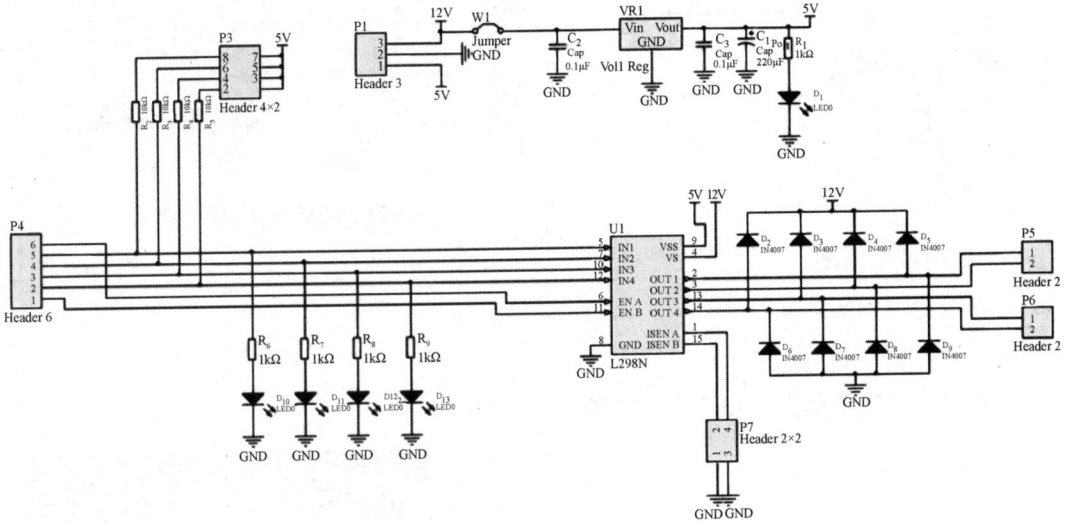

图 8.70　驱动电路图

2．主控板电路图

主控板电路图如图 8.71 所示。

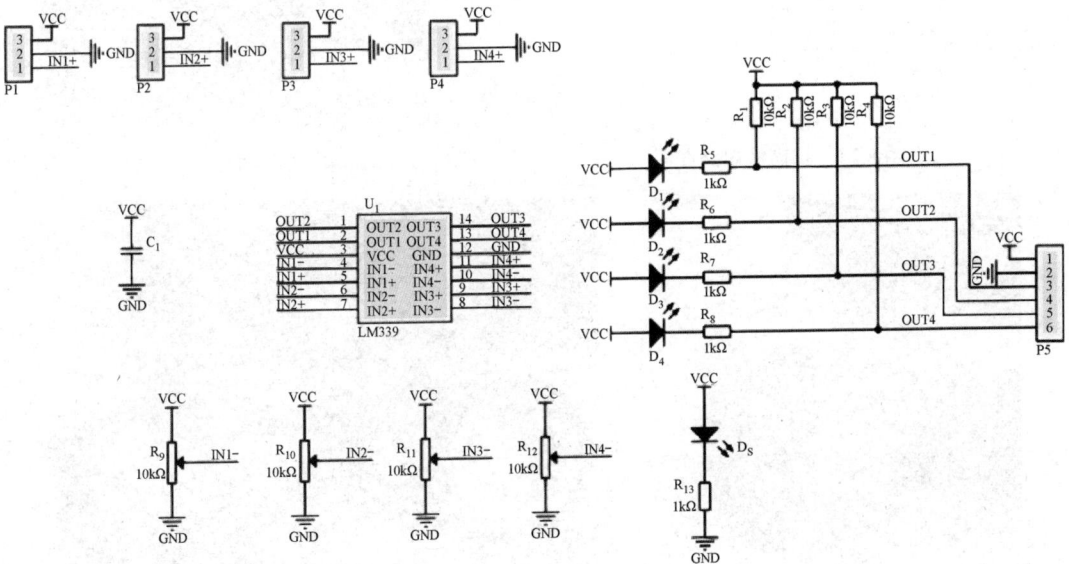

图 8.71　主控板电路图

3．小板电路图

小板电路图如图 8.72 所示。

4．LM339 比较器

LM339 比较器电路图如图 8.73 所示。

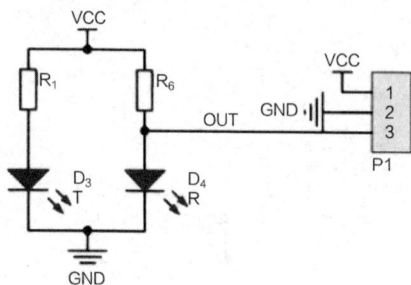

图 8.72 小板电路图

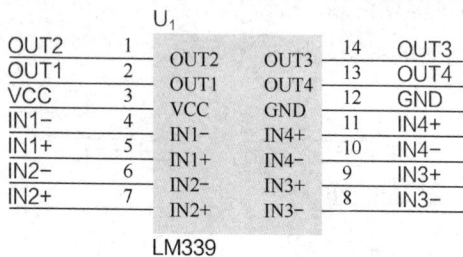

图 8.73 LM339 比较器电路图

5. 超声波电路图

超声波电路图如图 8.74 所示。

6. 小车部分实物图

小车部分实物图如图 8.75～图 8.77 所示。

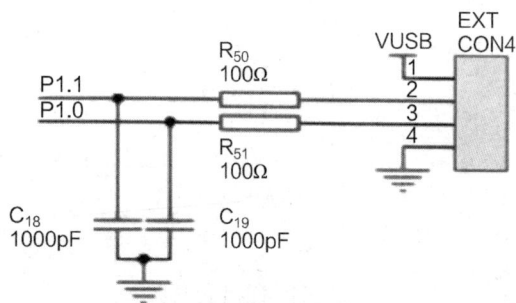

图 8.74 超声波电路图

图 8.75 实物图 1

图 8.76 实物图 2

图 8.77 实物图 3

附录　创意创新实践Ⅰ：电子设计与制作实例（Arduino）

电子设计与制作实例（Arduino）

创意创新实践Ⅰ：电子设计与制作实例（Arduino）软件使用教程和开发环境搭建请分别扫描下方二维码获取。

软件使用教程　　　　　开发环境搭建

附录 A　创意创新导引

A.1　创意创新实践导引

创新是改变。别人没想到的你想到了，别人没发现的你发现了，别人没做成的你做成了，就是创新。

创意创新实践导引

A.2　头脑风暴

头脑风暴（Brain-Storming）法又称脑力激荡法、智力激励法、BS法、自由思考法，让我们一起来认识头脑风暴。

头脑风暴

A.3 奇妙的电子世界

认识程序和电子元器件，制作一个 LED 流水灯。

奇妙的电子世界

A.4 炫彩的舞台

通过外形制作和功能制作，综合设计一个舞台灯光效果。

炫彩的舞台

A.5 单片机拓展提升

前述内容通过 Arduino 图形化编程实现炫彩灯光，本部分将在单片机 STC8A8K64S4A12 和 C 语言编程基础上实现灯光控制。

炫彩广告牌   炫彩灯光_单片机 C 语言

附录 B   完美音乐盒

B.1 思维导图

了解并掌握思维导图的绘制方法，学会如何使用思维导图。

思维导图

B.2 警报信号

认识蜂鸣器，通过蜂鸣器和 LED 灯完成警报信号装置的制作。

警报信号

B.3 小导演

利用蜂鸣器和 LED 灯，制作一个简易的舞台效果，谱写一段美妙的音乐。

小导演

B.4 完美音乐盒

按照自己的想法构建创意，设计一个完美音乐盒的外观，并与实物连接。

完美音乐盒

B.5 单片机拓展提升

前述内容通过 Arduino 图形化编程实现了完美音乐盒，本部分将在单片机 STC8A8K64S4A12 和 C 语言编程基础上实现对蜂鸣器和 LED 灯的控制。

单片机拓展提升

附录 C　智能台灯

C.1 创意项目管理

了解创意项目管理的概念，学会使用项目构建的方法来设计智能台灯。

创意项目管理

C.2 触动未来

理解信息的输入和输出及数字信号的概念，学会使用按键和 LED 灯实现红蓝警报控制。

触动未来

C.3　旋转的色彩

理解电流的大小和模拟信号的概念，并学会使用电位器和 LED 灯制作调光灯。

旋转的色彩

C.4　综合编程

学习程序的三大结构、基本功能和组合思路，综合编程实现智能台灯的基本功能。

综合编程

C.5　创意外观

按照自己的想法选取合适的工具和材料设计智能台灯的外观。

创意外观

C.6　单片机拓展提升

前述内容通过 Arduino 图形化编程实现了智能台灯的控制功能，本部分将在单片机 STC8A8K64S4A12 和 C 语言编程基础上实现对灯光的控制。

单片机拓展提升

📖 附录 D　温馨的床

D.1　温馨的床简介

了解光敏传感器，学习如何制作一个功能多样的床。

温馨的床

D.2　灰度识别器

了解灰度，认识光电传感器，制作灰度识别器。

灰度识别器

D.3　功能优先级

学习功能优先级，利用光电传感器和光敏传感器同时控制一盏 LED 灯。

功能优先级

D.4　综合制作

前述内容完成温馨的床的功能部分，本部分制作床的外观。

综合制作

D.5　单片机拓展提升

前述内容通过 Arduino 图形化编程实现了温馨的床的基本功能，本部分将在单片机 STC8A8K64S4A12 和 C 语言编程基础上实现上述功能。

单片机 C 语言

附录 E　智能盆栽

E.1　智能盆栽简介

了解植物的特点和盆栽知识，绘制智能盆栽设计思维导图。

智能盆栽

E.2 光照控制

了解光敏传感器的功能，利用光敏传感器和 LED 灯实现盆栽的光照控制。

光照控制

E.3 水分控制

了解土壤湿度传感器的作用，利用湿度传感器和 LED 灯检测不同土壤的湿度。

水分控制

E.4 盆栽种植

掌握智能控制培养盆栽的方法，完成智能盆栽的设计制作。

盆栽种植

E.5 单片机拓展提升

前述内容通过 Arduino 图形化编程实现了智能盆栽设计，本部分将在单片机 STC8A8K64S4A12 和 C 语言编程基础上实现智能盆栽控制。

单片机 C 语言

附录 F 声光控灯

F.1 创意节能灯

了解灯和麦克风的历史，学习麦克风模块并制作一个简易声控灯。

创意节能灯

F.2　声光控灯

　　了解光敏传感器在生活中的应用，利用光敏传感器和麦克风模块完成声光控灯的制作。

声光控灯

F.3　功能优化

　　继续完善声光控灯，使其功能更加齐全、更加智能。

声光控灯功能优化

F.4　综合制作

　　利用身边的材料，根据自己的创意设计，对声光控灯的外观进行制作。

综合制作

F.5　单片机拓展提升

　　前述内容通过 Arduino 图形化编程制作了声光控灯，本部分将在单片机 STC8A8K64S4A12 和 C 语言编程基础上完成同样的制作。

单片机 C 语言

附录 G　多功能风扇

G.1　多功能风扇简介

　　了解电流磁效应和电机，学会利用电流磁效应控制电机。

多功能风扇

G.2　温度预警灯

认识温度传感器，利用串口观察传感器的数据，制作一个温度预警灯。

温度预警灯

G.3　功能优化

利用学过的知识，完善风扇的功能，使其使用起来更加方便、智能。

功能优化

G.4　综合制作

利用身边的材料，根据自己的创意，对风扇的外观进行设计。

综合制作

G.5　单片机拓展提升

前述内容通过 Arduino 图形化编程实现了多功能风扇的制作，本部分将在单片机 STC8A8K64S4A12 和 C 语言编程基础上完成同样的制作。

单片机 C 语言

附录 H　多功能水培箱

H.1　多功能水培箱简介

制作一个智能补光系统，为种植的蔬菜提供更加适宜的生长环境。

多功能水培箱

H.2　水位监测系统

认识水位传感器，利用串口观察传感器的数据，制作一个水位监测系统。

水位监测系统

H.3　换气系统

了解什么是光合作用，利用学过的知识，增加风扇功能，完善多功能水培箱。

换气系统

H.4　综合制作

利用身边的材料，根据自己的创意，对水培箱的外观进行设计。

综合制作

H.5　单片机拓展提升

前述内容通过 Arduino 图形化编程实现了多功能水培箱的制作，本部分将在单片机 STC8A8K64S4A12 和 C 语言编程基础上完成同样的制作。

单片机 C 语言

附录 I　聪明的百叶窗

I.1　聪明的百叶窗简介

了解百叶窗的历史，学习舵机的使用，编写程序控制舵机的转动。

聪明的百叶窗

I.2　多样的传感器

学习光敏传感器和雨滴传感器的使用，通过光敏传感器控制舵机转动。

多样的传感器

I.3　功能完善

了解映射的概念，学会使用滤波的方法，用光敏传感器和雨滴传感器协同控制舵机。

功能完善

I.4　外观制作

学会裁剪 PVC 板，根据自己的创意，设计百叶窗的外观。

外观制作

I.5　单片机拓展提升

前述内容通过 Arduino 图形化编程实现了百叶窗的控制，本部分将在单片机 STC8A8K64S4A12 和 C 语言编程基础上完成同样的制作。

单片机 C 语言

附录 J　智能停车场

J.1　智能停车场简介

了解城市停车问题，学习伺服电机的使用，利用光电传感器和伺服电机完成自动道闸控制。

智能停车场

J.2　综合调试

完善停车场的各部分功能，增加空闲车位提示、车位引导指示灯。

综合调试

J.3　外观制作

利用身边的材料，完成基本的外观设计，安装电路并完成综合调试。

外观制作

J.4　单片机拓展提升

前述内容通过 Arduino 图形化编程实现了智能停车场的制作，本部分将在单片机 STC8A8K64S4A12 和 C 语言编程基础上完成同样的制作。

单片机 C 语言

附录 K　创意密码门

K.1　创意密码门简介

了解开放式社区的理念，通过按键和舵机控制门的开启和关闭。

创意密码门

K.2　密码与变量

了解加密方式，理解变量的概念和使用方式，设计简易计数器。

密码与变量

K.3　密码功能设计

了解数字逻辑信号和标志位，设计基本密码验证功能，并加入指示灯。

密码功能设计

K.4　综合制作

学会系统整体分析与调试，综合完成作品功能。

综合制作

K.5　外观设计

利用身边的材料，完成基本的外观设计，并将它应用到开放式社区中。

外观设计

K.6　单片机拓展提升

前述内容通过 Arduino 图形化编程实现了开放式社区的制作，本部分将在单片机 STC8A8K64S4A12 和 C 语言编程基础上完成同样的制作。

单片机 C 语言

附录 L　魔法钢琴

L.1　魔法钢琴简介

介绍魔法钢琴创意，熟练掌握音符的设计，实现钢琴音乐播放。

魔法钢琴

L.2　综合制作

综合制作

给魔法钢琴添加感知功能，通过感知环境进行智能判断，从而让钢琴变得有"魔法"。

L.3　单片机拓展提升

单片机拓展提升

前述内容通过 Arduino 图形化编程实现了魔法钢琴的制作，本部分将在单片机 STC8A8K64S4A12 和 C 语言编程基础上完成同样的制作。

📖 附录 M　互动钢琴

M.1　互动钢琴简介

互动钢琴

使用思维导图设计互动钢琴，利用电位器发出不同的音阶。

M.2　美妙的钢琴声

美妙的钢琴声

学习使用变量和数组，通过按键升调，实现大部分钢琴声。

M.3　音阶的获取

音阶的获取

了解电路设计，认识分压电路，利用分压电路设计按键复用端口。

M.4　综合制作

综合制作

利用身边的材料，完成基本的外观设计和硬件连接。

M.5　钢琴游戏

增强互动钢琴的交互性，根据弹奏音符数量设置灯光提示效果。

钢琴游戏

M.6　单片机拓展提升

前述内容通过 Arduino 图形化编程实现了互动钢琴的制作，本部分将在单片机 STC8A8K64S4A12 和 C 语言编程基础上完成同样的制作。

单片机拓展提升

附录 N　家庭安全助手

N.1　家庭安全助手简介

认识家庭生活中的危险因素，完成思维导图，利用蜂鸣器和按键设计简易报警装置。

家庭安全助手

N.2　火焰与红外线

学习火焰传感器的使用方法，设计一个有效的火焰检测装置。

火焰与红外线

N.3　燃烧与气体

了解可燃气体的燃烧原理，掌握可燃气体传感器的使用方法，设计一个有效的可燃气体检测装置。

燃烧与气体

N.4　综合制作

设计综合报警装置，完成制作与电路安装。

综合制作

N.5　单片机拓展提升

前述内容通过 Arduino 图形化编程实现了家庭安全助手的制作，本部分将在单片机 STC8A8K64S4A12 和 C 语言编程基础上完成同样的制作。

单片机 C 语言

附录 O　智能温室

O.1　智能温室简介

了解智慧农业，编写程序，控制电机转动。

智能温室

O.2　传感与通信

学习温度传感器和蓝牙模块的使用方法，利用温度传感器控制电机转动，并用蓝牙将数据发送到手机上。

传感与通信

O.3　功能完善

将智能温室功能统一处理，根据自己的创意为系统添加其他功能。

功能完善

O.4　外观制作

利用身边的材料，完成智能温室外观部分的设计。

外观制作

O.5　单片机拓展提升

前述内容通过 Arduino 图形化编程实现了智能温室的控制，本部分将在单片机 STC8A8K64S4A12 和 C 语言编程基础上完成同样的制作。

单片机 C 语言

附录 P　1600 万色小夜灯

P.1　功能介绍

介绍 1600 万色小夜灯的相关功能，并简单介绍 RGB 灯。

1600 万色小夜灯

P.2　蓝牙

介绍底层硬件模块、中间协议层和高层应用，深入学习 HC-05 蓝牙模块。

蓝牙

P.3　实战演练（软件设计、实物制作、函数库）

介绍 1600 万色小夜灯具体软件设计、实物制作及实物连接。

实战演练